기초 미적분학

박영선 · 변양현 · 차경준 · 허영식 지음

KM 경문사

머리말

미분적분학은 뉴턴과 라이프니츠에 의해 17세기에 시작되어 많은 발전을 거쳐 현재의 모습을 갖추게 되었으며, 자연과학, 공학, 상·경계뿐만 아니라 최근에는 인문, 사회과학에 걸쳐 공부하는 모든 학생들이 기본적으로 갖추어야 하는 지식으로 자리 잡게 되었다. 특히 최근에 급속도로 발전하고 있는 인공지능 분야에서 필요한 기초이론들은 반복적으로 빅데이터를 학습하고 지능형 애플리케이션을 구축하는 데 사용될 수 있는 숨겨진 지능형 정보를 추론하기 위한 통계학, 확률론, 컴퓨터 과학 및 알고리즘이 교차하는 융합 분야로서, 대학에서의 공부가 진척되면서 각 전공 분야에 따라 더 전문적인 수학을 공부하게 되겠지만 기본적으로 미분적분학은 그 모든 수학공부에 선행되어야 하는 필수요소이다.

이 책은 미분적분학의 기본적인 개념에 학생들이 익숙하도록 하는 것은 물론, 자연과학 및 모든 인문 · 사회과학도들까지 필수적인 수학적 개념만을 간추려 다루었고, 응용 분야에서 나타나는 구체적인 수학적 상황들을 도입하여 직관적인 지식을 습득할 수 있도록 집필하였다.

이 책은 총 8장으로 한 학기에 학습이 가능하도록 분량을 구성하였다. 1장에서는 집합과 실수 등을 소개하였고, 2장은 앞으로 자주 다루게 될 여러 종류의 함수를 다루었다. 3장에서는 기본적인 수열과 급수를 소개하였으며, 4장에서는 함수의 극한과 도함수, 그리고 5장과 6장에서는 각각 미분법, 적분법을 다루었다. 7장에서는 공간도형, 행렬과 벡터, 마지막으로 8장에서는 다변수함수의 극한과 연속, 편미분, 방향도함수, 그리고 이변수함수의 극값을 다루었다.

이 책이 학생들의 미적분학 및 선형대수학의 기본 개념의 이해와 더불어, 다양한 융합 전공 학업 전반에 일조할 수 있기를 바란다. 끝으로 이 책이 완성되고 출판되기까지 많은 도움을 준 통계정보분석센터 대학원생들과 도서출판 경문사 편집부 여러분께 감사를 드리는 바이다.

2018년 2월 저자 일동

차례

1장 집합과 수의 체계

2장 함수

3장 수열과 급수

4장 극한과 도함수

5장 미분법

6장 적분법

7장 공간도형과 벡터

8장 다변수 함수

부록 연습문제 해답 333

01

집합과 수의 체계

칸토어 [Georg Cantor, 1845~1918]

칸토어는 무한집합에 관한 이론을 창시하여 오늘날 집합론의 아버지라 불린다. 그의 업적은 수학의 전반에 큰 변화를 가져왔다. 그러나 그의 새로운 생각은 많은 동시대인들에 의해 신랄한 비판을 받아 그는 역사상 가장 핍박받은 수학자 중 한 사람이기도 했다.

1.1 집합의 뜻

집합의 개념은 수학과 응용수학의 모든 분야에서 기본이 된다.

집합(set)은 대상(objects)들의 모임인데, 어떤 대상이 주어지든지 그것이 포함되는지의 여부가 분명한 모임이다. 예를 들어 $\{x \mid x$는 0에 가까운 실수$\}$는 어떤 실수가 0에 가까운지 그 기준이 모호하기 때문에 겉모습과 달리 집합이 아니다.

그러나 '어떤 대상이 주어지든지 그것의 포함 여부가 분명한 모임'이 집합의 '정의'는 아니다. 그것은 단지 집합이 꼭 가져야 하는 하나의 속성일 뿐이다. 집합의 정의를 '어떤 대상이 주어지든지 그것의 포함 여부가 분명한 모임'으로 택하지 않는 이유를 간단히 설명하면 다음과 같다.

만약 우리가 '어떤 대상이 주어지든지 그것의 포함 여부가 분명한 모임'을 집합의 정의로 택했다고 하자. 그리고 다음의 집합

$$S = \{x \mid x \text{는 집합}\}$$

을 생각해 보자. 물론 이 집합은 간단한 겉모습과는 달리 모든 집합을 원소로 하는 거대한 집합이다. 이제 또 다른 집합

$$A = \{x \in S \mid x \notin x\}$$

을 생각해 보자. 이 집합은 자기 자신을 포함하지 않는 집합들을 원소로 하는 집합이다. 자기 자신을 원소로 하는 이상한 집합이 있을까? 우리에게 친숙한 대부분의 집합, 실수의 집합, 정수의 집합 등은 물론 그러한 집합이 아니고, 따라서 A는 이들을 포함한다. 그러나 S는 자기 자신을 포함하는 집합이다. 따라서 $S \notin A$가 성립한다.

그런데 A 자신은 A의 원소인가? 만약 $A \notin A$라면 A의 정의에 의해 $A \in A$가 성립한다. 그리고 $A \in A$라면 다시 A의 정의에 의해 $A \notin A$가 성립한다. 즉 $A \notin A$나 $A \in A$, 둘 중 하나만 참일 수가 없는 것이다.

위의 논리에 의해 A가 A의 원소인지 여부가 결정될 수 없으므로 'A는 집합이 아니다'라고 결론 내리면 모든 문제가 간단히 해결된다고 생각할 수도 있겠다. 그러나 이렇게 하면 도대체 어떤 조건이 집합을 결정짓고 어떤 것은 그렇지 못한가 하는 문제가 생길 것이다.

현대수학의 해결책은 집합을 몇 개의 공리들에 의해 조심스럽게 만들어 가는

것이다. 그러나 다행스럽게도 우리가 이 책이 다루고 있는 내용을 공부하기 위해 집합론의 공리를 따로 배울 필요는 없다. 왜냐하면 우리가 다룰 집합은 실수의 집합과 그것으로부터 곱집합, 부분집합 등의 방법으로 파생된 집합인데, 이들은 집합의 공리들에 의해 만들 수 있는 것이기 때문이다. 이러한 집합들에 한정하는 한, '집합이란 어떤 대상이 주어지든지 그것이 포함되는지의 여부가 분명한 모임이다'라는 말이 집합의 한 속성을 서술한 것에 지나지 않기는 하지만, 그것은 집합에 관해서 우리가 기억해야 할 거의 유일한 사실이라고 할 수 있다.

1.2 집합의 연산

어떤 집합 A가 있을 때 x가 A의 원소이면 $x \in A$, x가 A의 원소가 아니면 $x \notin A$라고 표기한다. 두 집합 A, B가 있을 때, A의 모든 원소가 B의 원소가 되기도 하면 A를 B의 **부분집합**(subset)이라고 하고, 기호로는 $A \subset B$ 또는 $B \supset A$라 표기한다. 즉,

$$A \subset B \Leftrightarrow x \in A\text{이면 } x \in B.$$

A가 B의 부분집합이 아닐 때는 $A \not\subset B$ 또는 $B \not\supset A$라고 쓴다. A와 B가 같다는 것은 각각이 포함하고 있는 원소들이 서로 같다는 뜻이고 $A = B$라 표기한다. 따라서 $A = B$이면 $A \subset B$와 $B \subset A$가 모두 성립하게 되고 반대로 $A \subset B$와 $B \subset A$가 모두 성립하면 $A = B$가 성립한다. 즉,

$$A = B \Leftrightarrow A \subset B\text{이고 } B \subset A.$$

특히 $A \subset B$이지만 $B \not\subset A$인 경우에는 A를 B의 **진부분집합**(proper subset)이라 한다.

예

(a) $A = \{x \mid -1 < x \leq 1\}$, $B = \{x \mid x^2 < 1\}$일 때, $B \subset A$가 성립한다.
(b) $C = \{x \mid -1 < x < 1\}$이고 B가 위의 (a)와 같으면, $B = C$가 성립한다.

위의 예에서 집합의 원소가 되기 위한 조건에서 'x는 실수'라는 조건이 생략된 것으로 이해해야 한다. 즉, $A = \{x \mid -1 < x \leq 1\}$는 $A = \{x \mid x$는 실수이고

$-1 < x \le 1\}$을 줄여 쓴 것으로 이해해야 한다. 흔히 이렇게 생략하는데, 그것은 부등호 <, ≤ 등이 적용 가능하다는 것이 x가 실수라는 것을 이미 의미하는 것으로 보기 때문이다. 이 책에서도 부등호가 있어서 굳이 밝힐 필요가 없을 때는 x가 실수라는 조건을 집합으로 나타낼 때 생략하기로 한다.

원소를 하나도 갖지 않는 집합인 **공집합**(empty set)을 $\varnothing$라 표기한다. 그러면 다음이 성립함을 쉽게 알 수 있다.

정리 1.2.1

임의의 세 집합 A, B, C가 있을 때

(a) $\varnothing \subset A$

(b) $A \subset A$

(c) $A \subset B$이고 $B \subset C$이면 $A \subset C$이다. ■

특히 공집합 $\varnothing$은 어떤 집합에 대해서든 그것의 부분집합이다.

이제 **합집합**(union), **교집합**(intersection), **차집합**(difference) 등 대표적인 집합 간 연산을 다음과 같이 정의한다.

정의 1.2.1

두 집합 A, B가 있을 때

(a) 집합 A의 원소와 B의 원소를 모두 모아 만든 집합을 A와 B의 합집합이라 하고, 기호로는 $A \cup B$로 나타낸다. 즉,

$$A \cup B = \{x \mid x \in A \text{ 또는 } x \in B\}.$$

(b) 집합 A와 B의 양쪽 모두에 속하는 원소로 이루어진 집합을 A와 B의 교집합이라 하고, 기호로는 $A \cap B$로 나타낸다. 즉,

$$A \cap B = \{x \mid x \in A \text{ 그리고 } x \in B\}.$$

(c) 집합 A에는 속하고 B에는 속하지 않는 원소들로 이루어진 집합을 A와 B의 차집합이라 하고, 기호로는 $A - B$로 나타낸다. 즉,

$$A - B = \{x \mid x \in A \text{ 그리고 } x \notin B\}.$$ ■

특히 차집합 $A-B$에서 $A \supset B$인 경우엔, $A-B$를 A에서의 B의 **여집합**

(complement)이라고도 한다. 또한 $A\cap B=\varnothing$인 경우 A와 B는 **서로소**(disjoint)라고 한다.

예

$A=\{x\,|\,-1<x<1\}$, $B=\{x\,|\,0<x<2\}$ 일 때, $A\cup B=\{x\,|\,-1<x<2\}$, $A\cap B=\{x\,|\,0<x<1\}$이고, $A-B=\{x\,|\,-1<x\le 0\}$, $B-A=\{x\,|\,1\le x<2\}$이다.

많은 경우 어떤 집합을 정해놓고 그 안에서만 연산을 하게 된다. 다시 말해 소위 전체집합이라고 불리는 어떤 집합 U를 생각하고 그것의 부분집합들만을 다루는 경우가 수학에서 가장 흔하게 나타나는 상황이다. 이렇게 전체집합 U를 정해 놓은 경우에는 'U의 부분집합'이라는 말을 생략하여 단순히 '집합'이라고 할 때도 있다. 또한 U의 부분집합 A의 여집합 $U-A$를 A^c라고 표기한다.

예

집합 A, B, C가 전체집합 U의 부분집합일 때 다음이 성립한다는 것을 쉽게 알 수 있다.

(a) $A\cup\varnothing=A$, $A\cap\varnothing=\varnothing$

(b) $A\cup A=A$, $A\cap A=A$

(c) $A\cup B=B\cup A$, $A\cap B=B\cap A$

(d) $A\cup U=U$, $A\cap U=A$

(e) $A\cup A^c=U$, $A\cap A^c=\varnothing$

(f) $A\subset A\cup B$, $A\cap B\subset A$

(g) $A\cup(B\cup C)=(A\cup B)\cup C$, $A\cap(B\cap C)=(A\cap B)\cap C$

(h) $(A^c)^c=A$

(i) $\varnothing^c=U$, $U^c=\varnothing$

(j) $A-B=A\cap B^c$

다음 정리는 위의 예에서 열거한 사실보다는 조금 덜 자명해 보일 것이다. 이 정리는 합집합과 교집합에 관한 '배분법칙'으로 이해하면 기억에 도움이 될 것이다.

정리 1.2.2

임의의 세 집합 A, B, C가 있을 때 다음이 성립한다.

(a) $A \cap (B \cup C) = (A \cap B) \cup (A \cap C)$

(b) $A \cup (B \cap C) = (A \cup B) \cap (A \cup C)$

증명 집합 간의 등식은 두 포함관계 '$\subset$'와 '$\supset$'를 의미하므로 두 포함관계가 모두 성립함을 보이면 된다. (a)의 증명은 다음과 같다.
$x \in A \cap (B \cup C)$라는 x에 관한 조건은 '$x \in A$이고 $x \in B \cup C$'라는 조건과 동치이다. 그런데 $x \in B \cup C$라는 조건은 '$x \in B$이거나 $x \in C$'이라는 조건과 같은 것이므로, 이 x에 관한 조건은, '$x \in A$이고 $x \in B$'이거나 '$x \in A$이고 $x \in C$'라는 조건과 동치이다. 그리고 이것은 '$x \in A \cap B$이거나 $x \in A \cap C$'라는 조건과 동치이다. 마지막으로 이것은 '$x \in (A \cap B) \cup (A \cap C)$'와 동치이다. 결과적으로, $x \in A \cap (B \cup C)$이면 $x \in (A \cap B) \cup (A \cap C)$, 즉,

$$A \cap (B \cup C) \subset (A \cap B) \cup (A \cap C)$$

이고 또한 $x \in (A \cap B) \cup (A \cap C)$이면 $x \in A \cap (B \cup C)$, 즉,

$$A \cap (B \cup C) \subset (A \cap B) \cup (A \cap C).$$

따라서 (a)의 등식은 성립한다.
(b)의 증명도 (a)의 증명과 비슷하므로 생략한다. ■

위에서 'x에 관한 두 조건이 동치'라는 말이 나오는데 그 뜻은 x가 한 조건을 만족한다면 다른 한 조건도 만족하게 된다는 뜻이다. 두 집합 A와 B가 같다 $(A = B)$는 것을 증명하기 위해서는 모든 x에 대하여 만약 $x \in A$이면 $x \in B$이고, 만약 $x \in B$이면 $x \in A$임을 보여야 한다.

두 집합 A와 B가 같지 않다 ($A \neq B$로 표시)는 것을 증명하기 위해서는 A에 속하지만 B에는 속하지 않는 원소를 적어도 하나 찾아야 한다. 두 가지 조건 중에서 한 가지이면 충분하므로 두 가지 조건을 모두 보여줄 필요는 없다.

집합 사이의 관계를 시각화하기 위해서 벤 다이어그램을 사용한다. 벤 다이어그램은 집합에 대한 문장이 참인지 거짓인지를 판단하는 데 도움을 준다.

$A\cap(B\cup C)$: ▦로 채워진 부분 $(A\cap B)\cup(A\cap C)$: 빗금 친 부분

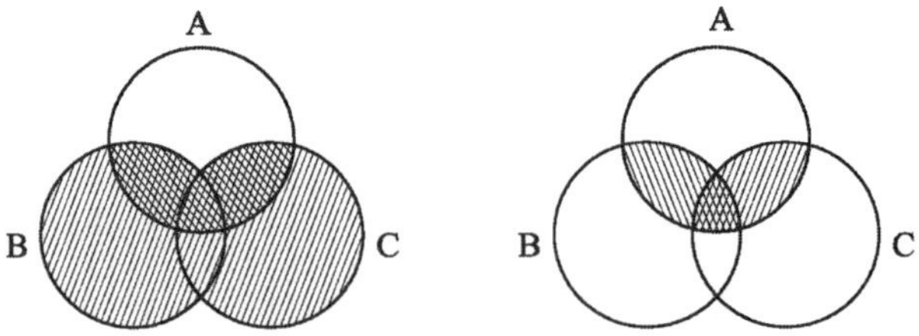

[그림 1.2.1]

다음도 집합을 다룰 때 자주 나타나는 등식이다.

정리 1.2.3 드모르간의 법칙

전체집합 U의 두 부분집합 A, B에 대해 다음 등식이 성립한다.

(a) $(A\cup B)^c = A^c\cap B^c$

(b) $(A\cap B)^c = A^c\cup B^c$ ■

위의 증명도 **정리 1.2.2**와 마찬가지로 x에 관한 두 조건 $x\in(A\cup B)^c$와 $x\in A^c\cap B^c$가 동치라는 것을 보임으로써, 두 포함관계

$$(A\cup B)^c\subset A^c\cap B^c,\quad (A\cup B)^c\supset A^c\cap B^c$$

가 모두 성립함을 보이는 방법으로 이루어진다. 위의 두 등식을 설명하는 벤 다이어그램은 다음과 같다.

$(A\cup B)^c$: 빗금 친 부분 $A^c\cap B^c$: ▦로 채워진 부분

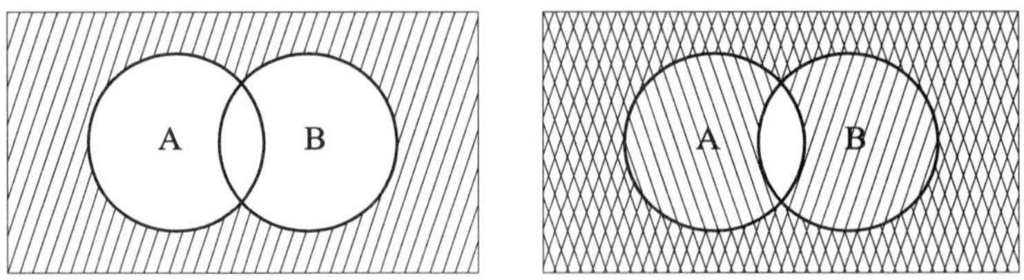

[그림 1.2.2]

예제 1.2.1 앞의 등식들을 이용하여 다음을 증명하시오.

$$A \cap (B - C) = (A \cap B) - (A \cap C)$$

풀이
$$\begin{aligned}(A \cap B) - (A \cap C) &= (A \cap B) \cap (A \cap C)^c \\ &= (A \cap B) \cap (A^c \cup C^c) \\ &= (A \cap B \cap A^c) \cup (A \cap B \cap C^c) \\ &= A \cap (B \cap C^c) \\ &= A \cap (B - C)\end{aligned}$$

■

연습문제

1. A, B, C가 모두 어떤 전체집합 U의 부분집합일 때 다음을 증명하여라.
   (1) $A - B = (A \cup B) - B$
   (2) $A - B = A - (A \cap B)$
   (3) $A - B = \varnothing \Leftrightarrow A \subset B$
   (4) $A - (B \cup C) = (A - B) \cap (A - C)$
   (5) $A - (B \cap C) = (A - B) \cup (A - C)$
   (6) $(A \cap B) - C = (A - C) \cap (B - C)$
   (7) $(A \cup B) - C = (A - C) \cup (B - C)$

2. 위의 등식을 벤 다이어그램을 통해 나타내어라.

3. 집합 A가 있을 때, A의 부분집합 전체의 집합을 집합 A의 멱집합(power set)이라 하고, 기호로 보통 2^A와 같이 표기한다. 집합 $A = \{a, b, c\}$일 때 2^A를 구하여라.

1.3 명제

참, 거짓을 분명히 알 수 있는 문장을 **명제**(proposition)라 한다. 예를 들어, 다음 두 문장을 보자.

- 6은 3의 배수이다.
- 7은 10의 약수이다.

첫 번째 문장은 참이고 두 번째 문장은 거짓으로 모두 명제이다. 그러나

- 1.1은 1에 가까운 수이다.
- 10^{10}은 큰 수이다.

와 같은 문장은 참과 거짓을 구별할 수 없는 문장으로 명제가 아니다.

어떤 문장이 명제이면 그 문장의 부정도 명제가 된다. 예를 들어 '6은 3의 배수이다'의 부정은 '6은 3의 배수가 아니다'로 거짓인 문장이 된다. 어떤 명제를 p라 하면 그 부정은 $\sim p$로 나타낸다.

다음은 명제에 관해 꼭 기억해야 할 사실이다.

> p를 어떤 명제라 하자. 그러면
> - $\sim(\sim p)=p$
> - p가 참이면 $\sim p$는 거짓이고, p가 거짓이면 $\sim p$는 참이다.

p와 q가 명제이면 'p 혹은 q', 'p 그리고 q'도 명제가 된다. 예를 들어 '6은 3의 배수이거나 7은 10의 약수이다', '6은 3의 배수이고 7은 10의 약수이다'와 같이 새로운 명제를 만들 수 있다. 'p 혹은 q'는 p와 q 중 하나 이상이 참일 때만 참이 되며, 'p 그리고 q'는 p와 q가 모두 참일 때만 참이 된다. 특히 부정에 관해서는 다음이 성립한다.

> p, q가 명제라고 하자.
> - $\sim(p$ 혹은 $q) \Leftrightarrow \sim p$ 그리고 $\sim q$
> - $\sim(p$ 그리고 $q) \Leftrightarrow \sim p$ 혹은 $\sim q$

위에서 '$\Leftrightarrow$'은 좌우의 두 명제가 모든 p, q에 대해 참·거짓 여부가 일치한다는 것을 나타내는 기호이다.

또한 p와 q가 명제일 때 'p이면 q'도 명제가 된다. 이 명제는 p가 참이고 q가 거짓인 경우에만 거짓이고 그 외의 경우에는 참이다. 예를 들어 '6이 3의 배수이면 7은 10의 약수이다'는 거짓인 문장이고, '6이 3의 배수가 아니면 7은 10의 약수이다'는 참인 문장이다. 'p이면 q'라는 명제는 기호로는 '$p \rightarrow q$'라고 나

타낸다. '$p \to q$'의 참·거짓 여부는 '$\sim p$ 혹은 q'의 경우와 일치한다는 것을 쉽게 관찰할 수 있다.

> p, q가 명제일 때,
> • $p \to q \quad \Leftrightarrow \quad \sim p$ 혹은 q

이제 다음과 같은 문장을 보자.

• x는 6의 약수이다.

이 문장은 참·거짓 여부를 말할 수 없으므로 명제가 아니다. 그러나 자연수의 집합 $\mathbb{N}$을 생각하고 $\mathbb{N}$의 원소를 x에 대입하면 참·거짓 여부를 말할 수 있는 문장이 된다.

• 1은 6의 약수이다.
• 2는 6의 약수이다.
• 3는 6의 약수이다.
• 4는 6의 약수이다.
⋮

이와 같이 어떤 전체집합 U가 주어지고 임의의 U의 원소를 x에 대입하면 명제가 되는 문장을 $p(x)$라 나타내고 x에 관한 '조건명제'라고 한다. $p(x)$, $q(x)$가 U를 전체집합으로 하는 조건명제이면, '$\sim p(x)$', '$p(x)$ 혹은 $q(x)$', '$p(x)$ 그리고 $q(x)$'도 조건명제이다. $p(x)$가 U를 전체집합으로 하는 조건명제이면, U의 원소 중 x에 대입했을 때 $p(x)$가 참이 되는 것들의 집합 P를 생각할 수 있고 다음과 같이 나타낸다.

$$P = \{x \in U \mid p(x)\}$$

전체집합이 명백한 경우에는 단순히 $P = \{x \mid p(x)\}$라고 쓰기도 한다. 이러한 표현은 이미 앞에서도 사용했는데,

$$\{x \mid -1 < x < 1\}$$

과 같은 것이 그것이다.

다음의 사실들은 자주 나타나는 것이다.

> $p(x)$, $q(x)$가 U를 전체집합으로 하는 조건명제이고,
>
> $$P=\{x \mid p(x)\},\quad Q=\{x \mid q(x)\}$$
>
> 이면, 다음과 같다.
>
> - $\{x \mid p(x) \text{ 혹은 } q(x)\} = P \cup Q$
> - $\{x \mid p(x) \text{ 그리고 } q(x)\} = P \cap Q$
> - $\{x \mid \sim p(x)\} = P^c$

$p(x)$가 U를 전체집합으로 하는 조건명제이면,

(a) 임의의 U의 원소 x에 대해 $p(x)$
(b) 어떤 U의 원소 x에 대해 $p(x)$

는 모두 명제가 된다. (a)는 $\{x \mid p(x)\} = U$, (b)는 $\{x \mid p(x)\} \neq \varnothing$이라는 의미이다. 예를 들면,

'임의의 자연수 n에 대해 n은 6의 약수이다.'
'어떤 자연수 n에 대해 n은 6의 약수이다.'

는 둘 다 명제이다. 위에서 '임의의'라는 말 대신 '모든'이라는 말을 사용하기도 한다. 특히 $p(x)$, $q(x)$가 모두 U를 전체집합으로 하는 조건명제이면,

$$\text{임의의 } U\text{의 원소 } x\text{에 대해, } p(x)\text{이면 } q(x)$$

도 명제가 되는데, 거의 언제나 '임의의 U의 원소 x에 대해'를 생략하고 '$p(x)$이면 $q(x)$'를 그 자체로 명제로 본다. 이런 이유로 앞에서 '$p(x)$이면 $q(x)$'를 $p(x)$와 $q(x)$로부터 합성해서 만들 수 있는 조건명제의 예로 들지 않았다.

다음의 사실은 기억해 둘 만하다.

정리 1.3.1

$p(x)$, $q(x)$가 모두 U를 전체집합으로 하는 조건명제일 때,

$$p(x) \rightarrow q(x) \Leftrightarrow \{x \mid p(x)\} \subset \{x \mid q(x)\}. \qquad ■$$

명제 '$p(x) \rightarrow q(x)$'가 참이면 $p(x)$를 $q(x)$의 충분조건이라 하고, $q(x)$를 $p(x)$의 필요조건이라 한다. 기호로는 $p(x) \Rightarrow q(x)$라 표기한다. 명제 '$p(x) \rightarrow q(x)$' '$q(x) \rightarrow p(x)$'가 모두 참일 때, $p(x)$를 $q(x)$의 필요충분조건이라 하고, 기호로는

$$p(x) \Leftrightarrow q(x)$$

라 표기한다. 이러한 약속은 x가 어떤 집합(전체집합)이 있어서 그것의 원소를 대표할 때뿐 아니라, 어떤 일정한 범주(category)의 한 대상을 대표할 때도 적용된다. 예를 들어

> '집합 x의 원소의 개수가 3이다'의 한 필요충분조건은 '집합 x의 부분집합의 개수가 8이다'

라고 말할 수 있다. 그런데 모든 집합의 집합은 현대수학에서 집합으로 간주하지 않는다. 또한 '$p \to q \Leftrightarrow \sim p$ 혹은 q'와 같이 명제들에 관한 논의에서도 기호 '$\Leftrightarrow$'을 사용하고 있는데 이때 'x'에 해당하는 것은 명제 p, q의 쌍이며, 기호 '$\Leftrightarrow$'의 사용은 일관성이 유지되고 있다.

특히 명제 '$p(x) \to q(x)$'의 대우(contrapositive)는 명제 '$\sim q(x) \to \sim p(x)$'로서 두 명제는 참·거짓 여부가 같다. 즉, '$p(x) \to q(x)$'를 증명하기 위해 '$\sim q(x) \to \sim p(x)$'임을 증명해도 되는 것이다.

일반적으로 어떤 명제가 성립한다는 것을 증명하려 할 때, 그 명제를 부정하거나, 그 명제의 결론을 부정하여 공리, 정리, 가정 등에 모순이 됨을 이끌어냄으로써 그 명제가 성립함을 보이는 증명법을 귀류법이라 한다. 대우가 참임을 보이는 증명법은 귀류법의 한 종류이다.

연습문제

1. 다음 각 경우, 명제 $p \to q$의 참과 거짓을 말하고, 참인 것은 증명을, 거짓인 것은 반례를 들어라. 단, x, y는 실수이다.

(1) p: $-2 < x < 1$, q: $-2 \le x \le 2$

(2) p: $xy = 0$, q: $x^2 + y^2 = 0$

(3) p: $|x+y| > x+y$, q: $xy < 0$

(4) p: $x^2 = 4$, q: $x^3 = 4x$

2. 다음 명제가 참임을 증명하여라.

(1) a, b가 실수일 때, $a^2 + b^2 = 0$이면 $a = 0$이고 $b = 0$이다.

(2) a, b가 자연수일 때, ab가 짝수이면 a 또는 b가 짝수이다.

3. $p(x)$, $q(x)$가 U를 전체집합으로 하는 조건명제이고, $\{x \mid p(x)\} \subset \{x \mid q(x)\}$가 성립한다. '$p(x) \to q(x)$'를 조건명제로 볼 때

$$\{x \mid p(x) \to q(x)\} = U$$

가 성립함을 보여라.

1.4 실수

모든 실수의 집합 $\mathbb{R}$은 현대수학에서 잘 정의된 집합으로서 그 위에 덧셈과 곱셈 그리고 크기 관계가 정해져 있다. 이들의 중요한 성질을 열거해 보면 다음과 같다.

임의의 실수 x, y, z에 대해 다음 1에서 9까지가 성립한다.

1. $(x+y)+z = x+(y+z)$ (덧셈의 결합법칙)
2. $x+y = y+x$ (덧셈의 교환법칙)
3. 실수 0에 대해 $x+0 = x$ (0은 덧셈에 관한 항등원)
4. $x+(-x) = 0$ (덧셈에 대한 역원 존재)

x와 y의 곱을 $x \cdot y$로 표기하면

5. $(x \cdot y) \cdot z = x \cdot (y \cdot z)$ (곱셈의 결합법칙)
6. $x \cdot y = y \cdot x$ (곱셈의 교환법칙)
7. 실수 1에 대해 $x \cdot 1 = x$ (1은 곱셈에 관한 항등원)
8. x가 0이 아니면 $x \cdot \dfrac{1}{x} = 1$ (0 아닌 임의의 실수의 곱셈에 관한 역원 존재)

그리고 덧셈과 곱셈이 함께 관계된 성질로는

9. $x \cdot (y+z) = xy+xz$ (분배법칙)

다음과 같은 사실은 위의 기본 성질들로부터 증명할 수 있으므로 따로 기본 성질로 열거하지 않았다.

정리 1.4.1

모든 실수 x에 대해 $x \cdot 0 = 0$.

증명 성질 3에 의해 $x \cdot 0 = x \cdot (0+0)$.
성질 9에 의해 $x \cdot 0 = x \cdot 0 + x \cdot 0$. 양변에 덧셈에 관한 역원(성질 4) $-x \cdot 0$을 더하면

$x \cdot 0+(-x \cdot 0)=(x \cdot 0+x \cdot 0)+(-x \cdot 0)$. 즉, $0=(x \cdot 0+x \cdot 0)+(-x \cdot 0)$. 다시 결합법칙(성질 1)과 성질 4, 성질 3을 차례로 이용하면, $x \cdot 0=0$ 임을 얻는다. ▪

또한 크기 관계는 다음을 만족한다.

10. x, y가 실수이고 x, $y>0$ 이면, $x+y>0$ 이고 $x \cdot y>0$.
11. 임의의 실수 x에 대해 $x>0$ 혹은 $x=0$ 혹은 $-x>0$.

그러나 위에서 열거한 1에서 11까지의 실수의 성질은 아직 충분하지 못하다. 유리수의 집합도 이 11개의 성질을 모두 가지고 있을 것이기 때문이다. 유리수의 집합에는 없는 실수만의 성질을 설명하려면 몇 가지 용어가 필요하다.

$\mathbb{R}$의 부분집합 A가 위로부터 유계라는 것은 어떤 실수 a가 있어서 임의의 A의 원소 x에 대해 $x \le a$ 임을 의미한다. 이때 a를 상계(upper bound)라고 한다. A의 상계 중 가장 작은 것을 A의 **상한**(least upper bound)이라고 한다.

12. $\mathbb{R}$의 부분집합 A가 공집합이 아니고 위로부터 **유계**(bounded)이면 A의 상한이 존재한다.

위 12번 성질은 미묘하기는 하지만 모든 유리수의 집합 $\mathbb{Q}$에서는 성립하지 않는 것을 관찰함으로 이해에 도움을 얻을 수 있다. 예를 들어 $A=\{x \in \mathbb{Q} \mid x^2<2\}$는 유리수 범위에서 상계가 있기는 하지만, A의 유리수 상계 중 가장 작은 것 즉, 상한은 없다.

실수의 모든 다른 성질은 위에서 열거한 1에서 12까지의 성질들을 사용해서 증명할 수 있다. 이렇게 단언할 수 있는 것은 어떤 집합이든 그 위에 두 가지 연산과 크기 관계가 정의되어 있고 1에서 12까지의 성질을 모두 만족한다면, 그 집합과 $\mathbb{R}$ 사이에는 두 가지 연산과 크기 관계를 모두 존중하는 일대일 대응이 있다는 것을 증명할 수 있기 때문이다.

위 12번 성질은 대칭성을 잃고 있는데, 그것은 다음에 의해 회복된다. $\mathbb{R}$의 부분집합 A가 아래로부터 유계라는 것은 어떤 실수 a가 있어서 임의의 A의 원소 x에 대해 $x \ge a$ 임을 의미한다. 이때 a를 하계(lower bound)라고 한다. A의 하계 중 가장 큰 것을 A의 **하한**(greatest lower bound)이라고 한다. 다음이 성립한다.

정리 1.4.2

$\mathbb{R}$의 부분집합 A가 공집합이 아니고 아래로부터 유계이면 A의 하한이 존재한다.

증명 집합 $-A$를 $-A=\{x \mid -x \in A\}$라 두자. 그러면 $-A$는 위로부터 유계이고, $-A$

의 상계 중 가장 작은 것이 존재하므로 그것을 u라 두자. 그러면 $-u$는 A의 하계가 된다. 왜냐하면, $x \in A$이면 $-x \in -A$이고 $-x \le u$이므로 $x \ge -u$이기 때문이다. 또 $-u$는 A의 하계 중 가장 큰 것이다. 왜냐하면, v가 A의 하계이면 $-v$가 $-A$의 상계임을 쉽게 증명할 수 있고, $-v \ge u$이므로 $v \le -u$가 성립하기 때문이다. ■

연습문제

1. 임의의 실수 x, y, z, w에 대해 다음을 증명하여라.

(1) $(x+y)+(z+w) = ((x+y)+z)+w$

(2) 합 $x+y+z+w$는 어떻게 괄호를 삽입하든 그 합은 변하지 않는다.

2. 임의의 0 아닌 실수 x에 대해 $x^2 > 0$임을 증명하여라.

3. x, y가 '임의의 양수 ε에 대해 $x < y+\varepsilon$'을 만족하는 실수이면 '$x \le y$'임을 보여라.

4. a, b가 $a < b$를 만족하는 실수이면, $a < x < b$를 만족하는 실수 x가 존재함을 보여라.

1.5 복소수

실수의 집합 $\mathbb{R}$은 덧셈과 곱셈 그리고 크기 관계를 함께 고려함으로써 비로소 수학적 성질을 갖게 된다. $\mathbb{R}$과 자기 자신의 곱집합

$$\mathbb{R}^2 = \{(x, y) \mid x, y \in \mathbb{R}\}.$$

위의 연산 $+$, $\cdot$을 다음과 같이 정의하자. 임의의 (x_1, y_1), $(x_2, y_2) \in \mathbb{R}^2$에 대해

$$(x_1, y_1)+(x_2, y_2) = (x_1+x_2, y_1+y_2)$$
$$(x_1, y_1)\cdot(x_2, y_2) = (x_1x_2 - y_1y_2, x_1y_2+y_1x_2).$$

그러면 $\mathbb{R}^2$를 두 연산 $+$, $\cdot$과 함께 고려할 때 복소수의 집합이라고 한다. 이 두 연산을 실수의 경우와 마찬가지로 덧셈과 곱셈이라고 부르기로 한다.

위와 같이 정의된 연산 $+$, $\cdot$에 대해 실수의 경우와 같이 결합법칙, 교환법칙,

분배법칙이 성립하고, 덧셈에 관한 항등원 (0, 0)이 존재하고 곱셈에 관한 항등원 (1, 0)이 존재하는 것을 확인할 수 있다.

예제 1.5.1 복소수의 집합에서 (1, 0)이 곱셈에 관한 항등원임을 보이시오.

풀이 $(x, y) \in \mathbb{R}^2$라고 하자.

$$\begin{aligned}(x, y) \cdot (1, 0) &= (x \cdot 1 - y \cdot 0,\ x \cdot 0 + y \cdot 1)\\ &= (x, y)\end{aligned}$$

또한 교환법칙에 의해 $(1, 0) \cdot (x, y) = (x, y)$. ■

또한 임의의 $(x, y) \in \mathbb{R}^2$에 대해 덧셈에 관한 역원은 $(-x, -y)$이고 곱셈에 관한 역원은 $\left(\frac{x}{x^2+y^2}, \frac{-y}{x^2+y^2}\right)$임을 확인할 수 있다.

무엇보다도 중요한 것은

$$(0, 1) \cdot (0, 1) = (0 \cdot 0 - 1 \cdot 1,\ 0 \cdot 1 + 1 \cdot 0) = (-1, 0)$$

라는 것이다. 즉, 제곱해서 덧셈에 대한 역원이 되는 수가 존재한다. 이것은 실수의 범위에서

$$x^2 = -1$$

을 만족하는 것이 존재하지 않는 것에 대비된다.

이제 $(x, y) = x + yi$라 쓰기로 하고, $x + 0i$는 간단히 x, $0 + yi$도 간단히 yi라 쓰기로 한다. 그러면 $(0, 1) = i$가 되고, i는 복소수 범위에서의 방정식

$$z^2 = -1$$

의 한 해가 된다. 이 방정식의 또 다른 해는 $-i$이다.

또한 위의 관행을 택할 때 실수의 집합을 복소수의 집합의 부분집합으로 간주하는 방법이 명백하다. 보통 실수의 집합을 $\mathbb{R}$, 복소수의 집합을 $\mathbb{C}$로 표기하므로

$$\mathbb{R} \subset \mathbb{C}$$

가 성립한다.

실수 x의 절댓값 $|x|$는 x의 크기로 이해할 수 있는데, 복소수에도 크기의 개념이 있다.

정의 1.5.1

복소수 $z=a+bi$의 크기는 $\sqrt{a^2+b^2}$이고 $|z|$로 나타낸다. ■

실수 x를 복소수로 간주하면 $|x|=\sqrt{x^2+0^2}$이므로 복소수의 크기의 정의를 실수의 경우에 적용하면 실수에서의 크기, 즉 절댓값과 일치한다. 그러므로 복소수의 크기를 나타내기 위해 '$|\cdot|$'를 사용하는 것은 일관성에 해가 되지 않는다.

복소수 $z=x+yi$는 $\mathbb{R}^2$의 한 원소 (x, y)이고, $\mathbb{R}^2$은 좌표평면과 일대일 대응관계가 있으므로 복소수의 집합 $\mathbb{C}$는 좌표평면과 일대일 대응관계가 있다.

복소수 $z=x+yi$에 대해 $x-yi$를 z의 **켤레복소수**(complex conjugate)라 하고 $\bar{z}$로 표기한다.

정리 1.5.1

z, w를 임의의 복소수라 하면 다음이 성립한다.

(a) $\bar{\bar{z}}=z$, $\overline{zw}=\bar{z}\,\bar{w}$

(b) $|z|=|\bar{z}|$, $|z|=\sqrt{z\bar{z}}$, $|zw|=|z||w|$

(c) $z\neq 0$일 때 z의 곱셈에 관한 역원을 $\dfrac{1}{z}$로 표기하면

$$\frac{1}{z}=\frac{\bar{z}}{z\bar{z}}=\frac{\bar{z}}{|z|^2}.$$

증명

(a) $z=x+yi$, $w=\bar{u}+vi$, x, y, u, $v\in\mathbb{R}$이라 두자.

$\bar{z}=x-yi$이므로 $\bar{\bar{z}}=x+yi=z$. 또한 $zw=(xu-yv)+(xv+yu)i$이므로 $\overline{zw}=(xu-yv)-(xv+yu)i$. 한편

$$\begin{aligned}\bar{z}\,\bar{w}&=(x-yi)(u-vi)\\&=(xu-yv)-(xv+yu)i\end{aligned}$$

이므로 $\overline{zw}=\bar{z}\,\bar{w}$가 성립한다.

(b) 등식 $|z|=|\bar{z}|$는 정의로부터 자명하다.

$$\begin{aligned}|zw|&=\sqrt{(zw)\overline{zw}}=\sqrt{zw\bar{z}\,\bar{w}}\\&=\sqrt{z\bar{z}w\bar{w}}=\sqrt{z\bar{z}}\sqrt{w\bar{w}}\\&=|z||w|\end{aligned}$$

(c) $z\dfrac{\bar{z}}{z\bar{z}} = \dfrac{z\bar{z}}{z\bar{z}} = 1$. 여기서 $z \neq 0$ 이면,

$z\bar{z} = |z|^2 > 0$ 이므로 실수 $\dfrac{1}{z\bar{z}}$ 은 잘 정의되어 있음을 주목하여라. ■

연습문제

1. 다음 식을 간단히 하여라.

(1) $\sqrt{3}\times\sqrt{-2}$

(2) $\sqrt{-3}\times\sqrt{-2}$

(3) $\dfrac{\sqrt{2}}{\sqrt{-3}}$

(4) $\dfrac{\sqrt{6}-\sqrt{-2}}{\sqrt{6}+\sqrt{-2}}$

2. 다음 복소수를 $a+bi$, a, $b \in \mathbb{R}$ 의 꼴로 나타내어라.

(1) $i+i^3+i^5+i^7$

(2) $i^{1001}\cdot i^{1003}$

(3) $(1+i)^{10}(1-i)^{10}$

(4) $\left(\dfrac{1+i}{\sqrt{2}}\right)^{4n}$ (단, n 은 자연수)

3. 복소수 $3+4i$ 의 덧셈에 관한 역원과 곱셈에 관한 역원을 각각 구하여라.

4. 다음 각 물음에 답하여라.

(1) $x = 1+2i$ 일 때, x^3+2x^2-x+3 의 값을 구하여라.

(2) $x = \dfrac{1+\sqrt{3}\,i}{2}$, $y = \dfrac{1-\sqrt{3}\,i}{2}$ 일 때, $\dfrac{x^2}{y}+\dfrac{y^2}{x}$ 의 값을 구하여라.

5. $w = \dfrac{1}{2}(-1+\sqrt{3}\,i)$ 일 때, $w^{2018}+w^{2017}+1$ 의 값을 구하여라.

6. 방정식 $z^2 = i$ 의 해를 모두 구하여라.

02

함수

오일러 [Euler, Leonhard, 1707~1783]

해석학의 화신, 최고의 알고리스트(algorist) 등으로 불렸다. 그의 연구는 수학 · 천문학 · 물리학뿐만 아니라, 의학 · 식물학 · 화학 등 많은 분야에 광범위하게 걸쳐 있다.

수학자로서의 연구를 시작한 시기는 뉴턴이 죽은 시기에 해당하여 해석기하학 · 미적분학의 개념은 갖추어져 있었으나 조직적 연구는 초보단계로 특히 역학 · 기하학의 분야는 충분한 체계가 서 있지 않았다. 이러한 미적분학을 발전시켜 《무한해석 개론》(1748) 《미분학 원리》(1755) 《적분학 원리》(1768~1770), 변분학(극대 또는 극소의 성질을 가진 곡선을 발견하는 방법)을 창시하여 역학을 해석적으로 풀이하였다.

이 밖에도 대수학 · 정수론 · 기하학 등 여러 방면에 걸쳐 큰 업적을 남겼다. 그중에도 삼각함수의 생략기호(sin, cos, tan)의 창안이나 '오일러의 정리' 등은 널리 알려져 있다.

2.1 함수와 수학적 모형

함수에 대한 개념은 수학의 모든 분야에서 중심이 되는 부분이다. 이 절에서는 함수의 정확한 정의를 주고 함수에 대한 여러 가지 성질을 다룬다.

2.1.1 함수

두 집합 X, Y에 있어, X의 각 원소에 Y의 원소를 하나씩 대응시키는 규칙을 X에서 Y로의 **함수**(function)라 한다. 이 함수를 f라 표시하면, f가 X에서 Y로의 함수임을 $f : X \rightarrow Y$로 표시한다. 또한 X를 함수 f의 **정의역**(domain), Y를 **공역**(codomain)이라 한다. 함수 f에 의해 X의 원소 x에 대응되는 Y의 원소를 $f(x)$로 표시하며, $f(x)$를 f에 의한 x의 **상**(image)이라 부른다. 또한 집합 $\{f(x) \mid x \in X\}$를 함수 f의 **치역**(range)이라 한다.

예

$X = \{x \mid x$는 자연수$\}$, $Y = \{y \mid y$는 0보다 큰 유리수$\}$라 하고 X에서 Y로의 함수들을 생각해 보자.

(a) X의 원소들을 정사각형의 한 변의 길이라 하고 여기에 정사각형의 면적 값을 대응시키는 규칙을 생각하자. 변의 길이를 x라 하면 대응되는 값은 x^2이다. 즉, X의 원소 x에 대해 단 하나의 Y의 원소가 대응되므로 이 대응 규칙은 함수이다. 이 함수를 f라 하면, 대응 규칙은 $f(x) = x^2$으로 간단히 나타낼 수 있다. 이때 f의 치역은 $\{x^2 \mid x$는 자연수$\}$가 된다.

(b) X의 원소 x에 대해 x의 약수를 대응시키는 경우를 생각해보자. 예를 들어, 자연수 10은 1, 2, 5, 10을 약수로 가지며 이들은 모두 Y의 원소이다. 즉, x에 대응될 수 있는 Y의 원소가 여러 개 존재하는 경우가 있으므로 이 대응은 함수가 아니다.

위 예의 (a)에서는 함수가 $f(x) = x^2$이라는 수식으로 표현되었다. 이를 $y = x^2$과 같이 두 개의 변수 x, y로 표현하면 x에 대입되는 값에 의해 y의 값이 결정된다. 이때 x를 **독립변수**(independent variable), y를 **종속변수**(dependent variable)라 한다. 좌표가 (x, y)인 좌표평면상의 점이 주어졌을 때 원점으로부터 이 점까지의 거리를 대응시키는 함수는 $f(x, y) = \sqrt{x^2 + y^2}$으로 나타낼 수 있다. 거리는 점의 좌표에 의해 결정되므로 거리를 나타내는 변수를 z라 하면(즉, $z = \sqrt{x^2 + y^2}$), x와

y는 독립변수이고 z는 종속변수가 된다.

X에서 Y로의 함수 f에 대해, $\{(x, f(x)) \mid x \in X\}$로 정의되는 $X \times Y$의 부분집합을 함수 f의 **그래프**(graph)라 한다. 모든 x와 $f(x)$들이 실수인 경우, 좌표평면 위에 $(x, f(x))$를 좌표로 가지는 점들을 표시하여 함수의 특성을 시각적으로 나타낼 수도 있다.

예

정의역이 $-2, -1, 0, 1, 2$이고 $f(x) = x^2$인 함수 f의 그래프는 $(-2, 4)$, $(-1, 1)$, $(0, 0)$, $(1, 1)$, $(2, 4)$가 된다. [그림 2.1.1]은 f의 그래프를 좌표평면 위에 나타낸 것이다.

예

위 예의 함수에서 정의역 X를 구간 $[-2, 2]$라 하고 그래프를 좌표평면 위에 나타내면 [그림 2.1.2]와 같은 곡선이 그려지는데, 이를 함수 f의 곡선(curve)이라고도 한다.

예

X={서울, 부산, 동경, 시드니}, Y={한국, 일본, 호주, 미국}이라 하고, X의 원소인 각 도시 이름에 그 도시가 속한 나라 이름을 대응시키는 함수를 생각하자. 이 경우 X, Y의 원소가 숫자가 아니므로 함수를 수식이나 좌표평면상의 그림으로 나타내기 어렵다. 하지만 [그림 2.1.3]과 같은 **다이어그램**(diagram)을 이용하면 함수를 잘 표현할 수 있다. 이러한 다이어그램은 정의역의 원소 개수가 유한한 경우에만 그릴 수 있을 것이다.

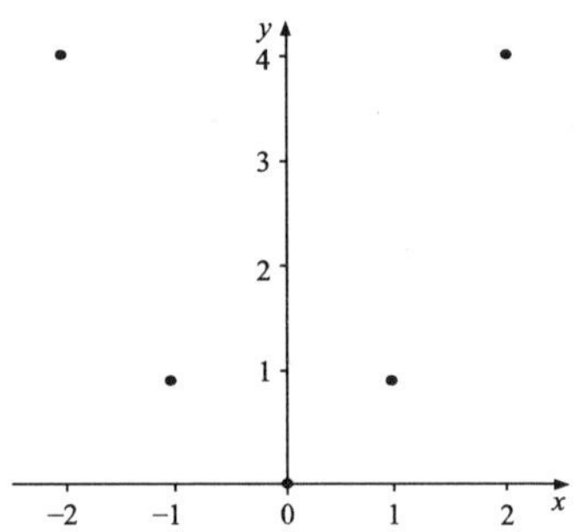

[그림 2.1.1]

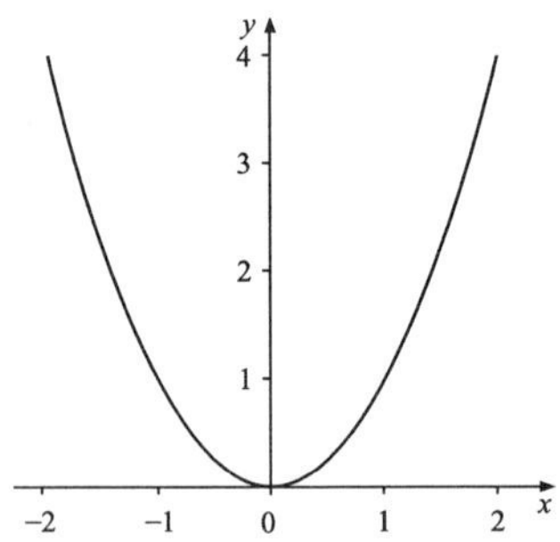

[그림 2.1.2] $f(x) = x^2$

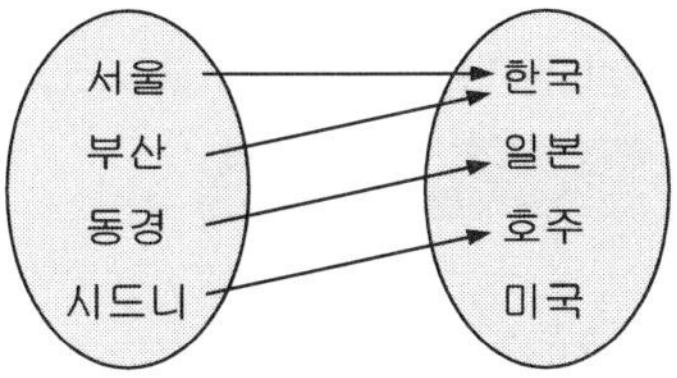

[그림 2.1.3] 함수의 다이어그램

2.1.2 수학적 모형

자연 과학, 사회 과학, 공학은 자연계, 인간 사회에 발생하는 여러 가지 현상을 이해하고 예측하며, 이를 인간에게 바람직한 방향으로 제어하는 것을 목적으로 하는 학문이다. 이들 학문에서는 어떤 현상을 설명함에 있어 수치나 수식 등을 사용한다. 이와 같이, 실세계의 현상을 수학적 언어로 기술(記述)한 것을 **수학적 모형**(mathematical model)이라 한다.

예를 들어, 만유인력은 $F=m_1m_2G/r^2$이라는 수학 공식으로 설명되는데, 이는 만유인력의 크기에 영향을 미치는 인자가 두 물체 사이의 거리와 질량이 된다는 수학적 모형을 수립한 후, 이 인자들을 변수로 가지는 만유인력 함수를 얻어낸 것이다. 수학적 모형을 수립하기 위해서는 현상에 영향을 미치는 유효한 인자들을 도출해야 하며 이들 인자들은 수치로 표현될 수 있어야 한다. 대개의 경우 인자의 도출은 인간의 사고와 지식 그리고 여러 가지 실험/측정 데이터로부터 이루어진다. 수학적 모형이 수립되면, 인자들을 변수로 가지는 함수나 공식을 얻어내며, 이들을 분석하면 현상의 설명, 예측, 제어가 가능해진다.

[표 2.1.1]은 어떤 지역의 대기 중 이산화탄소 양을 1980년부터 1998년까지 매 2년마다 측정한 것이며 [그림 2.1.4]는 이를 좌표평면에 표시한 것이다. 그림에서 보는 바와 같이 이산화탄소 양은 측정 연도와 대략 일정한 비율로 비례관계에 있음을 알 수 있고, 표시된 점들을 이으면 거의 하나의 직선에 근접하게 된다. 그려진 점들에 가깝게 지나가는 직선의 방정식을 구해보면 $y=1.5667x-2763.51$이 얻어진다. 따라서 x년도의 이산화탄소 양 $C(x)$는

$$C(x)=1.5667x-2763.51$$

인 함수로 표현할 수 있다. 이와 같이 어떤 현상을 1차 다항식으로 표현한 것을 선형 모형(linear model)이라 한다.

[표 2.1.1] 연도별 이산화탄소 양

연도	CO_2 (ppm)
1980	338.5
1982	341.0
1984	344.3
1986	347.0
1988	351.3
1990	354.0
1992	356.3
1994	358.9
1996	362.7
1998	366.7

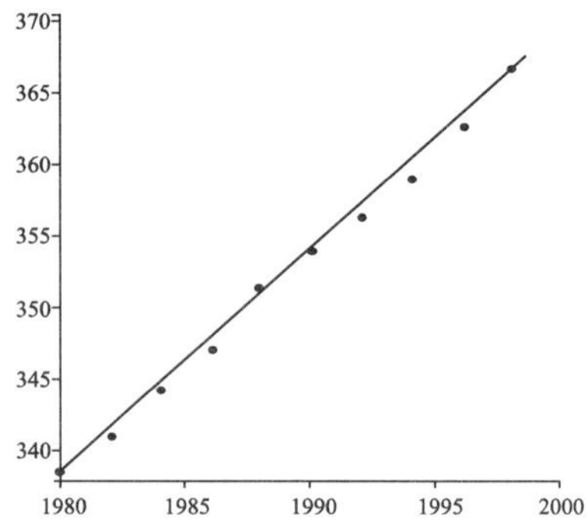

[그림 2.1.4] 선형 모형

얻어진 함수는 현상에 정확히 일치하는 것은 아니지만, 어느 정도 의미 있게 현상을 설명한다. 또한 측정을 실시하지 않았던 1991년이나 2001년도의 이산화탄소 양도 $C(1991)$, $C(2001)$로 추측할 수 있다. 그러나 이 함수를 이용하여 2010년도의 이산화탄소 양을 추측하는 것은 그리 믿을 만한 예측이 아닐 것이다.

[그림 2.1.5]는 어떤 측정 데이터를 표시한 것이다. 이 경우, 선형 모형보다는 $f(x)=ax^2+bx+c$가 더 적절한 모형이 될 것이다. 이러한 판단은 우리가 일차식과 이차식으로 표현되는 함수의 특성을 알고 있기 때문에 가능한 것이다. 즉, 우리가 더 많은 함수들의 특성을 알고 있을수록, 현상을 설명하기 위한 더욱 적절한 모형을 얻어낼 수 있다.

2장의 나머지 부분에서는 앞으로 대학의 여러 과정을 공부하는 데 공통적으로 필요한 기본적인 함수들을 소개하기로 한다.

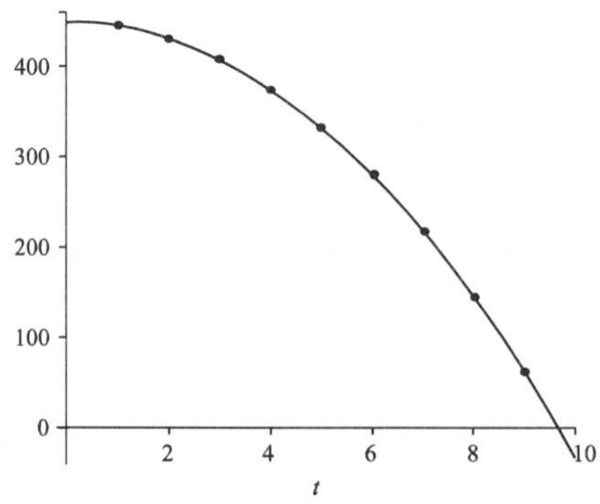

[그림 2.1.5]

연습문제

1-6 ■ 다음에 주어진 함수의 정의역을 구하여라.

1. $f(x)=\dfrac{x}{\sqrt{3x-1}}$

2. $f(x)=\dfrac{5x+4}{x^2+3x+2}$

3. $f(t)=\sqrt{t}+\sqrt[3]{t}$

4. $g(u)=\sqrt{u}+\sqrt{4-u}$

5. $h(t)=\dfrac{4-t^2}{2-t}$

6. $f(x)=2+x$

7. 넓이가 $20\,\mathrm{m}^2$인 직사각형이 있을 때 이 사각형의 가로 길이 값을 세로 길이 값을 독립변수로 가지는 함수로 나타내고 정의역을 구하여라.

8. 이등변 삼각형의 넓이를 변의 길이들을 독립변수로 가지는 함수로 나타내고 정의역을 구하여라.

9. 정육면체의 표면적 S를 체적 V을 독립변수로 하는 함수로 나타내고 정의역을 구하여라.

10. 어떤 나라에서는 다음과 같은 규칙에 따라 세금을 부과한다.
10,000$ 이하의 소득에는 세금을 부과하지 않는다. 10,000$를 초과하고 20,000$ 이하인 소득에 대해서는 10%의 세율을 적용한다. 20,000$를 초과하는 소득에는 15%의 세율을 적용한다. 납부해야 할 세액을 소득액의 함수로 나타내어라.

2.2 여러 가지 함수

이 절에서는 실숫값을 가지는 여러 가지 함수들을 소개한다. 한 가지 미리 언급할 것은 정의역에 관해 언급하지 않고 어떤 함수를 수식으로 표현하는 경우이다. 이 경우, 그 수식이 실수 값을 가지는 가장 큰 실수들의 집합을 정의역으로 생각하도록 약속한다.

2.2.1 다항 함수

상수 a_n, a_{n-1}, $\cdots$, a_1, a_0과 자연수 n에 대해

$$f(x) = a_n x^n + a_{n-1} x^{n-1} + \cdots + a_1 x + a_0$$

꼴로 나타나는 함수 f를 **다항 함수**(polynomial function)라 한다. 특히, a_n이 0이 아니면 n을 f의 **차수**(degree)라 하고 각각의 $a_i\,(i = 1, 2, \cdots, n)$를 i차 항의 **계수**라 부른다. 예를 들어,

$$f(x) = 3x^4 + 5x^2 + 1$$

에서, f의 차수는 4이며 5는 2차 항의 계수이다.

2.2.2 거듭제곱 함수

a를 0이 아닌 상수라 할 때, $f(x) = x^a$ 꼴로 표현되는 함수를 **거듭제곱 함수** 또는 **멱함수**(power function)라 한다. 거듭제곱 함수는 다음과 같이 정의된다. n은 자연수라 하자.

(i) x^n은 x를 n번 거듭제곱한 값이다.

(ii) $x^{1/n}$은 n번 거듭제곱하여 x가 되는 값이다. 즉, $(x^{1/n})^n = x$가 된다. 만약 $f(x) = x^{1/2}$이라 하면, f의 가장 큰 정의역은 $[0, \infty)$가 되는데, 제곱하여 음수가 되는 실수는 존재하지 않기 때문이다. $g(x) = x^{1/3}$의 경우에는 $(-\infty, \infty)$가 g의 정의역이 될 수 있다.

(iii) x^{-n}은 $\dfrac{1}{x^n}$으로 정의된다. $f(x) = x^{-1/2}$이라 하면 $x^{-1/2} = \dfrac{1}{\sqrt{x}}$이므로 정의역은 $(0, \infty)$가 된다.

2.2.3 대수적 함수

마치 수들을 더하고, 빼고, 곱하고, 나누며 거듭제곱하듯이 다항 함수들에 대해 이러한 대수적 연산들을 하여 만든 함수를 **대수적 함수**(algebraic function)라 한다. 예를 들어,

$$f(x) = (x-2)^2 \sqrt{x+1} + \frac{3x^{2/3}}{x^2 - 1}$$

라 하면 f는 대수적 함수이다. 이 경우, f가 실수 값을 가지지 위해서는 $x + 1 \geq 0$, $x^2 - 1 \neq 0$을 만족해야 한다. 따라서 f가 가질 수 있는 최대의 정의역은

$\{x \mid x > -1,\ x \neq 1\}$이 된다.

2.2.4 함수의 합성

두 함수 f, g에 대해 이들의 **합성함수** $f \circ g$는

$$(f \circ g)(x) = f(g(x))$$

로 정의된다. 예를 들어, $f(x) = x^2$, $g(x) = x+1$ 이라면

$$(f \circ g)(x) = (x+1)^2$$

이 된다.

함수의 합성에 있어 주의할 것은 두 함수의 정의역과 치역 간의 관계이다. 만약 $f(x) = \sqrt{x}$ 이고, $g(x) = -x^2-1$이라면

$$(f \circ g)(x) = \sqrt{-x^2-1}$$

이 되므로, $f \circ g$는 정의되지 않는 함수이다. 이는 f의 정의역과 g의 치역이 서로소이기 때문이다.

2.2.5 함수의 조합

대수적 함수에서와 같이 두 함수 f, g에 대해 대수적 연산을 적용하여 새로운 함수를 만들 수 있는데, 그 예는 다음과 같다.

$$(f+g)(x) = f(x) + g(x)$$

$$(f-g)(x) = f(x) - g(x)$$

$$(fg)(x) = f(x)g(x)$$

$$\left(\frac{f}{g}\right)(x) = \frac{f(x)}{g(x)}$$

만약 f와 g의 정의역을 각각 A, B라 한다면, 위와 같이 만들어진 함수의 값은 f, g의 값이 동시에 존재하는 경우에 얻을 수 있다. 즉, 어떤 x가 A의 원소인 동시에 B의 원소이어야 $(f+g)(x)$, $(f-g)(x)$, $(fg)(x)$의 값을 계산할 수 있다. 따라서 이들의 정의역은 $A \cap B$가 된다. $\dfrac{f}{g}$는 g의 값이 0이 되지 말아야 하므로, 정의역은

$$\{x \mid x \in A \cap B,\ g(x) \neq 0\}$$

이 된다.

예제 2.2.1 $f(x) = \sqrt{x}$, $g(x) = \sqrt{4-x^2}$ 일 때, $\frac{f}{g}$ 의 정의역을 구하여라.

풀이 x가 정의역의 원소라면 $x \geq 0$, $4-x^2 \geq 0$, $4-x^2 \neq 0$을 만족하여야 하므로, 정의역은 $\{x \mid 0 \leq x < 2\} = [0, 2)$가 된다. ■

2.2.6 역함수

두 집합 X와 Y가 어떤 함수 f의 정의역과 치역이라 하자. 이때 Y와 X를 정의역과 치역으로 하며

$$(f \circ g)(x) = x,\ (g \circ f)(x) = x$$

를 만족하는 함수 g를 함수 f의 **역함수**(inverse function)라 하고 f^{-1}로 표시한다. 만약 어떤 실수 a와 b에 대해 $f(a) = b$가 성립한다 하면, $f^{-1}(f(a)) = a$이므로 $f^{-1}(b) = a$임을 알 수 있다. 또한 $f^{-1}(d) = c$이면, $f(f^{-1}(d)) = d$이므로 $f(c) = d$가 성립한다.

예

함수 f의 정의역이 $\{1, 2, 3\}$이고 $f(1) = 4$, $f(2) = 5$, $f(3) = 6$이라 하면, f^{-1}의 정의역은 $\{4, 5, 6\}$이며 $f^{-1}(4) = 1$, $f^{-1}(5) = 2$, $f^{-1}(6) = 3$이 된다.

예

$f(x) = 2x + 3$이라 하고 $g(x) = \frac{x-3}{2}$라고 하면, $(f \circ g)(x) = 2(\frac{x-3}{2}) + 3 = x$, $(g \circ f)(x) = \frac{(2x+3)-3}{2} = x$이므로 $g = f^{-1}$이고 $f = g^{-1}$이 된다.

함수 f의 정의역이 $\{1, 2, 3\}$이고 $f(1) = 4$, $f(2) = 4$, $f(3) = 5$라 가정하고 f의 역함수 f^{-1}에 대해 생각해보자. 이 경우 f^{-1}의 정의역은 $\{4, 5\}$이다. 그런데 $f^{-1}(4)$는 무엇일까? 역함수의 정의에 의하면 $f^{-1}(4) = 1$, $f^{-1}(4) = 2$가 되므로 f^{-1}는 함수가 아니다. 즉, 이 경우 f의 역함수는 존재하지 않는데, 이는

$f(1)=f(2)=4$ 이기 때문이다. 따라서 어떤 함수가 역함수를 가지기 위해서는

$$x_1 \neq x_2 \text{이면 } f(x_1) \neq f(x_2)$$

를 만족해야 한다. 즉 일대일 함수가 되어야만 한다.

예

$f(x)=x^2$인 함수를 생각하자. 이 함수의 정의역을 $(-\infty, \infty)$로 두면 $a>0$인 실수 a에 대해 $f(\sqrt{a})=f(-\sqrt{a})=a$이므로 역함수가 존재하지 않는다. 그러나 정의역을 $[0, \infty)$로 두면, $f^{-1}(x)=\sqrt{x}$ 인 역함수가 존재한다.

예제 2.2.2 $f(x)=x^3+1$인 함수 f의 역함수를 구하여라.

풀이 $y=f(x)$라 하면 y값은 x를 변수로 하는 수식, $y=x^3+1$로 표현된다. 이때 이 수식으로부터 x값이 y를 변수로 하는 수식으로 표현되도록 유도해보면,

$$x^3=y-1 \text{ 또는 } x=(y-1)^{1/3}$$

을 얻을 수 있고 $f^{-1}(y)=x$가 성립해야 하므로, f의 역함수는 $f^{-1}(x)=(x-1)^{1/3}$가 된다.

■

어떤 함수 f의 역함수가 존재하고 그 정의역을 X라 하면, f의 그래프는

$$\{(x, y) \mid y=f(x), x \in X\}$$

가 된다. $y=f(x)$이면 $x=f^{-1}(x)$이므로, f^{-1}의 그래프는

$$\{(y, x) \mid y=f(x), x \in X\}$$

가 된다. 점 (x, y)와 (y, x)는 좌표평면상에서 $y=x$를 만족하는 직선에 대칭인 위치에 있으므로 두 함수의 그래프를 동시에 그리면 [그림 2.2.1]과 같이 된다.

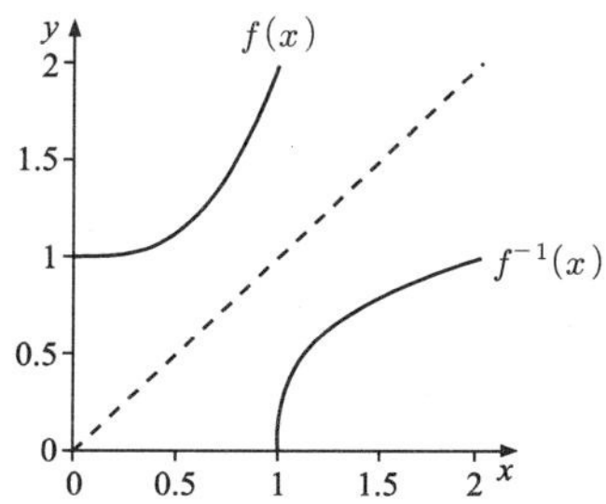

[그림 2.2.1] $f(x)=x^3+1,\ f^{-1}(x)=(x-1)^{1/3}$

2.2.7 함수특성에 따른 분류

함수(function)라는 말은 라이프니츠에 의하여 1694년 처음으로 쓰였으며 1688년 베르누이는 함수를 “변수와 상수를 포함한 식”이라고 정의한 바 있다. 또한 우리에게 익숙한 함수의 기호 $f(x)$는 1734년 오일러에 의하여 처음 도입되었으나, 함수를 특별한 성질을 가진 관계로 취급하기 시작한 것은 극히 최근의 일이다. 이 절에서는 여러 가지 함수를 특성에 따른 분류를 공부한다.

전체 집합 U가 주어졌을 때 U의 부분집합 A에 대하여 $\chi_A : U \to \{0,\ 1\}$을

$$\chi_A(x) = \begin{cases} 1, & x \in A \\ 0, & x \in U - A \end{cases}$$

와 같이 정한다. 이때 χ_A를 A의 **특성함수**(characteristic function)라고 부른다.

또한 임의의 집합 A에 대하여 $I_A : A \to A$를

$$I_A(x) = x,\ \ x \in A$$

처럼 정의하고 이를 A 위의 **항등함수**(identity function)라고 부른다.

함수 $f : A \to B$에서 f의 공역과 치역이 같을 때 f를 B **위로의 함수** 또는 **전사함수**(onto, surjection)라 하고, $f(x_1) = f(x_2)$일 때 $x_1 = x_2$ $(x_1,\ x_2 \in A)$를 만족하면 **일대일 함수** 또는 **단사함수**(one-to-one, injection)라고 한다. 그리고 위 두 조건을 만족하는 함수를 **일대일 대응** 또는 **전단사함수**(one-to-one correspondence, bijection)라고 부른다.

예

$f : \mathbb{R} \to \mathbb{R}$ (단, $\mathbb{R}$은 실수의 집합), $f(x) = x + 2$로 정의된 함수는 전사함수이다. 왜냐하면 임의의 실수 y에 대하여 $y = x + 2$를 만족하는 x는 $y - 2$이고, y가 실수일 때 $y - 2$도 실수이기 때문이다.

예

$g : \mathbb{R} \to \mathbb{R}$ (단, $\mathbb{R}$은 실수의 집합), $g(x) = x^2 + 1$로 정의된 함수는 전사함수가 아니다. 이것은 공변역 $\mathbb{R}$에 속하지만 정의역 $\mathbb{R}$에 속하는 **원상**(preimage)을 가지지 못하는 원소가 있기 때문이다. 즉 -2는 실수이지만 $x^2 + 1 = -2$를 만족하는 실수는 존재하지 않기 때문이다.

정의역 안에 있는 모든 x에 대하여, $-x$ 역시 정의역 안에 있고 $f(-x) =$

$f(x)$를 만족하는 함수 f를 **우함수**(even function)라고 부른다. 정의역 안에 있는 모든 x에 대하여, $-x$ 역시 정의역 안에 있고 $f(-x)=-f(x)$를 만족하는 함수 f를 **기함수**(odd function)라고 부른다.

특히 우함수가 될 필요충분조건은 함수의 그래프가 y축에 대하여 대칭인 것이다. 함수가 기함수가 될 필요충분조건은 함수의 그래프가 원점에 대하여 대칭인 것이다.

예

$f(x)=x^2-5$인 함수를 생각하자. 여기서 x를 $-x$로 대체하면,

$$f(-x)=(-x)^2-5=x^2-5$$

이다. 즉 $f(-x)=f(x)$이기 때문에 f는 우함수이고, f의 그래프는 y축에 대하여 대칭이다.

예

$g(x)=x^3+x$에 대하여 x 대신 $-x$로 대체하면,

$$g(-x)=(-x)^3+(-x)=-x^3-x$$

이다. $g(-x)\neq g(x)$이며 $g(-x)=-g(x)$을 만족하기 때문에 g는 기함수이고, g의 그래프는 원점에 대하여 대칭이다.

정리 2.2.1

증가 또는 감소함수는 일대일 함수이다.

정리 2.2.2

함수 f의 그래프와 그 역함수 f^{-1}의 그래프는 직선 $y=x$에 서로 대칭이다.

정리 2.2.3

두 함수 $f:A\to B$, $g:B\to A$가 모두 전단사함수라 하자. 이때 $g=f^{-1}$이기 위한 필요충분조건은 $g\circ f=I_A$ (또는 $f\circ g=I_B$)이다.

증명 $g=f^{-1}$라고 가정하면 $g\circ f=I_A$, $f\circ g=I_B$이다. 이제 $g\circ f=I_A$라 하면 $g=g\circ I_B=g\circ(f\circ f^{-1})=(g\circ f)\circ f^{-1}=I_A\circ f^{-1}=f^{-1}$이다. 마찬가지로 $f\circ g=I_B$일 때도 $g=f^{-1}$가 성립함을 보일 수 있다. ■

예

$h:\mathbb{R}\to\mathbb{R}$ ($\mathbb{R}$은 실수의 집합), $h(x)=\dfrac{1}{x^2+1}$ 은 단사함수가 아니다. 왜냐하면 3과 -3에서의 함숫값 $h(3)$과 $h(-3)$이 모두 $\dfrac{1}{10}$로 같기 때문이다.

구간 I 안에 있는 임의의 원소 x_1과 x_2 $(x_1 < x_2)$에 대하여 $f(x_1) < f(x_2)$을 만족하는 함수 f를 구간 I에서 (순)증가(strictly increasing)한다고 한다.

구간 I 안에 있는 임의의 원소 x_1과 x_2 $(x_1 < x_2)$에 대하여 $f(x_1) > f(x_2)$을 만족하는 함수 f를 구간 I에서 (순)감소(strictly decreasing)한다고 한다.

구간 I 안에 있는 모든 원소에 x에 대하여 $f(x)$의 값이 항상 같을 때, 함수 f를 구간 I에서 상수함수(constant function)라고 한다.

예제 2.2.3 [그림 2.2.2]에서 주어진 함수는 어디에서 증가 또는 감소함수인가? 어디에서 상수함수인가?

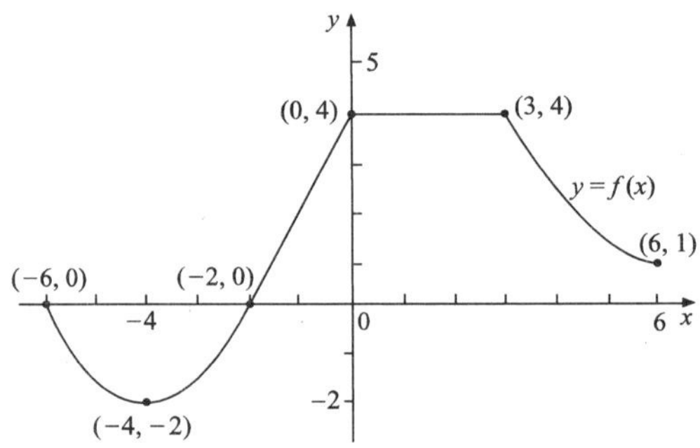

[그림 2.2.2]

풀이 그래프는 $-4 \le x \le 0$에서 상승하고 있다. 즉 함수는 $[-4, 0]$에서 증가한다. $-6 \le x \le -4$와 $3 \le x \le 6$에서 감소하고 있다. 즉 함수는 $[-6, -4]$와 $[3, 6]$에서 감소한다. 또한 $0 \le x \le 3$에서 즉, $[0, 3]$에서 상수함수이다. ■

연습문제

1-6 ■ 주어진 함수의 그래프를 그려라.

1. $f(x)=x^4$

2. $f(x)=x^4-x^3$

3. $f(x)=x^4-6x^2+4$

4. $f(x)=x^4-4x^3-3x^2-2x$

5. $f(x)=x^4-1$

6. $f(x)=x^4-x$

7-10 ■ 아래 주어진 함수 f, g에 대해 $f \circ g$와 그 정의역을 구하여라.

7. $f(x)=1,\ g(x)=x^2+1$

8. $f(x)=x^{1/4},\ g(x)=3x+1$

9. $f(x)=x^{1/2}+x^{1/3},\ g(x)=\dfrac{2x+1}{x^2-1}$

10. $f(x)=x^2+2,\ g(x)=\sqrt{x}$

11-13 ■ 아래 주어진 함수 f가 역함수를 가질 수 있도록 정의역을 설정한 후 역함수를 구하라. 또한 그 역함수의 정의역을 구하여라.

11. $f(x)=x^2+1$

12. $f(x)=\sqrt{x^2+1}+2$

13. $f(x)=\dfrac{2}{3x+2}$

2.3 지수함수와 로그함수

지수함수와 그의 역함수인 로그함수는 자연이나 사회현상의 수학적 모형으로 자주 사용된다. 이러한 함수들은 **2.4절**의 삼각함수와 함께 대수적 함수의 범주에 속하지 않는 대표적인 예이다.

2.3.1 지수함수

$a>0$을 만족하는 실수인 상수 a에 대해

$$f(x)=a^x$$

로 표현되며 다음의 조건을 만족하는 함수 f를 **지수함수**(exponential function)라 한다.

(i) $a^0=1$

(ii) $a^{x_1+x_2}=a^{x_1}a^{x_2}$

(iii) $a^{x_1-x_2}=\dfrac{a^{x_1}}{a^{x_2}}$

(iv) $a^{x_1x_2}=(a^{x_1})^{x_2}$

위의 정의로부터 $a^{\frac{5}{3}}=a^{1+\frac{2}{3}}=aa^{\frac{2}{3}}$임을 알 수 있다. $a^{\frac{1}{3}}$은 2.2.2절의 거듭제곱에서 언급한 것처럼 3번 거듭제곱하면 a가 되는 수, 즉 $(a^{\frac{1}{3}})^3=a$를 만족하는

수이다. 따라서 $a^{\frac{2}{3}}$은 $a^{\frac{1}{3}}$을 거듭제곱한 수, 즉 $(a^{\frac{1}{3}})^2$로 정의된다. a^{-2}은 $a^{-2}=a^{0-2}=\frac{a^0}{a^2}=\frac{1}{a^2}$이 된다.

x가 무리수, 즉 순환하지 않는 무한소수라면 a^x의 값은 무엇일까? 예를 들어 $x=\pi$라 하자. $\pi=3.14159\cdots$ 인데 이를

$$\pi=3+\frac{1}{10}+\frac{4}{10^2}+\frac{1}{10^3}+\frac{5}{10^4}+\frac{9}{10^5}+\cdots$$

으로 표현할 수 있으므로,

$$a^{\pi}=a^3a^{\frac{1}{10}}a^{\frac{4}{100}}a^{\frac{1}{1000}}a^{\frac{5}{10000}}a^{\frac{9}{100000}}\cdots$$

가 된다. 다른 무리수에 대해서도 이와 같이 a^x값이 정의된다. 지수함수는 모든 실수에 대해 값을 가지므로 최대 정의역은 실수 전체, 즉 $(-\infty, \infty)$이다. 지수함수의 값은 a^n, $a^{1/n}$ (n은 자연수) 꼴인 양의 실수들을 곱하거나 나누어서 얻으므로 임의의 실수 x에 대해 항상 $a^x>0$이다.

[그림 2.3.1]은 여러 가지 지수함수의 그래프를 보여준다. 그림에서 보듯이 $a\neq 1$이면 a^x의 치역은 $(0, \infty)$이다.

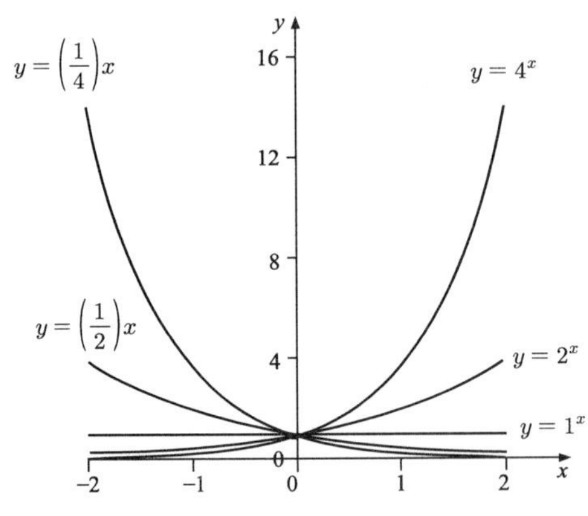

[그림 2.3.1] 여러 가지 지수함수

예제 2.3.1 a가 1이 아닌 양의 실수일 때, $a^x=1$인 x는 0뿐이다. 이 사실을 이용하여 a가 1이 아닌 양의 실수라 할 때, $f(x)=a^x$가 일대일 함수가 됨을 보여라.

풀이 어떤 실수 x_1, x_2에 대해 $a^{x_1}=a^{x_2}$가 성립한다고 하자. 양변을 a^{x_2}로 나누면,

$$a^{x_1 - x_2} = 1$$

이고 $x_1 - x_2 = 0$이므로 $x_1 = x_2$가 성립한다. ■

2.3.2 로그함수

지금까지 살펴본 바와 같이 지수함수 $f(x) = a^x$는 $a \neq 1$인 경우, $(-\infty, \infty)$와 $(0, \infty)$를 각각 정의역과 치역으로 가지는 일대일 함수이다. 따라서 $(0, \infty)$와 $(-\infty, \infty)$를 정의역과 치역으로 가지는 a^x의 역함수가 존재하는데, 이를 $f^{-1}(x) = \log_a x$로 표시하고 **로그함수**(logarithmic function)라 한다. 즉,

$$\log_a x = y \iff a^y = x$$

이다. 또한 a를 a^x와 $\log_a x$의 밑(base)이라 부른다. [그림 2.3.2]는 여러 가지 a 값에 따른 로그함수의 그래프를 보여준다. 특히 밑수가 10인 로그를 상용로그(common logarithm)라 하고 $\log_{10} x$를 주로 $\log x$로 쓴다.

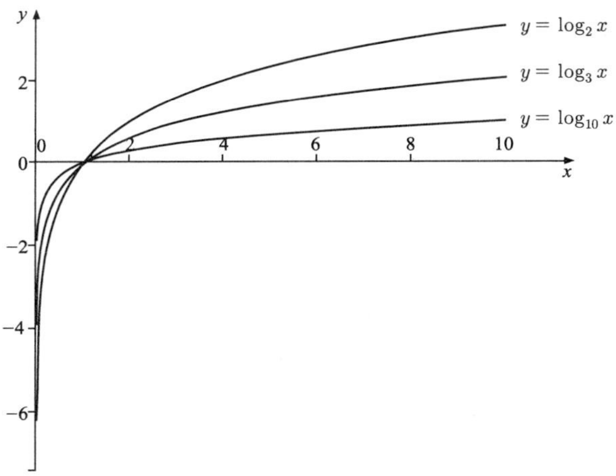

[그림 2.3.2] 여러 가지 로그함수들

지수함수의 성질로부터 다음과 같은 공식을 유도할 수 있다.

정리 2.3.1

(a) $\log_a(xy) = \log_a x + \log_a y$

(b) $\log_a(\frac{x}{y}) = \log_a x - \log_a y$

(c) $\log_a(x^r) = r\log_a x$

(d) $a^{\log_a x} = x$

(e) $\log_a x = \dfrac{\log_b x}{\log_b a}$

예제 2.3.2 **정리 2.3.1**의 공식 (a)가 참임을 증명하여라.

풀이 $z = \log_a x,\ w = \log_a y$라 하면 $x = a^z,\ y = a^w$이다.
$xy = a^z a^w = a^{z+w}$이므로

$$\log_a(xy) = z + w = \log_a x + \log_a y$$

가 성립한다. ■

예제 2.3.3 위 공식들을 이용하여 $\log_2 80 - \log_2 5$를 계산하여라.

풀이 $\log_2 80 - \log_2 5 = \log_2\left(\dfrac{80}{5}\right) = \log_2 16 = \log_2 2^4 = 4$ ■

예제 2.3.4 다음을 계산하여라(단 $\log_{10}2 \approx 0.3010,\ \log_{10}3 \approx 0.4771$).

(a) $\log_5 81$

(b) $\log_{\sqrt{3}} \sqrt[3]{5}$

풀이 $\log 5 = \log\dfrac{10}{2} = 1 - \log 2 \approx 0.699$ 이므로

(a) $\log_5 81 = \dfrac{\log 3^4}{\log 5} = \dfrac{4 \cdot \log 3}{\log 5} \approx \dfrac{4 \cdot 0.4771}{0.699} \approx 2.730$

(b) $\log_{\sqrt{3}} \sqrt[3]{5} = \dfrac{\log \sqrt[3]{5}}{\log \sqrt{3}} = \dfrac{2}{3} \cdot \dfrac{\log 5}{\log 3} \approx \dfrac{2}{3} \cdot \dfrac{0.699}{0.4771} \approx 1.465$ ■

2.3.3 자연로그

어떤 실수 a에 대해, 지수함수 $f(x) = a^x$의 곡선을 생각하자. [그림 2.3.3]과 같이 $(0, 1)$에서 이 곡선에 접하는 직선의 기울기가 1인 경우, 이를 만족하는 실수 a의 값을 e로 표시한다. 상수 e는 무리수이며 그 값은 대략

$$e \approx 2.71828$$

이다. 이때 $g(x) = \log_e x$인 함수를 **자연로그**(natural logarithm)라 한다. 자연로그

는 다음과 같이 특별하게 표시한다.

$$\log_e x = \ln x$$

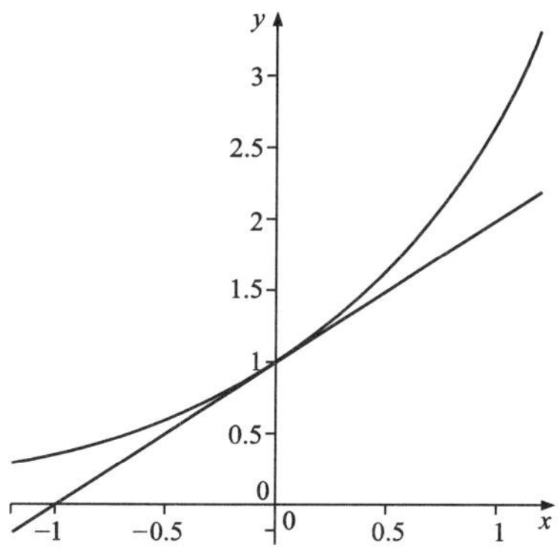

[그림 2.3.3] $y = e^x$

예제 2.3.5 $\log_a x = \dfrac{\ln x}{\ln a}$ 임을 증명하여라.

풀이 $y = \log_a x$ 라 하면 $a^y = x$ 이고 $\ln a^y = \ln x$ 이다. 따라서

$$\log_a x = y = \frac{\ln x}{\ln a}.$$ ■

임의의 a와 x가 주어졌을 때 $\log_a x$의 값을 실제로 계산한다고 해보자. 이 경우 $a^y = x$를 만족하는 y를 구하여야 하는데 이를 사람이 직접 구하는 것은 어렵고 시간이 걸리는 일이다. 또한 해가 무리수인 경우 이를 소수로 완전히 나타내는 것은 불가능하다. 이러한 이유로 미리 유한한 개수의 x에 대해 로그 값을 미리 표로 만들어 두고 계산 시에는 이 표를 이용하여 주어진 x에 대한 $\log_a x$의 근사치를 구하게 된다. 그러나 이러한 표를 무한히 많은 a값에 대해 모두 만들어 둘 수는 없는 일이다. 그러므로 하나의 고정된 a에 대해 로그함수 표를 한 개만 준비하고 위 예제 2.3.5와 같은 방법으로 로그 값을 계산한다. 예를 들어,

$$\log_8 5 = \frac{\ln 5}{\ln 8}$$

이므로 $\ln x$에 대한 표만 가지고 있으면 $\log_8 5$의 값을 계산할 수 있는 것이다. 로그함수표에 가장 많이 쓰이는 밑 값은 e와 자연수 10이다.

연습문제

1-6 ■ 아래 주어진 함수의 그래프를 그려라.

1. $f(x)=4^x-3$

2. $y=4^{x-3}$

3. $f(x)=-2^{-x}$

4. $y=1+2e^x$

5. $f(x)=3-e^x$

6. $y=2+5(1-e^{-x})$

7. $f(x)=5^x$라 할 때, 다음의 등식이 성립함을 보여라.

$$\frac{f(x+h)-f(x)}{h}=5^x\left(\frac{5^h-1}{h}\right)$$

8. 영호는 방학을 이용해 어떤 상점에서 20일 동안 일하기로 했다. 고용주는 영호에게 아래 2가지 급료 지불 방식 중 한 가지를 선택하라고 했다. 어떤 것을 선택하는 것이 영호에게 유리한가?

(1) 마지막 날에 100만원 지급

(2) 매일 급료를 지불하되 첫날 1원, 둘째 날 2원, 셋째 날 4원, 즉, n번째 날은 $n-1$번째 날의 2배의 급료를 지급

9-12 ■ 아래 주어진 함수의 역함수를 구하여라.

9. $f(x)=e^{x^3}$

10. $f(x)=\ln(x+3)$

11. $f(x)=\dfrac{1+e^x}{1-e^x}$

12. $y=\log_{10}x^2$

13-16 ■ 다음의 값을 계산하여라.

13. $\log_2 64$

14. $\log_6\dfrac{1}{31}$

15. $\ln e^{\sqrt{2}}$

16. $\log_{10}1.25+\log_{\sqrt{10}}80$

17. $2\ln 4-\ln 2$에 가장 가까운 정수는 무엇인가?

18-19 ■ 다음 함수가 우함수 또는 기함수인지를 말하고 함수의 그래프를 그려라.

18. $f(x)=\dfrac{1}{2}(e^x-e^{-x})$

19. $g(x)=\dfrac{1}{2}(e^x+e^{-x})$

20-23 ■ 다음 함수의 그래프를 그려라.

20. $y=\log_{10}(x+5)$

21. $f(x)=-\ln x$

22. $y=\ln(-x)$

23. $y=\ln|x|$

2.4 삼각함수

삼각함수는 그리스의 천문학자들에 의해서 시작되었는데 오늘날의 sine, cosine, tangent 등의 표기법은 18세기 오일러(Euler)에 의해서 확립되었다. 삼각함수는 전통적인 측량과 항해 등에 사용될 뿐만 아니라 물체의 진동, 전자파 등의 파동, 생태계의 변동, 등락을 거듭하는 주식가격의 변화 등을 분석하고 파악하는 데 사용되고 있다.

2.4.1 라디안

각의 단위는 두 가지인데 각도(degree)와 라디안(radian)이 그것이다. 우리가 알고 있는 도(°)는 60분법으로써 360등분한 것의 한 부분으로 표기되며, 각도를 실수(real number)로 표현한 것이 호도법으로써 **라디안**(radian)으로 정의한다. 즉, 두 값의 관계는 다음과 같다.

$$2\pi \text{라디안} = 360^\circ, \qquad 1\text{라디안} = \frac{180^\circ}{\pi} \approx 57.3^\circ$$

앞으로 이 책에서는 특별한 언급이 없는 한, 각의 크기는 라디안으로 나타낸다.

[그림 2.4.1]에서와 같이 반지름이 r인 원에서 θ라디안에 해당하는 원호의 길이를 a라 하자. 원호의 길이는 부채꼴의 각 크기에 비례하므로, a와 원 둘레의 길이를 비교하면

$$\frac{a}{2\pi r} = \frac{\theta}{2\pi}$$

이므로 $\theta = \frac{a}{r}$, $a = r\theta$가 된다.

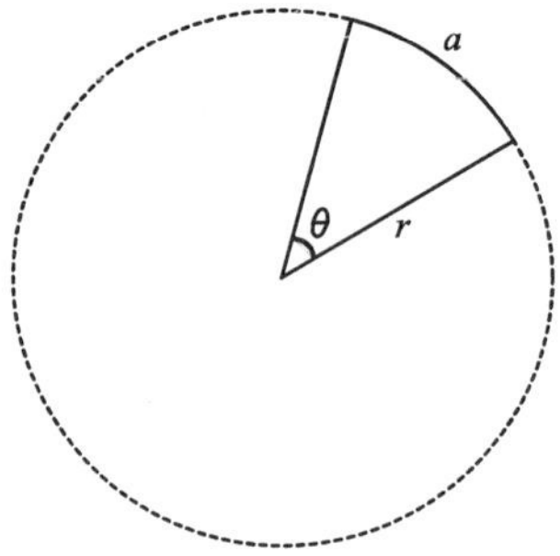

[그림 2.4.1]

예제 2.4.1 반지름이 3cm인 원에서 각이 $\frac{3\pi}{8}$인 원호의 길이를 구하여라.

풀이 원호의 길이를 a라 하면,

$$a = 3\left(\frac{3\pi}{8}\right) = \frac{9\pi}{8}$$

이므로, 길이는 $\frac{9\pi}{8}$ cm이다. ■

2.4.2 삼각형의 비

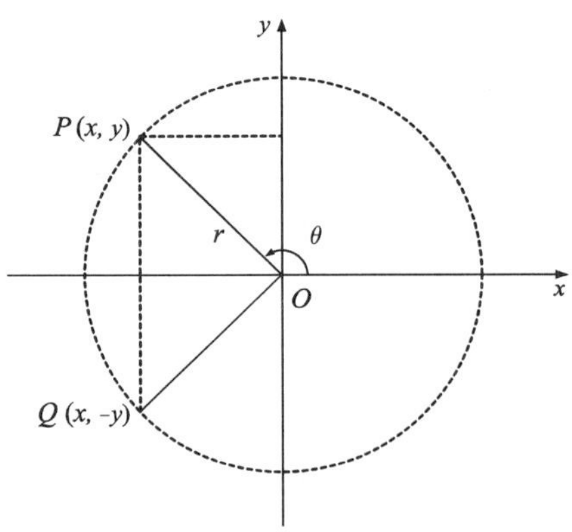

[그림 2.4.2]

[그림 2.4.2]에서와 같이 원점으로부터의 거리가 r이고 좌표가 (x, y)인 점 P

를 생각하고(즉, $r=\sqrt{x^2+y^2}$), O를 좌표축의 원점이라 하자. 양의 실수에 해당하는 X축 내의 반직선으로부터 선분 OP까지 반시계방향으로 잰 각도를 θ라 하면, 다음과 같은 값들을 정의할 수 있다.

$$\sin\theta=\frac{y}{r},\ \cos\theta=\frac{x}{r},\ \tan\theta=\frac{y}{x}=\frac{\sin\theta}{\cos\theta}$$

$\theta=0$이면 $x=r$, $y=0$이므로 $\sin 0=0$, $\cos 0=1$, $\tan 0=0$이 되고 $\theta=\frac{\pi}{2}$이면 $x=0$, $y=r$이므로 $\sin\frac{\pi}{2}=1$, $\cos\frac{\pi}{2}=0$이며 $\tan\frac{\pi}{2}$값은 존재하지 않는다.

한편 P와 X축 대칭인 점 Q에 대해, 양의 실수에 해당하는 X축 내의 반직선으로부터 선분 OQ까지 반시계방향으로 잰 각도는 $2\pi-\theta$이고, 시계방향으로 잰 각도는 θ이다. 이때 반시계방향으로 잰 각도는 $-\theta$로 나타내어 시계방향으로 잰 각도와 구분하면,

$$\sin(-\theta)=\sin(2\pi-\theta)=\frac{-y}{r}=-\sin\theta,$$

$$\cos(-\theta)=\cos(2\pi-\theta)=\frac{x}{r}=\cos\theta$$

임을 알 수 있다.

예제 2.4.2 $\sin\frac{3\pi}{4}$, $\cos\frac{3\pi}{4}$, $\tan\left(-\frac{3\pi}{4}\right)$ 값을 구하여라.

풀이 점 O, P와 $(x, 0)$을 꼭짓점으로 가지는 직각 삼각형을 생각하면 이등변 삼각형이 되므로 $x=-y$이다. 따라서

$$\cos\left(\frac{3\pi}{4}\right)=\frac{x}{\sqrt{x^2+x^2}}=\frac{x}{\sqrt{2x^2}}=\frac{x}{\sqrt{2}|x|}=-\frac{\sqrt{2}}{2}$$

이며, 비슷하게 $\sin\left(\frac{3\pi}{4}\right)=\frac{\sqrt{2}}{2}$, $\tan\left(-\frac{3\pi}{4}\right)=1$이 된다. ■

예제 2.4.3 $\sin^2\theta+\cos^2\theta=1$임을 증명하여라.

풀이 $\sin^2\theta+\cos^2\theta=\frac{y^2}{x^2+y^2}+\frac{x^2}{x^2+y^2}=1$ ■

2.4.3 삼각비의 덧셈정리

[그림 2.4.3]에서와 같이 $OP \perp OQ$이고 원점으로부터의 거리가 같은 두 점 P와 Q를 생각하자. 삼각형 OPA와 OQB는 서로 합동이므로 P의 좌표를 (x, y)라 하면, 점 Q의 좌표는 $(-y, x)$이다. OP의 각도를 θ라 하면 OQ의 각도는 $\theta+\pi/2$이므로,

$$\sin(\theta+\pi/2) = \frac{x}{\sqrt{x^2+y^2}} = \cos\theta,$$
$$\cos(\theta+\pi/2) = \frac{-y}{\sqrt{x^2+y^2}} = -\sin\theta$$

가 된다.

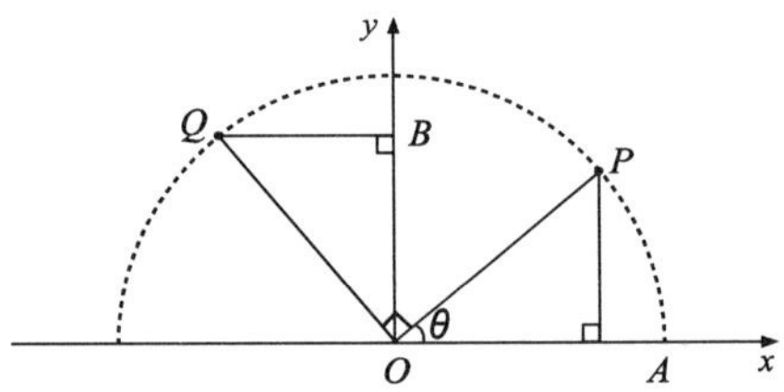

[그림 2.4.3]

[그림 2.4.4]와 같이 사각형 $OAPB$를 O를 중심으로 θ만큼 회전시켜 얻은 사각형 $OCQD$를 생각하자. P의 좌표를 (x, y)라 하면, OC, OD의 각도는 각각 θ, $\theta+\pi/2$이므로 C, D의 좌표는 각각

$$(x\cos\theta,\ x\sin\theta),$$

$$(y\cos(\theta+\pi/2),\ y\sin(\theta+\pi/2)) = (-y\sin\theta,\ y\cos\theta)$$

가 된다. [그림 2.4.5]에서와 같이 점 Q, C에서 X축에 내린 수선들과 D에서 Y축에 내린 수선으로부터 얻어지는 점 S, T를 살펴보면 삼각형 QSD와 CTO가 서로 합동임을 알 수 있다. 따라서 점 Q는 점 D를 X축 방향으로 $x\cos\theta$만큼, Y축 방향으로 $x\sin\theta$만큼 이동한 점이므로, 그 좌표 (z, w)는

$$z = x\cos\theta - y\sin\theta,$$

$$w = x\sin\theta + y\cos\theta$$

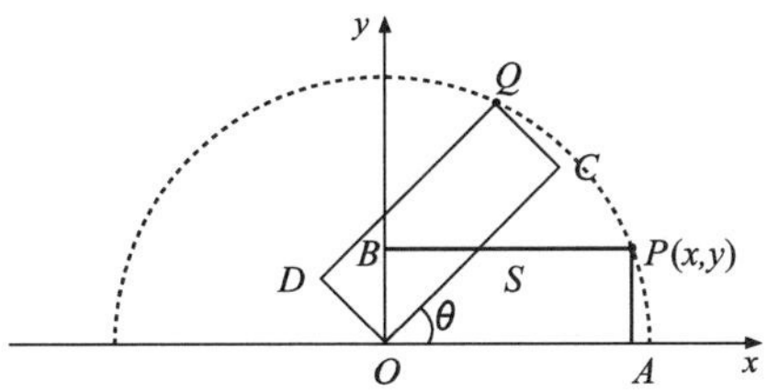

[그림 2.4.4]

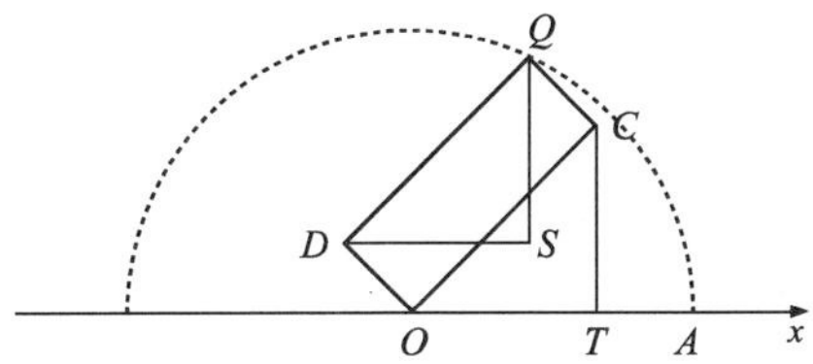

[그림 2.4.5]

가 된다. 이때 OP의 각도를 ϕ라 하고 OP, OQ의 길이를 모두 1이라 하면,

$$\cos(\phi+\theta) = z = \cos\phi\cos\theta - \sin\phi\sin\theta,$$
$$\sin(\phi+\theta) = w = \cos\phi\sin\theta + \sin\phi\cos\theta$$

가 성립한다.

정리 2.4.1

삼각비의 덧셈 정리

$$\cos(\phi+\theta) = \cos\phi\cos\theta - \sin\phi\sin\theta,$$
$$\sin(\phi+\theta) = \sin\phi\cos\theta + \cos\phi\sin\theta.$$ ■

2.4.4 삼각함수

지금까지 $\sin\theta$, $\cos\theta$의 값은 $0 \le \theta < 2\pi$에 대해 정의되었다. θ의 값이 이 범위에 있지 않은 경우 다음의 규칙에 따라 $\sin\theta$, $\cos\theta$의 값을 정의한다.

$$\sin(\theta+2\pi) = \sin\theta, \quad \cos(\theta+2\pi) = \cos\theta$$

이렇게 하면 모든 임의의 실수 θ에 대해 $\sin\theta$, $\cos\theta$의 값이 존재하므로 $(-\infty, \infty)$를 정의역으로 하는 다음의 함수가 존재한다.

$$f(x) = \sin x, \quad g(x) = \cos x$$

[그림 2.4.6]은 함수 $\sin x$와 $\cos x$의 그래프를 보여준다.

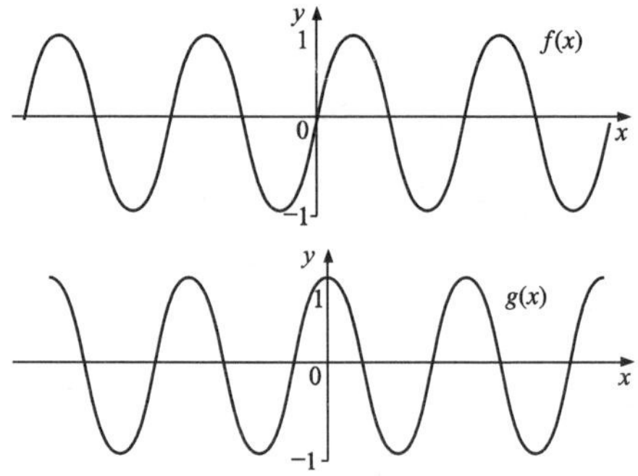

[그림 2.4.6]

예제 2.4.4 **정리 2.4.1** 로부터

$$\sin(\phi-\theta)=\sin\phi\cos\theta-\cos\phi\sin\theta$$

임을 증명하라.

풀이

$$\begin{aligned}\sin(\phi-\theta)&=\sin(\phi+(-\theta)),\\&=\sin\phi\cos(-\theta)+\cos\phi\sin(-\theta)\\&=\sin\phi\cos\theta-\cos\phi\sin\theta\end{aligned}$$

■

마찬가지로 **정리 2.4.1** 로부터 $\cos(\phi-\theta)=\cos\phi\cos\theta+\sin\phi\sin\theta$ 가 성립함을 보일 수 있으며, 또한 $\tan(\phi\pm\theta)=\dfrac{\tan\phi\pm\tan\theta}{1\mp\tan\phi\tan\theta}$ (복호동순)이 성립한다(연습문제 16번 참조).

예제 2.4.5 임의의 실수 x에 대해 항상 $|\sin x|\le 1$ 임을 증명하여라.

풀이 $0\le x<2\pi$ 인 경우, $\sin x$ 는

$$\sin x=\frac{y}{\sqrt{x^2+y^2}}$$

의 꼴이므로 $|\sin x|\le 1$ 이다. x가 위의 범위에 속하지 않는 경우, $0\le x+n(2\pi)<2\pi$ 가 성립하는 적당한 정수 n이 존재하므로

$$\sin x=\sin(x+2n\pi)$$

이므로 $|\sin x|\le 1$ 이 된다. ■

예제 2.4.6 $\cos\frac{\pi}{6}=\frac{\sqrt{3}}{2}$ 이다. $\cos\left(-\frac{11\pi}{6}\right)$의 값을 구하여라.

풀이 $\cos\left(-\frac{11\pi}{6}\right)=\cos\left(\frac{\pi}{6}-2\pi\right)=\cos\frac{\pi}{6}=\frac{\sqrt{3}}{2}$ ■

$\tan x$는 $\tan x=\frac{\sin x}{\cos x}$로 정의되는 함수이다. $\sin x$와 $\cos x$의 정의역은 $(-\infty,\ \infty)$이므로 $\tan x$의 정의역은

$$\{x \mid \cos x \neq 0\},$$

$(0,\ 2\pi)$에서 $\cos x=0$인 x는 $\pi/2,\ 3\pi/2,\ \cdots$ 이므로 정의역은

$$\mathbb{R}-\left\{\frac{\pi}{2}+n\pi \,\middle|\, n\text{은 정수}\right\}$$

이다. [그림 2.4.7]은 $\tan x$의 그래프이다.

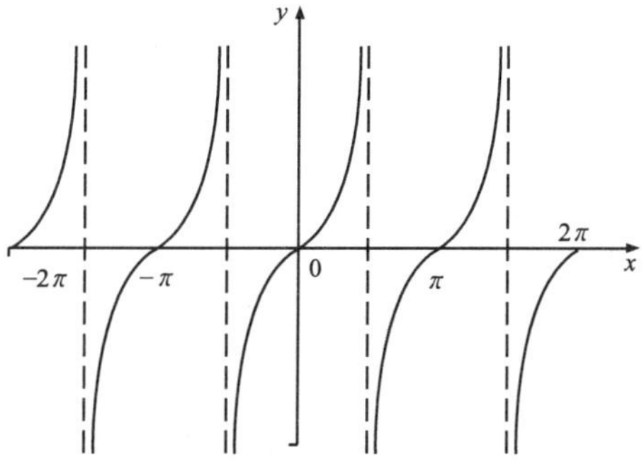

[그림 2.4.7] $y=\tan x$

$\sin x$와 $\cos x$로부터 더 많은 함수를 정의할 수 있다.

$$\csc x=\frac{1}{\sin x},\quad \sec x=\frac{1}{\cos x},\quad \cot x=\frac{1}{\tan x}=\frac{\cos x}{\sin x}.$$

예제 2.4.7 $\cos x=\frac{2}{5}$이고 $0<x<\pi/2$일 때, $\sin x$, $\tan x$, $\csc x$, $\sec x$, $\cot x$의 값을 구하여라.

풀이 원점으로부터의 거리가 5이고 x좌표가 2인 1사분면의 점을 생각하자. 이때 이 점의 y좌표는 $\sqrt{21}$이므로

$$\sin x = \frac{\sqrt{21}}{5},\ \tan x = \frac{\sqrt{21}}{2},\ \csc x = \frac{5}{\sqrt{21}},$$

$$\sec x = \frac{5}{2},\qquad \cot x = \frac{2}{\sqrt{21}}.$$

■

예제 2.4.8 산의 높이를 측정하기 위하여 측량사는 아래 그림과 같이 한 지점에서 산 정상의 고도를 측정하고, 다시 100m 산 쪽으로 다가가서 산 정상의 고도를 측정하였다. 첫 번째 지점에서 고도각은 α이며, 두 번째 지점에서의 고도각은 β이다($\alpha < \beta$). 그리고 측정 시 측량사의 눈높이가 지면으로부터 2m라면, 산의 높이는 지면으로부터 얼마인가?

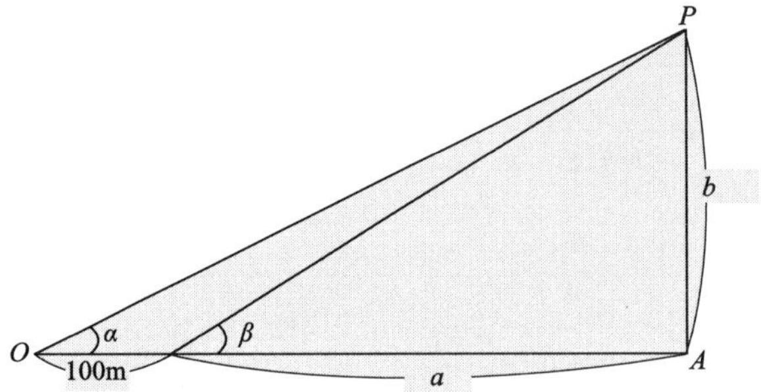

[그림 2.4.8]

풀이 [그림 2.4.8]에서 $\tan\alpha = \frac{b}{a+100}$, $\tan\beta = \frac{b}{a}$ 이므로

$$a+100 = \frac{b}{\tan\alpha},\quad a = \frac{b}{\tan\beta}$$

이다. 따라서 $a = \frac{b}{\tan\alpha} - 100 = \frac{b}{\tan\beta}$ 이다. 그러므로 b에 대하여 풀면, 다음을 얻는다.

$$b = \frac{100\tan\alpha\tan\beta}{\tan\beta - \tan\alpha}.$$

따라서 산의 높이는 $\left(\frac{100\tan\alpha\tan\beta}{\tan\beta - \tan\alpha} + 2\right)$m이다. ■

연습문제

1-4 ■ 다음 60분법의 각을 라디안으로 또는 라디안을 60분법의 각으로 변환하여라.

1. $210°$

2. $-310°$

3. $-\frac{3\pi}{8}$

4. $\frac{3\pi}{3}$

5. 어떤 부채꼴의 둘레 길이가 $(\pi+16)$ cm이고 사잇각이 $45°$라면 반지름의 길이는 얼마인가?

6. $\tan(\theta+\pi)=\tan\theta$ 임을 보여라.

7-8 ■ 다음 등식이 성립함을 보여라.

7. $\tan^2\theta+1=\sec^2\theta$

8. $1+\cot^2\theta=\csc^2\theta$

9-12 ■ 다음 함수의 그래프를 그려라.

9. $y=\sec x$

10. $y=\csc x$

11. $y=\cot x$

12. $y=\sin(\cos x)$

13-15 ■ 다음 함수의 역함수가 존재하는 영역을 구하고 그래프를 그려라.

13. $f(x)=\sin x$

14. $g(x)=\cos x$

15. $h(x)=\tan x$

16-18 ■ **정리 2.4.1**을 이용하여 다음의 등식이 성립함을 보여라.

16. $\tan(x\pm y)=\dfrac{\tan x\pm\tan y}{1\mp\tan x\tan y}$ (복호동순)

17. $\sin 2x=2\sin x\cos x$

18. $\cos 2x=\cos^2x-\sin^2x=2\cos^2x-1=1-2\sin^2x$

19. 어떤 각도 값 θ에 대해 $\cos 2\theta=0.4$ 이면 $\cos^2\theta$와 $\sin^2\theta$의 값은 각각 얼마인가?

20-24 ■ 다음 각각의 정확한 값을 구하여라.

20. $\cos 75°$

21. $\cos\left(\frac{\pi}{12}\right)$

22. $\sin\frac{\pi}{9}\cos\frac{\pi}{18}+\cos\frac{\pi}{9}\sin\frac{\pi}{18}$

23. $\sin\left(\cos^{-1}\frac{1}{2}+\sin^{-1}\frac{3}{5}\right)$

24. $\sin(-15°)$

25. 어떤 삼각형의 세 변의 길이가 a, b, c이고 길이가 a와 b인 두 변 사이의 각이 θ라 할 때, 다음의 등식이 성립함을 보여라.

$$c^2 = a^2 + b^2 - 2ab\cos\theta$$

[힌트 : 주어진 삼각형을 좌표평면 위에 그리되, 길이가 a인 변의 양 꼭짓점들의 좌표가 각각 $(0, 0)$, $(a, 0)$이 되도록 한다. 이로부터 나머지 한 꼭짓점의 좌표를 구한 후, c를 계산한다.]

2.5 매개 곡선

집합 X를 정의역으로 하는 두 함수 $g(t)$, $h(t)$에 대하여

$$\{(x, y) \mid x=g(t),\ y=h(t),\ t\in X\}$$

인 집합을 **매개 곡선**(parametric curve)이라 하고, $x=g(t)$, $y=h(t)$를 **매개 변수 방정식**이라 한다.

정의역이 X인 함수 f의 그래프는

$$\{(x, y) \mid y=f(x),\ x\in X\} = \{(x, y) \mid x=x,\ y=f(x),\ x\in X\}$$

이므로 모든 함수의 그래프는 매개 곡선이다.

예제 2.5.1 $0 \le t < 2\pi$일 때 $x=\cos t$, $y=\sin t$인 매개 곡선을 그려라. 이 곡선은 함수의 그래프인가?

풀이 $x^2+y^2=\cos^2 t+\sin^2 t=1$이고 $0 \le t < 2\pi$이므로 이 곡선은 반지름이 1이며 원점을 중심으로 하는 원이 된다. 따라서 이들을 좌표평면에 표시하면 [그림 2.5.1]이 된다.

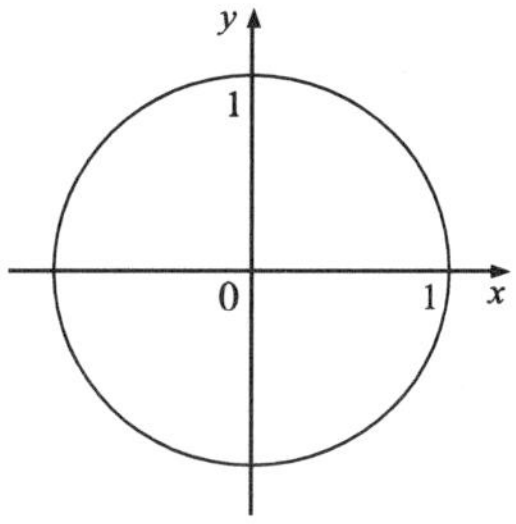

[그림 2.5.1]

그림에서 보듯이 $(a,\ b)$가 원 위의 점이라면 $(a,\ -b)$도 원 위의 점이므로 이 곡선은 함수의 그래프가 아니다. ■

예제 2.5.2 $0 \le t \le 3\pi/2$ 일 때 $x = t\cos t,\ y = t\sin t$ 인 매개 곡선을 그려라.

풀이

$$x^2 + y^2 = t^2\cos^2 t + t^2\sin^2 t = t^2$$

이므로, 하나의 t값에 대응하는 좌표 $(x,\ y)$를 가지는 점을 P라 하면, P는 원점으로부터 거리가 t이고 OP와 X축의 오른쪽 방향으로의 반직선이 이루는 각은 t가 된다. $0 \le t \le 3\pi/2$에 대해 이러한 점들을 좌표평면 위에 표시하면 [그림 2.5.2]를 얻는다.

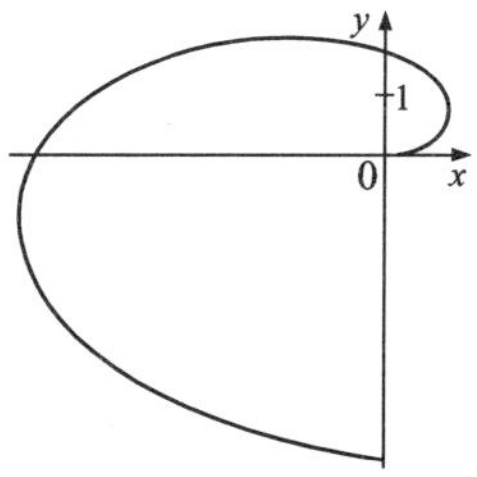

[그림 2.5.2]

■

예제 2.5.3 $0 \le t \le 6\pi$ 일 때 $x = \sin^2 t,\ y = \sin t$ 인 매개 곡선을 그려라.

풀이 $\sin t$를 x의 등식에 대입하면 $x = y^2,\ -1 \le y \le 1$인 관계가 얻어진다. 이 관계식을 만족하는 $(x,\ y)$를 좌표로 가지는 점들을 표시하면 매개 곡선이 얻어진다. 얻어진 관계식은 y를 독립변수, x를 종속변수로 하는 2차 다항 함수의 식으로 볼 수 있으므로 [그림 2.5.3]을 얻을 수 있다.

t값을 증가시키며 곡선을 그려보면, $t=0$일 때 $(0,\ 0)$, $t=\pi/2$일 때 $(1,\ 1)$, $t=\pi$일 때 $(0,\ 0)$, $t=3\pi/2$일 때 $(1,\ -1)$, $t=2\pi$일 때 $(0,\ 0)$을 그리게 되므로, $0 \le t \le 6\pi$ 동안에 곡선을 여러 번 그리게 된다.

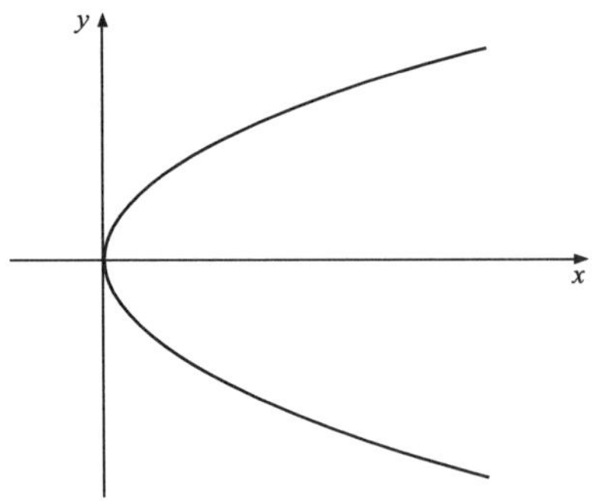

[그림 2.5.3]

■

연습문제

1-10 ■ 주어진 매개 변수 방정식의 매개 곡선을 그려라.

1. $x = 2t + 4,\ y = t - 1$

2. $x = t^2,\ y = 6 - 3t$

3. $x = \sqrt{t},\ y = 1 - t$

4. $x = t^2,\ y = t^3$

5. $x = \sin\theta,\ y = \cos\theta,\ 0 \le \theta \le \pi$

6. $x = 4\cos\theta,\ y = 5\sin\theta,\ -\pi/2 \le \theta \le \pi/2$

7. $x = e^t,\ y = e^{-t}$

8. $x = \ln t,\ y = \sqrt{t},\ t \ge 1$

9. $x = \sin^2\theta,\ y = \cos^2\theta$

10. $x = \sec\theta,\ y = \tan\theta,\ -\pi/2 < \theta < \pi/2$

11. a, b를 양인 상수라 하자. 집합 $\{(x,\ y) \mid x^2/a^2 + y^2/b^2 = 1\}$의 원소들을 좌표평면에 표시하여 얻은 곡선을 타원이라 한다. 이 곡선의 매개 변수 방정식을 구하여라.

12. p가 음 아닌 값을 가지면서 변할 때, 다음 포물선의 꼭짓점은 어떤 곡선 위를 움직이는가?

$$y = x^2 - 4px + 8p^2 - 8p$$

13-14 ■ 두 개의 입자가 좌표평면에서 움직이고 있다 하고 시각 t에서의 각각의 입자의 위치가 다음 두 식으로 표현된다고 하자.

첫 번째 입자 : $x=3\sin t, \quad y=2\cos t, \quad 0 \le t \le 2\pi$

두 번째 입자 : $x=-3+\cos t, \quad y=1+\sin t, \quad 0 \le t \le 2\pi$

13. 두 입자의 궤적을 좌표평면 위에 동시에 그려라. 궤적을 나타내는 곡선은 서로 몇 번 만나는가?

14. 두 입자는 실제 몇 번 만나는가? (단, 두 입자가 서로 만난 후에도 주어진 위치 식에 따라 움직인다고 가정하자.)

03

수열과 급수

코시 [Augustin-Louis Cauchy, 1789 ~ 1857]

프랑스의 수학자. 파리 출생으로 해석학(미분적분학)과 치환군 이론 연구의 선구자이다. 코시는 무한급수의 수렴과 발산에 관한 연구, 실함수와 복소수 함수론, 미분방정식, 행렬식, 확률론, 수리물리 등에서 수학 발전에 많은 기여를 하였다. 미적분학에서 코시의 근판정법과 코시의 비율판정법 그리고 주어진 두 급수의 코시 곱 등을 배우게 된다. 또한 복소함수론에서 코시 부등식과 코시 적분공식, 코시의 적분 정리, 기초 코시-리만 미분방정식을 만나게 된다. 18세기 동안에는 일반적으로 적분은 미분의 역으로 취급된 반면 코시는 정적분을, 거의 오늘날 우리가 하는 것처럼, 무시할 만큼 작은 부분들의 무한히 증가하는 집합의 합의 극한으로 정의하고자 했다. 그리고 적분과 역도함수 사이의 관계를 평균값 정리에 의하여 입증하였다.

3.1 수열과 급수

미적분학에서 수열과 급수의 중요성은 함수를 무한수열의 합으로 표현하는 뉴턴(Newton)의 사고로부터 유래한다. 한 예로, 그는 면적을 구하기 위해 면적을 급수로 표현한 다음 각 급수항을 모두 합하는 방법으로 함수를 적분하였다.

3.1.1 수열

자연수 전체를 $\mathbb{N}$이라 할 때, $\mathbb{N}$을 정의역으로 하는 실숫값 함수 $f(n)$을 **수열**(sequence)이라고 한다. 보통 자연수 n에 대응하는 함숫값을 a_n(또는 b_n, c_n 등)으로 쓰고, 제n항 또는 일반항이라 하며, a_1을 첫째 항(**초항**)이라 한다. 수열 $a_n=f(n)$을 나타내기 위해 기호 $\{a_n\}_{n=1}^{\infty}$, $\{a_n\}_{n\in\mathbb{N}}$, $\{a_n\}$을 사용하며, 또 각 항을 번호순으로 나열하여 $a_1, a_2, \cdots, a_n$으로도 쓴다. 그리고 수열 $\{a_n\}$과 집합 $\{a_n\}_{n\in\mathbb{N}}$을 명확히 구별해야 한다. 수열을 이루고 있는 각 수를 **항**이라 하고, 항의 수가 유한인 것을 유한수열, 무한인 것을 무한수열이라 한다.

예제 3.1.1 주어진 수열의 일반항을 보고 제4항까지 나열하여라.

(a) $a_n = 3^n$

(b) $b_n = \dfrac{n-1}{n}$

풀이 (a) $a_n = 3^n$이므로, 첫째 항인 a_1은 n에 1을 대입한다.

$$a_1 = 3^1 = 3$$

$$a_2 = 3^2 = 9$$

$$a_3 = 3^3 = 27$$

$$a_4 = 3^4 = 81$$

(b) $b_n = \dfrac{n-1}{n}$

$$b_1 = \frac{1-1}{1} = 0$$

$$b_2 = \frac{2-1}{2} = \frac{1}{2}$$

$$b_3 = \frac{3-1}{3} = \frac{2}{3}$$

$$b_4 = \frac{4-1}{4} = \frac{3}{4}$$ ■

예제 3.1.2 다음 수열의 일반항을 구하여라.

(a) 6, 12, 18, 24, 30, ⋯

(b) $\frac{1}{3}, \frac{1}{5}, \frac{1}{7}, \frac{1}{9}, \cdots$

풀이 주어진 숫자를 검토해보고, 그 패턴을 찾음으로써 일반항을 구할 수 있다.

(a) 다섯 숫자가 모두 6의 배수임을 알 수 있으므로, $a_1 = 6 = 6 \cdot 1$, $a_2 = 12 = 6 \cdot 2$, $a_3 = 18 = 6 \cdot 3$, ⋯. 그러므로 일반항은 $a_n = 6n$ 이다.

(b) 주어진 항에서 분모가 3, 5, 7, 9의 홀수임을 알 수 있다. 그러므로 일반항은 $a_n = \frac{1}{2n+1}$ 이다. ■

3.1.2 급수

수열 $a_1, a_2, a_3, \cdots, a_n$이 주어졌을 때, 다음과 같이 각 항을 순서대로 더한 수열

$$S_n = a_1 + a_2 + a_3 + \cdots + a_n$$

을 **급수**(series)라고 한다. 이때 $a_1, a_2, a_3, \cdots, a_n$을 이 급수의 항, S_n을 이 급수의 **제n항(일반항)**이라 한다. 또 항의 수가 유한개일 때를 유한급수, 무한개일 때를 무한급수라 한다.

예제 3.1.3 주어진 일반항의 S_5를 구하여라.

(a) $a_n = 3n - 5$

(b) $x_n = \frac{(-1)^n}{n}$

풀이 (a) S_5는 $a_n = 3n-5$인 $\{a_n\}$의 첫 다섯 항의 합이다. 주어진 식 a_n에 $n=1$, 2, 3, 4, 5를 대입하여 첫 다섯 항을 구한다. $a_1 = -2$, $a_2 = 1$, $a_3 = 4$, $a_4 = 7$, $a_5 = 10$이므로 $S_5 = a_1 + a_2 + a_3 + a_4 + a_5 = -2 + 1 + 4 + 7 + 10 = 20$이다.

(b) 첫 다섯 개의 항을 다음과 같이 구할 수 있다.

$$x_1 = \frac{(-1)^1}{1} = -1, \ x_2 = \frac{(-1)^2}{2} = \frac{1}{2}$$

$$x_3 = \frac{(-1)^3}{3} = -\frac{1}{3}, \ x_4 = \frac{(-1)^4}{4} = \frac{1}{4}$$

$$x_5 = \frac{(-1)^5}{5} = -\frac{1}{5}$$

그러므로 $S_5 = -1 + \frac{1}{2} - \frac{1}{3} + \frac{1}{4} - \frac{1}{5} = \frac{47}{60}$. ■

3.1.3 $\sum$ 기호

수열의 일반적인 용어를 위해 어떤 형식을 갖추고자 할 때, 특별한 표현을 이용하여 수열의 합을 급수로서 표현할 수 있으며, 그리스 문자인 Σ는 수열의 합을 나타내는 일반적인 형태로 표현될 수 있다.

$$\sum_{k=1}^{N} a_k = a_1 + a_2 + a_3 + \cdots + a_N$$

이때 k는 **합의 첨수**, 또는 간단하게 **첨수**라고 표현한다.

예제 3.1.4 다음을 계산하여라.

(a) $\sum_{k=1}^{6} 4k$

(b) $\sum_{j=1}^{5} \frac{1}{j+1}$

풀이 (a) $\sum_{k=1}^{6} 4k = 4(1) + 4(2) + 4(3) + 4(4) + 4(5) + 4(6) = 84$

(b) $$\sum_{j=1}^{5} \frac{1}{j+1} = \frac{1}{1+1} + \frac{1}{2+1} + \frac{1}{3+1} + \frac{1}{4+1} + \frac{1}{5+1}$$
$$= \frac{1}{2} + \frac{1}{3} + \frac{1}{4} + \frac{1}{5} + \frac{1}{6} = \frac{87}{60} = \frac{29}{20}$$ ■

예제 3.1.5 $f(x) = \sum_{n=1}^{4} nx^{n-1}$일 때 $f(2)$를 구하여라.

풀이 $\sum$의 정의에 의해서 $f(x)$에 $x = 2$를 대입한다.

$$f(x) = \sum_{n=1}^{4} nx^{n-1} = 1x^0 + 2x^1 + 3x^2 + 4x^3$$
$$= 1 + 2x + 3x^2 + 4x^3$$
$$f(2) = 1 + 2(2) + 3(2)^2 + 4(2)^3 = 1 + 4 + 12 + 32 = 49$$

■

3.1.4 등차수열

등차수열이란 $a_1, a_2, a_3, \cdots, a_n$ 에서 $a_n - a_{n-1} = d$, 즉 $a_n = a_{n-1} + d$ 인 관계식이 성립되는 수열을 말한다. 이때 d를 **공차**라 하며, 첫째 항이 a, 공차가 d인 **등차수열**은 $a, a+d, a+2d, \cdots, a+(n-1)d$(제$n$항), $\cdots$ 이며, 등차수열의 일반항은 다음과 같다.

$$a_n = a_1 + (n-1)d.$$

예제 3.1.6 처음의 두 항이 -3과 7로 주어진 등차수열에서 그 다음의 세 항과 열여섯 번째 항을 구하여라.

풀이 처음의 두 항이 -3과 7이므로, $a_1 = -3$, $a_2 = 7$이다. 문제에서 등차수열이라고 했으므로, 처음의 두 항 사이의 차는 다른 두 항 사이의 공차와 같다. 그러므로 공차 $d = a_2 - a_1 = 7 - (-3) = 10$이고, $a_2 = 7$, $d = 10$이므로

$$a_3 = 7 + 10 = 17$$
$$a_4 = 17 + 10 = 27$$
$$a_5 = 27 + 10 = 37$$

이 된다. 따라서 -3과 7 다음의 세 항은 17, 27, 37이다.
열여섯 번째 항은 등차수열 일반항의 공식을 이용하면

$$a_n = a_1 + (n-1)d$$
$$a_{16} = -3 + (15) \cdot 10 = 147$$

이다. ■

3.1.5 등차급수

$a_1, a_2, \cdots, a_n, \cdots$ 이 등차수열일 때, $S_n = a_1 + a_2 + \cdots + a_n$을 n번째 항으로 갖는 수열을 등차급수라 한다.

즉, k항까지의 정수의 합이

$$A_k = 1+2+3+\cdots+k = \frac{k(k+1)}{2}$$

일 때, 초항부터 n항까지의 등차수열의 합

$$S_n = a_1 + a_2 + a_3 + \cdots + a_n = \sum_{i=1}^{n} a_i = \frac{n}{2}[2a_1 + (n-1)d]$$

또는

$$S_n = a_1 + a_2 + a_3 + \cdots + a_n = \frac{n}{2}(a_1 + a_n) = n\left(\frac{a_1 + a_n}{2}\right)$$

과 같이 구할 수 있다.

예제 3.1.7 등차수열 $\{a_n\}$이 3, 7, 11, 15, ⋯ 일 때, 다음을 구하여라.

(a) S_{12}

(b) $\sum_{k=1}^{40} a_k$

풀이 (a) S_{12}는 첫 열두 항을 구해서 더하거나, S_n 공식을 이용해서 구할 수 있다. 수열 3, 7, 11, 15, ⋯ 는 $a_1 = 3$이고, 공차 $d = 4$이며, S_{12}에서 $n = 12$이므로, 등차수열의 합 공식에 의해서

$$S_n = \frac{n}{2}[2a_1 + (n-1)d]$$
$$S_{12} = \frac{12}{2}[2 \cdot 3 + (12-1)4] = 6[6 + 11(4)] = 300.$$

(b) 수열의 처음 40항의 합을 구하기 위해서, S_{40}을 구한다. 그러므로 다시 등차수열의 합 공식을 이용하는데, $n = 40$으로 한다.

$$S_{40} = \frac{40}{2}[2 \cdot 3 + (40-1)4] = 3240$$ ■

예제 3.1.8 일반항이 $a_n = 7n$인 수열의 처음 25번째까지의 합을 구하여라.

풀이 이 예제는 7, 14, 21, 28, 35, ⋯ , 175의 25개의 합을 구하는 것이고, 이때 $a_1 = 7(1)$이고, $a_{25} = 7(25) = 175$이다. 첫째 항과 마지막 항을 쉽게 알 수 있으므로, 등차수열의 합 공식을 이용하여 구한다.

$$S_n = \frac{n}{2}(a_1 + a_n)$$

$$S_{25} = 25\left(\frac{7+175}{2}\right) = 25(91) = 2275$$ ■

3.1.6 등비수열

어떤 수 a에서 차례로 일정한 수 r을 곱해서 만들어진 수열 $a, ar, ar^2, \cdots, ar^{n-1}, \cdots$ 을 **등비수열**이라 하고, a를 첫 번째 항, r을 **공비**라 하며, 등비수열의 일반항은 다음과 같다.

$$a_n = ar^{n-1} \ (n \geq 1).$$

예제 3.1.9 주어진 등비수열 $5, 15, 45, \cdots$ 에서 그 다음의 두 항을 구하고, 일곱 번째 항을 구하여라.

풀이 주어진 수열이 등비수열이므로, 먼저 공비 r을 찾아야 한다. 공비 r은 $\frac{15}{5} = 3$ 이고, 다른 어떤 두 이웃된 항을 이용해도 공비를 구할 수 있음을 기억하자.

$$\frac{15}{5} = \frac{45}{15} = 3.$$

그러므로 수열에서 45의 다음 값은 공비 3을 곱함으로써 구할 수 있다. 45의 다음 항은 $45 \cdot 3 = 135$ 이고 135의 다음 항은 $135 \cdot 3 = 405$ 이다. 일곱 번째 항은 등비수열의 일반항 공식을 이용하여 구할 수 있다.

$$a_n = a_1 r^{n-1}$$

$$a_7 = a_1 r^6$$

$$= 5 \cdot 3^6$$

$$= 5(729) = 3645$$ ■

예제 3.1.10 철수는 3500원을 연 6%의 이율의 은행에 저축했다. 그가 해마다 연말에 보유하게 되는 총 금액이 등비수열의 형태임을 보여라.

풀이 만약 P원을 연 r의 이율로 투자한다면, t년 후의 금액의 총 액수인 A는 공식 $A = P(1+r)^t$ 이다. 그러므로 만약 k년의 연말에 철수의 총 예치금을 A_k라고 하면

$$A_k = 3500(1+0.06)^k = 3500(1.06)^k,$$

$$\frac{A_{k+1}}{A_k} = \frac{3500(1.06)^{k+1}}{3500(1.06)^k} = 1.06.$$

두 연속적인 항 사이의 비율이 상수이므로, 이 수열은 등비수열이다. ■

3.1.7 등비급수

$\{a_n\}$가 등비수열일 때, 그에 관련된 수열 $\{S_n\}$은

$$S_n = a_1 + a_2 + a_3 + \cdots + a_n$$

이며 $\{S_n\}$을 등비급수라고 하며, 초항부터 n항까지의 등비수열의 합은 다음과 같다.

$$S_n = a_1 + a_1 r + a_1 r^2 + \cdots + a_1 r^{n-1} = \frac{a_1(1-r^n)}{1-r} \quad (r \neq 1).$$

예제 3.1.11 등비수열 $\{a_n\}$이 6, 18, 54, ⋯ 로 주어졌을 때, 다음을 구하여라.

(a) S_7

(b) $\sum_{i=1}^{12} a_i$

풀이 (a) 이 수열의 다음 네 항을 구하여 일곱 개의 항을 더함으로써 간단히 S_7을 구할 수도 있으나, 등비수열의 합 공식에 의하면 $a_1 = 6$, $r = 3$이므로

$$S_n = \frac{a_1(1-r^n)}{1-r}$$

$$S_7 = \frac{6(1-3^7)}{1-3} = \frac{6(1-2187)}{-2} = \frac{6(-2186)}{-2} = 6558.$$

(b) 수열 $\{a_i\}$의 처음 12개의 항의 합을 구한다.

$a_1 = 6$, $r = 3$이고, $n = 12$이므로

$$\sum_{i=1}^{12} a_i = S_{12} = \frac{6(1-3^{12})}{1-3}$$

$$= \frac{6(1-531441)}{-2}$$

$$= \frac{6(-531440)}{-2} = 1{,}594{,}320.$$ ■

3.1.8 무한등비급수

무한등비급수란

$$S = a_1 + a_1 r + a_1 r^2 + \cdots + a_1 r^n + \cdots$$

로 정의된 수 S를 뜻한다.

무한등비급수의 값

(i) $|r| < 1$일 때, 합은

$$S = \frac{a_1}{1-r}.$$

(ii) $|r| \geq 1$일 때, 부분합 S_k가 무한히 증가, 감소 또는 진동하므로 그 합인 S를 찾을 수 없다.

기호 ∞를 이용하여 $\sum$로, S를 다음과 같이 표현한다.

$$S = \sum_{n=1}^{\infty} a_1 r^{n-1} = \frac{a_1}{1-r}, \quad |r| < 1$$

이때 기호 ∞는 n이 무한히 증가함을 의미한다.

예제 3.1.12 주어진 등비수열에 대해서 무한등비급수의 값이 존재하면 그 값을 구하여라.

(a) $3, \frac{9}{4}, \frac{27}{16}, \frac{81}{64}, \cdots$

(b) $\frac{1}{25}, \frac{3}{25}, \frac{9}{25}, \cdots$

풀이 (a) $3, \frac{9}{4}, \frac{27}{16}, \frac{81}{64}, \cdots$ 는 초항이 3이고 공비가 $r = \frac{\frac{9}{4}}{3} = \frac{3}{4}$ 인 무한등비급수이다. $|r| < 1$이므로, 합 S는 무한등비수열 합 공식에 의해서

$$S = \frac{3}{1-\frac{3}{4}} = \frac{3}{\frac{1}{4}} = 12.$$

따라서 $S=3+\frac{9}{4}+\frac{27}{16}+\frac{81}{64}+\cdots=12.$

(b) $\frac{1}{25}, \frac{3}{25}, \frac{9}{25}, \cdots$ 는 초항이 $\frac{1}{25}$ 이고, 공비가 $r=\frac{\frac{3}{25}}{\frac{1}{25}}=3$ 이다. $|r|>1$ 이므로, 그 합은 존재하지 않는다. ■

예제 3.1.13 순환 소수 $0.999\cdots$ 는 1과 같음을 보여라.

풀이

$$0.999\cdots=\frac{9}{10}+\frac{9}{100}+\frac{9}{1000}+\cdots$$

그러므로 $0.999\cdots$ 는 첫째항이 $\frac{9}{10}$ 이고 공비가 $\frac{1}{10}$ 인 무한등비급수이다. 그러므로

$$0.999\cdots=\frac{\frac{9}{10}}{1-\frac{1}{10}}=1.$$ ■

3.2 수학적 귀납법

이 절에서는 수학적 귀납법을 이용하여 증명하는 방법을 논의할 것이다.

n을 자연수라 하고 S_n이라 불리는 명제들이 있다고 하자. 예를 들어,

$$S_n: \text{처음 } n\text{개의 홀수의 총합은 } n^2$$

일 때, S_8은 첫 번째 홀수부터 여덟 번째 홀수까지 합한 값이 $8^2=64$라는 의미이고, S_{12}는 첫 번째 홀수부터 열두 번째 홀수까지 합한 값이 $12^2=144$라는 의미이다. 각각의 자연수 n에 대하여, 서로 다른 명제 S_n을 얻을 수 있다. 다시 말해, S_n은 명제의 수열이라는 형식을 갖게 된다.

S_8과 S_{12}는 첫 번째부터 여덟 번째, 열두 번째까지 홀수를 더함으로써 쉽게 검증할 수 있다. 그렇다면 어떻게 모든 자연수 n에 대해 S_n이 참 혹은 거짓이라는 것을 증명할 수 있을까?

다음, T_n이라고 부르는 명제들에 대해 생각해보자. 예를 들어,

$$T_n: n^2-n+41\text{은 소수이다.}$$

일 때, T_5는 $5^2-5+41=61$이 소수라는 뜻이며, T_9는 $9^2-9+41=113$이 소수

라는 뜻이다. 즉, T_n 또한 명제의 수열이라는 형식을 갖게 된다.

61과 113이 소수라는 것을 확인함으로써 T_5와 T_9가 사실이라는 것을 알 수 있다. 그렇다면 어떻게 우리는 모든 자연수 n에 대해 T_n이 소수라는 것을 증명할 수 있을까?

몇몇 n값에 대해 S_n과 T_n을 확인해보자. 그 계산은 아래 표와 같다.

	명제		명제	
n	$S_n: 1+3+5+\cdots+(2n-1)=n^2$	참?	$T_n: n^2-n+41$은 소수	참?
1	$S_1: 1=1^2$	참	$T_1: 1^2-1+41$은 소수	참
2	$S_2: 1+3=2^2$	참	$T_2: 2^2-2+41$은 소수	참
3	$S_3: 1+3+5=3^2$	참	$T_3: 3^2-3+41$은 소수	참
4	$S_4: 1+3+5+7=4^2$	참	$T_4: 4^2-4+41$은 소수	참
5	$S_4: 1+3+5+7+9=5^2$	참	$T_5: 5^2-5+41$은 소수	참

이 사실에 기반을 두고 명제 S_n과 T_n이 사실이라는 것을 쉽게 결론지을 수도 있다. 이런 가설이 참이라면, 모든 자연수 n에 대해 성립해야 하지만, 반면에 이런 가설이 거짓이라면, 성립하지 않는 자연수 하나만을 보여주어도 된다.

즉, T_n은 $n \le 40$인 모든 자연수에 대하여 사실이다. 그러나 $n=41$에 대하여 $41^2-41+41=41^2$이고 이 수는 소수가 아니다. 그래서 T_n이 $n \le 40$인 자연수에 대하여 사실임에도 불구하고, 일반적으로 사실이 아니다. 이 "소수를 생성하는" 다항식 n^2-n+41은 오일러(Euler)에 의해 발견되었다.

즉, 모든 가능한 자연수에 대하여 일반적인 사실을 확인할 수 없다. 만약 무수히 많은 자연수 n에 대하여 항상 사실이어야 한다면, 어떻게 이와 같은 진술이 모든 자연수 n에 대하여 사실이라고 증명할 수 있는가?

모든 자연수에 대하여 진술을 증명하기에 가장 좋은 방법 중 하나는 다음과 같은 원리를 가지는 **수학적 귀납법**(mathematical induction)을 사용하는 것이다.

수학적 귀납법

P_n은 자연수 n에 대해 다음의 두 조건을 만족하는 명제라 하자.

1. P_1은 참이고
2. 모든 자연수 k에 대하여, 만일 P_k가 참이라면, P_{k+1}이 참이다.
   (이때 $P_k \Rightarrow P_{k+1}$과 같이 표현한다.)

그렇다면 P_n은 모든 자연수 n에 대하여 참이다.

수학적 귀납법의 기초가 되는 생각은 매우 간단하다. 조건 1에 의해 P_1은 참이다. 조건 2에 의하면 P_k는 항상 참이라면, 이는 P_{k+1}이 참임을 이끈다. 그러므로 만약 P_1이 참이라면 조건 2에 의해, P_2는 참이다. 다시 조건 2에 의해, P_2가 참이라면 P_3도 참이 되고, P_3가 참이라면 당연히 P_4도 참이 되며, 같은 방법으로 계속된다. 우리가 그것들이 특별한 경우에 참, 거짓을 판단할 수 없기 때문에, 이 두 조건은 종종 가설이라고 불린다.

명제 P_n을 [그림 3.2.1]과 같은 도미노(domino) 배열이라고 생각하자.

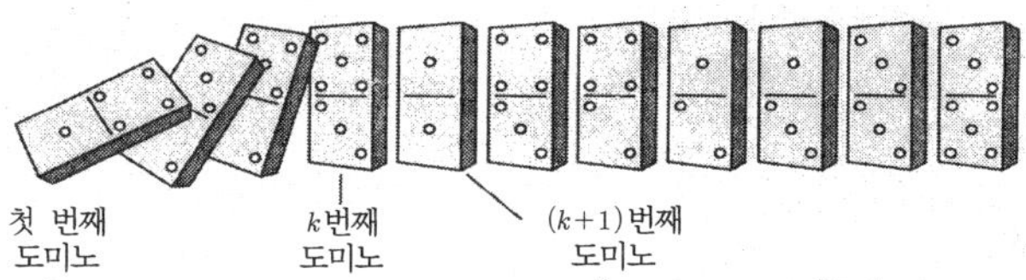

[그림 3.2.1] 도미노 배열

수학적 귀납법의 단계가 어떻게 도미노 배열에 대응되는지 아래에 진술되어 있다.

> **수학적 귀납법**
> 가설 : 1. P_1은 참이다.
> 2. 만약 P_k가 참이면 k에 대하여 P_{k+1}도 참이다.
> 결론 : 모든 n에 대해 P_n은 참이다.

> **도미노 배열**
> 가설 : 1. 첫 번째 도미노는 쓰러진다.
> 2. 임의의 도미노가 쓰러진다면, 다음 도미노도 쓰러지도록 배치되어 있다.
> 결론 : 모든 도미노는 쓰러진다.

도미노 배열에서, 모든 도미노가 쓰러진다고 결론을 내리기 위해서는 두 가설이 반드시 만족되어야 한다. 만일 첫 번째 도미노가 쓰러진다는 사실을 알고 있지만, 나머지 도미노들이 충분히 가까이 붙어 있지 않다면, [그림 3.2.2]에서처럼 모든 도미노들이 쓰러질 것이라고 결론 내릴 수 없다.

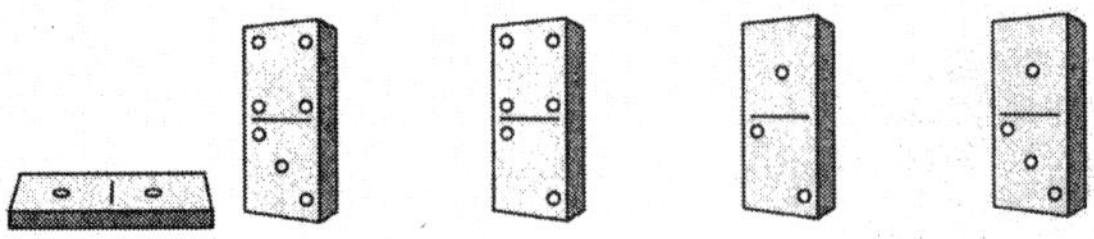

[그림 3.2.2] P_1만이 참인 경우

유사하게 도미노들이 서로 충분히 가까이 세워져 있어서 하나가 쓰러지면 연달아 쓰러진다는 사실을 알고 있어도 첫 번째 도미노가 실제로 쓰러진다는 사실을 알 수 없다면, [그림 3.2.3]에서처럼 모든 도미노들이 쓰러질 것이라고 결론 내릴 수 없을 것이다.

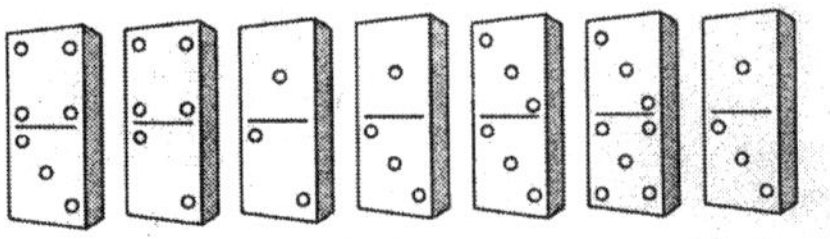

[그림 3.2.3] P_1이 참이 아닌 경우

앞에서 진술한 명제 S_n을 생각해보자.

예제 3.2.1 모든 자연수 n에 대하여 $1+3+5+\cdots+(2n-1)=n^2$임을 증명하여라.

풀이 증명하고자 하는 것은 다음과 같다.

$$S_n:\ 1+3+5+\cdots+(2n-1)=n^2$$

수학적 귀납법을 이용하여 모든 자연수 n에 대해 S_n이 성립한다는 것을 증명해보자.

단계 1 : S_1이 참이라는 것을 먼저 증명해야 한다. S_1은 $1=1^2$이므로 참이다.

단계 2 : S_k가 참이라고 가정하면, S_{k+1}이 참임을 보여야 한다.

S_k와 S_{k+1}에 대해 확인해보면

$$S_k:\ 1+3+5+\cdots+(2k-1)=k^2 \tag{3.2.1}$$

이고 S_{k+1}은 S_n에서 n에 $k+1$을 대입한다. 즉,

$$S_{k+1}:\ 1+3+5+\cdots+(2k-1)+[2(k+1)-1]=(k+1)^2. \tag{3.2.2}$$

단계 2에서 우리의 목표는 (3.2.1)에서 (3.2.2)를 이끌어내는 것처럼, S_k 에서 S_{k+1} 을 유도해내는 것이다. 어떻게 (3.2.1)에서 (3.2.2)를 이끌어낼 수 있을까? (3.2.1)과 (3.2.2)를 살펴보면 좌변에서 다른 점은 $(2k+1)$뿐이라는 것을 알 수 있으며, 따라서 우리는 (3.2.1)의 양변에 $(2k+1)$을 더해준다.

$$1+3+5+\cdots+(2k-1)=k^2$$
$$1+3+5+\cdots+(2k-1)+(2k+1)=k^2+2k+1=(k+1)^2$$

(3.2.1)에서 (3.2.2)를 유도할 수 있으므로 $S_k \Rightarrow S_{k+1}$ 을 논증할 수 있다. 따라서 우리는 수학적 귀납법에 의해 (3.2.1)과 (3.2.2)를 만족하며, 모든 자연수 n 에 대하여 S_n 이 참이라 할 수 있다. ■

때때로 학생들은 증명하고자 하는 귀납법의 가설을 가정함에 혼란을 느끼고 있다. 우리는 P_k 나 P_{k+1} 을 증명하는 것이 아니다. 오히려 귀납법 증명 단계 2에서 수행하듯이 만일 P_k가 참이라면 P_{k+1}은 반드시 참이 될 수밖에 없다는 것을 증명해야 하는 것이다.

예제 3.2.2 모든 자연수 n 에 대하여 다음이 성립함을 증명하여라.

$$1+4+9+\cdots+n^2=\frac{n(n+1)(2n+1)}{6}.$$

풀이 P_n 을 $1+4+9+\cdots+n^2=\dfrac{n(n+1)(2n+1)}{6}$ 이라 하자.

단계 1 : 먼저 P_1 이 참이라는 사실을 밝혀야 한다. P_1 은 $1^2=\dfrac{1(1+1)(2(1)+1)}{6}=\dfrac{1(2)(3)}{6}=\dfrac{6}{6}$ 이므로 참이다.

단계 2 : 만일 P_k 가 참이라고 가정한다면, P_{k+1} 또한 참이라는 것을 밝혀야 한다. 우선 P_k 와 P_{k+1} 에 대해 알아보자.

$$P_k:\ 1^2+2^2+3^2+\cdots+k^2=\frac{k(k+1)(2k+1)}{6} \tag{3.2.3}$$

$$P_{k+1}:\ 1^2+2^2+3^2+\cdots+k^2+(k+1)^2=\frac{(k+1)[(k+1)+1][2(k+1)+1]}{6}$$
$$=\frac{(k+1)(k+2)(2k+3)}{6} \tag{3.2.4}$$

단계 2에서 우리는 (3.2.3)에서 (3.2.4)를 유도해야 할 필요가 있다. (3.2.3)과 (3.2.4)를 살펴보면, 두 식의 좌변에서 $(k+1)^2$만큼 차이가 나고 있음을 알 수 있으며, 따라서 (3.2.3)의 양변에 $(k+1)^2$을 더해준다.

$$\begin{aligned} 1^2+2^2+3^2+\cdots+k^2+(k+1)^2 &= \frac{k(k+1)(2k+1)}{6}+(k+1)^2 \\ &= \frac{k(k+1)(2k+1)+6(k+1)^2}{6} \\ &= \frac{(k+1)[k(2k+1)+6(k+1)]}{6} \\ &= \frac{(k+1)[2k^2+7k+6]}{6} \\ &= \frac{(k+1)(k+2)(2k+3)}{6} \end{aligned}$$

따라서 우리는 (3.2.3)에서 (3.2.4)를 유도할 수 있으며 수학적 귀납법의 두 조건에 따라서, 모든 n에 대하여 주어진 n까지의 제곱합이 주어진 공식과 같다는 결론을 내릴 수 있다.

■

이 예제와 같거나 비슷한 공식들을 연습문제에서 확인할 수 있다.

예제 3.2.3 '모든 자연수 n과 실수 x, y에 대해서 S_n: $(x+y)^n=x^n+y^n$이 참이다.'라는 명제가 참이 아니라는 것을 증명하여라.

풀이 주어진 명제가 모든 자연수 n에 대해서 참이 아니라는 것을 증명하기 위해서, 주어진 명제가 참이 되지 않는 자연수를 하나만 찾아내는 것으로 충분하다. 예를 들어 S_2의 경우 주어진 명제의 경우 $(x+y)^2=x^2+y^2$과 같은 결과를 말한다. 하지만 우리가 알고 있듯이 0이 아닌 실수 x, y에 대하여

$$(x+y)^2=x^2+2xy+y^2\neq x^2+y^2$$

이다. 따라서 S_2가 거짓임을 쉽게 알 수 있으며, S_n은 모든 자연수 n에 대해서 참이 될 수 없다. ■

때때로 어떤 명제 P_n은 몇 개의 n에서는 참이 아니지만, 어떤 수 n보다 큰 값에 대해서는 참이 되기도 한다. 예를 들어, 다음과 같은 명제를 생각해보자.

$$P_n:\ 2^n>n^2$$

이 명제가 n이 1인 경우에는 참이고, 2, 3, 4에 대해서는 거짓이며, 5, 6, 7, 그리고 8에서는 다시 참이라는 것을 쉽게 알 수 있다. 그러나 수학적 귀납법의 원

리가 적용되기 위해서는 n이 1, 5 또는 어떤 다른 n에서 시작하더라도 상관이 없어야 한다. 도미노 배열로 생각해 보자면, 처음 몇 개의 도미노를 뛰어넘어서 다섯 번째의 도미노가 쓰러지고 그 이후로 모든 도미노들이 쓰러지는 것이라고 할 수 있다.

예제 3.2.4 $n \ge 5$인 모든 n에 대해서 주어진 명제 P_n: $2^n > n^2$가 성립한다는 사실을 증명하여라.

풀이 $n \ge 5$에 대해서 P_n이 참이라는 것을 보이기 위해서 다음과 같은 사실을 사용할 것이다.

$$n \ge 3 \text{에 대하여 } n^2 > 2n+1$$

단계 1 : 우선 P_5가 참이라는 사실을 보여야 하는데, 이것은 $2^5 > 5^2$에서 알 수 있듯이 참이다.

단계 2 : P_k가 참이라고 가정할 때, P_{k+1} 또한 참이라는 것을 증명해야 한다. 다시 말해, $2^k > k^2$이라 가정하면 $2^{k+1} > (k+1)^2$, 혹은 $2^{k+1} > k^2 + 2k + 1$을 증명해야 한다.

그러면 수학적 가설로부터 시작해보자.

$$\begin{aligned} 2^k &> k^2 \\ 2(2^k) &> 2k^2 \\ 2^{k+1} &> 2k^2 = k^2 + k^2 > k^2 + 2k + 1 \end{aligned}$$

$n \ge 5$에 대해서 수학적 귀납법의 두 조건이 모두 만족하기 때문에 $n \ge 5$에 대하여 $2^n > n^2$가 성립한다고 할 수 있다. ■

예제 3.2.5 모든 자연수 n에 대하여, $4^n - 1$이 3으로 나누어진다는 것을 증명하여라.

풀이 증명을 시작하기 전에 먼저 자연수 N이 3으로 나누어진다는 것은 어떤 자연수 M에 대하여 $N = 3M$과 같은 식으로 나타낼 수 있다는 것이다.

단계 1 : 먼저 P_1이 참이라는 사실을 보여야 하는데, 이것은 $4^1 - 1 = 3$이며 이는 3으로 나누어지고 따라서 P_1은 참이다.

단계 2 : P_k가 참이라고 가정할 때, P_{k+1} 또한 참이라는 것을 증명해야 한다. 다시 말해, $4^k - 1$이 3으로 나눠진다고 가정하면 $4^{k+1} - 1$도 역시 3으로 나눠진다는 사실을 증명해야 한다. $4^{k+1} - 1$을 살펴보면

$$4^{k+1} - 1 = 4(4^k) - 1$$

$$= 4(4^k) - 4 + 3$$

$$= 4(4^k - 1) + 3$$

$$= 4(3N) + 3$$

$$= 3(4N + 1)$$

이다. 따라서 수학적 귀납법에서 $4^n - 1$은 모든 자연수 n에 대하여 3으로 나눠진다고 할 수 있다. ■

수학의 역사에는 자연수에 관한 많은 추측들이 있다. 그중에서 유명한 추측들을 살펴보고 현재 진행사항에 관해 알아보자.

1. $a^2 + b^2 = c^2$을 만족하는 자연수 a, b, c가 있다. 예를 들어 $3^2+4^2=5^2$이다. 직각 삼각형의 변에 관한 피타고라스 수로 알려져 있다.
   다음 질문에 답하여라. 2보다 큰 자연수 n에 대하여, $a^n + b^n = c^n$을 만족하는 자연수 a, b, c가 존재하는가? 다시 말해, $a^3 + b^3 = c^3$이나 $a^8 + b^8 = c^8$을 만족하는 자연수 a, b, c가 존재하는가? 1637년에 위대한 수학자인 페르마(Fermat)가 책의 귀퉁이에 2보다 큰 자연수 n에 대해, $a^n + b^n = c^n$을 만족하는 자연수 a, b, c가 존재하지 않는다고 놀라운 증명을 했으나, "증명을 적을 책의 공간이 좁다"고 하여 증명이 남아 있지는 않다. 이 내용은 '페르마의 마지막 정리'라는 이름으로 알려져 있으며 최근에 증명되었다.
2. 고대 그리스의 수학자들이 모든 자연수는 네 정수의 제곱합으로 표현 가능하다고 주장했다. 예를 들면, $39 = 1^2 + 2^2 + 3^2 + 5^2$이나 $11 = 0^2 + 1^2 + 1^2 + 3^2$가 있다. 1770년, 아마도 18세기 가장 위대한 수학자인 라그랑주(Lagrange)가 마침내 이 사실에 대해 처음으로 완벽한 증명을 했다.
3. 1742년 수학자인 골드바흐(Goldbach)가 2보다 큰 짝수는 소수의 합으로 표현 가능하다고 주장했다. 예를 들어, $20 = 3 + 17$이나 $34 = 11 + 23$이다. 하지만 이 추측은 아직까지 증명되지 않고 있다.

연습문제

1-10 ■ 수학적 귀납법을 이용하여 모든 자연수 n에 대하여 주어진 명제들의 참, 거짓을 증명하여라.

1. $P_n:\ 1+3+5+\cdots+(2n-1)=n^2$

2. $T_n:\ 3+7+11+\cdots+(4n-1)=n(2n+1)$

3. $S_n:\ 1^3+2^3+3^3+\cdots+n^3=\left(\dfrac{n(n+1)}{2}\right)^2$

4. $T_n:\ 5+9+13+\cdots+(4n+1)=n(2n+3)$

5. $P_n:\ 1^2+3^2+5^2+\cdots+(2n+1)^2=\dfrac{n(2n-1)(2n+1)}{3}$

6. $P_n:\ 3+3^2+3^3+\cdots+3^n=\dfrac{3^{n+1}-3}{2}$

7. $T_n:\ \dfrac{1}{1\cdot 3}+\dfrac{1}{3\cdot 5}+\dfrac{1}{5\cdot 7}+\cdots+\dfrac{1}{(2n-1)\cdot(2n+1)}=\dfrac{n}{2n+1}$

8. $S_n:\ 1\cdot 2+3\cdot 4+5\cdot 6+\cdots+(2n-1)(2n)=\dfrac{n(n+1)(4n-1)}{3}$

9. $T_n:\ \left(1-\dfrac{1}{2}\right)\left(1-\dfrac{1}{3}\right)\left(1-\dfrac{1}{4}\right)\cdots\left(1-\dfrac{1}{n+1}\right)=\dfrac{1}{n+1}$

10. $S_n:\ a+ar+ar^2+\cdots+ar^{n-1}=\dfrac{a(1-r^n)}{1-r}\quad (r\neq 1)$

11. 모든 자연수 n에 대하여 6^n-1은 5를 인수로 가진다는 사실을 증명하여라.

12-14 ■ 수학적 귀납법의 원리를 이용하여라.

12. $n\geq 3$에서 $(n+2)^2<n^3$을 증명하여라.

13. $n>1$일 때, $n^n>n!$을 증명하여라.

14. 모든 자연수 n에 대하여 다음의 부등식이 성립함을 증명하여라.

(1) $\dfrac{1}{\sqrt{1}}+\dfrac{1}{\sqrt{2}}+\dfrac{1}{\sqrt{3}}+\cdots+\dfrac{1}{\sqrt{n}}\geq\sqrt{n}$

(2) $\dfrac{1}{\sqrt{1}}+\dfrac{1}{\sqrt{2}}+\dfrac{1}{\sqrt{3}}+\cdots+\dfrac{1}{\sqrt{n}}<2\sqrt{n}$

(3) (1)과 (2)의 결과에서 다음 식에 대하여 어떠한 결론을 내릴 수 있는가?

$$\frac{1}{\sqrt{1}}+\frac{1}{\sqrt{2}}+\frac{1}{\sqrt{3}}+\cdots+\frac{1}{\sqrt{n}}$$

3.3 순열과 조합

이 절에서는 순열과 조합에 관한 기본적인 계산에 대하여 논의할 것이다. 다음과 같은 상황에 대하여 생각해보자.

예제 3.3.1 정욱이는 컴퓨터, 모니터, 그리고 프린터를 사고 싶어 한다. 그는 두 종류의 컴퓨터를 선택할 수 있다. 우리는 이것을 C_1과 C_2, 두 종류의 모니터 M_1과 M_2, 세 종류의 프린터를 각각 P_1, P_2, P_3라 하자. 그 모든 구성요소가 호환성이 있다고 가정할 때, 정욱이가 컴퓨터, 모니터, 프린터를 가지고 몇 개의 서로 다른 컴퓨터 시스템을 선택할 수 있는가?

풀이 가능한 구성의 수를 세기 위해, 우리는 정욱이가 컴퓨터, 모니터, 프린터를 선택할 수 있는 다른 방법의 수를 고려해야 한다. 가능한 구성의 수를 세는 방법은 다음 그림에서 설명하는 대로 나뭇가지 그림(tree diagram)을 이용하는 것이다. 예를 들면, 다음 그림에서 $C_1M_2P_3$은 정욱이가 컴퓨터 C_1과 모니터 M_2와 프린터 P_3을 선택했다는 것을 의미한다. 이 나뭇가지 그림으로부터, 그 컴퓨터 시스템에 12가지 가능한 구성이 있다는 것을 알 수 있다. 컴퓨터 선택 2가지, 모니터 선택 2가지, 그리고 프린터 선택 3가지이므로 $12 = 2 \cdot 2 \cdot 3$이라는 결과를 얻게 된다.

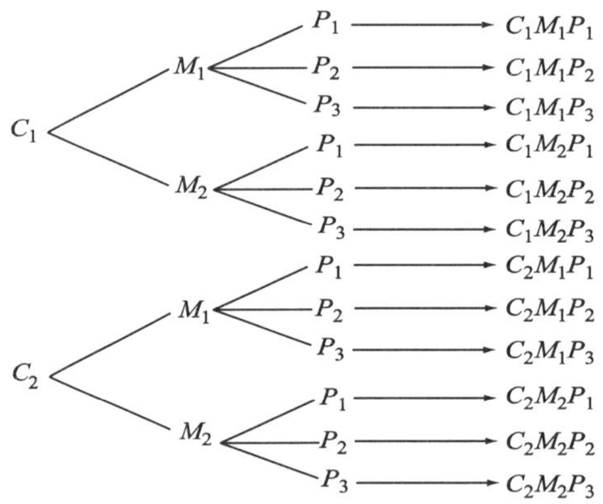

■

마찬가지로, 유민이가 3종류의 스커트와 5종류의 블라우스를 가지고 있다면, 그녀는 $3 \cdot 5 = 15$종류의 서로 다른 외출복을 조합할 수 있다.

이와 같은 상황은 **셈의 기본원리**(fundamental counting principle)의 특정한 경우이다.

셈의 기본원리(fundamental counting principle)

k번 발생하는 사건에 대하여 E_1, E_2, E_3, $\cdots$, E_k와 같은 수열이 있다고 할 때, E_1이 n_1가지 방법이 발생하고, E_2가 n_2가지 방법이 발생하고, E_3가 n_3가지 방법이 발생하고, 계속해서 진행된다고 하자.
모든 사건이 일어날 수 있는 방법의 총 가짓수는 다음과 같다.

$$n_1 \cdot n_2 \cdot n_3 \cdot \cdots \cdot n_k$$

예제 3.3.2 어떤 주에서 자동차 번호판이 3개의 문자와 이어서 4개의 숫자로 이뤄진다고 한다. 몇 개의 서로 다른 자동차 번호판이 나올 수 있겠는가?

풀이 예제 3.3.1에서는 가능한 가짓수가 작으므로 나뭇가지 그림을 이용하여 작성했다. 그러나 이번에는 가능한 가짓수가 매우 많으므로 이것을 모두 세는 것은 비현실적이다. 대신에 우리는 자동차 번호판을 다음과 같은 일곱 개의 빈칸으로 살펴보도록 하겠다.

앞의 세 개의 빈칸에는 A−Z까지 26개의 문자로 채울 수 있으며, 뒤의 네 개의 빈칸에는 0−9까지 10개의 숫자로 채울 수 있다. 셈의 기본원리에 따라, E_1은 첫 번째 빈칸에 문자를 선택하는 방법이고, E_2는 두 번째 빈칸에 문자를 선택하는 방법을 말하며, E_5는 다섯 번째 빈칸에 숫자를 선택하는 방법의 가짓수를 뜻한다. 각각의 빈칸을 채워 넣을 수 있는 방법의 가짓수는 다음과 같으며,

26	26	26	10	10	10	10

셈의 기본원리에 의해서

$$26 \cdot 26 \cdot 26 \cdot 10 \cdot 10 \cdot 10 \cdot 10 = 175{,}760{,}000$$

가지의 서로 다른 번호판이 나올 수 있다는 것을 알 수 있다.

예제 3.3.3 동전을 열 번 던진다고 할 때, 가능한 앞면과 뒷면의 경우의 수를 구하여라.

풀이 동전을 던지는 각각의 경우(이 던지는 시도를 사건이라고 한다) 두 가지 결과가 발

생한다; 앞면이 나오거나 혹은 뒷면이 나오게 된다. 따라서 셈의 기본원리에 의하여 모든 가능한 경우의 수는 다음과 같다.

$$2 \cdot 2 \cdot 2 \cdot 2 \cdot 2 \cdot 2 \cdot 2 \cdot 2 \cdot 2 \cdot 2 = 2^{10} = 1024$$

이 예를 풀 때, 우리는 앞면과 뒷면으로 구성되어 있는 순서에 주의해야 한다. 따라서 같은 6개의 앞면과 4개의 뒷면이 나왔다고 해도 HHTHTHTHHT와 HTHTTHHHTH는 서로 다르다는 것이다. ■

3.3.1 순열

셈의 기본원리의 가장 중요한 응용 중 하나는 n개 중 k개를 뽑아 순서 있게 배열하는 경우의 수를 구하는 것이다.

예제 3.3.4 대통령과 부통령, 그리고 장관을 선출하는 조직이 있다. 투표 결과 가장 많은 표를 획득한 사람이 대통령이 되며, 차점자가 부통령, 그리고 그 다음으로 많은 표를 획득한 사람이 장관으로 선출된다. 만약에 6명의 후보 John (J), Kita (K), Debra (D), Tom (T), Gina (G), Lamar (L)가 세 자리를 두고 서로 경쟁하고 있다면 투표의 결과는 몇 개의 서로 다른 결과로 나타낼 수 있겠는가?

풀이 세 자리를 각각 세 개의 빈칸으로 표시해 보면, 다음의 결과가 서로 다르다는 것을 알 수 있다.

대통령	부통령	장관
K	T	L

대통령	부통령	장관
T	L	K

첫 번째 경우 Kita가 대통령이며, Tom이 부통령, 그리고 Lamar가 장관이라는 것을 의미한다. 반면에 두 번째 경우 Tom이 대통령이며, Lamar가 부통령, 그리고 Kita가 장관이라는 것을 의미한다. 다시 말해서 위의 예에서 순서가 매우 중요하다는 의미이다. 6명의 서로 다른 대통령이 나올 수 있다. 대통령이 선출된 후, 부통령이 될 수 있는 사람은 5명이 되고, 그러고 난 후 장관이 될 수 있는 사람은 4명이다. 셈의 기본원리를 이용하면 가능한 결과를 다음과 같이 표현할 수 있다.

6	5	4

따라서 투표 결과에서 나올 수 있는 서로 다른 경우의 수는

$$6 \cdot 5 \cdot 4 = 120$$

가지가 된다. ■

자동차 번호판에서 하나의 문자 또는 숫자가 한 번 이상 쓰일 수도 있다고 가정했지만 이번 문제의 경우, 누군가가 선출된다면 그 (또는 그녀)는 더 이상 다른 자리에 선출될 수 없다.

정의 3.3.1

순열(permutation)은 지정된 순서에 따른 개체의 배열이다. ■

즉, n개의 개체의 순열의 수를 찾을 때, 재정렬 가능한 경우의 수를 찾으면 된다.

예제 3.3.5 경마 대회에 9마리 말이 출전했다고 하자.

(a) 몇 개의 서로 다른 경주 결과가 나올 수 있는가?

(b) 몇 개의 서로 다른 1-2-3등 결과가 나올 수 있는가?

(c) 몇 개의 서로 다른 7-8-9등 결과가 나올 수 있는가? (단, 무승부는 없다고 가정한다.)

풀이 (a) 이 예제는 서로 다른 9마리의 말이 가질 수 있는 순열의 수를 묻는 문제이다. 먼저 일등으로 들어올 수 있는 말은 9마리 중 한 마리이다. 이등으로 들어올 수 있는 말은 남은 8마리 중 한 마리이다. 삼등으로 들어올 수 있는 말은 남은 7마리 중 한 마리가 되고, 남은 경우 또한 같은 방법으로 찾을 수 있다.

9	8	7	6	5	4	3	2	1

따라서 셈의 기본원리에 의해서 계산하면 다음과 같은 결과를 얻을 수 있다.

$$9 \cdot 8 \cdot 7 \cdot 6 \cdot 5 \cdot 4 \cdot 3 \cdot 2 \cdot 1 = 362,880$$

9마리의 경주마는 362,880개의 순서로 들어올 수 있다.

(b) 비슷한 방법으로 1-2-3등으로 들어오는 순서는

$$9 \cdot 8 \cdot 7 = 504$$

가지의 방법이 가능하다.

(c) 흥미롭게도 7-8-9등으로 들어오는 순서는 1-2-3등으로 들어오는 순서의 결과와 동일하다. 결국 9마리의 경주마 중에서 어떤 말이 첫 번째로 들어오느냐는 9마리의 경주마 중에서 어떤 말이 일곱 번째로 들어오느냐와 같다.
따라서 7-8-9등으로 들어오는 순서 또한

$$9 \cdot 8 \cdot 7 = 504$$

라는 결과를 얻을 수 있다. ■

예제 3.3.5 (a)에서 보여주는 9마리 말의 순열은 $9 \cdot 8 \cdot \cdots \cdot 2 \cdot 1$이라는 사실을 알 수 있다.

예제 3.3.5에서 우리는 서로 다른 9개에서 3개를 뽑아내는 순열에 대해 알아보았다. 이와 같은 상황에서 9개 중에서 3개를 뽑아내는 순열의 조합을 ${}_9P_3$이라고 표현한다. ${}_nP_r$은 서로 다른 n개에서 r개를 뽑아내는 순열의 수를 의미한다. 이와 같은 표현으로, 예제 3.3.5의 결과를 다음과 같이 일반화할 수 있다.

정리 3.3.1

(a) 서로 다른 n개로 만드는 순열의 수는 ${}_nP_n = n!$

(b) 서로 다른 n개에서 r개를 뽑아서 만드는 순열의 수는

$${}_nP_r = n(n-1)(n-2)\cdots(n-r+1).$$

증명 (a) n개의 상자를 채울 때 처음에 선택할 수 있는 방법은 n개이며, 두 번째는 $n-1$, 세 번째는 $n-2$이며, 나머지 또한 같은 방법으로 가능하다. 따라서 셈의 기본 원리를 이용하여 순열의 수를 계산하면 $n(n-1)(n-2) \cdot \cdots \cdot 3 \cdot 2 \cdot 1 = n!$이 됨을 알 수 있다.

(b) (a)에서 변화된 것은 n개에서 단지 r개만을 뽑아서 사용한다는 것이다. 따라서 r개의 상자를 채우게 된다. 두 번째 상자에서 1을 제외하고, 세 번째 상자에서 2를 제외하고, 네 번째 상자에서 3을 제외하는 방법으로 계산하면 r 번째 상자에서 $r-1$을 제외할 수 있다. 그러므로 r번째 상자에 들어갈 수 있는 것은 $n-(r-1)=n-r+1$이다. 따라서 순열의 수는 ${}_nP_r = n(n-1)(n-2)\cdots(n-r+1)$이 됨을 알 수 있다.

■

예제 3.3.6 경찰관이 여섯 명의 용의자를 일렬로 세운다고 생각해보자.

(a) 몇 개의 서로 다른 순서로 줄을 세울 수 있는가?

(b) 만약 두 명의 특정 용의자를 서로 붙여서 세운다면 몇 개의 서로 다른 순서로 줄을 세울 수 있는가?

풀이 (a) 여섯 명의 용의자로 만들 수 있는 순열의 수는

$${}_6P_6 = 6! = 6 \cdot 5 \cdot 4 \cdot 3 \cdot 2 \cdot 1 = 720$$

이 된다.

(b) 여섯 명의 용의자를 각각 A, B, C, D, E, F라고 하자. 그리고 A와 B가 서로 붙어 있어

야 하는 용의자들이라고 하자. 그렇다면 우리는 이 두 용의자를 (AB)라는 하나로 생각할 수 있다. 따라서 우리는 (AB), C, D, E, F 다섯 명을 가지고 순열을 만드는 경우와 동일하다고 할 수 있으며, 이때 만들 수 있는 순열의 수는 $5! = 120$ 이라는 사실을 알고 있다. 그러나 A와 B의 위치를 바꿀 수도 있다. 다시 말하자면, (BA), C, D, E, F로 만들어지는 120가지의 경우가 더 나온다고 할 수 있다.
따라서 두 명의 특정 용의자를 서로 붙여서 세운다고 하면 $120 + 120 = 240$ 가지 방법으로 줄을 세울 수 있다. ■

예제 3.3.7 다음의 각 단어로 만들 수 있는 순열의 수를 구하여라.

(a) DADDY

(b) AARDVARK

풀이 (a) DADDY라는 단어는 5개의 문자로 이뤄져 있지만, 각각 서로 다른 문자는 아니다. 잠깐 동안 $D_1AD_2D_3Y$ 와 같이 D를 구별해보면, **정리 3.3.1**에서 언급된 것처럼 ${}_5P_5 = 5! = 120$ 가지의 순열을 가질 수 있다. 이 순열들 중에서 우리는

$$AYD_1D_2D_3 \qquad AYD_1D_3D_2 \qquad AYD_2D_1D_3$$

$$AYD_2D_3D_1 \qquad AYD_3D_1D_2 \qquad AYD_3D_2D_1$$

을 모두 세었다.
그러나 실제로 이들 여섯 개의 순열은 모두 AYDDD로 표현되기 때문에 구별할 수 없다. 따라서 $D_1AD_2D_3Y$ 는 같은 위치에 있는 같은 문자로 나타나는 순열이 6개가 존재한다. $6 = 3!$ 로 표현 가능하며, 이는 반복되는 3개의 D로 만들 수 있는 순열의 수와 같다. 실제로 구분되는 순열의 수를 구하려면 우리는 순열의 총 가짓수를 6으로 나눠야 한다.

DADDY의 서로 다른 순열의 개수

$$= \frac{\text{순열수}}{3\text{개의 } D\text{의 순열의 수}} = \frac{{}_5P_5}{{}_3P_3} = \frac{5!}{3!} = \frac{120}{6} = 20\,.$$

(b) AARDVARK 라는 단어에 같은 방법을 적용하면, $A_1A_2R_1DVA_3R_2K$로 볼 수 있으며, 모두 $8! = 40,320$ 가지의 순열을 만들 수 있다. 그러나 3개의 A를 가지고 있기 때문에 $A_1A_2R_1DVA_3R_2K$ 의 모든 순열은 AARDVARK 의 순열에서 같은 표현이 $6 = 3!$번씩 반복되어 세어지며, 2개의 R을 가지고 있기 때문에 6번 되풀이되는 것이 또다시 $2 = 2!$ 번 세어진다. 따라서 AARDVARK의 모든 순열에 $12 = 6 \times 2 = 3! \times 2!$ 배 해주면 $A_1A_2R_1DVA_3R_2K$ 로 만들 수 있는 순열의 가짓수를 얻을 수 있다. 그러므로 AARDVARK로 만들 수 있는 서로 다른 조합의 가짓수는 다음과 같다.

$$\frac{\text{모든 개수의 순열}}{\text{3개의 } D\text{의 순열의 수} \times \text{2개의 } R\text{의 순열의 수}}$$

$$= \frac{{}_8P_8}{{}_3P_3 \cdot {}_2P_2} = \frac{8!}{3! \times 2!}$$

$$= \frac{8 \cdot 7 \cdot 6 \cdot 5 \cdot 4 \cdot 3 \cdot 2 \cdot 1}{6 \cdot 2} = 3{,}360$$

■

앞의 예제들은 다음 정리와 같이 일반화할 수 있다.

정리 3.3.2

n개로 이루어진 집합이 첫 번째 동일한 r_1개, 두 번째 동일한 r_2개, 세 번째 동일한 r_3, … , k번째 동일한 r_k개로 되어 있다고 하자. 그렇다면 n개로 만들 수 있는 서로 다른 순열의 개수는 다음과 같다.

$$\frac{n!}{r_1! \cdot r_2! \cdot r_3! \cdot \cdots \cdot r_k!}.$$

■

예제 3.3.8 1, 1, 5, 5, 8, 8, 8이라는 숫자를 이용하여 7자리 수를 만들려고 할 때 몇 개의 서로 다른 수를 표현할 수 있는가?

풀이 먼저 7개의 숫자(1, 1, 5, 5, 8, 8, 8)를 사용하므로 7! 개의 7자리 수를 만들 수 있다. 그렇지만 두 개의 1, 두 개의 5, 세 개의 8이 사용되고 있으므로, **정리 3.3.2**에 따라 다음의 결과를 얻을 수 있다.

$$\frac{7!}{2! \cdot 2! \cdot 3!} = \frac{7 \cdot 6 \cdot 5 \cdot 4 \cdot 3 \cdot 2 \cdot 1}{2 \cdot 2 \cdot 6} = 210$$

■

3.3.2 조합

예제 3.3.4에서 후보자 중에서 대통령과 부통령, 그리고 장관을 선출하는 경우의 수를 설명했다. 만약 10명의 후보자 가운데 세 자리를 선출한다고 하면 서로 다른 투표결과는 $10 \cdot 9 \cdot 8 = 720$가지이다. 이때 당선자의 순서가 매우 중요하게 작용한다. 그러나 순서가 중요치 않은 상황에 대해 다뤄지는 **정리 3.3.2**의 중요한 응용에 대해 알아보도록 하자.

예제 3.3.9 동호회 10명의 회원 중에서 3명으로 구성된 위원회를 선출하려고 한다. 위원회가 구성되는 방법의 가짓수는 몇 가지가 있는가?

풀이 10가지 다른 대상(또는 사람)에서 순서를 고려하지 않고 3가지 대상(또는 사람)을 선택하는 경우의 수를 묻는 문제이다. 10명의 사람들을 각각 1번부터 10번까지로 구분해 보자. 만일 3, 7, 8번 사람이 위원회를 위해 선택된 사람이라고 할 때, 3, 7, 8번이나 8, 3, 7번의 순서 차이는 위원회를 구성하는 데 전혀 차이가 없다. 위원회는 여전히 같은 사람으로 구성되어 있기 때문이다. 따라서 3명으로 구성된 위원회를 구성하는 방법의 수는 ${}_{10}P_3$ (즉, 10가지 대상에서 3가지 대상을 한 번에 선택하는 순열의 수이며, 이미 알고 있듯이 $10 \cdot 9 \cdot 8$)을 ${}_3P_3$(3명으로 구성된 위원회에서 만들어지는 순열의 수로서 3!)으로 나눠주어야 하므로,

$$\frac{{}_{10}P_3}{{}_3P_3} = \frac{10 \cdot 9 \cdot 8}{3!} = 120$$

가지 방법으로 구성할 수 있다. ■

예제 3.3.9에서 관점을 조금 바꿔서 살펴보도록 하자. 3명으로 구성된 위원회를 선택하는 경우의 수는 3명의 동일한 사람(위원회에 선출된 사람들)과 7명의 동일한 사람(위원회에 선출되지 않은 사람들)으로 이뤄진 10명의 집단을 구성하는 순열의 수와 같다. 따라서 **정리 3.3.2**에 따르면

$$\frac{10!}{3! \cdot 7!} = \frac{10 \cdot 9 \cdot 8 \cdot 7 \cdot 6 \cdot 5 \cdot 4 \cdot 3 \cdot 2 \cdot 1}{(7 \cdot 6 \cdot 5 \cdot 4 \cdot 3 \cdot 2 \cdot 1)(3 \cdot 2 \cdot 1)}$$
$$= \frac{10 \cdot 9 \cdot 8}{3!} = \frac{{}_{10}P_3}{{}_3P_3} = 120.$$

앞에서와 같은 결과를 얻을 수 있다.

이 문제의 중요점은 10개 원소로 이뤄진 집합에서 3개 원소를 선택할 때 순서는 고려하지 않는다는 점입니다. 큰 집합에서 부분집합을 순서를 고려하지 않고 선택할 때 이것을 **조합**(combinaion)이라 한다.

n개 원소에서 r개 원소를 택하는 방법을 ${}_nC_r$ 또는 $\binom{n}{r}$라 한다.

앞의 결과를 일반화하면 **정리 3.3.3**을 이끌어낼 수 있다.

정리 3.3.3

n개의 다른 대상에서 r개를 취하는 조합은 다음과 같이 나타낼 수 있다.

$$ {}_{n}C_{r} = \frac{n!}{r! \cdot (n-r)!} = \frac{n(n-1)(n-2)\cdots(n-r+1)}{r!} = \frac{{}_{n}P_{r}}{r!} $$ ■

예제 3.3.10 52장의 카드에서 5장을 받아서 진행하는 5카드 포커 경기를 위해 카드를 나눠준다고 하자.

(a) 가능한 조합은 몇 가지인가?

(b) 플러시가 나오는 경우는 몇 가지인가? (플러시는 5장의 카드가 같은 무늬를 가지고 있는 것을 의미한다.)

풀이 (a) 카드가 분배되고 플레이어가 원하는 순서로 카드를 맞추려고 하지만 분배된 카드의 순서가 관계가 없다. 5카드 포커의 가능한 수는 52장의 카드 중에서 5장의 다른 카드를 뽑는 가지 수, 즉 ${}_{52}C_5$ 이다. 정리 3.3.3에 의해 다음과 같은 식을 얻는다.

$$ {}_{52}C_5 = \frac{52 \cdot 51 \cdot 50 \cdot 49 \cdot 48}{5 \cdot 4 \cdot 3 \cdot 2 \cdot 1} = 2{,}598{,}960 $$

(b) 분배된 카드가 플러시라면 두 단계로 생각해 볼 수 있다. 첫 번째로 네 가지 모양 (스페이드, 하트, 클로버, 다이아몬드) 중 하나를 뽑고 두 번째로 그 모양의 13장의 카드 중에서 5장을 뽑는다. 그러면 셈의 기본원리에 의해서 다음과 같은 식을 얻을 수 있다.

$$ \begin{aligned} &= (\text{한 가지 모양을 뽑을 경우의 수}) \\ &\quad \times (\text{그 모양에서 5장의 카드를 뽑을 경우의 수}) \\ &= {}_{4}C_{1} \times {}_{13}C_{5} = 4 \times \frac{13 \cdot 12 \cdot 11 \cdot 10 \cdot 9}{5 \cdot 4 \cdot 3 \cdot 2 \cdot 1} = 5{,}148 \end{aligned} $$ ■

경우의 수 문제를 푸는 다음과 같은 일반적인 방법이 있다.

경우의 수 문제를 푸는 방법

경우의 수 문제를 풀 때에는 문제를 읽고 자신에게 "과정을 선택함에 있어서 순서가 중요한가?"라고 물어라.

1. 만약 대답이 "예"라면 순열의 문제이다.
2. 만약 대답이 "아니오"라면 조합의 문제이다.
3. 항상 셈의 기본원리는 이 절에서 다양한 정리를 가진 복합적인 법칙으로 종종 사용된다는 것을 명심하라.

예제 3.3.11 $\binom{n}{k}=\binom{n}{n-k}$임을 보여라.

풀이 **정리 3.3.3**에서,

$$\binom{n}{k}=\frac{n!}{k!\cdot(n-k)!}$$

$$\binom{n}{n-k}=\frac{n!}{(n-k)!\cdot[n-(n-k)]!}=\frac{n!}{(n-k)!\cdot k!}$$

$$\binom{n}{k}=\binom{n}{n-k}$$

가 된다. ■

마지막 예제에서 얻어진 결과를 확장하면 다음 절의 이항정리를 전개하는 데 도움이 될 것이다.

연습문제

1. ${}_nC_2=105$를 만족하는 n을 구하여라.

2. ${}_nP_2=90$을 만족하는 n을 구하여라.

3. 한 학생이 5벌의 바지와 8벌의 셔츠, 그리고 3벌의 스웨터를 가지고 있다. 이 학생이 바지와 셔츠, 그리고 스웨터로 몇 가지의 서로 다른 조합이 가능한가?

4. 한 자동차 제조공장에서 12종류의 색과 3종류의 차 형태, 그리고 4종류의 인테리어 외장을 선택할 수 있는 자동차 주문을 받는다. 색과 차 형태, 인테리어 외장을 조합하여 몇 가지의 서로 다른 자동차가 나올 수 있는가?

5. 한 보석 제조회사에서 '이니셜' 반지를 만드는데 착용자의 성과 이름의 이니셜을 반지에 새겨준다고 한다. 만약 제조회사에서 모든 가능한 조합의 반지를 만들고자 하면, 최소한으로 만들어야 하는 반지의 수를 구하여라(외국식이므로 이름과 성 한 글자씩을 반지에 새긴다).

6. 어떤 주의 자동차 번호판은 3개의 영문자와 4개의 숫자로 이뤄지는데, 숫자는 1−9까지만을 사용할 수 있다고 한다.

(1) 몇 개의 서로 다른 자동차 번호판이 가능한가?

(2) 만일 첫 번째 숫자가 홀수여야 한다면 몇 개의 서로 다른 자동차 번호판이 가능한가?

(3) 만일 첫 번째 숫자가 짝수여야 하고, 첫 번째 문자는 자음이어야 한다면, 몇 개의 서로 다른 자동차 번호판이 가능한가? (단, Y는 자음으로 생각하자.)

7. 주머니 속에 서로 다른 9개의 빨간 구슬과 7개의 파란 구슬이 들어 있다. 다음과 같이 선택할 때 몇 가지 방법이 가능한가?

(1) 5개의 파란 구슬

(2) 4개의 빨간 구슬

(3) 색에 관계없이 9개의 구슬

(4) 3개의 파란 구슬과 6개의 빨간 구슬

8. 다음 도형들의 대각선의 개수는 몇 개인가?

(1) 오각형 (2) 팔각형

9. $\binom{n}{r}+\binom{n}{r-1}=\binom{n+1}{r}$ 임을 증명하여라.

3.4 이항정리

이항식이라고 부르는 $A+B$ 같은 동차식의 합을 생각해보자. 이 절에서는 이항정리라고 부르는 이항식의 거듭제곱에 관한 일반적인 공식에 대해 공부할 것이다.

실제로 $(A+B)^n$을 $n=0, 1, 2, 3, 4, 5$에 대해서 전개해보면서 시작해보자.

$$n=0:\ (A+B)^0=1$$
$$n=1:\ (A+B)^1=A+B$$
$$n=2:\ (A+B)^2=A^2+2AB+B^2$$
$$n=3:\ (A+B)^3=A^3+3A^2B+3AB^2+B^3$$
$$n=4:\ (A+B)^4=A^4+4A^3B+6A^2B^2+4AB^3+B^4$$
$$n=5:\ (A+B)^5=A^5+5A^4B+10A^3B^2+10A^2B^3+5AB^4+B^5$$

위의 식의 가장 아래쪽 행부터 살펴보자. A^5으로 시작하는 항들을 살펴보면, A^5B^0라고 생각할 수 있다. 다음 항에서 A의 지수는 1씩 감소하고 있으며, B의 지수는 1씩 증가하고 있다. 또한 각 항의 지수의 합은 언제나 5가 된다. 표의 다른 행에서도 이와 같은 패턴으로 되어 있다는 것을 쉽게 알 수 있다. 이와 같은 패턴이 일반적이라고 할 수 있다: 사실 이것은 한 예일 뿐이다.

이제 계수들을 주의 깊게 살펴보고 그것들이 어떻게 계산되는지를 알아보자.

$$(A+B)^5 = (A+B)(A+B)(A+B)(A+B)(A+B)$$

확장한 형태에서 다섯 개의 이항식과 항들이 있으며 이항식에서 예를 들어, $(A+B)^5$의 전개식에서 A^3B^2을 얻기 위해서는 반드시 이항식에서 A항을 세 번 곱해야 하며, 여기에 B항을 두 번 곱해줘야 한다. 이것은 $\binom{5}{3}$ 방법—다섯 개의 이항식에서 A를 세 번 선택하는 방법의 가짓수—과 같다. 또한 이것은 $\binom{5}{2}$ 방법—다섯 개의 이항식에서 B를 두 번 선택하는 방법의 가짓수—과 같다.

이를 일반화하면 $(A+B)^n$에서 독립변수들을 일반화할 때, $A^{n-k}B^k$항의 계수는 $\binom{n}{k}$ 또는 $\binom{n}{n-k}$가 된다.

이런 과정을 요약하면 다음과 같은 정리를 얻게 된다.

정리 3.4.1 이항정리

$$(A+B)^n = A^n + \binom{n}{1}A^{n-1}B + \binom{n}{2}A^{n-2}B^2 + \cdots + \binom{n}{k}A^{n-k}B^k + \cdots + \binom{n}{n-1}AB^{n-1} + B^n$$ ■

일반적으로 첫째 항과 마지막 항의 계수를 $\binom{n}{0}$ 또는 $\binom{n}{n}$으로 쓰는 대신 오히려 간단하게 1이라고 적는다.

이항정리(binomial theorem)이기 때문에 $\binom{n}{k}$는 종종 **이항계수**(binomial coefficient)라고 불린다.

예제 3.4.1 이항정리를 이용하여 $(x+y)^8$을 전개하여라.

풀이 이항정리에 따라 다음과 같은 결과를 얻게 된다.

$$(x+y)^8 = x^8 + \binom{8}{1}x^7y + \binom{8}{2}x^6y^2 + \binom{8}{3}x^5y^3 + \binom{8}{4}x^4y^4 + \binom{8}{5}x^3y^5 + \binom{8}{6}x^2y^6 + \binom{8}{7}xy^7 + y^8$$

이항계수들을 계산하면 다음과 같은 결과를 얻게 된다.

$$\binom{8}{1} = \frac{8}{1} = 8, \qquad \binom{8}{5} = \binom{8}{3} = 56$$

$$\binom{8}{2} = \frac{8 \cdot 7}{2 \cdot 1} = 28 \qquad \binom{8}{6} = \binom{8}{2} = 28$$

$$\binom{8}{3} = \frac{8 \cdot 7 \cdot 6}{3 \cdot 2 \cdot 1} = 56 \qquad \binom{8}{7} = \binom{8}{1} = 8$$

$$\binom{8}{4} = \frac{8 \cdot 7 \cdot 6 \cdot 5}{4 \cdot 3 \cdot 2 \cdot 1} = 70$$

여기서, $\binom{n}{k} = \binom{n}{n-k}$ 라는 사실을 이용했다. 따라서

$$(x+y)^8 = x^8 + 8x^7y + 28x^6y^2 + 56x^5y^3 + 70x^4y^4 + 56x^3y^5 + 28x^2y^6 + 8xy^7 + y^8$$

이다. ■

예제 3.4.2 이항정리를 이용하여 $(2x-3)^4$을 전개하여라.

풀이 $(2x-3)^4$이 $(2x+(-3))^4$와 같으므로 이항정리에 따라 다음과 같은 결과를 얻게 된다.

$$\begin{aligned}(2x-3)^4 &= (2x)^4 + \binom{4}{1}(2x)^3(-3) + \binom{4}{2}(2x)^2(-3)^2 + \binom{4}{3}(2x)(-3)^3 + (-3)^4 \\ &= 16x^4 + 4(8)(-3)x^3 + 6(4)(9)x^2 + 4(2)(-27)x + 81 \\ &= 16x^4 - 96x^3 + 216x^2 - 216x + 81\end{aligned}$$

지수가 홀수와 짝수로 교대로 나오기 때문에, $(A-B)^n$ 을 전개할 때 부호는 양과 음이 교대로 나타난다. ■

이항계수를 계산하는 다른 방법이 있다. $(A+B)^n$ 에서 n 이 1, 2, 3, 4, 5, 6이라면 다음 삼각배열에 따라 이항계수들을 다음과 같이 쓸 수 있다.

$n=0$			1		
$n=1$		1		1	
$n=2$	1		2		1

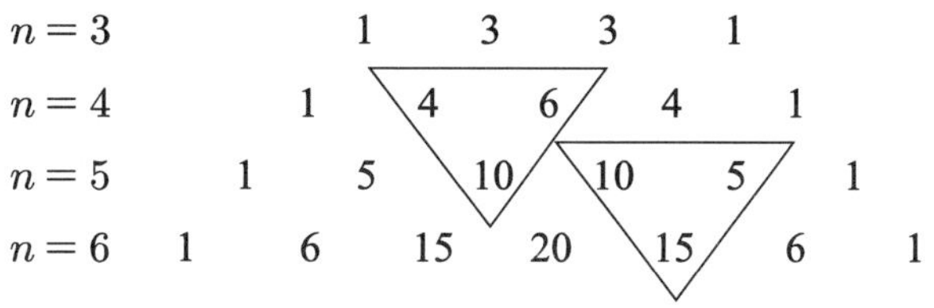

이항계수의 각 열의 시작과 끝은 1이라는 사실과 나머지 항들은 대각선 위쪽의 값 두 개를 더해서 나온다는 사실을 알 수 있다. 따라서 삼각형 모양에 따라 $10=6+4$와 $15=5+10$을 얻게 된다.

이러한 삼각형 배열을 17세기 유명한 프랑스 수학자인 파스칼(Pascal)의 이름을 따서, 파스칼의 삼각형이라고 부른다. 파스칼의 삼각형을 이용하면 앞에서 서술한 방법을 이용하여 더 고차원의 n번 거듭제곱하는 경우에도 쉽게 이항계수를 만들 수 있다.

예제 3.4.3 $(x^2+y^3)^7$을 전개하여라.

풀이 이항정리로부터 거듭제곱의 패턴을 알 수 있다. $\binom{n}{k}$값을 공식을 이용하여 계산하거나 또는 파스칼의 삼각형에서 $n=7$인 경우에 대해 계산함으로써 이항계수를 계산할 수 있다. 일단 후자를 선택하도록 하자. n이 6일 때의 파스칼의 삼각형을 이용하면, 다음의 결과를 얻을 수 있다.

$n=6$		1		6		15		20		15		6		1
$n=7$	1		7		21		35		35		21		7		1

이렇게 얻어진 계수들을 이용하면 다음의 결과를 얻을 수 있다.

$$\begin{aligned}(x^2+y^3)^7 &= (x^2)^7+7(x^2)^6y^3+21(x^2)^5(y^3)^2+35(x^2)^4(y^3)^3 \\ &\quad +35(x^2)^3(y^3)^4+21(x^2)^2(y^3)^5+7(x^2)^2(y^3)^6+(y^3)^7 \\ &= x^{14}+7x^{12}y^3+21x^{10}y^6+35x^8y^9+35x^6y^{12}+21x^4y^{15}+7x^2y^{18}+y^{21}\end{aligned}$$ ■

비교적 작은 n값에 대하여 파스칼의 삼각형은 이항계수를 생성하는 편리한 방법으로 제공이 된다. 그러나 다음 예제에서 보이는 바와 같이, 큰 n값에 관한 이항 전개에서 특정항의 계수를 계산하려고 할 때 원하는 열이 나올 때까지 파스칼의 삼각형의 열을 생성하는 것은 오히려 많은 시간이 필요하다.

예제 3.4.4 $(\sqrt{x}-3)^{20}$ 을 전개하여 x^8 의 계수를 구하여라.

풀이 x 의 제곱근 $\sqrt{x}$ 대신 $x^{1/2}$ 이 편리하다. $(x^{1/2}-3)^{20}$ 의 전개식의 일반항은 다음과 같이 될 것이다.

$$\binom{n}{k}(x^{1/2})^k(-3)^{n-k}$$

만일 x^8 이 나타난 항을 찾고자 하면 다음 과정이 필요하다.

$$(x^{1/2})^k = x^8$$
$$x^{k/2} = x^8 \quad \Rightarrow \quad k = 16$$

n 이 20이고 k 가 16일 경우의 이항 전개의 일반항에 관한 공식을 이용하면

$$\binom{20}{16}(x^{1/2})^{16}(-3)^4$$

이 된다.

파스칼의 삼각형에서 이항계수 $\binom{20}{16}$ 또는 이와 같은 $\binom{20}{4}$ 를 찾기 위해서 n 이 20이 되는 열까지 표를 계속해서 전개해나가야 한다. 따라서 이때는 이항계수를 바로 계산해주는 것이 훨씬 더 편리하다. 결과는 다음과 같다.

$$\binom{20}{16} = \binom{20}{4} = \frac{20 \cdot 19 \cdot 18 \cdot 17}{4 \cdot 3 \cdot 2 \cdot 1} = 4{,}845$$

따라서 k 가 16인 항은

$$4{,}845(x^{1/2})^{16}(-3)^4 = 4{,}845(81)x^8 = 392{,}445x^8$$

이 되며, x^8 의 계수는 392,445이다. ■

연습문제

1-7 ■ 주어진 이항식을 전개하고 정리하여라.

1. $(2x+y)^6$

2. $(w^2+1)^8$

3. $(x^2+y^2)^3$

4. $\left(x+\frac{1}{2}\right)^4$

5. $(x-\sqrt{x})^6$

6. $\left(x-\dfrac{1}{x}\right)^5$

7. $(x^{-1}-y^2)^5$

8-10 ■ 다음 물음에 답하여라.

8. $(x^2+5)^{10}$ 을 전개하였을 때, x^6 의 계수를 구하여라.

9. $(2\sqrt{z}+1)^{12}$ 을 전개하였을 때, z^5 의 계수를 구하여라.

10. 이항정리를 이용하여 $(x-2+y)^3$ 을 전개하여라.

(힌트: $(x-2+y)^3$ 을 $[(x-2)+y]^3$ 으로 생각하여라.)

11. 이항정리를 이용하여 $2^n=\binom{n}{0}+\binom{n}{1}+\binom{n}{2}+\cdots+\binom{n}{n}$ 임을 보여라.

12. 파스칼의 삼각형 원리를 이용하여 다음 등식을 증명하여라.

$$\binom{r}{r}+\binom{r+1}{r}+\binom{r+2}{r}+\cdots+\binom{n}{r}=\binom{n+1}{r+1}$$

04

극한과 도함수

라이프니츠 [Wilhelm Leibniz, 1646 ~ 1716]

독일의 수학자. 라이프니츠는 라이프치히(Leipzig)에서 대학 교수인 아버지와 이름난 법률가의 딸인 어머니 사이에서 태어났다. 그는 30년 전쟁으로 인하여 네덜란드, 영국, 프랑스 등에 비해 문화적, 학문적 수준이 매우 뒤떨어지는 독일에서 태어난 최초의 근세 철학자이자 수학자였다. 라이프니츠는 미분적분학에서 사용되는 많은 기호와 용어들을 개발했으며, 미분적분학을 발견했다고 인정받고 있다. '함수'라는 말은 1694년 라이프니츠에 의하여 처음 수학에 도입되었다고 알려져 있다. 그는 또 함수와 같이 연속적인 양에 대한 수학과 확률과 같이 흩어져 있는 양에 대한 수학 모두에 관심을 갖고 연구하였다.

극한은 미적분학의 다양한 분야에 기초가 된다. 그러므로 극한의 정의와 원리에 대한 연구로 미적분학을 시작하는 것이 적절할 것이다. 접선과 속력을 구하기 위해 사용되는 극한의 특별한 유형은 미분학의 주요 개념이다. 또한 도함수가 여러 상황에서 변화율로 사용되는 것을 보고 함수의 도함수가 원래 함수에 대해 주는 정보에 대해서도 배울 것이다.

4.1 접선과 속도

이 절에서는 곡선의 접선이나 물체의 속력을 구할 때 극한이 사용되는 것을 공부할 것이다.

4.1.1 접선

'**접선**(tangent line)'은 '접하다'라는 의미의 라틴어 'tangens'에서 유래되었다. 그러므로 곡선의 접선은 곡선에 접하는 직선이 된다. 다시 말해 접선은 접점에서 곡선과 같은 방향을 가진다. 이 개념을 좀 더 정확하게 만들 수 있는가?

단순히 유클리드 기하학을 따르면 원에서의 접선은 [그림 4.1.1] (a)에서와 같이 원과 유일하게 한 번만 교차하는 직선을 말한다. 그러나 더 복잡한 곡선에서 이 정의는 부적절하다. [그림 4.1.1] (b)는 곡선 C의 한 점 P를 지나는 직선은 l과 t 2개임을 보여주고 있다. 이때 직선 l은 곡선 C와 오직 한 번만 교차되지만 우리가 접선으로서 생각하는 직선처럼 보이지 않는다. 반면에 직선 t는 곡선 C와 두 번 교차하지만 접선처럼 보인다.

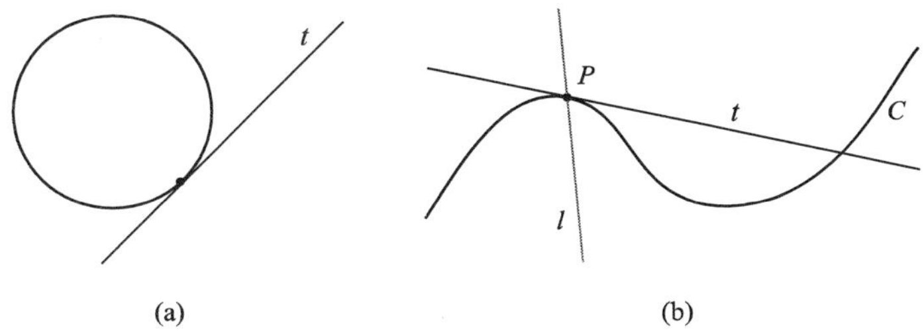

[그림 4.1.1]

예제 4.1.1 포물선 $y=x^2$ 위의 점 $P(1,\ 1)$에서의 접선의 식을 구하여라.

풀이 기울기 m을 알면 바로 접선의 식 t를 찾을 수 있다. 그러나 문제는 기울기를 계산하기 위해서는 두 점을 필요로 하지만 t 위의 한 점 P만을 안다는 것이다. 그러나 P와 가까운 점 $Q(x,\ x^2)$를 포물선 [그림 4.1.2]에서 선택하여 할선 PQ의 기울기 m_{PQ}를 계산함으로써 기울기 m의 근삿값을 계산할 수 있다.

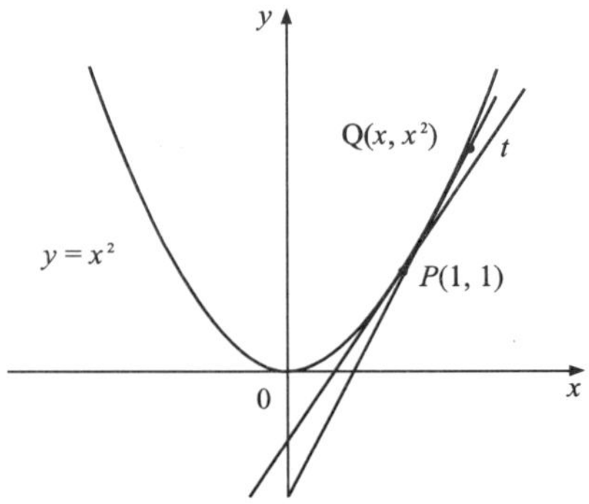

[그림 4.1.2]

$Q \neq P$이며 $x \neq 1$인 점을 선택한다. 그러면

$$m_{PQ}=\frac{x^2-1}{x-1}.$$

예를 들어 $Q(1.5,\ 2.25)$인 점을 선택하면

$$m_{PQ}=\frac{2.25-1}{1.5-1}=\frac{1.25}{0.5}=2.5$$

을 얻을 수 있다.

아래의 표는 $x=1$ 주위의 값들 사이의 기울기 m_{PQ}이다. 점 Q가 점 P와 가까워지면 x는 1에 가까워지고, 아래의 표에 따르면 m_{PQ}는 2에 접근한다. 이는 접선 t의 기울기 $m=2$임을 뜻한다.

x	m_{PQ}
2	3
1.5	2.5
1.1	2.1
1.01	2.01
1.001	2.001

x	m_{PQ}
0	1
0.5	1.5
0.9	1.9
0.99	1.99
0.999	1.999

그러므로 접선의 기울기는 할선 기울기의 극값이라고 할 수 있고 이것을 다음과 같이 나타낼 수 있다.

$$m = \lim_{Q \to P} m_{PQ} = \lim_{x \to 1} \frac{x^2 - 1}{x - 1} = 2$$

접선의 기울기가 실제로 2라고 가정하면

$$y - 1 = 2(x - 1) \quad \text{또는} \quad y = 2x - 1$$

와 같이 기울기를 알며 한 점 $(1, 1)$을 통과하는 직선을 구하는 점-기울기의 형태를 사용하여 접선의 식을 구할 수 있다. ■

과학에서 발생하는 많은 함수들은 뚜렷한 식으로 묘사되지 않는다. 그것은 실험 자료로 정의된다. 다음 예제는 함수의 그래프가 접선의 기울기를 예측하는 과정을 보여준다.

예제 4.1.2 카메라 플래시는 플래시가 꺼졌을 때 충전을 시키고 갑자기 발산하는 방법으로 작동된다. 아래의 자료는 플래시가 작동되고 t초 후에 축전기에 남아 있는 충전량 Q를 나타낸 것이다.

t	Q
0.00	100.00
0.02	81.87
0.04	67.03
0.06	54.88
0.08	44.93
0.10	36.76

이 자료를 이용하여 함수의 그래프를 그리고 $t = 0.04$에서 접선의 기울기를 예측하여라.
[참고: 접선의 기울기는 축전기에서 플래시 벨브로 흐르는 현재의 전력량을 말한다.]

풀이 [그림 4.1.3]처럼 주어진 자료를 이용해 점을 찍고 함수의 그래프와 근접한 모양의 곡선을 그린다.

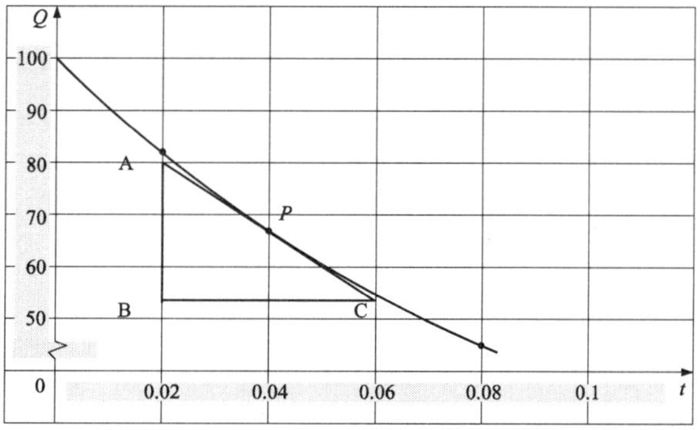

[그림 4.1.3]

그래프 위의 주어진 점 $P(0.04,\ 67.03)$와 $R(0.00,\ 100.00)$을 이용해 할선 PR의 기울기를 찾는다.

$$m_{PR} = \frac{100.00 - 67.03}{0.00 - 0.04} = -824.25$$

아래의 표는 위와 같은 방법으로 다른 할선의 기울기를 계산한 결과이다.

R	m_{PR}
(0.00, 100.00)	−824.25
(0.02, 81.87)	−742.00
(0.06, 54.88)	−607.50
(0.08, 44.93)	−552.50
(0.10, 36.76)	−504.50

이 표로부터 $t=0.04$에서 접선의 기울기는 -742와 -607.5 사이에 있음을 알 수 있다. 사실 두 할선의 평균은

$$\frac{1}{2}(-742 - 607.5) = -674.75$$

이다. 그러므로 이 방법을 이용해 접선의 기울기가 -675임을 예측할 수 있다. 다른 방법은 위 [그림 4.1.3]에서와 같이 P에서의 접선을 그리고 삼각형 ABC 변의 길이를 측정한다. 이를 이용하면 접선의 기울기는

$$-\frac{|AB|}{|BC|} \approx -\frac{80.4 - 53.6}{0.06 - 0.02} = -670$$

과 같이 계산된다. ■

4.1.2 속도

운전을 할 때 자동차의 속도계를 보면 속도계의 바늘이 계속 한 곳에 멈춰 있지 않음을 볼 수 있을 것이다. 다시 말해, 차의 속도는 일정하지 않다. 이로부터 차는 매 초마다 속력이 유지되어야 한다고 생각할 수 있다. 그러나 어떻게 '순간'의 속도를 정의할 수 있는가? 공이 떨어지는 예를 통하여 이를 알아보자.

예제 4.1.3 공이 $450m$ 높이인 토론토 CN타워의 관망대에서 떨어진다고 가정했을 때 5초 후 공의 속도를 계산하여라.

풀이 4세기 전에 행해진 실험에서 갈릴레오는 자유 낙하하는 물체의 떨어진 거리는 그것이 떨어진 시간의 제곱에 비례한다는 것을 발견했다(자유 낙하는 공기의 저항을 무시). 만

약 t초 후 떨어진 거리를 $s(t)$로 나타내고 이를 미터 (m)로 측정을 하면 갈릴레오의 법칙에 의해

$$s(t) = 4.9t^2$$

으로 표현된다.

5초 후의 속도를 계산하는 데 어려운 점은 시간 차이를 포함하지 않고 있는 단일 시간만을 다루고 있는 것이다. 그러나 1/10초의 짧은 시간 차인 $t=5$에서 $t=5.1$까지 평균속도 계산에 의해 원하는 근삿값을 구할 수 있다. 즉,

$$\begin{aligned} \text{평균속도} &= \frac{\text{이동거리}}{\text{걸린시간}} \\ &= \frac{s(5.1)-s(5)}{0.1} \\ &= \frac{4.9(5.1)^2-4.9(5)^2}{0.1} = 49.49 \text{ 미터/초}. \end{aligned}$$

다음 표는 더 작은 시간차로 평균 속도를 계산한 결과를 보여준다.

시간 간격	평균 속도 (미터/초)
$5 \le t \le 6$	53.9
$5 \le t \le 5.1$	49.49
$5 \le t \le 5.05$	49.245
$5 \le t \le 5.01$	49.049
$5 \le t \le 5.001$	49.0049

이를 통해 더 짧은 시간차일수록 평균 속도가 49미터/초에 가까워짐을 알 수 있다. $t=5$에서의 순간 속도는 $t=5$와 시간 차이가 짧게 나는 점의 평균 속도의 극한값으로 정의될 수 있다. 그러므로 5초 후의 속도는

$$v = 49 \text{ 미터/초}$$

이다. ■

이 문제를 푸는 데 사용한 계산이 이 절에서 접선을 구할 때 사용했던 것과 매우 비슷한 것을 알 수 있다. 사실 접선을 구하는 문제와 속도를 찾는 문제는 밀접한 관련이 있다. 만약 [그림 4.1.4]처럼 공이 떨어진 거리 함수의 그래프를 그리고 그래프 위의 점 $P(a, 4.9a^2)$와 $Q(a+h, 4.9(a+h)^2)$를 고려해서 할선 PQ의 기울기를 구해보면

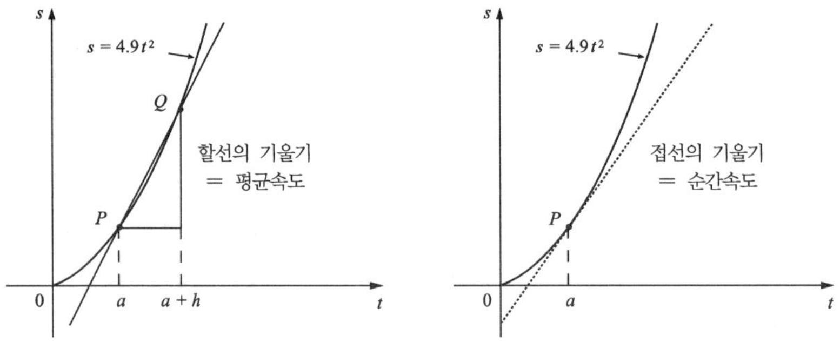

[그림 4.1.4]

$$m_{PQ}=\frac{4.9(a+h)^2-4.9a^2}{(a+h)-a}$$

이다. 이는 시간 $[a, a+h]$의 평균 속도와 같다. 그러므로 $t=a$ (h가 0에 가까워졌을 때의 속력의 극값)에서의 속도는 점 P의 접선의 기울기와 같게 된다.

예제 4.1.1과 4.1.3은 접선과 속도의 문제에 의해 우리가 극한을 찾을 수 있음을 보여준다. 지금부터 다음 4개의 절에서 극한을 계산하는 방법에 대해 공부한 후 **4.6절**에서 다시 접선과 그 이외의 변화율을 계산하는 문제를 다룰 것이다.

연습문제

1. 하나의 탱크에 물 1000 리터가 담겨 있다. 이 물은 탱크 바닥을 통해 30분 안에 모두 배출될 수 있다. 아래 표는 t분 후 탱크 안에 남아 있는 물의 양(V)을 보여주는 것이다.

t(분)	5	10	15	20	25	30
V(리터)	694	444	250	111	28	0

(1) 만약 V의 그래프 위의 점 P가 $(15, 250)$이고 Q는 $t=5$, 10, 20, 25, 30에서의 그래프 위의 점이라 할 때 할선 PQ의 기울기를 계산하여라.

(2) 두 할선의 기울기 평균을 이용하여 점 P에서 접선의 기울기를 계산하여라.

(3) 점 P에서 접선의 기울기를 함수의 그래프를 사용하여 계산하여라 (15분 후, 탱크에서 나온 물의 양의 비율도 나타내어라).

2. 공을 40 피트/초의 속도로 공중으로 던지면 t초 후 그것의 높이는 $y=40t-16t^2$ 으로 주어진다.

(1) $t=2$ 에서 시작하여 다음 주어진 시간 동안의 평균속도를 구하여라.

(i) 0.5초 (ii) 0.1초

(iii) 0.05초 (iv) 0.01초

(2) $t=2$ 에서의 순간속도를 계산하여라.

3. 직선 위를 움직이고 있는 어떤 분자의 움직임이 $s=t^3/6$ 으로 주어졌다.

(1) 다음 주어진 시간 동안의 평균속도를 계산하여라.

(i) [1, 3] (ii) [1, 2]

(iii) [1, 1.5] (iv) [1, 1.1]

(2) $t=1$ 에서의 순간속도를 계산하여라.

(3) t에 관한 함수 s의 그래프를 그리고 (1)에서 구한 평균속도를 기울기로 갖는 할선들을 그려라.

(4) (2)에서 구한 순간속도를 기울기로 갖는 접선을 그려라.

4.2 함수의 극한

곡선의 접선을 계산하거나 물체의 속력을 구할 때 극한이 사용됨을 앞 절에서 보았다. 이제 일반적인 극한에 대해 고려해보고 극한을 계산하는 방법을 알아보자.

$f(x)=x^2-x+2$ 에 의해 정의된 함수 f의 특성을 2에 가까운 값을 이용해 조사해보자. 다음 표는 2에 가깝지만 정확히 2는 아닌 x의 값에 대한 $f(x)$값이 주어졌다.

x	$f(x)$	x	$f(x)$
1.0	2.000000	3.0	8.000000
1.5	2.750000	2.5	5.750000
1.8	3.440000	2.2	4.640000
1.9	3.710000	2.1	4.310000
1.95	3.852500	2.05	4.152500
1.99	3.970100	2.01	4.030100
1.995	3.985025	2.005	4.015025
1.999	3.997001	2.001	4.003001

표와 [그림 4.2.1]의 f 그래프로부터 x가 2에 가까워질 때 $f(x)$는 4에 가까워짐을 알 수 있다. 사실 x를 2에 충분히 가깝게 잡으면 $f(x)$는 4에 가깝게 만들어야 함을 나타낸다. 이를 'x가 2에 가까워질 때 함수 $f(x)=x^2-x+2$의 극한은

4와 같다.' 라고 표현한다. 위의 내용을 기호로 표현해보면

$$\lim_{x \to 2} (x^2 - x + 2) = 4$$

와 같다.

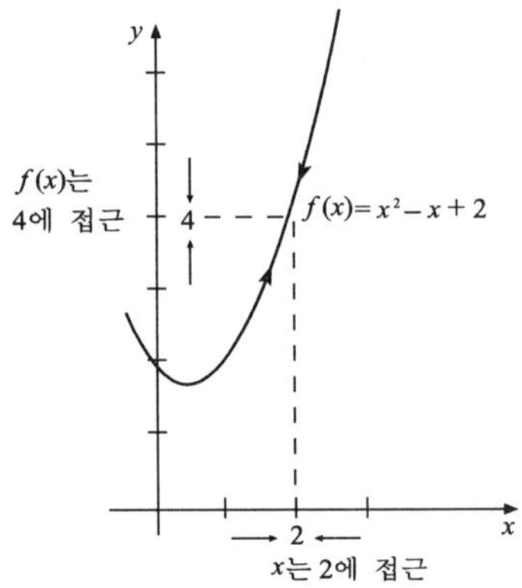

[그림 4.2.1]

일반적으로 다음 기호를 사용한다.

정의 4.2.1

함수의 극한은

$$\lim_{x \to a} f(x) = L$$

과 같이 쓰고 'x가 a에 가까워질 때 함수 $f(x)$의 **극한**은 L이다.'라고 말하는데 이것은 만약 a에 충분히 가까운, 하지만 a와 같지 않은 x를 잡으면 함수 $f(x)$가 L에 얼마든지 가까운 값이 된다는 뜻이다. ■

간단하게 말해서 x가 a에 가깝지만 $x \neq a$일 때 함수 $f(x)$의 값은 L에 점점 가까워진다.

다시 말해서

$$\lim_{x \to a} f(x) = L \;\; \Rightarrow \;\; f(x) \to L \;\; (x \to a)$$

이고 'x가 a에 가까워질수록 $f(x)$는 L에 가까워진다.'라고 읽는다.

극한의 정의에 있는 '$x \neq a$일 때' 라는 말의 의미를 알아보자. 이것은 x가 a

로 접근함에 따른 함수 $f(x)$의 극한을 계산할 때 $x=a$를 고려하지 않음을 의미한다. 사실 $f(x)$는 $x=a$일 때는 정의될 필요가 없다. 문제를 해결하는 데 필요한 것은 f가 a의 근처에서 정의되는 것이다.

[그림 4.2.2]에 3개의 그래프가 있다. 이 중 (c)에서는 $f(a)$가 정의되지 않고 (b)에서는 $f(a) \neq L$이다. 그러나 각각의 경우에서 a에서는 $\lim_{x \to a} f(x) = L$이 된다.

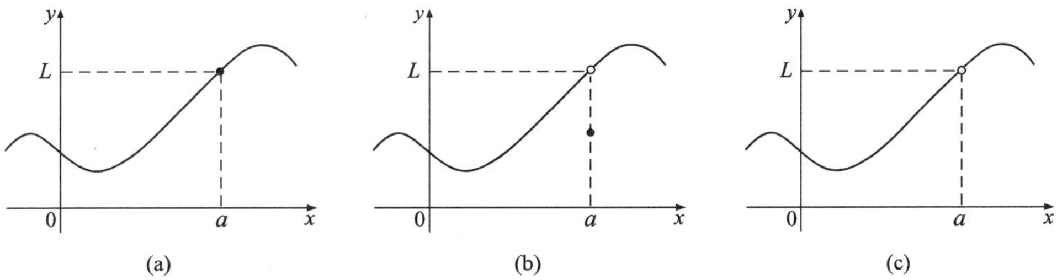

[그림 4.2.2] $\lim_{x \to a} f(x) = L$

예제 4.2.1 $\lim_{x \to 1} \dfrac{x-1}{x^2-1}$ 의 값을 예측하여라.

풀이 함수 $f(x) = (x-1)/(x^2-1)$는 $x=1$일 때는 정의되지 않는다. 그러나 $\lim_{x \to 1} f(x)$의 정의는 x가 1일 때가 아닌 x가 1에 가까이 갈 때의 값을 고려하는 것이므로 문제가 되지 않는다. 아래의 표는 x가 1에 가까이 갈 때의 값을 보여준다.

$x<1$	$f(x)$
0.5	0.666667
0.9	0.526316
0.99	0.502513
0.999	0.500250
0.9999	0.500025

$x>1$	$f(x)$
1.5	0.400000
1.1	0.476190
1.01	0.497512
1.001	0.499750
1.0001	0.499975

표의 값을 기초로 하여

$$\lim_{x \to 1} \frac{x-1}{x^2-1} = 0.5$$

임을 예측할 수 있다. ■

[그림 4.2.3]에 예제 4.2.1의 함수 f의 그래프를 그려보았다. 이때 f에 $x=1$일 때의 값을 2로 주는 약간의 변화를 주고 그 결과를 함수 g라고 하자.

$$g(x)=\begin{cases}\dfrac{x-1}{x^2-1}, & x\neq 1\\ 2, & x=1\end{cases}$$

이 새로운 함수 g는 [그림 4.2.4]에서와 같이 x가 1에 가까워질 때 같은 극한값을 가지게 된다.

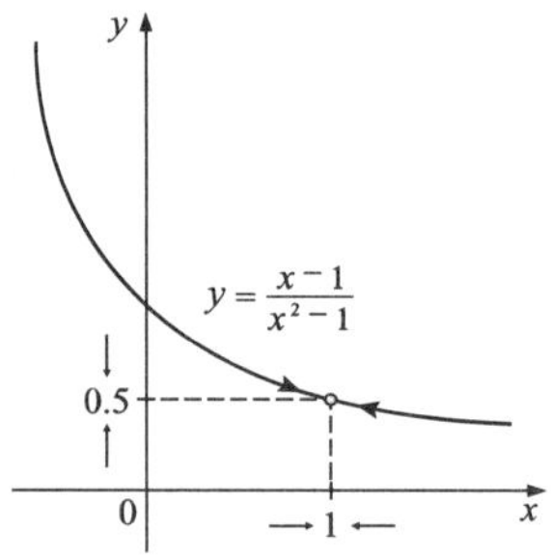

[그림 4.2.3]

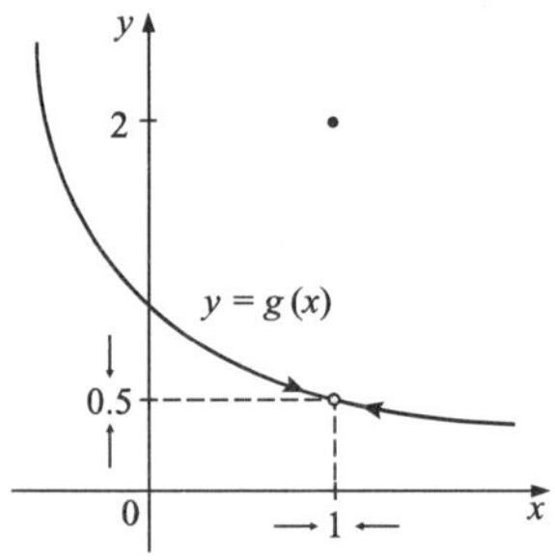

[그림 4.2.4]

예제 4.2.2 $\lim\limits_{t\to 0}\dfrac{\sqrt{t^2+9}-3}{t^2}$을 예측하여라.

풀이 표는 t가 0에 가까운 몇 개의 함수 값을 나타낸다.

t	$\dfrac{\sqrt{t^2+9}-3}{t^2}$
± 1.0	0.16228
± 0.5	0.16553
± 0.1	0.16662
± 0.05	0.16666
± 0.01	0.16667

t가 0에 가까워질 때, 함수 값은 $0.1666666\cdots$에 가까워짐을 나타내며 그래서 다음과 같이 예측할 수 있다.

$$\lim_{t\to 0}\frac{\sqrt{t^2+9}-3}{t^2}=\frac{1}{6}$$ ■

예제 4.2.3 $\lim\limits_{x\to 0}\dfrac{\sin x}{x}$를 추측하여라.

풀이 함수 $f(x)=\sin x/x$는 $x=0$에서 정의될 수 없다. 계산기를 사용하여(만약 $x\in\mathbb{R}$이면 $\sin x$는 각의 라디안이 x인 sin을 의미하는 것이다). 소수점 여덟째 자리까지

의 정확한 값을 구한 결과표가 아래에 있다. 표와 [그림 4.2.5]의 그래프로부터

$$\lim_{x \to 0} \frac{\sin x}{x} = 1$$

임을 알 수 있다. 이 결과는 사실 정확한 것이다. 이에 대한 증명은 기하학적 논증을 이용하면 가능하다. ■

x	$\frac{\sin x}{x}$
±1.0	0.84147098
±0.5	0.95885108
±0.4	0.97354586
±0.3	0.98506736
±0.2	0.99334665
±0.1	0.99833417
±0.05	0.99958339
±0.01	0.99998333
±0.005	0.99999583
±0.001	0.99999983

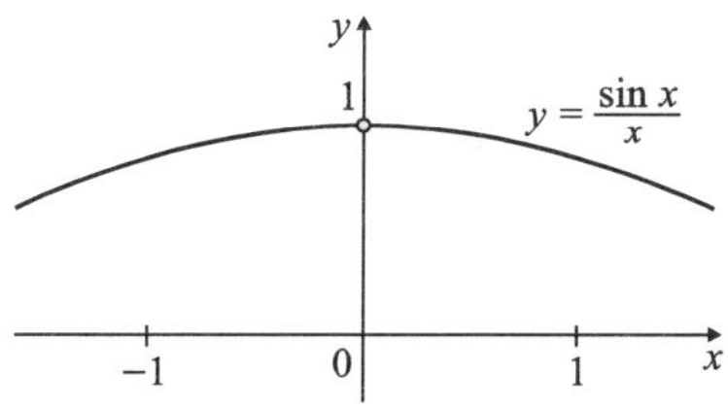

[그림 4.2.5]

예제 4.2.4 헤비사이드 함수(Heaviside function) H가

$$H(t) = \begin{cases} 0 & , \quad t < 0 \\ 1 & , \quad t \geq 0 \end{cases}$$

로 정의되었다 [이 함수의 이름은 전기 기술자 헤비사이드(Oliver Heaviside, 1850-1925)의 이름을 따서 붙여졌고 $t = 0$일 때 전환되는 전류를 묘사하는 데 사용된다]. 이 함수의 그래프는 아래 [그림 4.2.6]과 같다.

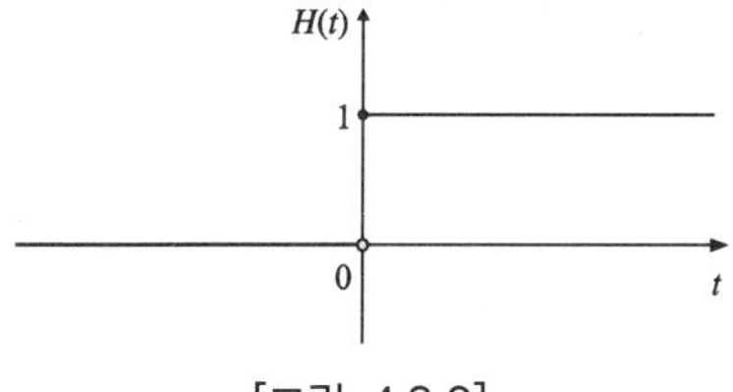

[그림 4.2.6]

t가 왼쪽으로부터 0에 가까워지면 $H(t)$는 0에 가까워진다. t가 오른쪽으로부터 0에 가까워지면 $H(t)$는 1에 가까워진다. 이것은 t가 0에 가까워질 때 $H(t)$의 값은 하나가 아니라는 것을 말한다. 그러므로 $\lim_{t \to 0} H(t)$는 존재하지 않는다. ■

4.2.1 한쪽 극한

위의 예에서 $H(t)$는 t가 0에 왼쪽으로부터 가까워질 때는 0의 값을 갖고, t가 오른쪽으로부터 가까워질 때는 1의 값을 갖는 것을 보았다. 이를 기호로 나타내면

$$\lim_{t\to0^-} H(t)=0 \quad \text{과} \quad \lim_{t\to0^+} H(t)=1$$

과 같다. '$t\to0^-$'이라는 기호는 t의 값이 0보다 작은 값을 가짐을 나타낸다. 마찬가지로 '$t\to0^+$'은 t가 0보다 큰 값을 가짐을 나타낸다.

정의 4.2.2

$$\lim_{x\to a^-} f(x)=L$$

이고 만약 x가 a보다 작고 a에 충분히 가까워지는 값일 때 $f(x)$의 값을 L에 가깝게 만들 수 있다면 'x가 a에 가까이 갈 때 $f(x)$의 **좌극한** [또는 x가 왼쪽으로부터 a에 가까워질 때의 극한]은 L과 같다.'고 말한다. ■

정의 4.2.2는 a보다 작은 x에 대한 것이라는 점이 **정의 4.2.1**과 다르다. 비슷하게 a보다 큰 x를 사용하면 'x가 a로 가까이 갈 때 $f(x)$의 **우극한**은 L과 같다.'라고 하고

$$\lim_{x\to a^+} f(x)=L$$

로 나타낸다. 그러므로 '$x\to0^+$'라는 기호는 단지 $x>0$일 때만을 의미한다. 이 정의를 아래 [그림 4.2.7]에 그려보았다.

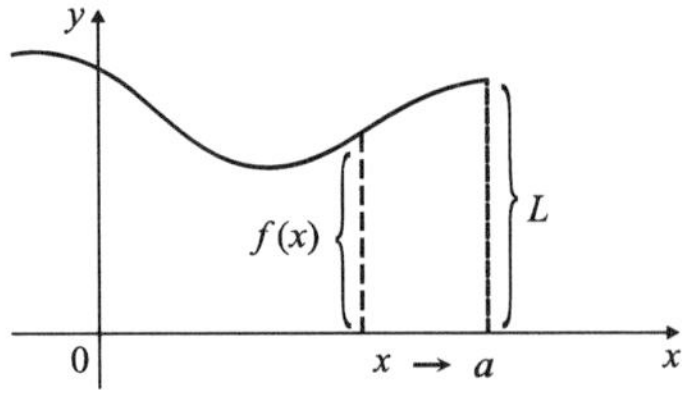

(a) $\lim_{x\to a^-} f(x)=L$

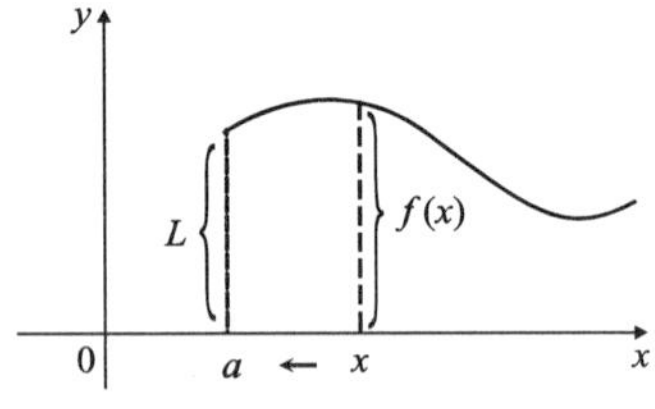

(b) $\lim_{x\to a^+} f(x)=L$

[그림 4.2.7]

한쪽 극한의 정의를 **정의 4.2.1**과 비교해보면, 다음 사실을 알 수 있다.

$$\lim_{x \to a} f(x) = L \iff \lim_{x \to a^-} f(x) = L \text{이고} \lim_{x \to a^+} f(x) = L$$

예제 4.2.5 함수 $g(x)$의 그래프는 [그림 4.2.8]에 나타나 있다. [그림 4.2.8]을 이용하여 다음 값을 구하여라.

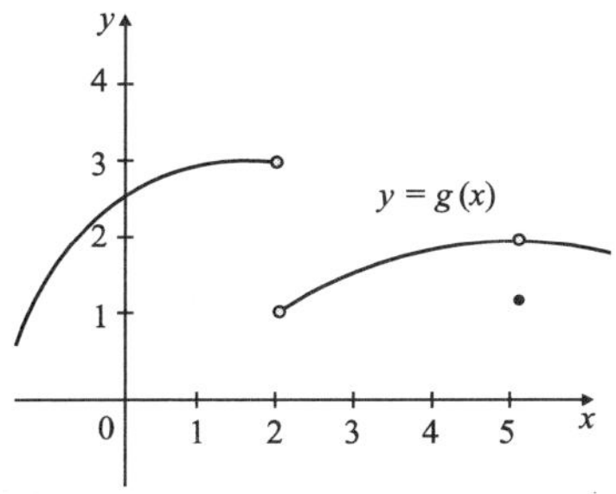

[그림 4.2.8]

(a) $\lim_{x \to 2^-} g(x)$ (b) $\lim_{x \to 2^+} g(x)$ (c) $\lim_{x \to 2} g(x)$

(d) $\lim_{x \to 5^-} g(x)$ (e) $\lim_{x \to 5^+} g(x)$ (f) $\lim_{x \to 5} g(x)$

풀이 그래프로부터 x가 왼쪽으로부터 2에 가까워질수록 $g(x)$의 값이 3에 가까워짐을 알 수 있다. 그러나 x가 오른쪽으로부터 2에 가까워지면 $g(x)$는 1에 가까워진다. 그러므로

(a) $\lim_{x \to 2^-} g(x) = 3$ 그리고 (b) $\lim_{x \to 2^+} g(x) = 1$

이므로 좌우 극한이 다르기 때문에 $\lim_{x \to 2} g(x)$의 값은 존재하지 않는다. 그래프는 또한

(d) $\lim_{x \to 5^-} g(x) = 2$ 그리고 (e) $\lim_{x \to 5^+} g(x) = 2$

임을 보여준다. 이것은 좌우 극한이 같음을 나타내는 것이며 따라서

$$\lim_{x \to 5} g(x) = 2$$

이 된다. 이 사실에도 불구하고 $g(5) \neq 2$이다. ■

예제 4.2.6 만약 값이 존재한다면 $\lim_{x \to 0} \frac{1}{x^2}$을 구하여라.

풀이 x가 0에 가까워지게 되면 x^2 또한 0에 가까워지고 $1/x^2$은 매우 큰 값이 된다.

x	$\frac{1}{x^2}$
± 1	1
± 0.5	4
± 0.2	25
± 0.1	100
± 0.05	400
± 0.01	10,000
± 0.001	1,000,000

사실, [그림 4.2.9]에서 보여주는 함수 $f(x)=1/x^2$의 그래프는 x가 충분히 0에 가까워지는 값을 얻으면 $f(x)$의 값은 임의의 큰 값으로 만들 수 있음을 나타내고 있다. 그러므로 $f(x)$의 값은 한 수에 가까이 갈 수 없고 그래서 $\lim_{x\to 0}(1/x^2)$은 존재하지 않는다.

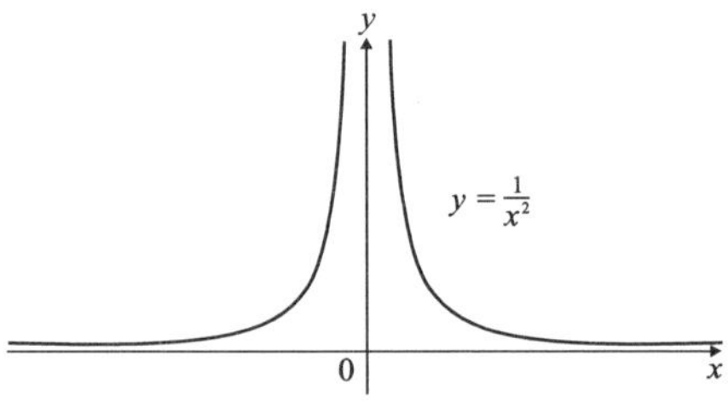

[그림 4.2.9] ■

연습문제

1. $\lim_{x\to 1^-} f(x)=3$이고 $\lim_{x\to 1^+} f(x)=7$이 의미하는 것을 설명하여라. 이 상황에서 $\lim_{x\to 1} f(x)$가 존재하는 것이 가능한가? 이유를 설명하여라.

2. 주어진 그래프 f를 사용하여 주어진 식의 값을 계산하여라. 만약 존재하지 않으면 이유를 설명하여라.

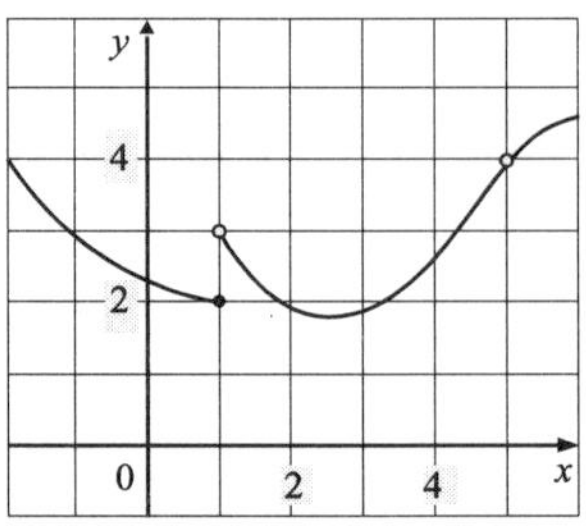

(1) $\lim_{x\to1^-} f(x)$　　(2) $\lim_{x\to1^+} f(x)$　　(3) $\lim_{x\to1} f(x)$

(4) $\lim_{x\to5} f(x)$　　(5) $f(5)$

3. 다음 함수의 그래프를 그리고 그것을 사용하여 $\lim_{x\to a} f(x)$가 존재하는 a의 값을 계산하여라.

$$f(x)=\begin{cases} 2-x, & x<-1 \\ x, & -1\le x<1 \\ (x-1)^2, & x\ge 1 \end{cases}$$

4. 함수 $f(x)=1/(1+e^{1/x})$의 그래프를 사용하여 각 극값을 계산하여라. 만약 존재하지 않는다면 이유를 설명하여라.

(1) $\lim_{x\to0^-} f(x)$　　(2) $\lim_{x\to0^+} f(x)$　　(3) $\lim_{x\to0} f(x)$

4.3 극한 법칙을 이용한 극한 계산

4.2절에서 극한값 계산을 위해 계산기와 그래프를 사용하였지만, 이와 같은 방법들은 항상 정확한 답을 유도할 수는 없다. 이 절에서는 극한을 계산하기 위해 **극한 법칙**(Limit Laws)이라 불리는 다음의 극한의 성질을 이용한다.

극한 법칙(Limit Laws)

c는 상수이고 $\lim_{x\to a} f(x)$와 $\lim_{x\to a} g(x)$가 존재한다고 가정하면 다음과 같다.

1. $\lim_{x\to a}[f(x)+g(x)]=\lim_{x\to a}[f(x)]+\lim_{x\to a}[g(x)]$
2. $\lim_{x\to a}[f(x)-g(x)]=\lim_{x\to a}[f(x)]-\lim_{x\to a}[g(x)]$
3. $\lim_{x\to a}[cf(x)]=c\lim_{x\to a} f(x)$
4. $\lim_{x\to a}[f(x)g(x)]=\lim_{x\to a} f(x)\lim_{x\to a} g(x)$
5. $\lim_{x\to a}\frac{f(x)}{g(x)}=\frac{\lim_{x\to a} f(x)}{\lim_{x\to a} g(x)}$　$(\lim_{x\to a} g(x)\neq 0)$

다섯 가지 법칙들은 다음과 같이 용어적으로 풀이할 수 있다.

1. 합의 극한은 극한의 합이다. (합의 법칙)
2. 차의 극한은 극한의 차이다. (차의 법칙)
3. 상수배 함수의 극한은 극한의 함수의 상수배이다. (상수배의 법칙)
4. 곱의 극한은 극한의 곱이다. (곱의 법칙)
5. 나눗셈의 극한은 극한의 나눗셈이다. (나눗셈의 법칙)
   (단, 분모는 0이 아니다.)

이 성질이 사실이라는 것은 이해하기 쉽다. 예를 들어, 만약 $f(x)$가 L에 접근하고 $g(x)$가 M에 접근한다면 $f(x)+g(x)$가 $L+M$에 접근한다는 결론은 논리적이다. 이것은 법칙 1이 사실이라는 것에 직관적인 기준을 제공한다. 위의 모든 법칙은 극한의 정확한 정의를 사용하여 증명이 가능하다.

예제 4.3.1 만약 극한이 존재한다면, 아래의 극한을 계산하기 위해 극한 법칙과 [그림 4.3.1]의 f와 g의 그래프를 이용하여라.

(a) $\lim_{x\to-2}[f(x)+5g(x)]$ (b) $\lim_{x\to1}[f(x)g(x)]$

(c) $\lim_{x\to2}\frac{f(x)}{g(x)}$

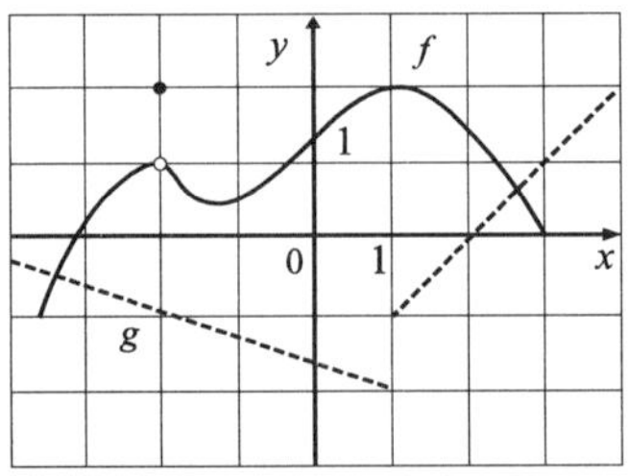

[그림 4.3.1]

풀이 (a) 그래프 f와 g에서 $\lim_{x\to-2}f(x)=1$과 $\lim_{x\to-2}g(x)=-1$이라는 것을 알 수 있다. 그러므로

$$\begin{aligned}\lim_{x\to-2}[f(x)+5g(x)] &= \lim_{x\to-2}f(x)+\lim_{x\to-2}5g(x) && \text{(법칙 1)}\\ &= \lim_{x\to-2}f(x)+5\lim_{x\to-2}g(x) && \text{(법칙 3)}\\ &= 1+5(-1)=-4.\end{aligned}$$

(b) $\lim_{x\to1}f(x)=2$이지만 $\lim_{x\to1}g(x)$는 존재하지 않는다. 왜냐하면 좌극한과 우극한이 다르기 때문이다.

$$\lim_{x \to 1^-} g(x) = -2, \quad \lim_{x \to 1^+} g(x) = -1$$

그래서 극한 법칙 4를 사용할 수 없다. 따라서 주어진 극한은 좌극한과 우극한이 같지 않기 때문에 존재하지 않는다.

(c) 그래프에서 $\lim_{x \to 2} f(x) \approx 1.4$ 이고 $\lim_{x \to 2} g(x) = 0$ 이다. 분모의 극한이 0이기 때문에 법칙 5를 사용할 수 없다. 주어진 극한은 분모가 0에 접근하는 반면 분자가 0이 아니기 때문에 극한은 존재하지 않는다. ■

만약 $g(x) = f(x)$에 반복적으로 곱의 법칙을 사용하면, 다음과 같은 법칙을 얻는다.

> 6. $\lim_{x \to a} [f(x)]^n = \left[\lim_{x \to a} f(x)\right]^n$ (n은 양의 정수)

극한 법칙 6의 적용에서 두 개의 특별한 극한 사용이 필요하다.

> 7. $\lim_{x \to a} c = c$ 8. $\lim_{x \to a} x = a$

이 극한들은 직관적인 관찰로부터 명백하다.

만약 법칙 6에 $f(x) = x$ 라 하고 법칙 8을 사용하면 또 다른 유용한 극한을 얻는다.

> 9. $\lim_{x \to a} x^n = a^n$ (n은 양의 정수)

유사하게 극한은 다음과 같이 근(root)에도 적용된다.

> 10. $\lim_{x \to a} \sqrt[n]{x} = \sqrt[n]{a}$ (n은 양의 정수)
> (만약 n이 짝수이면, $a > 0$으로 가정)

좀 더 일반적으로, 다음의 법칙을 얻는다.

> 11. $\lim_{x\to a}\sqrt[n]{f(x)}=\sqrt[n]{\lim_{x\to a}f(x)}$ (n은 양의 정수)
>
> (만약 n이 짝수이면, $\lim_{x\to a}f(x)>0$으로 가정)

예제 4.3.2 다음의 극한을 계산하고 각 단계를 정의하라.

(a) $\lim_{x\to 5}(2x^2-3x+4)$ (b) $\lim_{x\to -2}\dfrac{x^3+2x^2-1}{5-3x}$

풀이 (a)

$$\begin{aligned}\lim_{x\to 5}(2x^2-3x+4) &= \lim_{x\to 5}(2x^2)-\lim_{x\to 5}(3x)+\lim_{x\to 5}4 && \text{(법칙 1, 2)}\\ &= 2\lim_{x\to 5}x^2-3\lim_{x\to 5}x+\lim_{x\to 5}4 && \text{(법칙 3)}\\ &= 2(5^2)-3(5)+4 && \text{(법칙 7, 8, 9)}\\ &= 39\end{aligned}$$

(b) 먼저 법칙 5를 이용하지만, 이 법칙은 단지 분자와 분모의 극한이 존재하고 분모가 0이 아닌 마지막 단계에서 완전히 정의된다.

$$\begin{aligned}\lim_{x\to -2}\frac{x^3+2x^2-1}{5-3x} &= \frac{\lim_{x\to -2}(x^3+2x^2-1)}{\lim_{x\to -2}(5-3x)} && \text{(법칙 5)}\\ &= \frac{\lim_{x\to -2}x^3+\lim_{x\to -2}2x^2-\lim_{x\to -2}1}{\lim_{x\to -2}5-\lim_{x\to -2}3x} && \text{(법칙 1, 2, 3)}\\ &= \frac{(-2)^3+2(-2)^2-1}{5-3(-2)} && \text{(법칙 7, 8, 9)}\\ &= -\frac{1}{11}\end{aligned}$$

■

만약 $f(x)=2x^2-3x+4$이면 $f(5)=39$이다. 다시 말하면, x에 5를 대입하여 예제 4.3.2 (a)의 정확한 답을 얻을 수 있다. 유사하게, 직접적인 대입은 (b) 부분에서 정확한 답을 제공한다. 예제 4.3.2의 함수는 각각 다항식과 유리 함수이고 극한 법칙의 유사한 사용은 이러한 함수들에 대한 작업에서 항상 직접적인 대입으로 증명된다. 다음과 같이 이 사실을 진술한다.

직접대입성질(direct substitution property)

만약 f가 다항식 또는 유리함수이고 a가 f의 정의역이면
$\lim_{x \to a} f(x) = f(a)$가 성립한다.

직접대입성질의 함수들은 a에서 연속이라 하고 **4.4절**에서 공부할 것이다. 그러나 모든 극한이 다음의 예제에서 보여주는 것처럼 직접대입에 의해 계산이 가능한 것은 아니다.

예제 4.3.3 $\lim_{x \to 1} \dfrac{x^2 - 1}{x - 1}$을 구하여라.

풀이 $f(x) = (x^2 - 1)/(x - 1)$이라 하자. $x = 1$을 대입하여 극한을 구할 수 없다. 왜냐하면, 분모가 0이 되기 때문에 $f(1)$이 정의되지 않는다. 대신에, 기초적인 대수의 지식이 필요한데, 제곱의 차로 분자를 인수분해 가능하다.

$$\frac{x^2 - 1}{x - 1} = \frac{(x-1)(x+1)}{x-1}$$

분자와 분모는 $x-1$의 공통의 인수를 갖고 있다. x가 1로 접근하는 극한을 갖게 될 때, $x \neq 1$이므로 $x - 1 \neq 0$이다. 그러므로 공통 인수를 제거할 수 있고 다음과 같이 극한을 계산한다.

$$\begin{aligned}\lim_{x \to 1} \frac{x^2 - 1}{x - 1} &= \lim_{x \to 1} \frac{(x-1)(x+1)}{x-1} \\ &= \lim_{x \to 1} (x+1) \\ &= 1 + 1 = 2\end{aligned}$$

■

이 예제에서 극한은 포물선 $y = x^2$의 점 $(1, 1)$에서 기울기를 찾기를 시도했던 **4.1절**에서 다루었다.

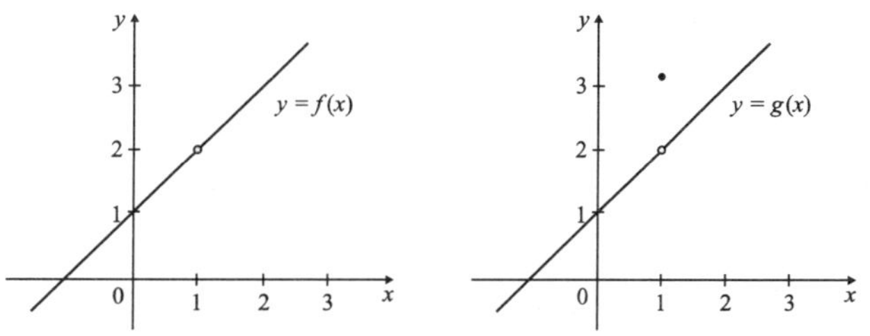

[그림 4.3.2] 함수 f(예제 4.3.3)와 g(예제 4.3.4)의 그래프

예제 4.3.4 $g(x)=\begin{cases} x+1, & x\neq 1 \\ \pi\ , & x=1 \end{cases}$ 일 때, $\lim_{x\to 1} g(x)$를 구하여라.

풀이 여기서 g는 $x=1$에서 $g(1)=\pi$로 정의되지만, x가 1에 접근함에 따라서 극한의 값은 1의 함수의 값에 의존하지 않는다. $x\neq 1$에 대하여 $g(x)=x+1$이므로

$$\lim_{x\to 1} g(x)=\lim_{x\to 1}(x+1)=2$$

이다. ■

예제 4.3.3과 4.3.4에서 함수들의 값은 $x=1$을 제외된 x값에 대해 같은 값을 갖고, x가 1에 접근함에 따라서 같은 극한을 갖는다.

예제 4.3.5 $\lim_{t\to 0}\frac{\sqrt{t^2+9}-3}{t^2}$ 을 구하여라.

풀이 직접적으로 나눗셈 법칙을 적용할 수 없다. 왜냐하면 분모의 극한이 0이기 때문이다. 여기서 대수학의 사전지식으로 분자를 유리화한다.

$$\begin{aligned}\lim_{t\to 0}\frac{\sqrt{t^2+9}-3}{t^2} &= \lim_{t\to 0}\frac{\sqrt{t^2+9}-3}{t^2}\cdot\frac{\sqrt{t^2+9}+3}{\sqrt{t^2+9}+3}\\ &=\lim_{t\to 0}\frac{t^2+9-9}{t^2\left(\sqrt{t^2+9}+3\right)}=\lim_{t\to 0}\frac{t^2}{t^2\left(\sqrt{t^2+9}+3\right)}\\ &=\lim_{t\to 0}\frac{1}{\sqrt{t^2+9}+3}=\frac{1}{\sqrt{\lim_{t\to 0}(t^2+9)}+3}\\ &=\frac{1}{3+3}=\frac{1}{6}\end{aligned}$$

이 계산은 **4.2절** 예제 4.2.2에서 확인한 것이다. ■

몇몇의 극한들은 좌극한과 우극한을 우선 찾음으로써 가장 좋은 계산이 된다. 다음의 정리는 **4.2절**에서 발견한 것을 다시 기술하였다. 양쪽 극한이 존재하고 한쪽의 극한들이 각각 서로 같다는 것은 필요충분조건이다.

정리 4.3.1

$$\lim_{x\to a} f(x)=L \ \Leftrightarrow\ \lim_{x\to a^-} f(x)=L=\lim_{x\to a^+} f(x)$$

한쪽 극한을 계산할 때, 앞에서 소개한 여러 극한 법칙들이 한쪽 극한에 대해서도 여전히 유지된다는 사실을 이용한다.

예제 4.3.6 $\lim_{x\to 0}|x|=0$ 임을 보여라.

풀이

$$|x|=\begin{cases} x, & x\ge 0 \\ -x, & x<0 \end{cases}$$

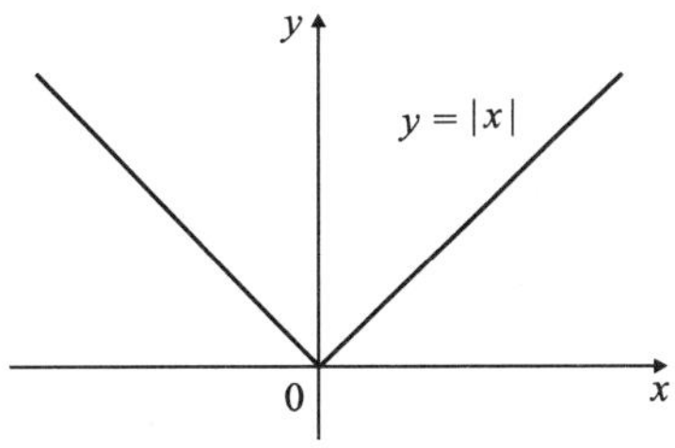

[그림 4.3.3]

$x>0$ 에 대하여 $|x|=x$ 이기 때문에

$$\lim_{x\to 0^+}|x|=\lim_{x\to 0^+}x=0$$

이고, $x<0$ 에 대하여 $|x|=-x$ 이기 때문에

$$\lim_{x\to 0^-}|x|=\lim_{x\to 0^-}(-x)=0$$

이다. 그러므로 **정리 4.3.1**에 의해 $\lim_{x\to 0}|x|=0$ 이다. ■

예제 4.3.7 $\lim_{x\to 0}\frac{|x|}{x}$ 가 존재하지 않음을 증명하여라.

풀이 $\lim_{x\to 0^+}\frac{|x|}{x}=\lim_{x\to 0^+}\frac{x}{x}=\lim_{x\to 0^+}1=1,\ \lim_{x\to 0^-}\frac{|x|}{x}=\lim_{x\to 0^-}\frac{-x}{x}=\lim_{x\to 0^-}(-1)=-1.$

좌극한과 우극한이 다르기 때문에 **정리 4.3.1**로부터 $\lim_{x\to 0}|x|/x$ 가 존재하지 않는다. $f=|x|/x$ 함수의 그래프는 [그림 4.3.4]이고, 계산된 극한을 확인할 수 있다.

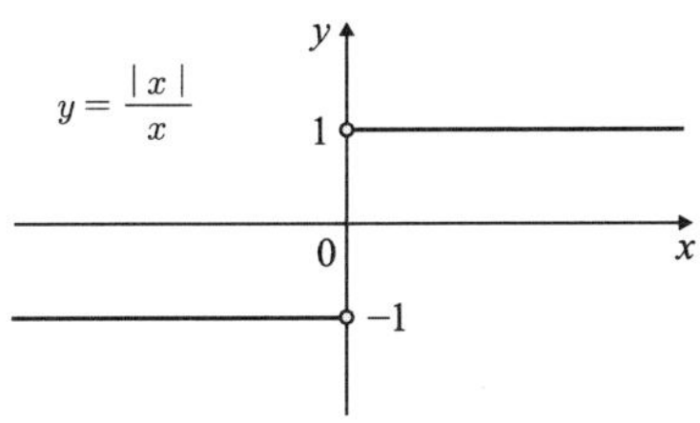

■

[그림 4.3.4]

다음 두 정리는 극한의 두 가지 추가적인 성질이다.

정리 4.3.2

만약 x가 a에 접근할 때(a는 제외) f와 g의 극한이 존재하고 $f(x) \le g(x)$이면

$$\lim_{x \to a} f(x) \le \lim_{x \to a} g(x)$$

이다. ■

정리 4.3.3 **짜내기 정리(squeeze theorem)**

만약 $\lim_{x \to a} f(x) = \lim_{x \to a} h(x) = L$이고 $f(x) \le g(x) \le h(x)$이면

$$\lim_{x \to a} g(x) = L$$

이다. ■

짜내기 정리는 [그림 4.3.5]에 의해 알 수 있듯이 a 근방에서 $f(x)$와 $h(x)$ 사이에 끼는 것을 뜻한다. 그리고 만약 f와 h가 a에서 같은 극한 L을 갖는다면 g는 a에서 같은 극한 L을 갖게 된다.

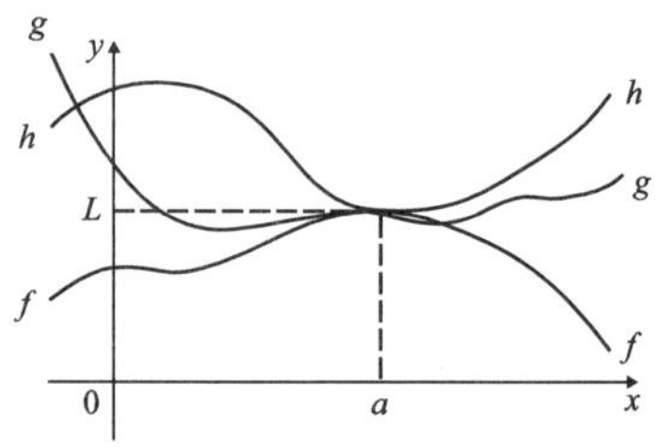

[그림 4.3.5]

예제 4.3.8 $\lim_{x \to 0} x^2 \sin\frac{1}{x} = 0$임을 보여라.

풀이 $\lim_{x \to 0} \sin\frac{1}{x}$이 존재하지 않기 때문에

$$\lim_{x \to 0} x^2 \sin\frac{1}{x} = \lim_{x \to 0} x^2 \cdot \lim_{x \to 0} \sin\frac{1}{x}$$

로 쓸 수 없다. 그러나

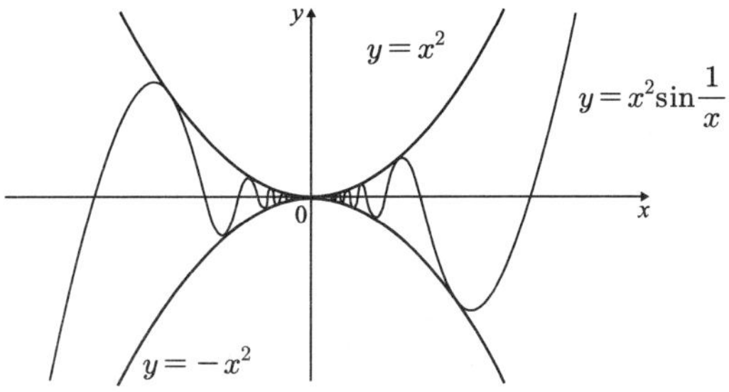

[그림 4.3.6]

$$-1 \le \sin\frac{1}{x} \le 1$$

이므로, [그림 4.3.6]에서 설명되는 것처럼

$$-x^2 \le x^2\sin\frac{1}{x} \le x^2$$

이다.

$$\lim_{x\to 0} x^2 = 0 \text{ 이고 } \lim_{x\to 0}(-x^2) = 0$$

이다. 짜내기 정리에서 $f(x)=-x^2$, $g(x)=x^2\sin(1/x)$, $h(x)=x^2$ 이면

$$\lim_{x\to 0} x^2\sin\frac{1}{x} = 0$$

이다.

■

연습문제

1. $\lim_{x\to a} f(x) = -3$, $\lim_{x\to a} g(x) = 0$ 이고 $\lim_{x\to a} h(x) = 8$ 일 때 다음의 극한이 존재하면 구하여라. 만약 존재하지 않는다면 이유를 설명하여라.

(1) $\lim_{x\to a} [f(x)+h(x)]$ (2) $\lim_{x\to a} [f(x)]^2$

(3) $\lim_{x\to a} \frac{f(x)}{h(x)}$ (4) $\lim_{x\to a} \frac{g(x)}{f(x)}$

2. f와 g의 그래프가 주어졌다. 만약 극한이 존재한다면 극한 계산을 위해 그래프를 사용하여라. 만약 극한이 존재하지 않으면 이유를 설명하여라.

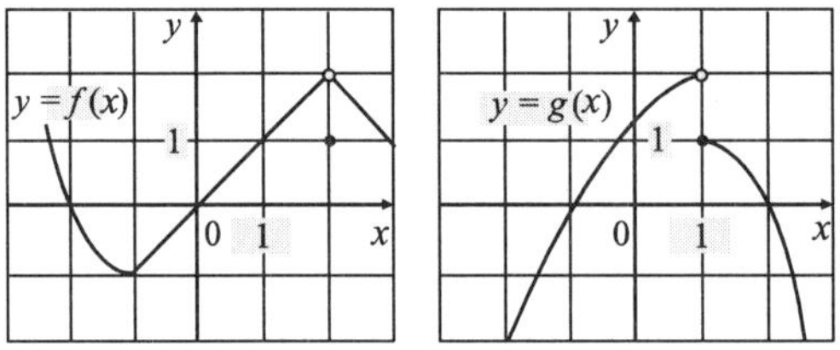

(1) $\lim_{x \to 2}[f(x)+g(x)]$ (2) $\lim_{x \to 0}[f(x)g(x)]$

(3) $\lim_{x \to -1}\dfrac{f(x)}{g(x)}$ (4) $\lim_{x \to 1}\sqrt{3+f(x)}$

3-4 ■ 극한을 계산하고 적당한 극한 법칙 적용을 나타내는 각 단계를 정의하여라.

3. $\lim_{t \to -2}(t+1)^9(t^2-1)$

4. $\lim_{x \to 1}\left(\dfrac{1+3x}{1+4x^2+3x^4}\right)^3$

5. (1) 다음 수식에 무엇이 잘못되었나?

$$\frac{x^2+x-6}{x-2}=x+3$$

(2) (1)의 관점에서, 왜 수식

$$\lim_{x \to 2}\frac{x^2+x-6}{x-2}=\lim_{x \to 2}(x+3)$$

이 정확한지 설명하여라.

6-9 ■ 만약 극한이 존재한다면 극한을 구하여라.

6. $\lim_{x \to 1}\dfrac{x^3-1}{x^2-1}$

7. $\lim_{h \to 0}\dfrac{\sqrt{1+h}-1}{h}$

8. $\lim_{h \to 0}\dfrac{(3+h)^{-1}-3^{-1}}{h}$

9. $\lim_{t \to 0}\left[\dfrac{1}{t}-\dfrac{1}{t^2+t}\right]$

10. $0 \le x \le 2$에 대하여 $3x \le f(x) \le x^3+2$일 때, $\lim_{x \to 1}f(x)$를 구하여라.

11. $\lim_{x \to 0^+}\sqrt{x}\,e^{\sin(\pi/x)}=0$임을 증명하여라.

12. $\lim_{x \to -2} \frac{3x^2+ax+a+3}{x^2+x-2}$ 가 존재하기 위한 a의 값이 있는가? 만약 존재한다면, a의 값과 그 극한값을 구하여라.

4.4 연속

4.3절에서 x가 a로 접근할 때 함수의 극한이 종종 a에서의 함수 값을 계산함으로써, 간단하게 계산할 수 있음을 알았다. 이러한 속성을 가지고 있는 함수를 a에서 **연속**(continuous)이라 한다. 우리는 일상의 언어 속에서 연속의 의미와 가깝게 대응되는 연속의 수학적 정의를 볼 것이다. (연속적인 과정은 중단이나 급격한 변화가 없이 점진적으로 대신해 가는 것의 하나이다.)

정의 4.4.1

함수 f가

$$\lim_{x \to a} f(x) = f(a)$$

일 때 f는 $x=a$에서 연속이라 한다. ■

만약 f가 a에서 연속이 아니라면, f는 a에서 불연속이다 또는 f가 a에서 불연속적이라고 말한다. **정의 4.4.1**에서 함수 f가 a에서 연속이려면 다음의 세 가지를 반드시 만족해야 함을 주의하자.

1. $f(a)$가 정의되어 있다 (a가 f의 정의역에 포함된다).
2. $\lim_{x \to a} f(x)$가 존재한다.
3. $\lim_{x \to a} f(x) = f(a)$

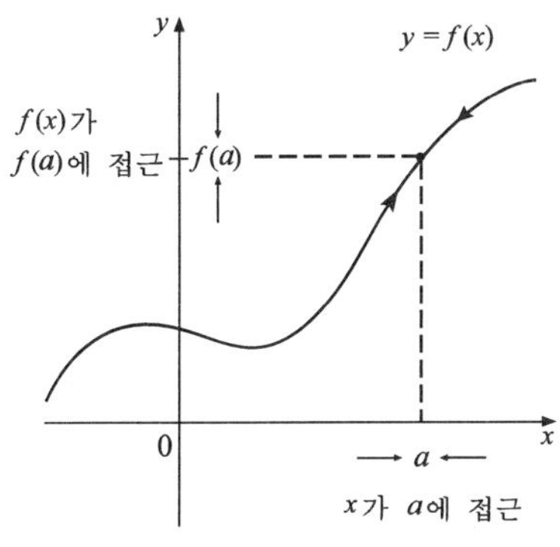

[그림 4.4.1]

정의는 x가 a로 접근할 때 $f(x)$가 $f(a)$로 접근하면 f는 a에서 연속이라고 한다. 그러므로 f가 a에서 연속이면 x의 작은 변화는 $f(x)$의 매우 작은 변화를 유발한다. 실제로, x의 변화를 충분히 작게 하면 $f(x)$의 변화도 얼마든지 작게 할 수 있다.

자연현상들은 일반적으로 연속적이다. 예를 들어, 자동차의 속도나 위치, 변동은 시간에 따라 연속적으로 변화하며, 사람의 키도 마찬가지이다. 그러나 전류의 흐름처럼 상황이 불연속적인 것들도 존재한다 [**4.2 절**의 예제 4.2.4에서 Heaviside 함수는 $\lim_{t \to 0} H(t)$가 존재하지 않으므로, 0에서 불연속].

기하학적으로, 그래프가 끊기지 않는 구간의 함수는 정의역 안의 모든 점에서 연속적인 함수라고 생각할 수 있다.

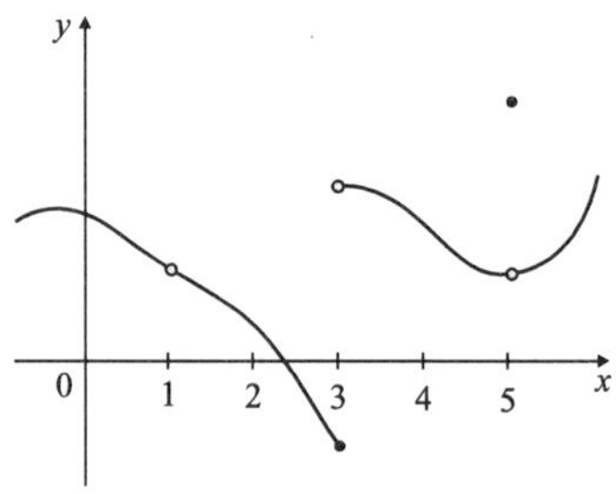

[그림 4.4.2]

예제 4.4.1 [그림 4.4.2]는 어떤 함수 f의 그래프이다. 어떤 수에서 f가 불연속인가? 그 이유는?

풀이 그래프가 $x=1$에서 끊기기 때문에 그 지점에서 불연속인 것처럼 보인다. f가 1에서 불연속인 이유는 $f(1)$이 정의되지 않기 때문이다. 또한 그래프는 $x=3$에서도 끊어져 있지만, 불연속인 이유는 $f(3)$은 정의되어 있으나 $\lim_{x \to 3} f(x)$가 존재하지 않기 때문이다 (좌극한과 우극한이 다름). 그러므로 f는 3에서 불연속이다. 그리고 $x=5$에서는 $f(5)$는 정의되어 있고, $\lim_{x \to 5} f(x)$가 존재한다 (좌극한과 우극한이 같음). 그러나

$$\lim_{x \to 5} f(x) \neq f(5)$$

이므로 f는 $x=5$에서도 불연속이다. ■

이제 함수가 정의되었을 때 불연속을 알아내는 방법을 알아보자.

예제 4.4.2 다음의 함수들은 각각 어디에서 불연속인가?

(a) $f(x)=\dfrac{x^2-x-2}{x-2}$ (b) $f(x)=\begin{cases} \dfrac{1}{x^2}, & x\neq 0 \\ 1, & x=0 \end{cases}$

풀이 (a) $f(2)$가 정의되지 않았으므로, f는 2에서 불연속이다.

(b) $f(0)=1$이지만 $\lim\limits_{x\to 0} f(x)=\lim\limits_{x\to 0}\dfrac{1}{x^2}$이 존재하지 않는다. 따라서 f는 0에서 불연속이다. ■

[그림 4.4.3]은 예제 4.4.2의 그래프이다. 각각의 경우에 그래프들은 종이에서 펜을 떼지 않고는 그릴 수 없는데, 그 이유는 그래프상에 구멍이 있거나 끊어져 있기 때문이다.

(a)와 같은 종류의 불연속성을 제거 가능하다(removable)고 하는데 그 이유는 한 점 2에서만 f를 다시 정의함으로써 불연속성을 제거할 수 있기 때문이다(함수 $g(x)=x+1$은 연속). (b)의 불연속성은 **무한불연속**(infinite discontinuity)이라고 말한다.

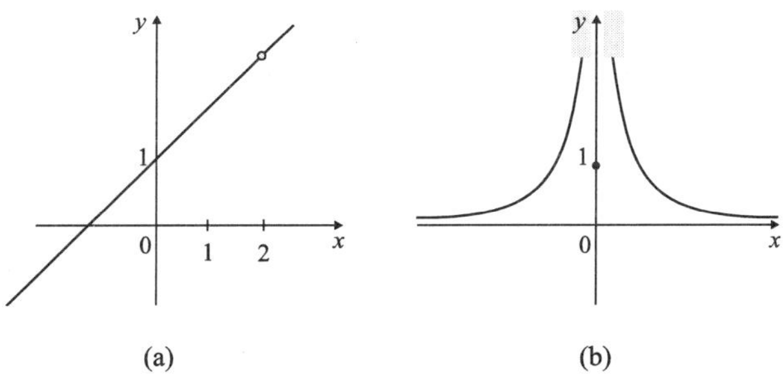

[그림 4.4.3]

정리 4.4.1

함수 f가 a에서 **오른쪽으로부터 연속**(continuous from the right at a)이라는 것은

$$\lim_{x\to a^+} f(x)=f(a)$$

이고, f가 a에서 **왼쪽으로부터 연속**(continuous from the left at a)이라는 것은

$$\lim_{x\to a^-} f(x)=f(a)$$

이다. ■

예제 4.4.3 각각의 정수 n에서 함수 $f(x)=[x]$는 오른쪽에서부터 연속이지만 왼쪽에서부터는 불연속이다. 왜냐하면

$$\lim_{x\to n^+} f(x)=\lim_{x\to n^+}[x]=n=f(n).$$

그러나 $\lim_{x\to n^-} f(x)=\lim_{x\to n^-}[x]=n-1\neq f(n)$. ■

정의 4.4.2

함수 f가 구간의 모든 수에서 연속이라면 그 **구간에서 연속**(continuous on an interval)이라고 한다(f가 구간의 끝점의 한쪽에서만 정의된 경우에, 우리는 끝점에서의 연속을 오른쪽으로부터의 연속 또는 왼쪽으로부터의 연속으로 이해). ■

예제 4.4.4 함수 $f(x)=1-\sqrt{1-x^2}$ 가 구간 $[-1,1]$에서 연속임을 보여라.

풀이 만약 $-1<a<1$ 이라면, 극한정리를 사용하여

$$\begin{aligned}\lim_{x\to a} f(x) &= \lim_{x\to a}(1-\sqrt{1-x^2}) \\ &= 1-\lim_{x\to a}\sqrt{1-x^2} \\ &= 1-\sqrt{\lim_{x\to a}(1-x^2)} \\ &= 1-\sqrt{1-a^2} \\ &= f(a).\end{aligned}$$

그러므로 **정의 4.4.1**에 의해서 f는 $-1<a<1$일 때 a에서 연속이다. 유사하게

$$\lim_{x\to -1^+} f(x)=1=f(-1) \quad \text{이고} \quad \lim_{x\to 1^-} f(x)=1=f(1)$$

이므로 f는 -1에서 오른쪽으로부터의 연속이고, 1에서는 왼쪽으로부터 연속이다. 그러므로 **정의 4.4.2**에 따르면 f는 $[-1,1]$에서 연속이다.
[그림 4.4.4]는 f의 그래프인데, 이것은 원의 아래쪽 반이다.

$$x^2+(y-1)^2=1.$$

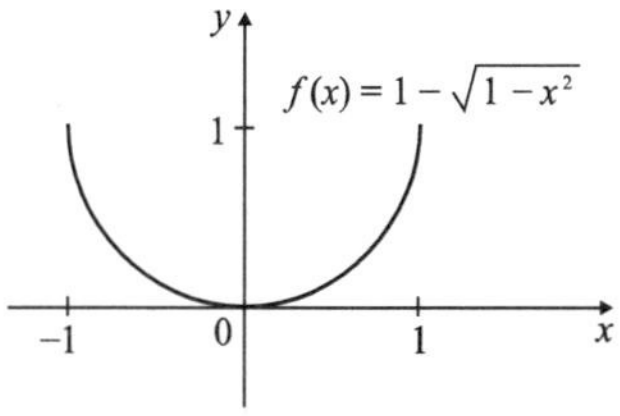

[그림 4.4.4] ■

예제 4.4.4에서 함수의 연속성을 증명하기 위해서 **정의 4.4.1**, **4.4.2**, **정리 4.4.1**을 사용하는 대신에, 간단한 함수에서부터 복잡한 연속함수를 이끌어내는 다음의 정리를 사용하면 보다 편리하다.

정리 4.4.2

만약 f와 g가 a에서 연속이고, c가 상수라면, 다음의 함수들은 모두 a에서 연속이다.

(a) $f+g$ (b) $f-g$ (c) cf

(d) fg (e) $\dfrac{f}{g}\ (g(a) \neq 0)$

증명 이 정리의 증명은 **4.3절**의 극한정리를 사용한다. 예를 들어 (a)를 증명하면, f와 g가 a에서 연속이기 때문에

$$\lim_{x \to a} f(x) = f(a) \text{ 이고 } \lim_{x \to a} g(x) = g(a).$$

그러므로

$$\begin{aligned}\lim_{x \to a}(f+g)(x) &= \lim_{x \to a}[f(x)+g(x)] \\ &= \lim_{x \to a} f(x) + \lim_{x \to a} g(x) \\ &= f(a)+g(a) \\ &= (f+g)(a).\end{aligned}$$

이것은 $f+g$가 a에서 연속임을 보여준다. ■

정의 4.4.2와 **정리 4.4.2**로부터 f와 g가 구간 내에서 연속이면, 함수 $f+g$, $f-g$, cf, fg, $\dfrac{f}{g}$ (g가 0이 아닐 때)도 연속이다. 다음의 정리는 **4.3절**에서 직접 대입성질이라고 소개되었다.

정리 4.4.3

(a) 어떤 다항식도 모든 점에서 연속이다. 즉, $\mathbb{R} = (-\infty, \infty)$에서 연속이다.
(b) 어떤 유리함수도 정의된 모든 점에서 연속이다. 즉, 정의역에서 연속이다.

정리 4.4.3 에서, 구의 부피가 반지름에 의해서 연속으로 바뀌는 것을 알 수 있는데 그 이유는 수식 $V(r) = \frac{4}{3}\pi r^3$에서 V가 r의 다항식이기 때문이다. 마찬가지로 공기 중에서 공을 50 피트/초의 속도로 수직으로 던지게 되면, 공의 높이는 t 초 후에 $h = 50t - 16t^2$으로 주어진다. 이것도 또한 다항함수이고, 그렇기 때문에 높이는 시간에 따른 연속함수이다.

함수들이 연속한다는 사실은 다음의 예제처럼 일부 극한문제를 매우 빨리 계산할 수 있게 한다.

예제 4.4.5 $\lim_{x \to -2} \frac{x^3 + 2x^2 - 1}{5 - 3x}$을 구하여라.

풀이 함수

$$\lim_{x \to -2} \frac{x^3 + 2x^2 - 1}{5 - 3x}$$

은 유리함수이므로, **정리 4.4.3** 에서 $\left\{ x \,\middle|\, x \neq \frac{5}{3} \right\}$을 제외한 정의역에서 연속이다. 그러므로

$$\begin{aligned} \lim_{x \to -2} \frac{x^3 + 2x^2 - 1}{5 - 3x} &= \lim_{x \to -2} f(x) = f(-2) \\ &= \frac{(-2)^3 + 2(-2)^2 - 1}{5 - 3(-2)} = -\frac{1}{11} \end{aligned}$$

■

우리가 알고 있는 대부분의 함수들은 각각의 정의역의 모든 수에서 연속이라는 것을 알게 되었다. 예를 들어 극한 법칙 10은 정확히 근호함수가 연속임을 말해준다.

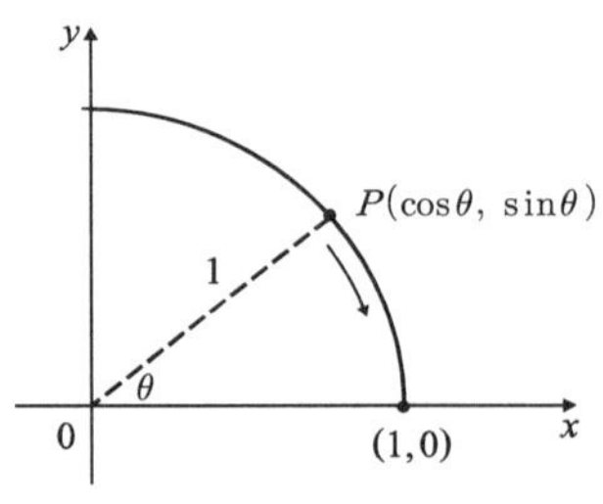

[그림 4.4.5]

사인과 코사인함수의 그래프에서 보이는 것처럼, 사인과 코사인함수는 연속이라 할 수 있다. $\sin\theta$와 $\cos\theta$의 정의로부터 [그림 4.4.5]의 점 P의 좌표는 $(\sin\theta, \cos\theta)$이다. $\theta \to 0$임에 따라 P는 점 $(1, 0)$에 접근하고, 따라서 $\cos\theta \to 1$이고 $\sin\theta \to 0$이다. 그러므로

$$\lim_{\theta\to 0}\cos\theta = 1, \qquad \lim_{\theta\to 0}\sin\theta = 0$$

$\cos 0 = 1$이고 $\sin 0 = 0$이므로, 위 식은 0에서 연속임을 단언할 수 있다. 코사인과 사인의 덧셈공식은 함수들이 모든 점에서 연속이라는 점을 추론해낼 수 있다.

정리 4.4.2와 **4.4.3**에 따르면

$$\tan x = \frac{\sin x}{\cos x}$$

은 $\cos x = 0$을 제외하고 연속이다. 이것은 x가 $\pi/2$의 홀수배일 때 일어나므로, $y = \tan x$는 $x = \pm\pi/2$, $\pm 3\pi/2$, $\pm 5\pi/2$ 등에서 불연속이다 ([그림 4.4.6] 참조).

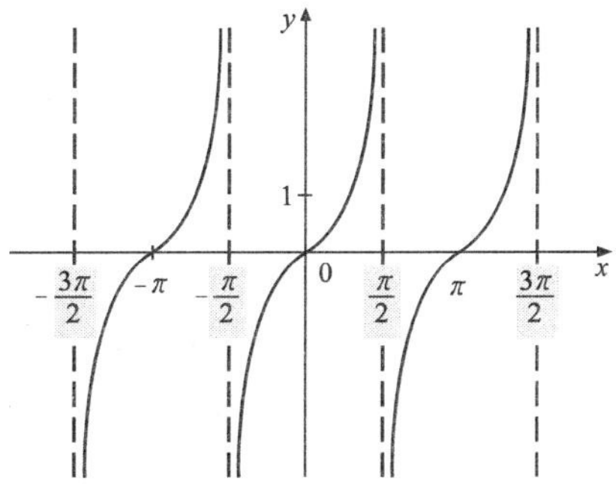

[그림 4.4.6] $y = \tan x$

모든 연속함수의 역함수도 연속이다 (f^{-1}의 그래프는 f의 그래프를 $y=x$를 축으로 대칭시켰을 때 얻어지므로 f가 끊어진 구간이 없다면 f^{-1}도 같음).

앞에서 정의한 지수함수 $y = a^x$는 $\mathbb{R}$에서 연속이다. 그러므로 역함수 $y = \log_a x$는 $(0, \infty)$에서 연속이다.

정리 4.4.4

다음 유형의 함수들은 각각의 정의역의 모든 점에서 연속이다.

다항식, 유리함수, 근호함수, 삼각함수, 지수함수, 로그함수 ■

예제 4.4.6 $\lim_{x\to\pi}\dfrac{\sin x}{2+\cos x}$ 을 계산하여라.

풀이 **정리 4.4.4**에서 $y=\sin x$ 는 연속이다. 분모인 $y=2+\cos x$ 는 두 연속함수의 합이므로 연속함수이다. $\cos x \geq -1$ 이므로 모든 점에서 $2+\cos x>0$ 이고, 그렇기 때문에 함수는 결코 0이 되지 않는다. 그러므로 식

$$f(x)=\frac{\sin x}{2+\cos x}$$

는 모든 점에서 연속이다. 따라서 연속함수의 정의에 의해서

$$\lim_{x\to\pi}\frac{\sin x}{2+\cos x}=\lim_{x\to\pi}f(x)=f(\pi)=\frac{\sin\pi}{2+\cos\pi}=\frac{0}{2-1}=0$$ ■

연속함수 f와 g를 결합해서 새로운 연속함수를 얻는 또 다른 방법은 **합성함수** $f\circ g$를 만드는 것이다. 이 사실은 다음의 정리로 결론지어진다.

정리 4.4.5

만약 f가 b에서 연속이고 $\lim_{x\to a}g(x)=b$이면, $\lim_{x\to a}f(g(x))=f(b)$이다. 즉,

$$\lim_{x\to a}f(g(x))=f\left(\lim_{x\to a}g(x)\right).$$ ■

직관적으로 이 정리는 논리적인데 그 이유는, x가 a에 가까워지면 $g(x)$가 b로 가까워지며, f는 b에서 연속이므로 $g(x)$가 b에 가까워지면 $f(g(x))$는 $f(b)$에 가까워지기 때문이다.

예제 4.4.7 $\lim_{x\to 1}\sin\left(\dfrac{1-\sqrt{x}}{1-x}\right)$을 계산하여라.

풀이 $\sin$은 연속함수이므로, **정리 4.4.5**를 적용할 수 있다.

$$\begin{aligned}\lim_{x\to 1}\sin\left(\frac{1-\sqrt{x}}{1-x}\right)&=\sin\left(\lim_{x\to 1}\frac{1-\sqrt{x}}{1-x}\right)\\&=\sin\left(\lim_{x\to 1}\frac{1-\sqrt{x}}{(1-\sqrt{x})(1+\sqrt{x})}\right)\\&=\sin\left(\lim_{x\to 1}\frac{1}{1+\sqrt{x}}\right)\end{aligned}$$

$$=\sin\frac{1}{2}$$ ■

정리 4.4.6

만약 f가 b에서 연속이고 $\lim_{x\to a} g(x)=g(a)=b$이면, $\lim_{x\to a} f(g(x))=f(b)=f(g(a))$이다. 즉,

$$\lim_{x\to a} f(g(x))=f(g(a)).$$

이 정리는 "연속함수의 합성함수는 연속함수"라고 표현한다.

증명 g가 a에서 연속이므로

$$\lim_{x\to a} g(x)=g(a).$$

f가 $b=g(a)$에서 연속이므로, **정리 4.4.5**를 이용하여 다음을 얻을 수 있다.

$$\lim_{x\to a} f(g(x))=f(g(a)).$$

이때 정확히 $h(x)=f(g(x))$가 연속이라고 하며, $f\circ g$는 a에서 연속이다. ■

연속함수의 중요한 속성은 다음의 정리로 표현되며, 증명은 이 책의 수준을 벗어나므로 생략하였다.

정리 4.4.7 **중간값 정리(intermediate value theorem)**

f가 폐구간 $[a, b]$에서 연속이고, $f(a)$와 $f(b)$ 사이의 임의의 수를 N이라 하면 $f(c)=N$인 c가 (a, b) 안에 존재한다. ■

중간값 정리는 연속함수가 함숫값 $f(a)$와 $f(b)$ 사이의 중간값을 가짐을 의미한다. [그림 4.4.7]은 이와 같은 예이다. 값 N은 하나 또는 하나 이상의 점에 대응되는 값일 수도 있다.

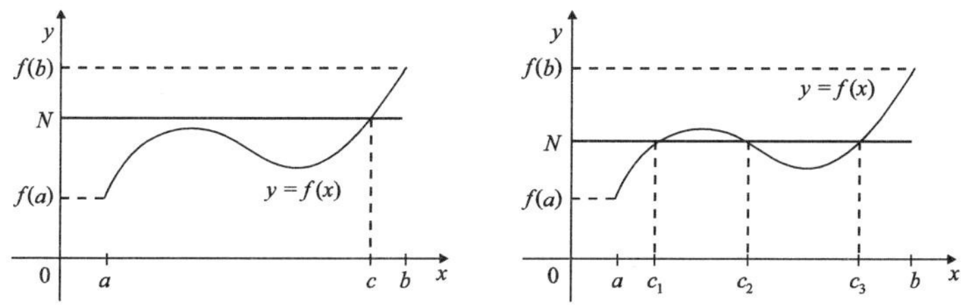

[그림 4.4.7]

만약 구멍이나 끊어진 곳이 없는 그래프로 표현되는 함수는 연속함수라고 생각한다면, 중간값 정리를 이해하기 쉽다. 기하학적 용어로 임의의 수평선 $y=N$이 [그림 4.4.8]처럼 $y=f(a)$와 $y=f(b)$ 사이에 주어지면, f의 그래프는 선을 뛰어넘을 수 없다. 반드시 $y=N$과 교차해야 한다.

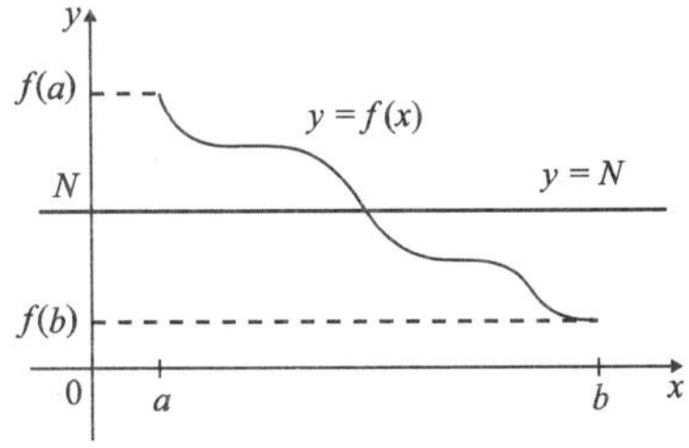

[그림 4.4.8]

정리 4.4.7에서의 함수 f가 연속이라는 것은 중요하다. 중간값 정리는 일반적으로 불연속 함수에서는 적용되지 않는다(연습문제 8).

중간값 정리의 활용은 다음의 예제와 같은 방정식의 근의 위치에 관한 것이다.

예제 4.4.8 다음 방정식의 근이 1과 2 사이에서 존재하는지를 보여라.

$$4x^3-6x^2+3x-2=0.$$

풀이 $f(x)=4x^3-6x^2+3x-2$라 하자. 주어진 방정식에서 해를 찾는다는 것은, 1과 2 사이에서 $f(c)=0$을 만족하는 숫자 c를 찾는 것이다. 그러므로 **정리 4.4.7**에서 $a=1$, $b=2$, $N=0$이라 하자. 그러면

$$f(1)=4-6+3-2=-1<0.$$

그리고 $f(2)=32-24+6-2=12>0$. 따라서 $f(1)<0<f(2)$, 즉 $f(1)$과 $f(2)$ 사이에 $N=0$이 존재한다. 그러므로 f는 다항함수이기 때문에 연속이고, 중간값 정리는 1과 2 사이에 $f(c)=0$을 만족하는 숫자 c가 존재한다고 할 수 있다. 다시 말해서, 방정식 $4x^3-6x^2+3x-2=0$은 구간 $(1, 2)$에서 적어도 하나의 근 c가 존재한다. ■

연습문제

1. $x=3$을 제외한 모든 점에서 연속이고 3에서는 왼쪽에서부터 연속인 함수의 그림을 그려라.

2. 주차장의 요금은 처음 한 시간에는 3,000원이고 (또는 한 시간 이내), 이후 시간당 2,000원의 추가료가 들어가며, 하루 최고 주차료가 10,000원이다.

(1) 주차장에 주차한 시간의 함수에 대한 주차료의 그래프를 그려라.

(2) 이 함수의 불연속성에 대해 설명하여라.

3. $f(3)=5$ 이고 $\lim_{x \to 3}[2f(x)-g(x)]=4$ 인 두 연속함수 f와 g에 대해서 $g(3)$을 구하여라.

4-7 ■ **정리 4.4.2, 4.4.3, 4.4.4, 4.4.6**을 이용해서 주어진 함수가 각각 정의역의 모든 수에서 연속인 이유를 설명하여라. 정의역을 말하여라.

4. $f(x)=\dfrac{x}{x^2+5x+6}$

5. $g(x)=\sin(x^2-1)$

6. $g(t)=\ln(t^4-1)$

7. $h(x)=\cos(e^{\sqrt{x}})$

8. 함수 f가 0.25를 제외한 $[0,\ 1]$에서 연속이고, $f(0)=1$, $f(1)=3$이라고 가정하자. $N=2$일 때, 가능한 두 가지 그림을 그리는데, 하나는 f가 중간값 정리의 결론을 만족하지 않도록, 다른 하나는 중간값 정리를 만족하도록 그려라 (가정을 만족하지 않아도 무방함).

9. 한 크로스컨트리 선수가 30분에 6마일을 간다고 하자. 여기서 그 선수가 5분에 1마일을 가는 구간이 반드시 존재함을 증명하라.

4.5 무한을 포함하는 극한

이 절에서는 함수의 폭넓은 움직임을 조사하고, 특별히 그 그래프가 수평 또는 수직의 점근선에 접근하는지의 여부를 공부한다.

4.5.1 무한극한

4.2절의 예제 4.2.6에서 $y=\dfrac{1}{x^2}$의 그래프가 x는 0에 가까울수록 $\dfrac{1}{x^2}$의 값이 기하급수적으로 커지는 표를 이용해서 $\lim_{x \to 0}\dfrac{1}{x^2}$은 존재하지 않는다는 결론을 내

렸다. 따라서 $f(x)$는 숫자로 접근하지 않기 때문에 $\lim_{x\to 0}\frac{1}{x^2}$ 은 존재하지 않는다.

이런 종류의 성질을 다음과 같이 기술한다.

$$\lim_{x\to 0}\frac{1}{x^2}=\infty$$

이것은 ∞를 숫자로 간주하는 의미가 아니다. 극한이 존재한다는 의미도 아니다. 극한이 존재하지 않는다는 것을 특별한 방법으로 간단히 표현한 것이다. 즉, $1/x^2$은 x가 0에 접근할수록 점점 더 커질 수 있다.

일반적으로

$$\lim_{x\to a}f(x)=\infty$$

를 x가 a에 접근함에 따라 점점 더 커질 수 있는 $f(x)$값(혹은 '무한으로 증가')을 가리키는 데 쓴다.

정의 4.5.1

$$\lim_{x\to a}f(x)=\infty$$

는 x가 a에 접근함에 따라 제멋대로 커질 수 있는 값(원하는 만큼 계속 커지는) $f(x)$를 의미하지만, ∞와 같다는 것은 아니다. ■

$\lim_{x\to a}f(x)=\infty$의 다른 표현법으로

$$x\to a\text{에 따라 } f(x)\to\infty.$$

기호 ∞는 숫자가 아니지만, $\lim_{x\to a}f(x)=\infty$는 종종 다음과 같이 읽히기도 한다.

"x가 a에 접근할 때의 $f(x)$의 극한값은 무한이다."

또는 "$f(x)$는 x가 a에 접근함에 따라 무한이 된다."

또는 "$f(x)$는 x가 a에 접근함에 따라 무한으로 증가한다."

이러한 정의는 [그림 4.5.1]에서 정확하게 보인다.

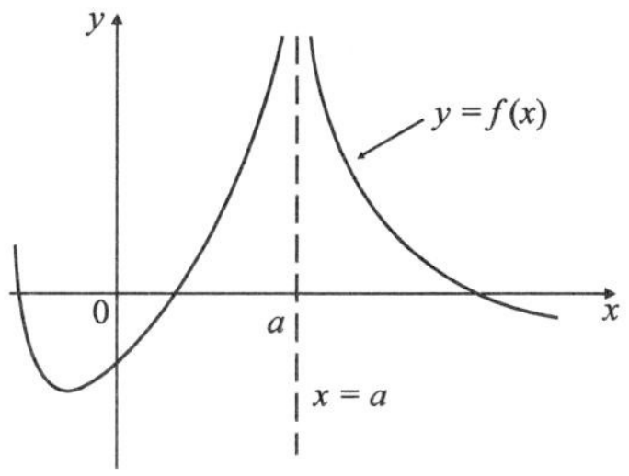

[그림 4.5.1]

이와 유사하게 [그림 4.5.2]에서 보이는 것과 같이

$$\lim_{x \to a} f(x) = -\infty$$

은 x가 a에 접근함에 따라 매우 작아질 수 있는 $f(x)$를 의미하지만, $-\infty$와 같다는 것은 아니다.

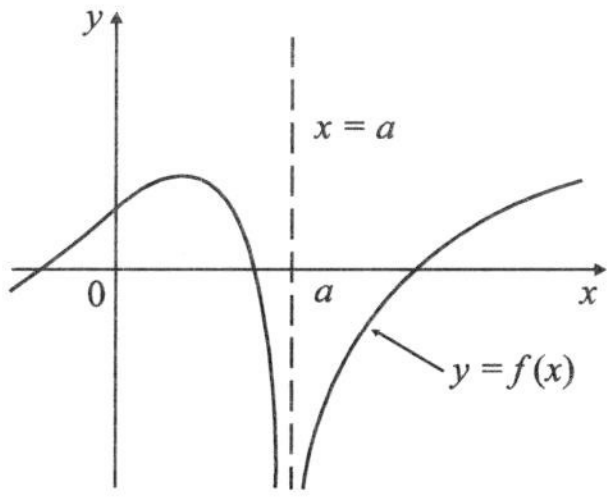

[그림 4.5.2]

기호 $\lim_{x \to a} f(x) = -\infty$는 "$x$가 a에 접근함에 따라 $f(x)$의 극한값은 무한히 작아진다"고 말할 수 있다. 예로써 다음 함수를 들 수 있다.

$$\lim_{x \to 0} \left(-\frac{1}{x^2} \right) = -\infty$$

유사한 정의로 한쪽에서만 무한인 극한이 주어질 수도 있다.

$$\lim_{s \to a^-} f(x) = \infty \qquad \lim_{x \to a^+} f(x) = \infty$$

$$\lim_{s \to a^-} f(x) = -\infty \qquad \lim_{x \to a^+} f(x) = -\infty.$$

"$x \to a^-$"는 a보다 작은 x값들에 대해서만 고려하겠다는 의미이고, "$x \to a^+$"

는 a보다 큰 x값들에 대해서만 고려하겠다는 의미인 것을 기억해야 한다. 이 네 가지 경우의 그래프는 [그림 4.5.3]과 같다.

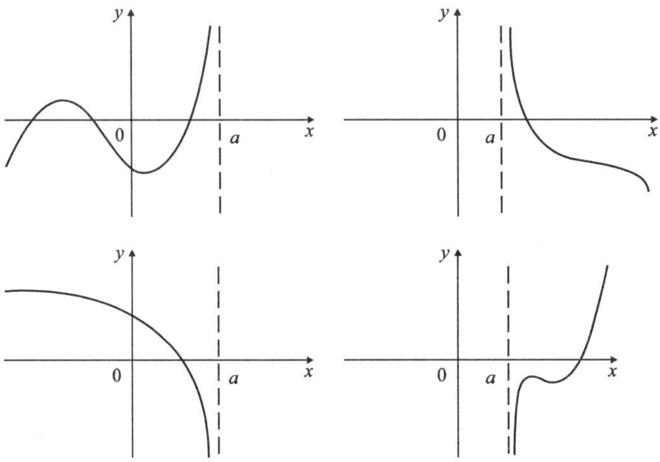

[그림 4.5.3]

정의 4.5.2

곡선 $y=f(x)$가 적어도 다음의 공식 중에 한 가지라도 해당되면 직선 $x=a$를 **수직점근선**(vertical asymptote)이라고 한다.

$$\lim_{x\to a} f(x)=\infty \quad \lim_{x\to a^-} f(x)=\infty \quad \lim_{x\to a^+} f(x)=\infty$$

$$\lim_{x\to a} f(x)=-\infty \quad \lim_{x\to a^-} f(x)=-\infty \quad \lim_{x\to a^+} f(x)=-\infty$$

■

예를 들어 y축은 곡선 $y=\dfrac{1}{x^2}$의 수직점근선인데, 그 이유는 $\lim\limits_{x\to 0}\dfrac{1}{x^2}=\infty$이기 때문이다. [그림 4.5.3]에서 직선 $x=a$는 네 가지 경우의 수직점근선이다.

예제 4.5.1 $\lim\limits_{x\to 3^+}\dfrac{2x}{x-3}$와 $\lim\limits_{x\to 3^-}\dfrac{2x}{x-3}$을 구하여라.

풀이 x가 3보다 큰 곳에서 3으로 접근한다면, 분모 $x-3$은 작은 양수이고 $2x$는 6에 가까워진다. 따라서 분수 $2x/(x-3)$는 큰 양수이다. 그러므로 직관적으로

$$\lim_{x\to 3^+}\frac{2x}{x-3}=\infty$$

임을 알 수 있다. 마찬가지로 x가 3보다 작은데 3으로 접근한다면, 분모 $x-3$은 작은 음수이지만, $2x$는 여전히 양수이다(6에 가까워진다). 따라서 분수 $2x/(x-3)$는 큰 음수이다. 그러므로

$$\lim_{x\to 3^-}\frac{2x}{x-3}=-\infty.$$

곡선 $y=2x/(x-3)$의 그래프는 [그림 4.5.4]와 같이 구해진다. 즉, 직선 $x=3$이 수직점근선이 된다.

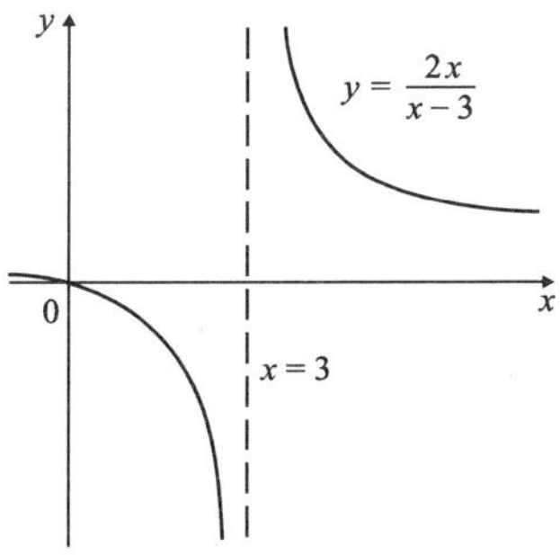

[그림 4.5.4]

■

수직점근선을 가지는 두 개의 유사한 함수는 $y=\tan x$와 $y=\ln x$이다. [그림 4.5.5]에서처럼 $\lim_{x\to 0^+}\ln x=-\infty$이고 직선 $x=0$ (y축)은 수직점근선이다.

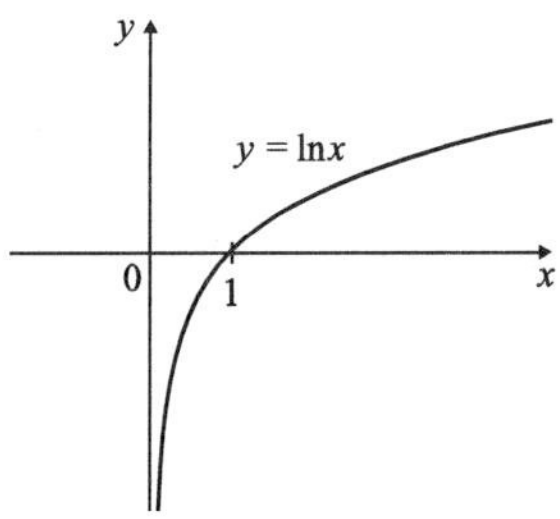

[그림 4.5.5]

[그림 4.5.6]은

$$\lim_{x\to(\pi/2)^-}\tan x=\infty$$

을 나타내며 직선 $x=\pi/2$는 수직점근선이다. 사실 n이 정수일 때, 직선 $x=(2n+1)\pi/2$는 모두 $y=\tan x$의 수직점근선이다.

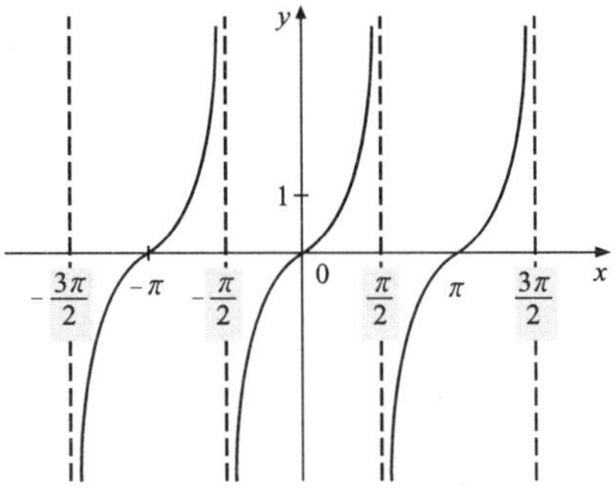

[그림 4.5.6]

예제 4.5.2 $\lim_{x \to 0} \ln(\tan^2 x)$를 구하여라.

풀이 새로운 변수 $t = \tan^2 x$을 도입하자. 그러면 $t \geq 0$이고 $x \to 0$일 때 $t = \tan^2 x \to \tan^2 0 = 0$이 되는데, 그 이유는 탄젠트가 연속함수이기 때문이다. 그러므로 다음과 같은 결론을 얻을 수 있다.

$$\lim_{x \to 0} \ln(\tan^2 x) = \lim_{t \to 0^+} \ln t = -\infty$$

■

4.5.2 무한에서의 극한

무한극한을 계산할 때, x를 어떤 숫자로 접근시키면 그 결과인 y값은 매우 큰 수(양수 또는 음수)가 되게 하자. x를 매우 크게(양수 또는 음수) 되게 하고 y에 어떤 일이 일어나는지 알아보자.

x가 커짐에 따라 함수 f가

$$f(x) = \frac{x^2 - 1}{x^2 + 1}$$

처럼 정의된 함수의 움직임을 조사하자. 다음 표는 이 함수의 정확한 값을 소수 여섯째 자리까지 나타내고 있고, f의 그래프는 컴퓨터에 의해 [그림 4.5.7]과 같이 그려진다.

x	$f(x)$
0	-1
± 1	0
± 2	0.600000
± 3	0.800000
± 4	0.882353
± 5	0.923077
± 10	0.980198
± 50	0.999200
± 100	0.999800
$\pm 1{,}000$	0.999998

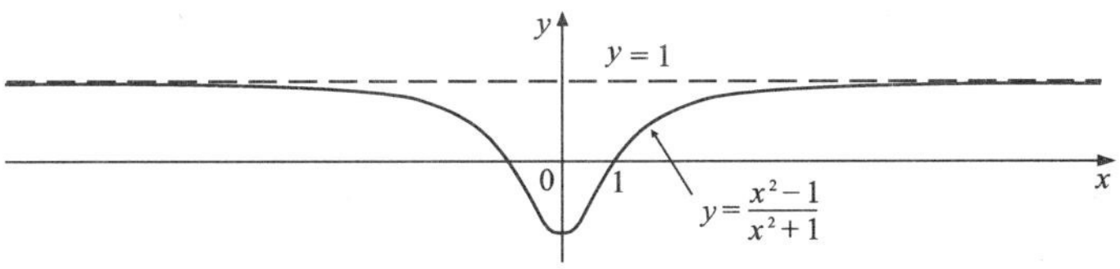

[그림 4.5.7]

x가 점점 더 커짐에 따라 $f(x)$값은 점점 더 1에 가까워짐을 알 수 있다. 사실 x가 두드러지게 커짐에 따라 $f(x)$값은 1에 가까워지는 것처럼 보인다. 즉

$$\lim_{x \to \infty} \frac{x^2-1}{x^2+1} = 1.$$

일반적으로 x가 점점 더 커짐에 따라 $f(x)$의 값이 L에 접근함을 가리키기 위해 다음의 표현을 사용한다.

$$\lim_{x \to \infty} f(x) = L.$$

정의 4.5.3

f를 임의의 구간 $(0, \infty)$에서 정의하자. 그러면

$$\lim_{x \to \infty} f(x) = L$$

은 x가 무한히 커짐에 따라 $f(x)$의 값이 L에 접근함을 의미한다. ■

$\lim_{x \to \infty} f(x) = L$의 다른 표현으로는

$$x \to \infty \text{ 임에 따라 } f(x) \to L.$$

기호 ∞는 숫자를 대신하는 것이 아니다. 그럼에도 불구하고, $\lim_{x \to \infty} f(x) = L$은 종종 다음과 같이 읽힌다.

"x가 무한으로 다가갈수록 $f(x)$의 극한값은 L이다."

또는 "x가 무한이 됨에 따라 $f(x)$의 극한값은 L이다."

또는 "x가 끝없이 증가함에 따라 $f(x)$의 극한값은 L이 된다."

정의 4.5.3의 기하학적 묘사는 [그림 4.5.8]에서와 같이 보여진다. f의 그래프가 $y = L$에 접근하는 많은 방법이 있음을 알아야 한다. 이와 같은 직선을 **수평점근선**(horizontal asympotote)이라고 한다.

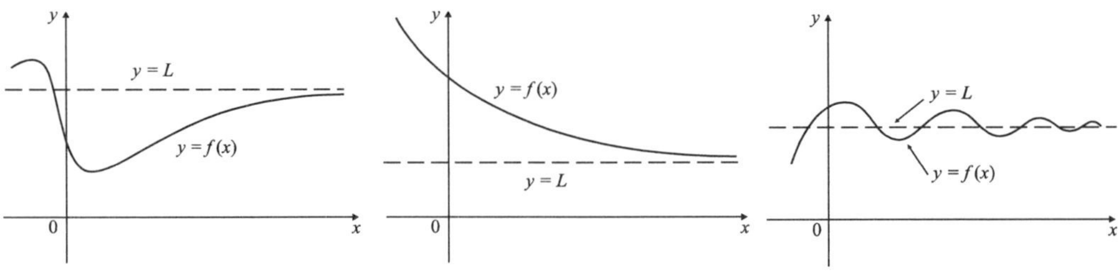

[그림 4.5.8]

정의 4.5.4

곡선 $y = f(x)$가 아래의 경우에 해당되면, 직선 $y = L$은 수평점근선이라고 한다.

$$\lim_{x \to \infty} f(x) = L \quad \text{또는} \quad \lim_{x \to -\infty} f(x) = L$$ ■

예를 들어, [그림 4.5.7]에서 보이는 곡선은 $y = 1$을 수평점근선으로 하는데 그 이유는

$$\lim_{x \to \infty} \frac{x^2 - 1}{x^2 + 1} = 1$$

이기 때문이다.

예제 4.5.3 $\lim_{x \to \infty} \frac{1}{x}$와 $\lim_{x \to -\infty} \frac{1}{x}$를 구하여라.

풀이 x가 커짐에 따라 $1/x$는 작아진다. 예를 들어

$$\frac{1}{100} = 0.01, \qquad \frac{1}{10{,}000} = 0.0001, \qquad \frac{1}{1{,}000{,}000} = 0.0000001.$$

사실 x가 충분히 커지면 우리가 원하는 만큼 $1/x$를 0에 가깝게 만들 수 있다. 그러므로 **정의 4.5.3**에 따르면

$$\lim_{x\to\infty} \frac{1}{x} = 0.$$

그리고 직선 $y=0$ (x축)이 직선 $y=1/x$의 수평점근선이다(등변쌍곡선, [그림 4.5.9]).

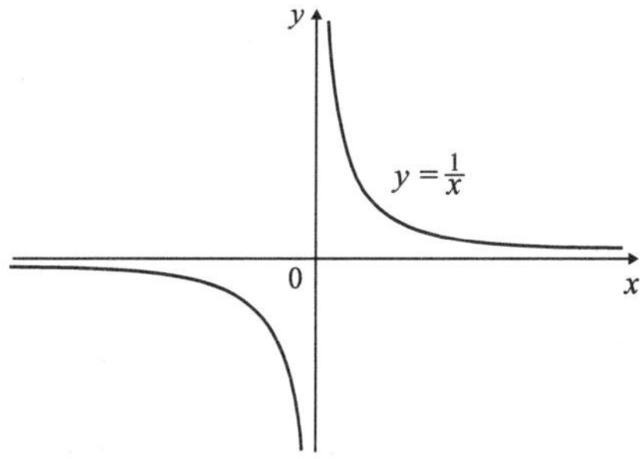

[그림 4.5.9] ■

4.3절에서의 극한 법칙의 대부분이 또한 무한에서의 극한을 가지고 있다. **4.3절**에서 정리된 '$x\to a$'는 '$x\to\infty$'나 '$x\to-\infty$'로 대신할 수 있으며, 극한 법칙으로 증명할 수 있다. 특별히 극한 법칙 6을 예제 4.5.3의 결과에 결합시켜서 극한을 계산하는 데 있어서 다음과 같은 중요한 법칙을 얻을 수 있다.

n이 양수라면,

$$\lim_{x\to\infty} \frac{1}{x^n} = 0, \qquad \lim_{x\to-\infty} \frac{1}{x^n} = 0$$

이 성립한다.

예제 4.5.4 다음을 계산하여라.

$$\lim_{x\to\infty} \frac{3x^2 - x - 2}{5x^2 + 4x + 1}$$

풀이 유리함수의 무한에서의 극한을 계산하기 위해서, 처음에 분모의 최고차 계수로 분자와 분모를 나눈다($x \neq 0$을 가정함으로써, x의 큰 값만을 대상으로 한다).

이 경우에 x의 최고차 계수가 x^2이므로, 극한 법칙을 사용하면

$$\lim_{x\to\infty}\frac{3x^2-x-2}{5x^2+4x+1}=\lim_{x\to\infty}\frac{\dfrac{3x^2-x-2}{x^2}}{\dfrac{5x^2+4x+1}{x^2}}$$

$$=\lim_{x\to\infty}\frac{3-\dfrac{1}{x}-\dfrac{2}{x^2}}{5+\dfrac{4}{x}+\dfrac{1}{x^2}}$$

$$=\frac{\lim\limits_{x\to\infty}\left(3-\dfrac{1}{x}-\dfrac{2}{x^2}\right)}{\lim\limits_{x\to\infty}\left(5+\dfrac{4}{x}+\dfrac{1}{x^2}\right)}$$

$$=\frac{\lim\limits_{x\to\infty}3-\lim\limits_{x\to\infty}\dfrac{1}{x}-2\lim\limits_{x\to\infty}\dfrac{1}{x^2}}{\lim\limits_{x\to\infty}5+4\lim\limits_{x\to\infty}\dfrac{1}{x}+\lim\limits_{x\to\infty}\dfrac{1}{x^2}}$$

$$=\frac{3-0-0}{5+0+0}=\frac{3}{5}.$$

■

예제 4.5.5 $\lim\limits_{x\to\infty}(\sqrt{x^2+1}-x)$를 계산하여라.

풀이 처음에 켤레근을 분모와 분자에 곱한다.

$$\lim_{x\to\infty}(\sqrt{x^2+1}-x)=\lim_{x\to\infty}(\sqrt{x^2+1}-x)\frac{\sqrt{x^2+1}+x}{\sqrt{x^2+1}+x}$$

$$=\lim_{x\to\infty}\frac{(x^2+1)-x^2}{\sqrt{x^2+1}+x}=\lim_{x\to\infty}\frac{1}{\sqrt{x^2+1}+x}$$

짜내기 정리는 이 극한이 0임을 보여주기 위해 사용되기도 한다. 그러나 더 쉬운 방법은 x로 분모와 분자를 나누는 것이다. 그렇게 하고 임의의 $x>0$에 대해서 $x=\sqrt{x^2}$이므로,

$$\lim_{x\to\infty}(\sqrt{x^2+1}-x)=\lim_{x\to\infty}\frac{1}{\sqrt{x^2+1}+1}=\lim_{x\to\infty}\frac{\dfrac{1}{x}}{\dfrac{\sqrt{x^2+1}+x}{x}}$$

$$=\lim_{x\to\infty}\frac{\dfrac{1}{x}}{\sqrt{1+\dfrac{1}{x^2}}+1}=\frac{0}{\sqrt{1+0}+1}=0.$$

■

지수함수 $y=e^x$의 그래프는 직선 $y=0$ (x축)을 수평점근선으로 가지고 있다 (같은 점은 어떤 지수함수도 $a>1$의 조건을 가지고 있다는 사실이다). [그림 4.5.10]의 그래프와 값의 대응표로부터 다음을 알 수 있다.

$$\lim_{x\to-\infty} e^x=0$$

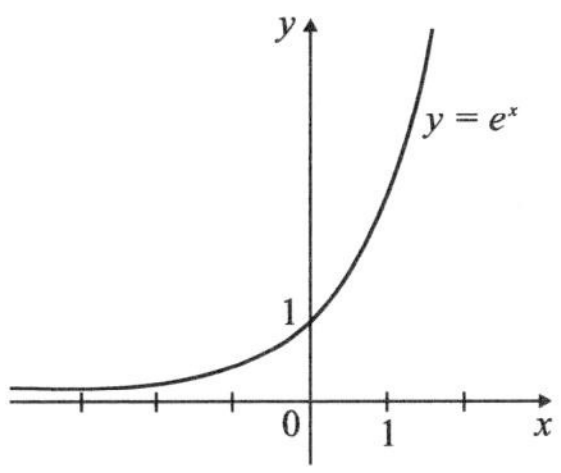

x	e^x
0	1.00000
−1	0.36788
−2	0.13534
−3	0.04979
−5	0.00674
−8	0.00034
−10	0.00005

[그림 4.5.10]

이때 e^x가 매우 빠르게 0에 접근함을 알 수 있다.

예제 4.5.6 $\lim_{x\to0^-} e^{1/x}$을 계산하여라.

풀이 만약 $t=1/x$로 두면, 예제 4.5.3에서 $x\to0^-$으로 접근함에 따라 $t\to-\infty$로 접근하므로,

$$\lim_{x\to0^-} e^{1/x}=\lim_{t\to-\infty} e^t=0$$ ■

예제 4.5.7 $\lim_{x\to\infty} \sin x$를 계산하여라.

풀이 x가 증가함에 따라, $\sin x$의 값은 -1과 1 사이에서 무한으로 왔다 갔다 하며 진동한다. 그러므로 $\lim_{x\to\infty} \sin x$ 값은 존재하지 않는다. ■

4.5.3 무한에서의 무한극한

$$\lim_{x\to\infty} f(x)=\infty$$

의 표현은 x가 커짐에 따라 $f(x)$가 무제한 커지는 것을 가리키는 데 사용된다.

이와 유사한 의미로 다음의 기호들이 있다.

$$\lim_{x \to -\infty} f(x) = \infty \qquad \lim_{x \to \infty} f(x) = -\infty \qquad \lim_{x \to -\infty} f(x) = -\infty$$

[그림 4.5.11]과 [그림 4.5.12]로부터 아래를 얻을 수 있다.

$$\lim_{x \to \infty} e^x = \infty \qquad \lim_{x \to \infty} x^3 = \infty \qquad \lim_{x \to -\infty} x^3 = -\infty$$

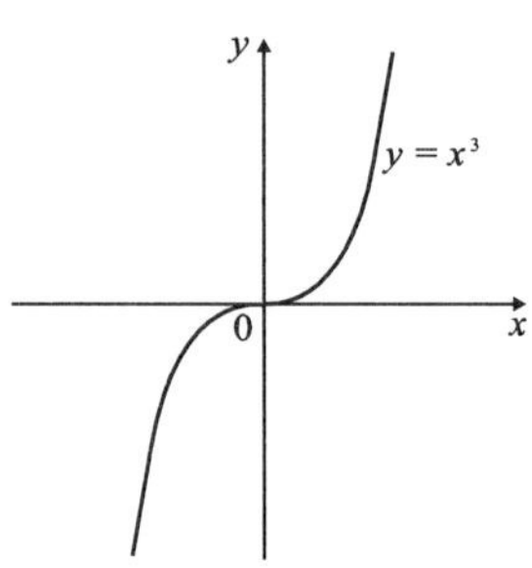

[그림 4.5.11]

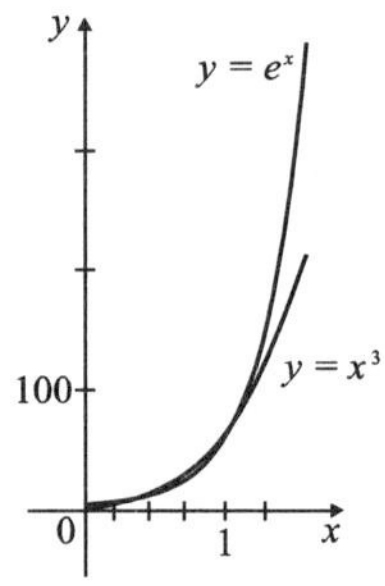

[그림 4.5.12]

그러나 [그림 4.5.12]가 말해주듯이, $y = e^x$는 $x \to \infty$로 접근함에 따라 $y = x^3$의 접근속도보다 훨씬 더 빨리 커진다.

예제 4.5.8 $\lim_{x \to \infty}(x^2 - x)$을 구하여라.

풀이 다음과 같이 쓸 수 없다는 사실을 상기하여라.

$$\lim_{x \to \infty}(x^2 - x) = \lim_{x \to \infty} x^2 - \lim_{x \to \infty} x = \infty - \infty$$

∞가 숫자가 아니기 때문에 극한정리는 무한의 극한에는 적용할 수 없다 (∞ − ∞는 정의되지 않는다). 그러나 다음과 같이 쓸 수 있다.

$$\lim_{x \to \infty}(x^2 - x) = \lim_{x \to \infty} x(x - 1) = \infty$$

그 이유는 x와 $x - 1$이 둘 다 무한히 커지기 때문이다. ■

예제 4.5.9 $\lim_{x \to \infty} \frac{x^2 + x}{3 - x}$을 구하여라.

풀이 x로 분모와 분자를 나눈다(분모에서의 x의 최고차수).

$$\lim_{x\to\infty}\frac{x^2+x}{3-x}=\lim_{x\to\infty}\frac{x+1}{\dfrac{3}{x}-1}=-\infty$$

왜냐하면 $x\to\infty$ 임에 따라 $x+1\to\infty$ 이고, $(3/x)-1\to-1$ 이기 때문이다. ■

연습문제

1. 아래와 같이 주어진 함수 f 에 대해서 다음을 진술하여라.

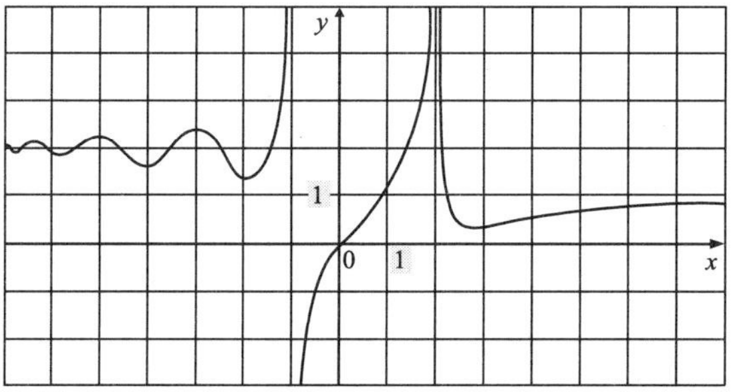

(1) $\lim_{x\to2}f(x)$

(2) $\lim_{x\to-1^-}f(x)$

(3) $\lim_{x\to-1^+}f(x)$

(4) $\lim_{x\to\infty}f(x)$

(5) $\lim_{x\to-\infty}f(x)$

(6) 점근선의 방정식

2-4 ■ 조건을 모두 만족하는 함수 f 의 예를 그래프로 그려라.

2. $f(0)=0,\quad f(1)=1,\quad \lim_{x\to\infty}f(x)=0,\quad f$ 는 기함수

3. $\lim_{x\to0^+}f(x)=\infty,\quad \lim_{x\to0^-}f(x)=-\infty,\quad \lim_{x\to\infty}f(x)=1,\quad \lim_{x\to-\infty}f(x)=1$

4. $\lim_{x\to-2}f(x)=\infty,\quad \lim_{x\to-\infty}f(x)=3,\quad \lim_{x\to\infty}f(x)=-3$

5-9 ■ 극한을 구하여라.

5. $\lim_{x\to5^-}\dfrac{e^x}{(x-5)^3}$

6. $\lim_{x\to(-\pi/2)^-}\sec x$

7. $\lim_{u\to\infty}\dfrac{4u^4+5}{(u^2-2)(2u^2-1)}$

8. $\lim_{x\to\infty}\dfrac{\sin^2 x}{x^2}$

9. $\lim_{x\to\infty} \frac{x^7-1}{x^6+1}$

10. 다음의 조건을 만족하는 함수 f의 식을 구하여라.

$$\lim_{x\to\pm\infty} f(x)=0, \quad \lim_{x\to 0} f(x)=-\infty,$$

$$f(2)=0, \quad \lim_{x\to 3^-} f(x)=\infty, \quad \lim_{x\to 3^+} f(x)=-\infty$$

11. P, Q가 다항식이라고 하자.

$$\lim_{x\to\infty} \frac{P(x)}{Q(x)}$$

P의 차수가 (1) Q의 차수보다 낮을 때와, (2) Q의 차수보다 크거나 같을 때의 극한값을 구하여라.

12. 모든 $x>5$에서

$$\frac{4x-1}{x} < f(x) < \frac{4x^2+3x}{x^2}$$

일 때, $\lim_{x\to\infty} f(x)$를 구하여라.

4.6 접선과 변화율

4.1 절에서는 접선의 기울기의 값과 수치에 근거한 속도를 생각했다. 이제 극한의 정의를 알고, 그것들을 계산하는 기술을 배웠으므로, 접선, 속도, 그리고 변화율의 기울기를 계산할 수 있는 접선과 속도문제로 돌아온다.

4.6.1 접선

만약 곡선 C가 방정식 $y=f(x)$이고, 점 $P(a, f(a))$에서의 **접선**을 알기를 원한다면, $x\neq a$인 점 $Q(x, f(x))$ 근처를 생각할 것이고, PQ의 **할선**의 기울기를 계산한다.

$$m_{PQ}=\frac{f(x)-f(a)}{x-a}$$

그리고 x를 a에 접근시킴으로써 곡선 C를 따라 Q를 P에 접근시킨다. 만약 m_{PQ}가 어떤 수 m으로 접근한다면 P를 통과하고 기울기 m을 가지는 직선을 접선 t로 정의한다(요지는 접선이 Q를 P에 접근시킴에 따른 할선 PQ의 극한 지점을 말한다는 것이다. [그림 4.6.1] 참고).

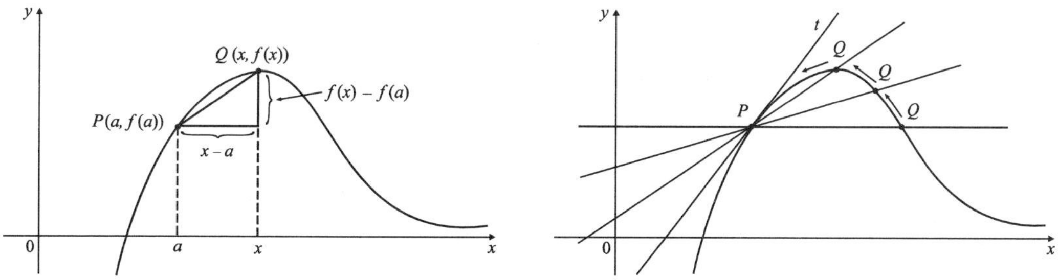

[그림 4.6.1]

정의 4.6.1

점 $P(a,\ f(a))$에서의 곡선 $y=f(x)$의 접선은 P를 통과하는 기울기

$$m=\lim_{x\to a}\frac{f(x)-f(a)}{x-a}$$

인 직선으로, 극한이 존재할 때에만 제공된다. ■

첫 번째 예제는 **4.1절**의 예제 4.1.1에서 추측을 확인하는 것이다.

예제 4.6.1 점 $P(1,\ 1)$에서의 포물선 $y=x^2$에서 접선의 방정식을 찾아라.

풀이 $a=1$이고, $f(x)=x^2$이기 때문에 기울기는

$$\begin{aligned} m &= \lim_{x\to 1}\frac{f(x)-f(1)}{x-1}=\lim_{x\to 1}\frac{x^2-1}{x-1} \\ &= \lim_{x\to 1}\frac{(x-1)(x+1)}{x-1} \\ &= \lim_{x\to 1}(x+1)=1+1=2. \end{aligned}$$

직선 방정식의 기울기 공식을 이용하여, $(1,\ 1)$에서의 접선의 방정식을 알아낸다.

$$y-1=2(x-1) \qquad \text{또는} \qquad y=2x-1$$ ■

때때로 **곡선의 기울기**의 개념은 한 점에서의 곡선에 대한 접선의 기울기라고 말한다.

접선의 기울기에 대한 다른 표현은 때로 사용하기 더 용이하다.

$$h = x - a$$

라고 하면, 다음과 같이 표현할 수 있다.

$$x = a + h$$

그러므로 할선 PQ의 기울기는

$$m_{PQ} = \frac{f(a+h) - f(a)}{h}.$$

([그림 4.6.2]는 $h > 0$인 경우를 표현한 것이고, Q는 P의 오른쪽에 있다. 그러나 만약 $h < 0$이라면, Q는 P의 왼쪽에 위치)

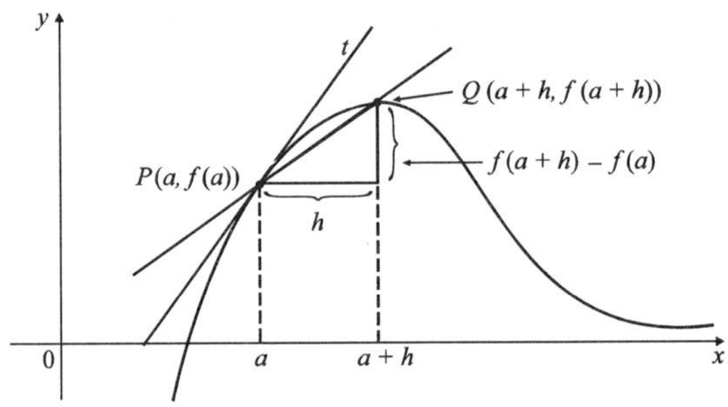

[그림 4.6.2]

x가 a에 접근함에 따라 h는 0에 접근하고(왜냐하면 $h = x - a$이기 때문이다) **정의 4.6.1**에서의 접선의 기울기에 대한 표현은 다음과 같다.

$$m = \lim_{h \to 0} \frac{f(a+h) - f(a)}{h}$$

예제 4.6.2 쌍곡선 $y = 3/x$의 점 $(3, 1)$에서의 접선의 방정식을 구하여라.

풀이 $f(x) = 3/x$이라 하자. 그러면 $(3, 1)$에서의 접선의 기울기는

$$m = \lim_{h \to 0} \frac{f(3+h) - f(3)}{h}$$

$$= \lim_{h\to 0} \frac{\frac{3}{3+h}-1}{h} = \lim_{h\to 0} \frac{\frac{3-(3+h)}{3+h}}{h}$$

$$= \lim_{h\to 0} \frac{-h}{h(3+h)} = \lim_{h\to 0} \frac{-1}{3+h} = -\frac{1}{3}.$$

그러므로 점 $(3,\ 1)$에서의 접선의 방정식은

$$y-1 = -\frac{1}{3}(x-3).$$

간단하게 $x+3y-6=0$이다. 쌍곡선과 그것의 접선은 [그림 4.6.3]에서 보는 것과 같다.

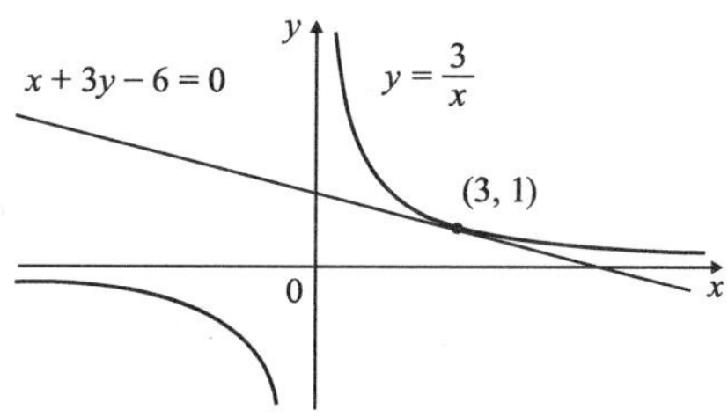

[그림 4.6.3] ■

4.6.2 변화율

y가 x에 의존한다고 하면, y는 x의 함수이고 $y=f(x)$로 쓸 수 있다. 만약 x가 x_1에서 x_2까지 변화한다면, x의 변화는 [이것을 x의 **증분**(increment)이라고도 부른다]

$$\Delta x = x_2 - x_1$$

이며 y에서의 대응되는 변화율은

$$\Delta y = f(x_2) - f(x_1)$$

미분 계수는

$$\frac{\Delta y}{\Delta x} = \frac{f(x_2)-f(x_1)}{x_2-x_1}$$

로 구간 $[x_1,\ x_2]$에서 x에 대한 y의 **평균변화율**(average rate of change)이라고 하고, [그림 4.6.4]에서의 할선 PQ의 기울기로 해석될 수 있다.

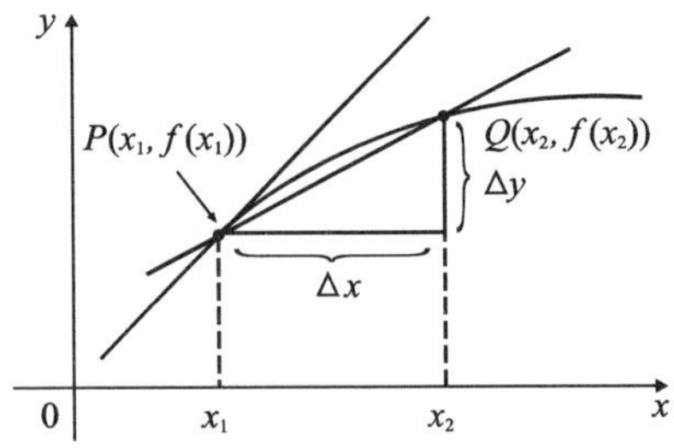

[그림 4.6.4]

속도에 대한 고찰로, x_2를 x_1에 접근시킴으로써 더 작은 변화율의 평균을 생각할 수 있고, 그렇게 Δx를 0에 접근시킨다. 이러한 변화율의 극한은 $x=x_1$에서의 x에 대한 y의 **순간변화율**(instantaneous rate of change)이라고 부르며, $P(a, f(a))$에서의 곡선 $y=f(x)$의 접선의 기울기로 해석될 수 있다.

$$\text{순간변화율} = \lim_{\Delta x \to 0} \frac{\Delta y}{\Delta x} = \lim_{x_2 \to x_1} \frac{f(x_2)-f(x_1)}{x_2-x_1}$$

예제 4.6.3 온도(섭씨) T는 서울 어느 지역의 4월 어느 날 자정부터 매시 기록되었다. 시간 t는 자정에서부터 시간마다 측정되었다. 자료는 아래의 표에 주어져 있다.

x(h)	T(℃)	x(h)	T(℃)
0	6.5	13	16.0
1	6.1	14	17.3
2	5.6	15	18.2
3	4.9	16	18.8
4	4.2	17	17.6
5	4.0	18	16.0
6	4.0	19	14.1
7	4.8	20	11.5
8	6.1	21	10.2
9	8.3	22	9.0
10	10.0	23	7.9
11	12.1	24	7.0
12	14.3		

(a) 다음 시간에서의 온도의 평균변화율을 구하여라.

(i) 정오부터 오후 3시까지

(ii) 정오부터 오후 2시까지

(iii) 정오부터 오후 1시까지

(b) 정오에 순간변화율을 추측하여라.

풀이 (a) (i) 정오부터 오후 3시까지의 온도의 변화는 14.3℃에서 18.2℃이므로,

$$\Delta T = T(15) - T(12) = 18.2 - 14.3 = 3.9\,℃$$

변화율은 $\Delta t = 3$ 시간이므로, 온도의 평균변화율은

$$\frac{\Delta T}{\Delta t} = \frac{3.9}{3} = 1.3\,℃/\mathrm{h}$$

(ii) 정오부터 오후 2시까지의 온도의 평균변화율은

$$\frac{\Delta T}{\Delta t} = \frac{T(14) - T(12)}{14 - 12} = \frac{17.3 - 14.3}{2} = 1.5\,℃/\mathrm{h}$$

(iii) 정오부터 오후 1시까지의 온도의 평균변화율은

$$\frac{\Delta T}{\Delta t} = \frac{T(13) - T(12)}{13 - 12} = \frac{16.0 - 14.3}{1} = 1.7\,℃/\mathrm{h}$$

(b) [그림 4.6.5]에 주어진 자료가 있고 이것을 이용하여 온도함수 그래프에 접근하는 부드러운 곡선을 그린다. 그러고 나면 $x = 12$일 때의 점 P에서의 접선을 그리고, 삼각형 ABC의 경사면을 측정한 후에 접선의 기울기를 추정한다.

$$\frac{|BC|}{|AC|} = \frac{10.3}{5.5} \approx 1.9$$

그러므로 정오에 시간의 영향을 받는 온도의 순간변화율은 약 1.9℃이다.

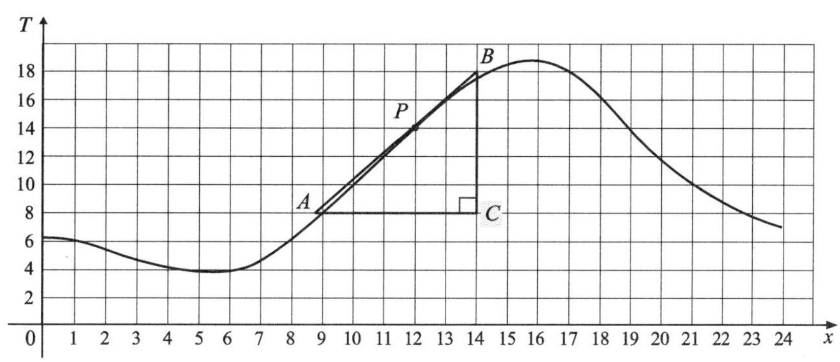

[그림 4.6.5] ■

입자의 속도는 시간에 대한 위치의 변화율이다. 물리학자들은 잘 알려진 다른 변화율에도 흥미를 가진다. 예를 들어, 시간에 따른 일의 변화율 [힘(power)], 화학반

응을 공부하는 화학자들은 시간에 따른 반응액의 농도의 변화율 [반응률(rate of reaction)]에 흥미가 있다. 철강제조업자는 철강의 무게(톤)만큼의 제조에 따른 비용의 변화율 [**한계비용**(marginal cost)]에 흥미가 있다. 생물학자는 시간에 따른 박테리아 군집의 개체수의 변화율에 흥미가 있다. 사실 변화율의 계산은 모든 자연과학, 공학, 그리고 심지어 사회과학에도 중요하다.

이러한 모든 변화율은 접선의 기울기로 설명될 수 있다. 이것은 접선 문제 해결에 중요성을 부여한다. 우리가 접선이 포함되는 문제를 풀 때마다, 단순히 기하학적으로 문제의 해답을 구하는 것이 아니다. 우리는 과학과 공학에서의 변화율을 포함하는 매우 다양한 문제의 해답을 계속 연구하는 것이다.

연습문제

1. 곡선의 방정식이 $y=f(x)$이다.

(1) 점 $P(3, f(3))$과 $Q(x, f(x))$을 통과하는 할선의 기울기를 구하여라.

(2) 점 P에서의 접선의 기울기를 구하여라.

2. 주어진 곡선의 각 다섯 점에서의 기울기가 큰 것부터 순서대로 나열하고 그 이유를 설명하여라.

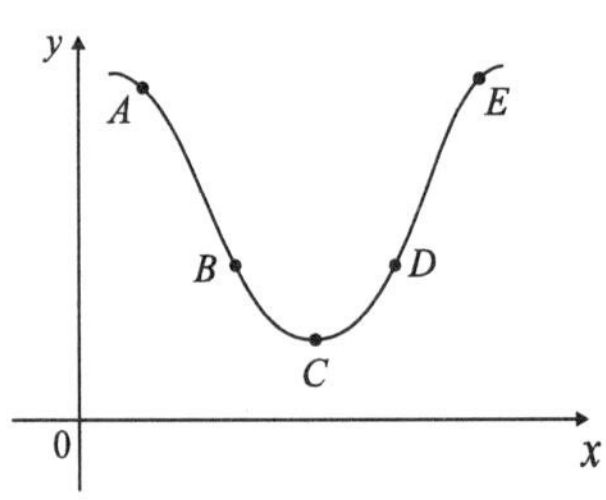

3-4 ■ 주어진 점에서 곡선의 접선의 방정식을 구하여라.

3. $y=(x-1)/(x-2)$, $(3, 2)$

4. $y=\sqrt{x}$, $(1, 1)$

5. 차가운 냉장고 안에 따뜻한 음료 캔이 있었다. 시간에 따른 음료수의 온도의 그래프를 그려라. 온도의 초기변화율은 한 시간 후의 변화율보다 큰가 작은가?

6. 오븐 속의 칠면조 구이는 온도가 185°F까지 올라가고, 방 안의 식탁 위에 놓인 칠면조 구이는 그 온도가 75°F이다. 칠면조의 온도변화가 감소하여 서서히 실내온도와 접근해 감을 보여주는 그래프를 그려라. 접선의 기울기를 측정함으로써, 한 시간 후의 온도의 변화율을 예측하여라.

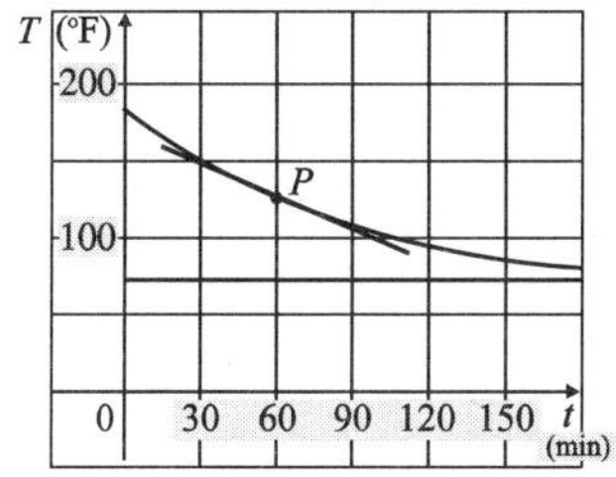

7. 베를린의 인구(P; 천 단위) 수를 1992년부터 2000년도까지 나타낸 표가 다음과 같다.

Year	1992	1994	1996	1998	2000
P	10,036	10,109	10,152	10,175	10,186

(1) 인구성장률의 평균변화율을 구하여라.
  (i) 1992년부터 1996년까지
  (ii) 1994년부터 1996년까지
  (iii) 1996년부터 1998년까지

(2) 두 변화율의 평균을 이용하여 1996년의 순간성장률을 예측하여라. 그 값은 얼마인가?

(3) 접선의 기울기를 특정하여 1996년 순간성장률을 예측하여라.

4.7 미분

4.6절에서 $x=a$에서의 곡선의 방정식 $y=f(x)$의 접선의 기울기를 다음과 같이 정의했다.

$$m=\lim_{h\to 0}\frac{f(a+h)-f(a)}{h}$$

실제로 화학에서의 반응률이나, 경제학에서의 한계비용과 같은 과학과 공학에서의 어떤 변화율을 계산할 때, 변화율은 극한 $\lim_{h\to 0}\frac{f(a+h)-f(a)}{h}$로 표현된다. 극한의 이러한 형태가 광범위하게 나타나기 때문에, 다음과 같은 특별한 이름과 표시법을 부여한다.

정의 4.7.1

극한이 존재할 때, a에서 함수 f의 **도함수**(derivative of a function f at a number a)를 $f'(a)$라고 쓰고

$$f'(a)=\lim_{h\to 0}\frac{f(a+h)-f(a)}{h}$$

로 나타낸다. ■

만약 $x=a+h$로 쓴다면, $h=x-a$가 되고 h가 0에 접근하는 것의 필요충분조건은 x가 a에 접근하는 것이다. 그러므로 접선을 구할 때와 동일한 도함수의 정의는 다음과 같다.

$$f'(a)=\lim_{x\to a}\frac{f(x)-f(a)}{x-a}$$

예제 4.7.1 a에서의 함수 $f(x)=x^2-8x+9$의 도함수를 구하여라.

풀이 **정의 4.7.1**로부터

$$\begin{aligned}f'(a)&=\lim_{h\to 0}\frac{f(a+h)-f(a)}{h}\\&=\lim_{h\to 0}\frac{[(a+h)^2-8(a+h)+9]-[a^2-8a+9]}{h}\\&=\lim_{h\to 0}\frac{a^2+2ah+h^2-8a-8h+9-a^2+8a-9}{h}\\&=\lim_{h\to 0}\frac{2ah+h^2-8h}{h}=\lim_{h\to 0}(2a+h-8)=2a-8.\end{aligned}$$

■

4.7.1 접선의 기울기로서의 도함수

4.6절에서 점 $P(a, f(a))$에서 곡선 $y=f(x)$의 접선이 방정식이 기울기 m을 가지고 점 P를 지나는 직선임을 알고 있다. **정의 4.7.1**에 의해서 이것은 도함수 $f'(a)$와 같고, 다음과 같이 말할 수 있다.

> 점 $(a, f(a))$에서 곡선 $y=f(x)$의 접선은 $(a, f(a))$를 지나고 그 기울기가 a 에서의 f의 도함수인 $f'(a)$와 같다.

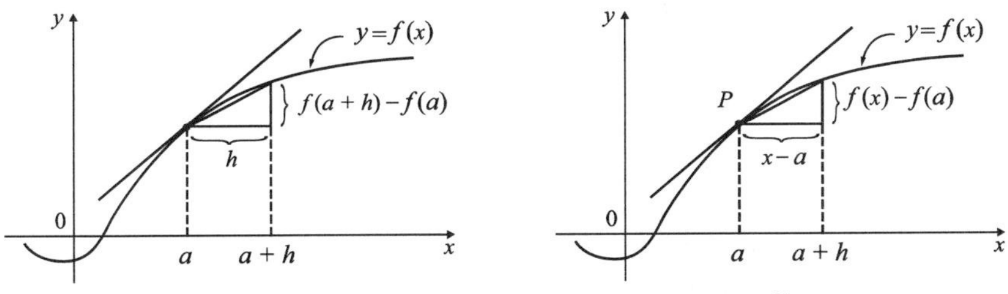

(a) $f'(a)=\lim_{h\to 0}\dfrac{f(a+h)-f(a)}{h}$
$=P$에서 접선의 기울기
$=P$에서 곡선의 기울기

(b) $f'(a)=\lim_{x\to 0}\dfrac{f(x+h)-f(a)}{x-a}$
$=P$에서 접선의 기울기
$=P$에서 곡선의 기울기

[그림 4.7.1]

그러므로 도함수의 기하학적인 설명은 [그림 4.7.1]에 잘 나타나 있다. 만약 직선의 방정식 형식인 기울기 공식을 사용하면, 점 $P(a, f(a))$에서 곡선 $y=f(x)$의 접선의 방정식을 다음과 같이 쓸 수 있다.

$$y-f(a)=f'(a)(x-a).$$

예제 4.7.2 점 $(3, -6)$에서의 포물선 $y=x^2-8x+9$의 접선의 방정식을 구하여라.

풀이 예제 4.7.1에서 a에서의 $f(x)=x^2-8x+9$의 도함수가 $f'(x)=2a-8$이라는 것을 알고 있다. 그러므로 $(3, -6)$에서의 접선의 기울기는 $f'(3)=2(3)-8=-2$이다. 그러므로 접선의 방정식은 [그림 4.7.2]에 나타나는 것처럼 $y-(-6)=(-2)(x-3)$ 또는 $y=-2x$.

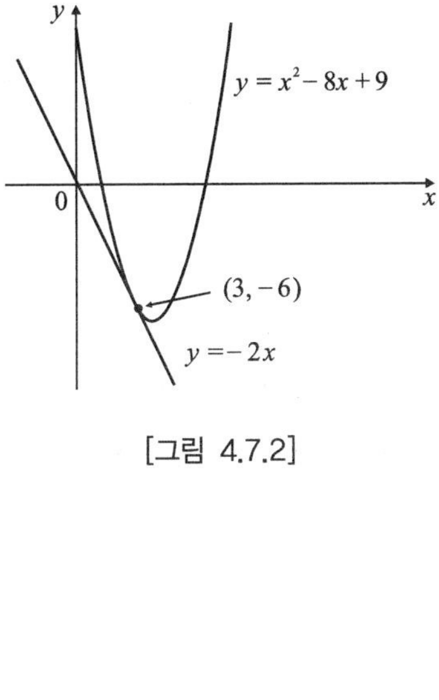

[그림 4.7.2] ■

4.7.2 변화율로서의 도함수

4.6절에서 $x=x_1$일 때 $y=f(x)$의 순간변화율은 구간을 점점 더 작게 하는 평균변화율의 극한으로 정의했다. 만약 구간이 $[x_1, x_2]$라면, x상에서의 변화율은 $\Delta x = x_2 - x_1$이고, y에서 대응되는 변화는

$$\Delta y = f(x_2) - f(x_1)$$

이므로

$$\text{순간변화율} = \lim_{\Delta x \to 0} \frac{\Delta y}{\Delta x} = \lim_{x_2 \to x_1} \frac{f(x_2) - f(x_1)}{x_2 - x_1}$$

이 된다. 이때 x_1에서의 함수 f의 도함수로서의 극한, 즉 $f'(x_1)$을 알게 된다. 이것은 다음과 같은 도함수의 두 번째 개념이 된다.

> 도함수 $f'(a)$는 $x=a$일 때 x에 대한 $y=f(x)$의 순간변화율이다.

첫 번째 개념의 연결과 연관되는 것은 곡선 $y=f(x)$를 그리면, 점 $x=a$에서의 곡선의 접선의 기울기가 순간변화율이 된다는 것이다. 이것은 도함수 값이 클 때에 (그러므로 [그림 4.7.3]에서처럼 점 P에서 곡선이 가파를 때), y값이 급격하게 변화한다. 도함수 값이 작으면, 곡선은 완만하고 y값은 천천히 변화한다.

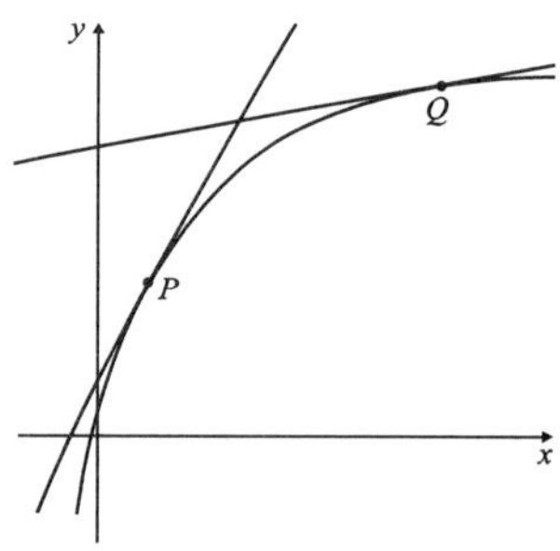

[그림 4.7.3]

예제 4.7.3 한 제조업자는 고정된 너비를 가지고 있는 두루마리 천을 생산한다. 이 제품의 x미터 제작비용은 $C=f(x)$이다.

(a) 도함수 $f'(x)$의 의미는 무엇인가? 단위는 무엇인가?

(b) $f'(1000)=9$ 의 의미는 무엇인가?

(c) $f'(50)$, $f'(500)$ 중에서 어떤 것이 더 크다고 생각하는가?
$f'(5000)$에 대해서는 어떻게 생각하는가?

풀이 (a) 도함수 $f'(x)$는 x에 영향을 받는 C의 순간변화율이다. 즉 $f'(x)$는 만드는 길이에 영향을 받는 제조비용의 변화율(한계비용)을 의미한다. 그러므로

$$f'(x) = \lim_{\Delta x \to 0} \frac{\Delta C}{\Delta x}.$$

$f'(x)$와 $\Delta C/\Delta x$는 같은 단위를 갖는다.

(b) $f'(1000)=9$ 의 의미는, 1000미터의 제품을 제조한 후에, 제작비용이 1미터당 9만큼 증가하는 것이다.

(c) 제작비용이 증가하는 비율은 $x=500$ 일 때보다 $x=50$ 일 때가 더 높은데, 그 이유는 경제의 규모 때문이다(제조업자는 고정된 제작비용을 보다 효과적으로 사용하도록 만든다). 그러므로

$$f'(50) > f'(500).$$

그러나 비용이 팽창함에 따라 큰 규모로 주문한 결과는 효과적이지 않을 수도 있고, 초과비용이 발생할 수 있다. 그러므로 비용의 증가율이 마지막에는 더 오르기 시작할 가능성도 있다. 그러므로 다음과 같은 일이 발생할 수도 있다.

$$f'(5000) > f'(500)$$ ■

연습문제

1. f의 주어진 그래프 위에 $f(2)$, $f(2+h)$, $f(2+h)-f(2)$, h를 나타내는 길이를 표시하여라($h>0$을 선택). 어떤 직선이 $\dfrac{f(2+h)-f(2)}{h}$의 기울기인가?

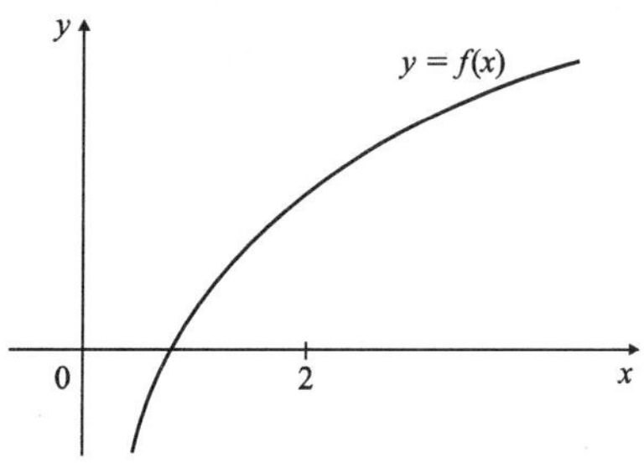

2. 연습문제 1에서의 주어진 그래프를 이용하여, 다음을 증가하는 순서대로 배열하고 그 이유를 설명하여라.

$$0, \quad f'(2), \quad f(3)-f(2), \quad \frac{1}{2}[f(4)-f(2)]$$

3. $(4, 3)$에서의 $y=f(x)$의 접선이 점 $(0, 2)$를 지날 때, $f(4)$와 $f'(4)$를 구하여라.

4. $g(x)=x/(1+2x)$일 때, $g'(x)$를 구하고, 이것을 이용하여 점 $(-1/4, -1/2)$에서의 곡선 $y=x/(1+2x)$의 접선의 방정식을 구하여라.

5-6 ■ 각각의 극한값을 a에서의 함수 f의 도함수로 표현하여라. 각각의 경우에 f와 a를 말하여라.

5. $\lim_{h\to 0} \frac{(1+h)^{10}-1}{h}$

6. $\lim_{x\to\pi/4} \frac{\tan x-1}{x-\pi/4}$

7. 새로운 금광에서 금을 x 온스 캐내는 데 들어가는 비용은 $C=f(x)$달러이다.

(1) 도함수 $f'(x)$의 의미와 단위를 구하여라.

(2) $f'(800)=17$의 의미는 무엇인가?

(3) 매우 짧은 시간 동안 $f'(x)$의 값은 증가하는가, 감속하는가? 긴 기간 동안에는 어떠할 것인가? 설명하여라.

4.8 함수로서의 도함수

앞 절에서 고정된 수 a에서의 함수 f의 도함수를 고려해보았다.

$$f'(a)=\lim_{h\to 0}\frac{f(a+h)-f(a)}{h}$$

도함수 $f'(a)$는 $x=a$일 때 함수 f의 순간변화율이다.

이 식에서 a를 변화시켜보자. 만약 위 식의 a를 변수 x로 바꾸면 다음 식을 얻을 수 있다.

$$f'(x)=\lim_{h\to 0}\frac{f(x+h)-f(x)}{h}$$

극한이 존재하는 어떤 수 x가 주어지면 x가 $f'(x)$를 정한다. 따라서 f의 도함수라 불리는 새로운 함수로서 f'를 생각해야 한다. x에서 f'의 값인 $f'(x)$는 함수 f의 점 $(x, f(x))$에서의 접선의 기울기로서 기하학적으로 설명될 수 있다.

함수 f'는 함수 f로부터 극한 연산에 의해 '유도' 되었기 때문에 f의 도함수라고 불린다. f'의 정의역은 $\{x \mid f'(x)$이 존재한다$\}$이고 f의 정의역보다 작게 된다.

예제 4.8.1 아래 [그림 4.8.1]에 주어진 함수 f의 그래프를 이용하여 도함수 f'의 그래프를 그려라.

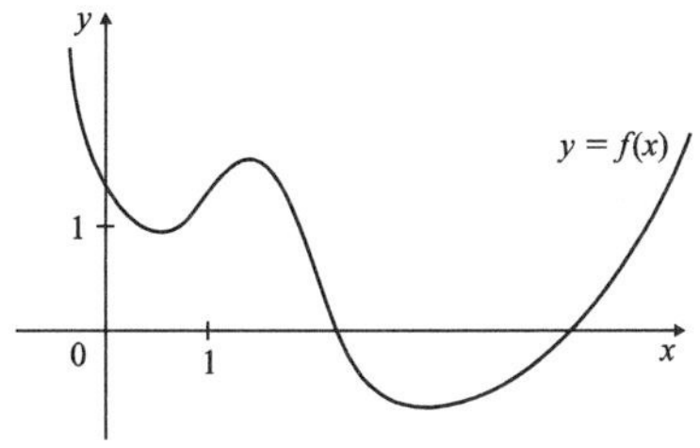

[그림 4.8.1]

풀이 점 $(x, f(x))$에서의 접선을 그리고 그것의 기울기를 계산함으로써 도함수 값을 계산할 수 있다. 예를 들어 $x=5$인 점 P에서 [그림 4.8.2] (a)에서와 같이 접선을 그리고 그것의 기울기가 $3/2$임을 계산하면 $f'(5) \approx 1.5$가 된다. 이것을 아래쪽에 f'의 그래프에 점 $P'(5, 1.5)$을 그린다. 몇 개의 점에서 이러한 과정을 반복하면 [그림 4.8.2] (b)에 보이는 그래프를 그릴 수 있다. A, B, C의 접선은 수평선이고 도함수는 0이며 f' 그래프 위의 점 A', B', C'는 x축과 교차한다. A와 B 사이의 접선은 양의 기울기를 가지며 그래서 $f'(x)$는 양수 부분에 있다. 그러나 B와 C 사이의 접선은 음의 기울기를 가지고 그래서 $f'(x)$ 음수 부분에 놓이게 된다.

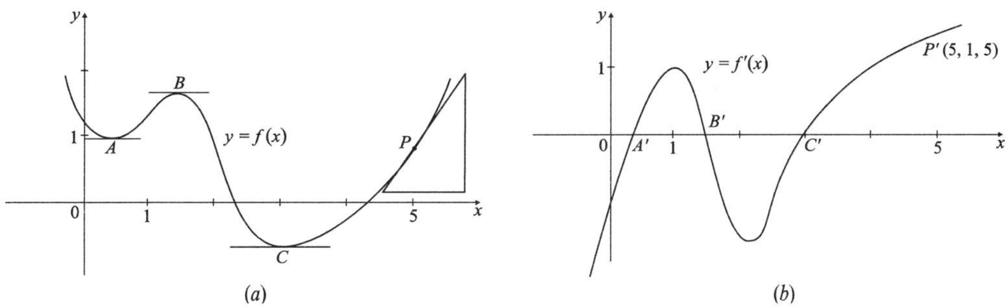

[그림 4.8.2] ■

예제 4.8.2 (a) $f(x)=x^3-x$일 때, $f'(x)$의 식을 구하여라.

(b) f와 f'의 그래프를 비교하여 설명하여라.

풀이 (a) 도함수 계산에서 h는 변수이고 x는 일반적으로 상수로 다루어진다.

$$f'(x)=\lim_{h\to 0}\frac{f(x+h)-f(x)}{h}=\lim_{h\to 0}\frac{[(x+h)^3-(x+h)]-(x^3-x)}{h}$$
$$=\lim_{h\to 0}\frac{x^3+3x^2h+3xh^2+h^3-x-h-x^3+x}{h}$$
$$=\lim_{h\to 0}\frac{3x^2h+3xh^2+h^3-h}{h}$$
$$=\lim_{h\to 0}(3x^2+3xh+h^2-1)=3x^2-1$$

(b) [그림 4.8.3]에 f와 f'의 그래프를 그렸다. f가 수평의 접선을 가지면 $f'(x)=0$이고 양의 기울기인 접선을 가지면 $f'(x)$는 양수가 된다. 그래서 이 그래프는 위의 (a)를 통해 확인해볼 수 있다.

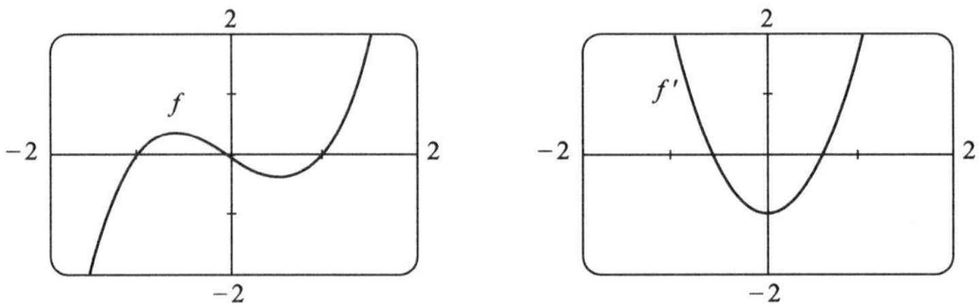

[그림 4.8.3] ■

예제 4.8.3 $f(x)=\dfrac{1-x}{2+x}$일 때 f'를 구하여라.

풀이

$$f'(x)=\lim_{h\to 0}\frac{f(x+h)-f(x)}{h}$$
$$=\lim_{h\to 0}\frac{\dfrac{1-(x+h)}{2+(x+h)}-\dfrac{1-x}{2+x}}{h}$$
$$=\lim_{h\to 0}\frac{(1-x-h)(2+x)-(1-x)(2+x+h)}{h(2+x+h)(2+x)}$$
$$=\lim_{h\to 0}\frac{-3h}{h(2+x+h)(2+x)}$$
$$=\lim_{h\to 0}\frac{-3}{(2+x+h)(2+x)}=-\frac{3}{(2+x)^2}$$ ■

4.8.1 다른 표기법

만약 독립 변수는 x, 종속 변수는 y라고 나타내는 전통적인 표기법인 $y=f(x)$를 사용한다면 도함수를 몇 개의 다른 표기법으로 다음과 같이 표현될 수 있다.

$$f'(x)=y'=\frac{dy}{dx}=\frac{df}{dx}=\frac{d}{dx}f(x)=Df(x)=D_x f(x)$$

기호 D와 d/dx는 도함수 계산 과정인 미분 계산을 나타내므로 미분 작용소(differentiation operator)라고 불린다.

라이프니츠(Leibniz)에 의해 소개된 기호 dy/dx는 비율과 관련된 것은 아니다. 그것은 단순히 $f'(x)$와 비슷한 말이다. 그럼에도 불구하고 매우 유용하고 암시하는 것이 많은 기수법이다. 특히 증분 표기법에 관련하여 사용된다. **4.7절**에서 언급했듯이 라이프니츠 표기법으로 도함수의 정의를 다음의 형태로 다시 쓸 수 있다.

$$\frac{dy}{dx}=\lim_{\Delta x\to 0}\frac{\Delta y}{\Delta x}$$

만약 특정한 수 a에서의 라이프니츠 표기법에 의한 도함수 dy/dx의 값을 표현해 보면 $f'(a)$와 같은 표현으로 다음과 같은 표기법을 사용할 수 있다.

$$\left.\frac{dy}{dx}\right|_{x=a} \quad \text{또는} \quad \left.\frac{dy}{dx}\right]_{x=a}$$

정의 4.8.1

만약 $f'(a)$ 값이 존재하면 함수 f는 a에서 **미분 가능**하다고 한다. 만약 함수 f가 어떤 구간 안의 모든 점에서 **미분 가능**하다면 f는 그 구간에서 **미분 가능**하다고 한다. ■

예제 4.8.4 함수 $f(x)=|x|$는 어디에서 미분 가능한가?

풀이 $x>0$이면 $|x|=x$이고 $|x+h|=x+h$가 되는 $x+h>0$인 충분히 작은 h를 잡을 수 있다. 그러므로 $x>0$에서

$$\begin{aligned}f'(x)&=\lim_{h\to 0}\frac{|x+h|-|x|}{h}\\&=\lim_{h\to 0}\frac{(x+h)-x}{h}=\lim_{h\to 0}\frac{h}{h}=\lim_{h\to 0}1=1\end{aligned}$$

을 가지고 f는 $x>0$에서 미분 가능하다.

비슷하게 $x<0$에서 $|x|=-x$이며 $x+h<0$이고, $|x+h|=-(x+h)$인 충분히 작은 h를 선택할 수 있다. 그러므로 $x<0$일 때

$$f'(x)=\lim_{h\to 0}\frac{|x+h|-|x|}{h}$$

$$=\lim_{h\to 0}\frac{-(x+h)-(-x)}{h}=\lim_{h\to 0}\frac{-h}{h}=\lim_{h\to 0}(-1)=-1$$

을 얻을 수 있고, f는 $x<0$에서 미분 가능하다.

$x=0$에서는

$$f'(x)=\lim_{h\to 0}\frac{f(0+h)-f(0)}{h}$$

$$=\lim_{h\to 0}\frac{|0+h|-|0|}{h}$$

으로 나타난다.

왼쪽과 오른쪽 극한을 분리해서 계산해보자.

$$\lim_{h\to 0^+}\frac{|0+h|-|0|}{h}=\lim_{h\to 0^+}\frac{|h|}{h}=\lim_{h\to 0^+}\frac{h}{h}=\lim_{h\to 0^+}1=1$$

이고

$$\lim_{h\to 0^-}\frac{|0+h|-|0|}{h}=\lim_{h\to 0^-}\frac{|h|}{h}=\lim_{h\to 0^-}\frac{-h}{h}=\lim_{h\to 0^-}(-1)=-1$$

이다.

이 극값이 다르기 때문에 $f'(0)$은 존재하지 않는다. 그러므로 f는 0을 제외한 모든 x에서 미분 가능하다. f'의 식은

$$f'(x)=\begin{cases}1, & x>0\\ -1, & x<0\end{cases}$$

이고, 이것의 그래프는 [그림 4.8.4] (b)와 같다. $f'(0)$이 존재하지 않는다는 사실은 곡선 $y=|x|$가 (0, 0)에서 접선을 가지고 있지 않다는 사실이 반영된 것이다.

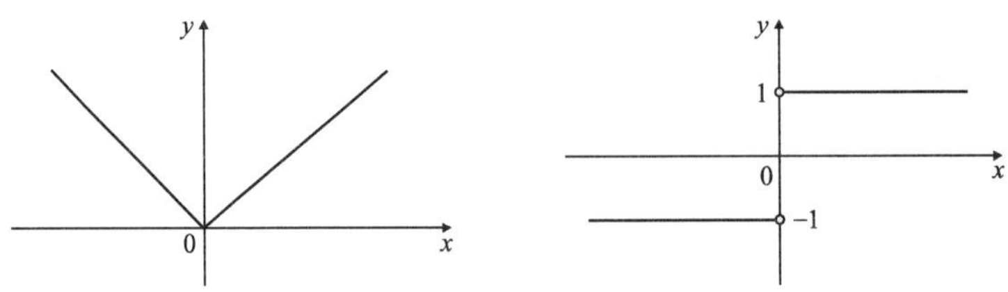

(a) $y=f(x)=|x|$ (b) $y=f'(x)$

[그림 4.8.4] ■

연속과 미분 가능 둘은 함수의 바람직한 특성이다. 다음 정리는 이 특성이 서로 관련이 있음을 보여주고 있다.

정리 4.8.1

만약 f가 a에서 미분 가능하면 f는 a에서 연속이다. ■

정리 4.8.1의 역은 옳지 않다. 다시 말해 연속인 함수가 미분 가능한 것은 아니다. 예를 들어, 함수

$$\lim_{x\to 0} f(x) = \lim_{x\to 0} |x| = 0 = f(0)$$

이기 때문에 $f(x)=|x|$는 0에서 연속이다(**4.3절**의 예제 4.3.6). 그러나 예제 4.8.4에서 f는 0에서 미분 가능하지 않음을 알았다.

4.8.2 이계 도함수

만약 f가 미분 가능 함수이면 그것의 도함수 f' 또한 함수이며 f'는 그 스스로 도함수를 가지게 되고 이를 $(f')'=f''$라고 표시한다. 이 새로운 함수 f''는 f의 도함수의 도함수이므로 f의 2계 도함수라고 불린다. 라이프니츠(Leibniz) 기수법으로 표시해보면 $y=f(x)$의 2계 도함수는

$$\frac{d}{dx}\left(\frac{dy}{dx}\right)=\frac{d^2y}{dx^2}$$

과 같다.

일반적으로 변화율의 변화율로서 2계 도함수를 설명할 수 있다. 이것의 가장 적절한 예는 **5.5절**에서 다룰 가속도이다.

삼계 도함수 f'''은 2계 도함수의 도함수이다: $f'''=(f'')'$. 그래서 $f'''(x)$는 곡선 $y=f''(x)$의 기울기로 설명되거나 또는 $f''(x)$의 변화율로 말할 수 있다. 만약 함수가 $y=f(x)$라면, 3계 도함수의 다른 표기법은

$$y'''=f'''(x)=\frac{d}{dx}\left(\frac{d^2y}{dx^2}\right)=\frac{d^3y}{dx^3}$$

이다. 이러한 과정을 계속 반복해보자. 사계 도함수 f''''는 $f^{(4)}$로 표현한다. 이를 일반적으로 써보면 함수 f의 n계 도함수는 $f^{(n)}$이라 나타내고 함수 f를 n번 미

분하여 얻을 수 있다. 만약 $y=f(x)$라면

$$y^{(n)}=f^{(n)}(x)=\frac{d^n y}{dx^n}$$

이 된다.

예제 4.8.5 $f(x)=x^3-x$일 때, $f'''(x)$와 $f^{(4)}(x)$를 구하여라.

풀이 이계 도함수의 그래프는 $y=6x$의 식을 가지고 그것은 기울기가 6인 직선이다. $f'''(x)$의 도함수는 $f''(x)$의 기울기이기 때문에 우리는 모든 x에 대해

$$f'''(x)=6$$

을 얻게 된다. 이것은 상수함수이므로 그래프는 수평선이 된다. 그러므로 모든 x에 대해

$$f^{(4)}(x)=0$$

이다. ■

4.9절에서 f''이 f의 그래프 모양에 대한 정보를 알려주는 방법을 통해 2계 도함수의 또 다른 응용에 대해 공부해보자.

연습문제

1. 실험실 배양기에 있는 곰팡이 세포수에 대한 함수 $P(t)$의 그래프이다.

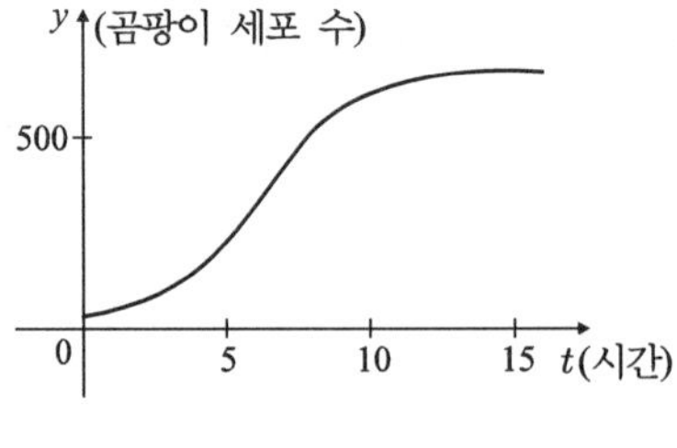

예제 4.8.1의 방법을 사용하여 도함수 $P'(t)$의 그래프를 그려라. P'의 그래프는 곰팡이 세포수에 대해 무엇을 말해주는가?

2. 그래프는 일본 남자가 첫 결혼을 하는 평균 나이가 지난 20세기의 반 동안 어떻게 변화되어 왔는지를 보여주는 것이다. 도함수 $M'(t)$의 그래프를 그려라. 몇 해 동안 도함수가 음의 값을 갖는가?

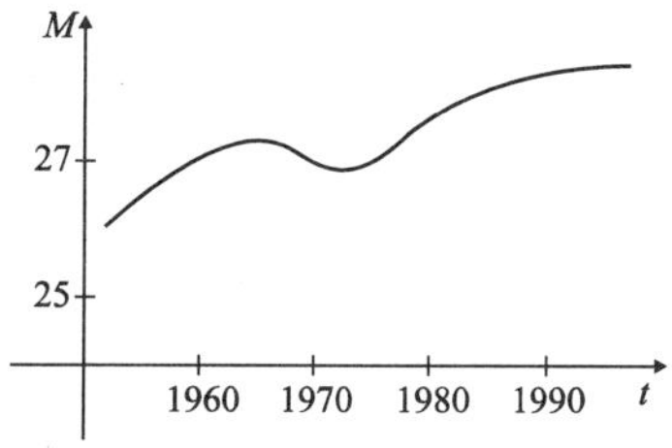

3-4 ■ 도함수의 정의를 사용하여 함수의 도함수를 구하여라. 그리고 함수의 정의역과 도함수의 정의역에 대해 설명하여라.

3. $f(x) = 5 - 4x + 3x^2$ **4.** $g(x) = \sqrt{1+2x}$

5. 다음 그림은 f, f', f'' 의 그래프들이다. 각 곡선이 어떤 것인지 선택하고 이유를 설명하여라.

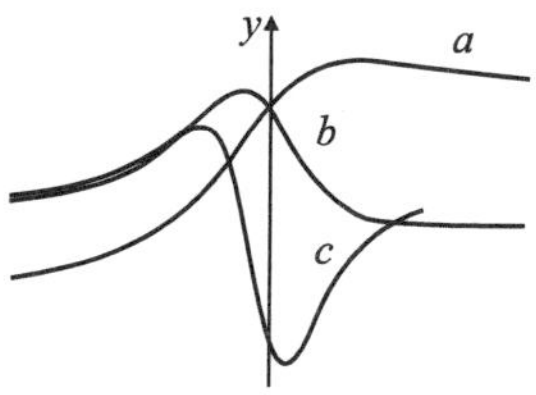

6. 함수 $f(x) = |x-6|$가 $x = 6$에서 미분 불가능함을 보여라. f'의 식을 구하고 그것의 그래프를 그려라.

4.9 f'는 f에 대해 무엇인가?

미분적분학의 많은 응용은 그것의 도함수에 관한 정보로부터 함수 f에 대한 사실을 유추하는 능력에 의존해왔다. $f'(x)$가 점 $(x, f(x))$에서 곡선 $y=f(x)$의 기울기를 나타내기 때문에 그것을 곡선이 각 점에서 진행하는 방향이라 한다. 그래서 $f'(x)$에 대한 정보가 $f(x)$에 대한 정보를 줄 것이라고 예측할 수 있다.

특히, f의 도함수는 [그림 4.9.1]에서 보는 것처럼 함수 f가 증가하는지 또는 감소하는지를 말해줄 수 있다.

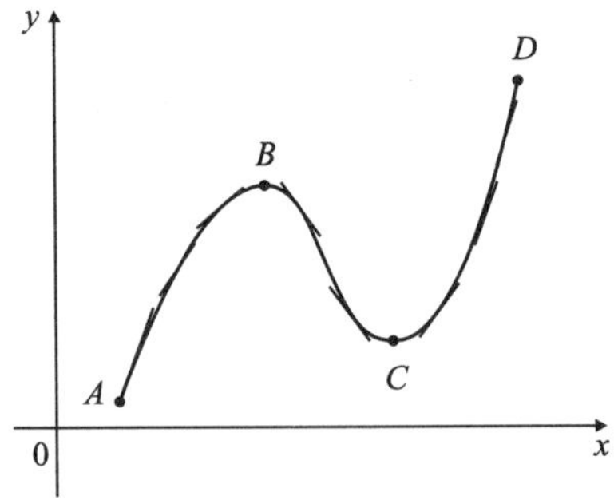

[그림 4.9.1]

A와 B 사이 그리고 C와 D 사이에 접선은 양의 기울기, 즉 $f'(x)>0$을 가진다. 그러므로 $f'(x)$가 양수일 때 f는 증가하고 $f'(x)$가 음수일 때 f는 감소한다.

차후에 보게 되겠지만 [그림 4.9.1]의 함수에 대한 설명은 항상 참이 된다는 것이 판명될 것이다. 다음처럼 일반화할 수 있다.

> 만약 구간에서 $f'(x)>0$이면 그 구간에서 f는 증가한다.
> 만약 구간에서 $f'(x)<0$이면 그 구간에서 f는 감소한다.

예제 4.9.1 (a) 만약 함수의 도함수 f'의 그래프가 [그림 4.9.2]와 같을 때 f에 대해 무엇을 말할 수 있는가?

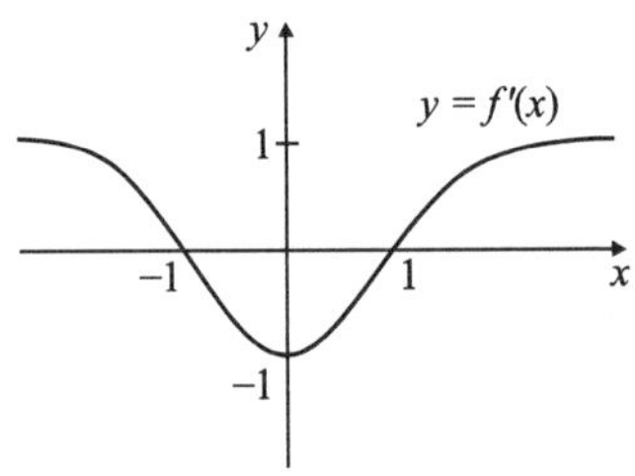

[그림 4.9.2]

(b) 만약 $f(0)=0$일 때, f의 가능한 그림을 그려라.

풀이 (a) [그림 4.9.2]로부터 $f'(x)$가 $-1<x<1$에서 음수이다. 그래서 원래의 함수 f는 구간 $(-1,\ 1)$에서 감소할 것이다. 비슷하게 $f'(x)$는 $x<-1$과 $x>1$에서 양수이며 그래서 f는 구간 $(-\infty,\ -1)$과 $(1,\ \infty)$에서 증가할 것이다. 또한 $f'(-1)=0$이고 $f'(1)=0$이기 때문에 f의 그래프는 $x=\pm 1$에서 수평인 접선을 갖는다.

(b) (a)의 사실을 이용하여 그래프가 원점을 통과하므로, [그림 4.9.3]처럼 그래프 f를 그릴 수 있다. $f'(0)=-1$이므로 곡선 $y=f(x)$는 -1의 기울기를 가진 원점을 통과하는

곡선으로 그릴 수 있다. $x \to \pm\infty$일 때 $f'(x) \to 1$임을 알 수 있다. 그러므로 곡선 $y=f(x)$의 기울기는 x가 커짐에 따라 1로 가까워진다. 다시 말해 [그림 4.9.3]처럼 $x \to \pm\infty$일 때 점점 더 직선으로 f의 그래프를 그린 이유이다.

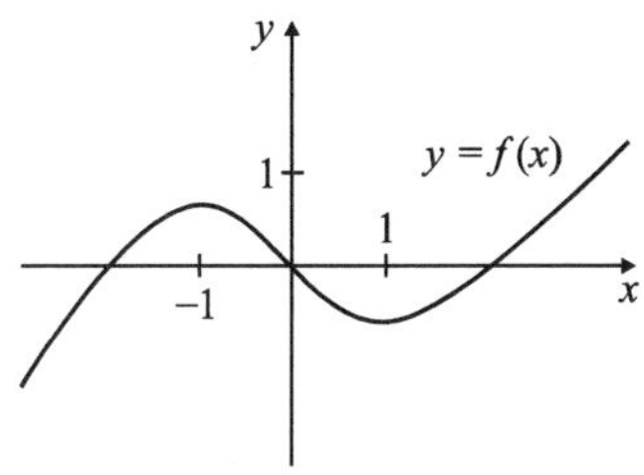

[그림 4.9.3] ■

예제 4.9.1에서 함수 f는 $x=-1$에 가까운 $f(x)$의 값이 최소한 옆의 값만큼은 크기 때문에 -1에서 **극댓값**(local maximum)을 가지게 된다. $f'(x)$는 -1의 왼쪽에서 양수이고 -1의 오른쪽에서 음수이다. 비슷하게 도함수가 1에서 음수에서 양수로 변하기 때문에 1에서 함수 f는 **극솟값**(local minimum)을 가지게 된다.

4.9.1 f''는 f에 대해 무엇인가?

$f''(x)$의 부호가 f의 그래프 모습에 영향을 미치는 것에 대해 알아보자. $f''=(f')'$이기 때문에 만약 $f''(x)$이 양수이면 f'는 **증가함수**이다.

이것은 곡선 $y=f(x)$의 접선의 기울기가 왼쪽에서부터 오른쪽까지 증가한다는 것을 말한다. [그림 4.9.4]는 그런 함수의 그래프를 보여준다. 이 곡선의 기울기는 x가 증가함에 따라 점차적으로 커지게 되고 결과적으로 곡선이 위로 구부러졌다는 것을 발견할 수 있다. 그래서 이런 곡선을 **위로 오목한 곡선**(concave upward)이라고 부른다. 그러나 [그림 4.9.5]에서 $f''(x)$는 f'가 감소하는 의미인 음수이다. 그러므로 f의 기울기는 왼쪽에서부터 오른쪽으로 감소하고 곡선은 아래로 구부러졌다. 이 곡선을 **아래로 오목한 곡선**(concave downward)이라고 부른다. 아래에 이 내용을 요약해보았다.

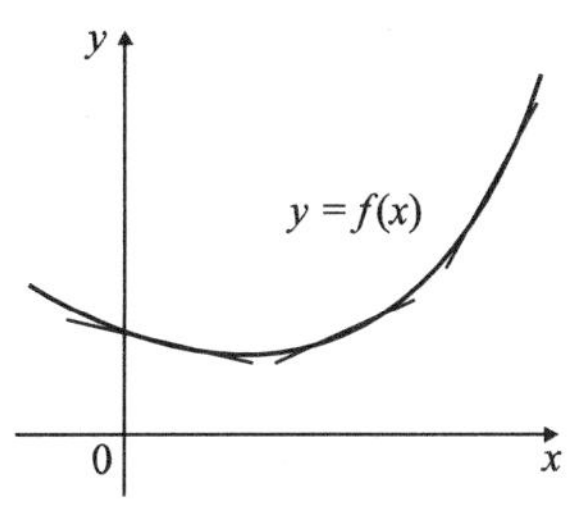

[그림 4.9.4]

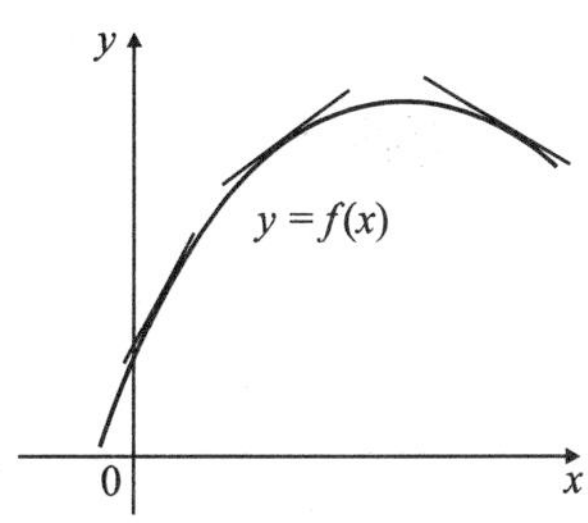

[그림 4.9.5]

> 만약 한 구간에서 $f''(x) > 0$ 이면 f는 그 구간에서 위로 오목한 곡선이다.
>
> 만약 한 구간에서 $f''(x) < 0$ 이면 f는 그 구간에서 아래로 오목한 곡선이다.

예제 4.9.2 [그림 4.9.6]은 양봉장에서 기르고 있는 꿀벌의 수에 관한 그래프이다. 시간이 지남에 따라 수의 증가율은 어떻게 변화하는가? 이 비율이 가장 높을 때는 언제인가? P는 어떤 구간에서 위로 오목이고 아래로 오목인가?

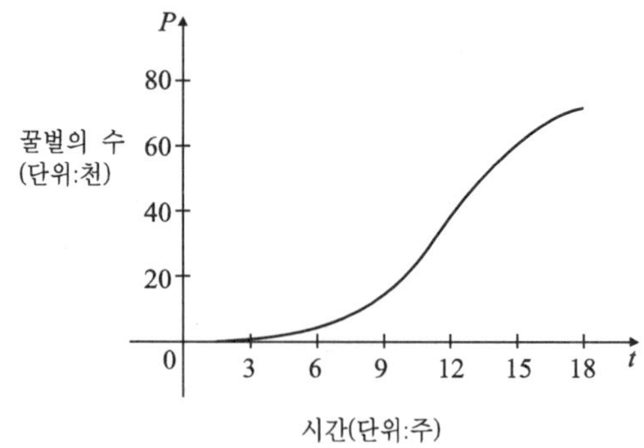

[그림 4.9.6]

풀이 시간 t에 따른 곡선의 기울기를 보면 수의 증가율이 처음에는 매우 작고 $t=12$에서 최댓값에 도달할 때까지 점점 커지게 되고 수가 감소하기 시작한다. 증가율 $P'(t)$가 0이 될 때 꿀벌의 수는 최댓값 약 75,000이 된다. 곡선은 $(0,\ 12)$에서 위로 오목하고 $(12,\ 18)$에서 아래로 오목하다. ■

예제 4.9.2에서 꿀벌 수에 대한 곡선은 점 $(12,\ 38)$에서 위로 오목에서 아래로 오목으로 변하게 된다. 이 점을 **변곡점**(inflection point)이라 부른다.

예제 4.9.3 다음 조건을 만족하는 함수 f의 가능한 그래프를 그려라.

(a) $(-\infty,\ 1)$에서 $f'(x) > 0$, $(1,\ \infty)$에서 $f'(x) < 0$

(b) $(-\infty,\ -2)$와 $(2,\ \infty)$에서 $f''(x) > 0$, $(-2,\ 2)$에서 $f''(x) < 0$

(c) $\lim_{x \to -\infty} f(x) = -2$, $\lim_{x \to \infty} f(x) = 0$

풀이 조건 (a)는 f가 $(-\infty,\ 1)$에서 증가하고 $(1,\ \infty)$에서는 감소한다는 것을 말해준다. 조건 (b)는 f가 $(-\infty,\ -2)$와 $(2,\ \infty)$에서 위로 오목하고 $(-2,\ 2)$에서는 아래로 오목하다는 것을 보여준다. 조건 (c)는 f의 그래프가 $y=-2$와 $y=0$인 두 개의 점근선을 가짐을 알 수 있다.

[그림 4.9.7]에서 보이는 것처럼 점선으로 $y=-2$의 점근선을 그린다. 그리고 왼쪽 끝에서 이 점근선에 가까이 가고 최댓값을 가지는 $x=1$까지 증가하며 $x \to \infty$일 때 x축을 향해

감소하는 함수 f의 그래프를 그려라. 또한 우리는 그래프가 $x=-2$와 2에서 변곡점을 가짐을 알 수 있다. 곡선은 $x<-2$와 $x>2$에서 위로 휘어졌으며, x가 -2와 2 사이에서는 아래로 휘어졌다.

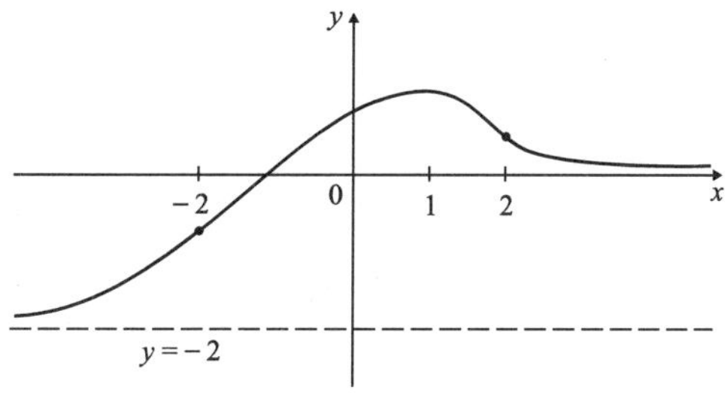

[그림 4.9.7] ■

4.9.2 역도함수

수학과 그 응용에 대한 많은 문제에서 함수 f가 주어졌을 때 f를 도함수로 가지는 함수 F를 구하는 것을 요구하는 경우가 있다. 만약 그런 함수 F가 존재한다면, 그것을 f의 **역도함수**(antiderivative)라고 부른다. 다시 말해 f의 역도함수는 $F'=f$인 함수 F이다(예제 4.9.1에서 함수 f'의 역도함수인 f를 그려보았다).

예제 4.9.4 함수 f의 그래프가 [그림 4.9.8]에 보이는 것과 같을 때 F를 함수 f의 역도함수라 하자.

(a) F는 어디서 증가하고 감소하는가?

(b) F는 어디서 위로 오목하고 아래로 오목한가?

(c) F는 어디서 변곡점을 가지는가?

(d) $F(0)=1$일 때, F의 그래프를 그려라.

(e) f는 얼마나 많은 역도함수를 가지고 있는가?

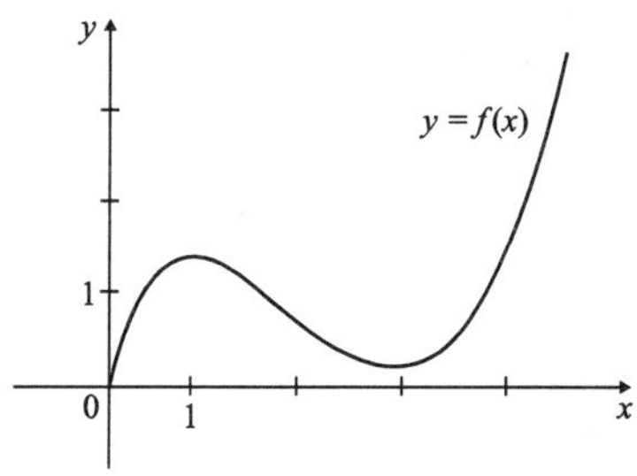

[그림 4.9.8]

풀이 (a) [그림 4.9.8]로부터 모든 $x>0$에서 $f(x)>0$임을 알 수 있다. F가 f의 역도함수이기 때문에 $F'(x)=f(x)$를 가지며 그래서 $x>0$일 때 $F'(x)$는 양의 값을 가짐을 알 수 있다. 이것은 F가 $(0, \infty)$에서 증가함을 의미한다.

(b) F는 $F''(x) > 0$일 때 위로 오목이다. 그러나 $F''(x) = f'(x)$이며 그래서 F는 다시 말해 f가 증가할 때인 $f'(x) > 0$일 때 위로 오목이다. [그림 4.9.8]로부터 f는 $0 < x < 1$과 $x > 3$에서 증가한다. 그러므로 F는 구간 $(0, 1)$과 $(3, \infty)$에서 위로 오목이다. F는 $F''(x) = f'(x) < 0$일 때, 다시 말해 f가 감소할 때 아래로 오목이다. 그러므로 F는 구간 $(1, 3)$에서 아래로 오목이다.

(c) 오목의 방향이 바뀌는 곳에서 F는 변곡점을 가진다. (b)로부터 F는 $x = 1$일 때 위로 오목에서 아래로 오목으로 바뀌는 것을 알 수 있다. 그러므로 F는 그 점에서 하나의 변곡점을 가진다. F는 또한 $x = 3$인 곳에서는 아래로 오목에서 위로 오목으로 바뀌게 되므로 $x = 3$일 때 또 다른 변곡점을 가지게 된다.

(d) F의 그래프를 그리기 위해서는 (a), (b), (c)의 정보를 사용하여야 한다. 그러나 좀 더 세밀한 정보를 위해 역도함수에 대한 의미를 사용할 수 있다:
$F'(x) = f(x)$이기 때문에 x의 어떤 값에서 $y = F(x)$의 기울기는 $y = f(x)$의 높이와 같다. 그러므로 $f(0) = 0$이기 때문에 기울기 0을 가진 주어진 점 $(0, 1)$에서 $x = 1$까지는 위로 오목, $x = 3$까지는 아래로 오목하며 항상 증가하는 F의 그래프를 그릴 수 있다. $f(3) \approx 0.2$이며 그래서 $y = F(x)$가 2번째 변곡점에서 경사가 완만한 기울기를 가지게 된다. 그러나 $x > 3$일 때에는 기울기가 갑자기 증가함을 볼 수 있다.

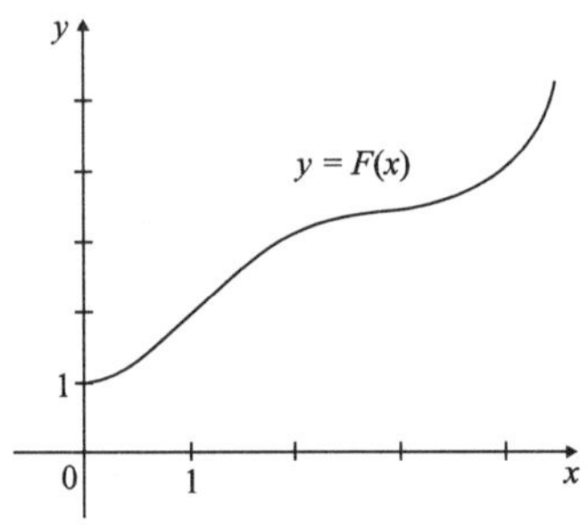

[그림 4.9.9]

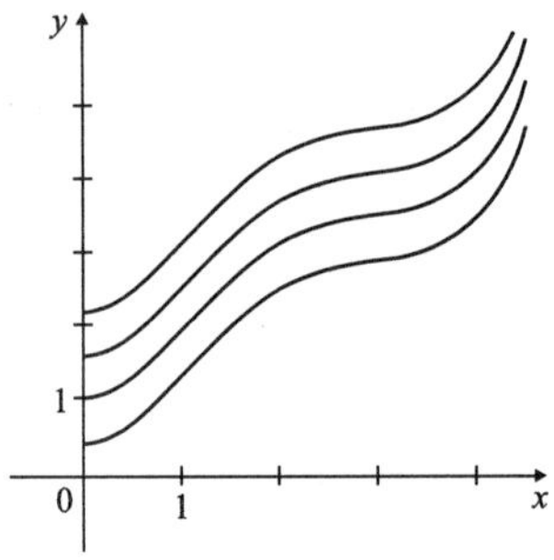

[그림 4.9.10]

(e) [그림 4.9.9]에 그려진 f의 역도함수에서 $F(0) = 1$을 만족한다. 그것의 그래프는 점 $(0, 1)$에서 시작한다. 그러나 y축 위의 다른 점에서 시작하는 많은 다른 역도함수가 있다. 사실 f는 무한히 많은 역도함수를 갖는다. 그 그래프는 [그림 4.9.10]처럼 F의 그래프를 위와 아래로 대칭 이동한다. ■

연습문제

1-2 ■ 아래 그림들은 함수 f의 도함수 f'의 그래프이다.

(1) 어떤 구간에서 함수 f가 증가 또는 감소하는가?

(2) x 의 어떤 값에서 극댓값 또는 극솟값을 갖는가?

(3) 만약 $f(0) = 0$ 이면 f 의 가능한 그래프를 그려보아라.

1.

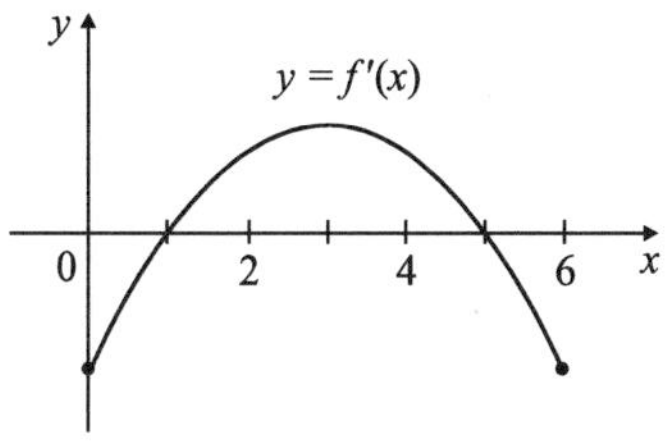

2.

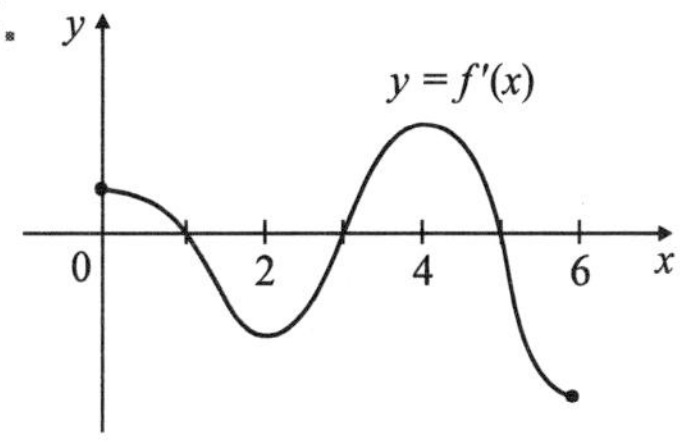

3. 아래 그림은 실험실 배양기에서의 시간에 따른 곰팡이의 세포수에 관한 그래프이다.

(1) 세포수의 증가율이 어떻게 변화하는지를 설명하여라.

(2) 이 증가율이 언제 가장 높게 되는가?

(3) 어떤 구간에서 세포수 함수가 아래로 또는 위로 오목한가?

(4) 변곡점의 좌표를 구하여라.

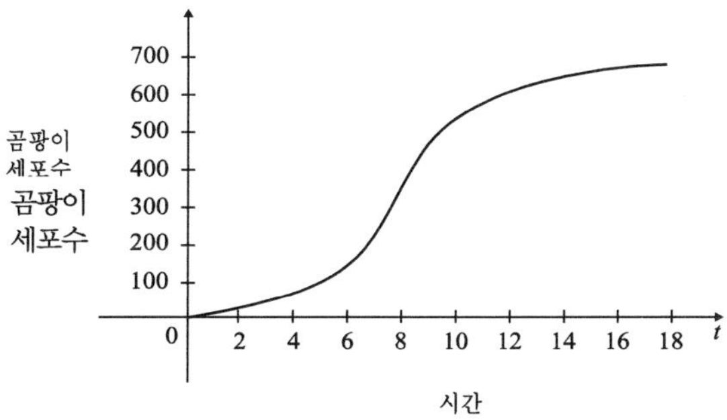

시간

4. $f'(x) = xe^{-x^2}$ 일 때

(1) f 는 어떤 구간에서 증가하는가? f 는 어떤 구간에서 감소하는가?

(2) f 는 최댓값 또는 최솟값을 가지는가?

5. $f(x) = x^3 - x$ 라 하자. 이때 $f'(x) = 3x^2 - 1$ 과 $f''(x) = 6x$ 라는 사실로부터 다음을 구하여라.

(1) f 가 증가하거나 감소하는 구간은 어디인가?

(2) f 가 위로 오목하거나 아래로 오목한 구간은 어디인가?

(3) f 의 변곡점은?

05

미분법

뉴턴 [Sir Issac Newton, 1642–1727]

미분적분학의 공동창시자이며, 영국의 과학자이자 수학자이다. 1665년부터 1667년까지 2년 동안 광학 및 만유인력의 법칙뿐만 아니라 미분적분학의 다양한 분야를 발견하였다.

뉴턴의 수학적 결과는 시기 적절하게 출간되지 않았다. 반면에, 뉴턴의 방법과 같은 것들이 그의 논문에서 유용한 도구로 소개되었다. 뉴턴의《자연철학의 수학적 원리(*Mathematical Principles of Natural Philosophy*)》는 인류의 위대한 업적 중의 하나로 널리 알려져 있다.

5.1 대수적 함수의 도함수

이 절에서는 **4장**에서 배운 도함수의 정의를 이용하여 대수적 함수, 역함수, 합성 함수 등의 미분법에 대해 알아본다. 먼저, 가장 간단한 대수적 함수인 상수함수의 도함수를 생각해보자.

정리 5.1.1

상수함수의 도함수는 0 이다. 즉,

$$y=f(x)=c \text{ 일 때, } \frac{dy}{dx}=f'(x)=0.$$

증명

$$\begin{aligned} f'(x) &= \lim_{h\to 0}\frac{f(x+h)-f(x)}{h} \\ &= \lim_{h\to 0}\frac{c-c}{h}=0. \end{aligned}$$

■

예

(a) $\frac{d}{dx}(7)=0$

(b) $f(x)=0$ 이면 $f'(x)=0$

(c) $y=2$ 이면 $\frac{dy}{dx}=0$

(d) $g(t)=-\frac{1}{2}$ 이면 $g'(t)=0$

정리 5.1.2

n 이 양의 정수일 때, $y=f(x)=x^n$ 의 x 에 관한 도함수는

$$\frac{dy}{dx}=nx^{n-1}.$$

증명 함수 $f(x)=x^n$ (n 은 자연수)의 도함수는

$$\begin{aligned} f'(x) &= \lim_{h\to 0}\frac{(x+h)^n-x^n}{h} \\ &= \lim_{h\to 0}\frac{1}{h}\{(x+h)-x\}\{(x+h)^{n-1}+(x+h)^{n-2}\cdot x+\cdots+x^{n-1}\} \\ &= \lim_{h\to 0}\{(x+h)^{n-1}+(x+h)^{n-2}\cdot x+\cdots+x^{n-1}\} \\ &= x^{n-1}+x^{n-1}+\cdots+x^{n-1} \ (n \text{ 개}) \end{aligned}$$

$$= nx^{n-1}.$$ ■

예제 5.1.1 함수 $f(x)=x^3$의 도함수를 구하여라.

풀이 $f(x)=x^3$에서 $f'(x)=3x^2$. ■

정리 5.1.3

미분 가능한 두 함수 $f(x)$와 $g(x)$의 합과 차 $f(x)\pm g(x)$의 도함수는

$$\{f(x)\pm g(x)\}'=f'(x)\pm g'(x).$$

증명 $F(x)=f(x)+g(x)$라 하자. 도함수의 정의에 의하여,

$$\begin{aligned}
F'(x) &= \lim_{h\to 0}\frac{F(x+h)-F(x)}{h}\\
&= \lim_{h\to 0}\frac{[f(x+h)+g(x+h)]-[f(x)+g(x)]}{h}\\
&= \lim_{h\to 0}\left[\frac{[f(x+h)-f(x)]}{h}+\frac{[g(x+h)-g(x)]}{h}\right]\\
&= \lim_{h\to 0}\frac{[f(x+h)-f(x)]}{h}+\lim_{h\to 0}\frac{[g(x+h)-g(x)]}{h}\\
&= f'(x)+g'(x).
\end{aligned}$$

$f(x)-g(x)=L(x)$라 놓고 위와 같은 방법으로 증명할 수 있다. ■

정리 5.1.4

두 미분 가능한 함수 $f(x)$와 $g(x)$의 곱은 미분 가능하고,

$$\{f(x)g(x)\}'=f'(x)g(x)+f(x)g'(x).$$

증명 $u=f(x)$, $v=g(x)$라 하면 $y=uv$이고, x의 증분 Δx에 대한 u, v, y의 증분은 각각 Δu, Δv, Δy는

$$\Delta u=f(x+\Delta x)-f(x),\qquad \Delta v=g(x+\Delta x)-g(x),$$
$$\Delta(uv)=(u+\Delta u)(v+\Delta v)-uv=u\Delta v+v\Delta u+\Delta u\Delta v$$

이다. 여기서 $\Delta(uv)$를 Δx로 나누면

$$\frac{\Delta(uv)}{\Delta x}=u\frac{\Delta v}{\Delta x}+v\frac{\Delta u}{\Delta x}+\Delta u\frac{\Delta v}{\Delta x}$$

이고, $\Delta x \to 0$ 이라 하면,

$$\begin{aligned}\frac{d}{dx}(uv)&=\lim_{\Delta x\to 0}\frac{\Delta(uv)}{\Delta x}=\lim_{\Delta x\to 0}\left(u\frac{\Delta v}{\Delta x}+v\frac{\Delta u}{\Delta x}+\Delta u\frac{\Delta v}{\Delta x}\right)\\&=u\lim_{\Delta x\to 0}\frac{\Delta v}{\Delta x}+v\lim_{\Delta x\to 0}\frac{\Delta u}{\Delta x}+\left(\lim_{\Delta x\to 0}\Delta u\right)\left(\lim_{\Delta x\to 0}\frac{\Delta v}{\Delta x}\right)\\&=u\frac{dv}{dx}+v\frac{du}{dx}+0\cdot\frac{dv}{dx}\end{aligned}$$

그러므로

$$(f(x)g(x))'=f'(x)g(x)+f(x)g'(x).$$ ■

예제 5.1.2 $f(x)=(x^2+1)(x-1)$의 도함수를 구하여라.

풀이 $f(x)=(x^2+1)(x-1)$에서

$$\begin{aligned}f'(x)&=(x^2+1)\frac{d}{dx}(x-1)+(x-1)\frac{d}{dx}(x^2+1)\\&=(x^2+1)(1)+(x-1)(2x)\\&=x^2+1+2x^2-2x\\&=3x^2-2x+1.\end{aligned}$$ ■

정리 5.1.5

$g(x)\neq 0$ 인 점에서 두 미분 가능한 함수 $f(x)$와 $g(x)$의 몫 $\dfrac{f(x)}{g(x)}$의 도함수는

$$\left\{\frac{f(x)}{g(x)}\right\}'=\frac{f'(x)g(x)-f(x)g'(x)}{\{g(x)\}^2}.$$

증명 $F(x)=\dfrac{f(x)}{g(x)}$라 놓으면, $f(x)=g(x)F(x)$라 할 수 있다. **정리 5.1.4**를 이용하여 이것을 미분하면 $f'(x)=F(x)g'(x)+g(x)F'(x)$이다. 다시 $F'(x)$에 관하여 정리하면

$$F'(x)=\frac{f'(x)-F(x)g'(x)}{g(x)}=\frac{f'(x)-\dfrac{f(x)}{g(x)}g'(x)}{g(x)}$$

$$= \frac{g(x)f'(x) - f(x)g'(x)}{[g(x)]^2}$$

그러므로

$$\left(\frac{f(x)}{g(x)}\right)' = \frac{g(x)f'(x) - f(x)g'(x)}{\{g(x)\}^2}.$$ ■

예제 5.1.3 $y = \dfrac{x-1}{2x+3}$ 의 도함수를 구하여라.

풀이

$$\frac{dy}{dx} = \frac{(2x+3)\frac{d}{dx}(x-1) - (x-1)\frac{d}{dx}(2x+3)}{(2x+3)^2}$$

$$= \frac{(2x+3)(1) - (x-1)(2)}{(2x+3)^2}$$

$$= \frac{(2x+3) - 2x + 2}{(2x+3)^2} = \frac{5}{(2x+3)^2}$$ ■

정리 5.1.6 연쇄법칙 (chain rule)

두 함수 $f(x)$, $g(x)$가 미분 가능하고, $F = f \circ g$는 $F(x) = f(g(x))$에 의해 정의된 합성함수일 때, F는 미분 가능하며, $F'(x)$는 다음과 같다.

$$F'(x) = f'(g(x))g'(x)$$

만일 $y = f(u)$, $u = g(x)$이고, 두 함수 모두 미분 가능할 때,

$$\frac{dy}{dx} = \frac{dy}{du}\frac{du}{dx}$$

이다.

증명 x의 증분 Δx에 대응하는 u의 증분을 Δu, y의 증분을 Δy라 하자. 즉,

$$\Delta u = g(x + \Delta x) - g(x), \qquad \Delta y = f(u + \Delta u) - f(u)$$

이다.

따라서 함수 $u = g(x)$의 연속성에 의해 $\Delta x \to 0$이면 $\Delta u \to 0$이므로

$$\frac{dy}{dx} = \lim_{\Delta x \to 0} \frac{\Delta y}{\Delta x}$$

$$= \lim_{\Delta x \to 0} \frac{\Delta y}{\Delta u} \cdot \frac{\Delta u}{\Delta x}$$

$$= \lim_{\Delta x \to 0} \frac{\Delta y}{\Delta u} \lim_{\Delta x \to 0} \frac{\Delta u}{\Delta x}$$

$$= \lim_{\Delta u \to 0} \frac{\Delta y}{\Delta u} \lim_{\Delta x \to 0} \frac{\Delta u}{\Delta x}$$

$$= \frac{dy}{du} \frac{du}{dx}.$$ ■

예제 5.1.4 $y=(x^2+1)^3$의 도함수를 구하여라.

풀이 $u=x^2+1,\ y=u^3$일 때

$$\frac{dy}{dx}=\frac{dy}{du}\cdot\frac{du}{dx}=\frac{d}{du}(u^3)\cdot\frac{d}{dx}(x^2+1)$$

$$=3u^2\cdot(2x)=3(x^2+1)^2\cdot(2x)$$

$$=6x(x^2+1)^2.$$ ■

정리 5.1.7

x의 함수 y가 그의 역함수를 가질 때, x에 관한 y의 도함수는 y에 관한 x의 도함수의 역수와 같다.

$$\frac{dy}{dx}=\frac{1}{\dfrac{dx}{dy}} \quad \left(\text{단, } \frac{dx}{dy}\neq 0\right)$$

이다. ■

정리 5.1.8

$y=f(u)$, $x=g(u)$가 미분 가능한 u의 함수이고, $g'(u)$가 연속이고, $g'(u)\neq 0$이면, x에 관한 y의 도함수는 u에 관한 y의 도함수를 u에 관한 x의 도함수로 나눈 몫과 같다.

$$\frac{dy}{dx}=\frac{\dfrac{dy}{du}}{\dfrac{dx}{du}} \quad \text{또는} \quad \frac{dy}{dx}=\frac{f'(u)}{g'(u)} \quad (\text{단, } g'(u)\neq 0)$$

이다. ■

예를 들면, $y=u/(1-u)$, $x=u/(1-u^2)$이면

$$\frac{dy}{du}=\frac{1}{(1-u)^2}, \qquad \frac{dx}{du}=\frac{1+u^2}{(1-u^2)^2}$$

이므로, **정리 5.1.8**에 의하여

$$\frac{dy}{dx}=\frac{\dfrac{1}{(1-u)^2}}{\dfrac{1+u^2}{(1-u^2)^2}}=\frac{(1-u^2)^2}{(1+u^2)(1-u)^2}.$$

함수 $f(x)$가 어떤 정의역 D에서

$$y=f(x)$$

와 같이 나타낸 것을 **양함수**(explicit function)라고 한다.

그러나 어떤 함수는 이와 같이 나타낼 수 없는 경우가 있다.

예를 들면, 어떤 정의역 D에서 정의된 함수가

$$x^3-2x^2=y^4-y+5$$

이면, $f(x)$의 정의역 안의 모든 x에 대하여

$$x^3-2x^2=[f(x)]^4-f(x)+5$$

를 만족시킨다. 그러나 이와 같이 나타낸 것은 양함수가 아니다.

일반적으로, 어떤 정의역 D에서 정의된 함수가

$$F(x, y)=0$$

으로 나타낸 것을 **음함수**(implicit function)라고 한다.

예를 들면, 방정식

$$4x^2+9y^2=36$$

은 모든 x에 대하여 $y\geq 0$이면 양함수

$$y=\frac{2}{3}\sqrt{9-x^2}$$

과 동치인 음함수이고, 또 모든 x에 대하여 $y \le 0$이면 양함수

$$y=-\frac{2}{3}\sqrt{9-x^2}$$

과 동치인 음함수이다.

주어진 함수를 음함수로 나타내었을 때, 이 함수를 양함수로 나타내기가 곤란하거나 불가능한 경우가 있다. 이 경우, 음함수

$$F(x,\ y)=0$$

에서 y를 x의 함수로 생각했을 때, y가 미분 가능한 x의 함수이면, 주어진 음함수를 그대로 두고 미분하면 된다.

예제 5.1.5 방정식 $x^3+y^3-3xy=0$을 미분하여라.

풀이 각 항을 x에 관하여 미분하면,

$$\frac{d}{dx}(x^3)+\frac{d}{dx}(y^3)-3\frac{d}{dx}(xy)=0$$

이므로

$$3x^2+3y^2\frac{dy}{dx}-3\left(y+x\frac{dy}{dx}\right)=0$$

즉,

$$(y^2-x)\frac{dy}{dx}=y-x^2.$$

따라서

$$\frac{dy}{dx}=\frac{y-x^2}{y^2-x}\quad (\text{단, } y^2-x\neq 0).$$

■

함수 $y=f(x)$가 미분 가능하고, 그의 도함수 $f'(x)$가 미분 가능할 때 $f'(x)$의 도함수를 $y=f(x)$의 2계 도함수(second derivative)라 하고,

$$y'',\quad f''(x),\quad \frac{d^2y}{dx^2},\quad \frac{d^2f}{dx^2},\quad \frac{d^2f(x)}{dx^2}$$

등으로 나타낸다.

일반적으로, 함수 $f(x)$가 미분 가능하고, 그의 도함수 $f'(x)$, $f''(x)$, $\cdots$,

$f^{(n-1)}(x)$가 미분 가능할 때, $n-1$계 도함수의 도함수를 n계 도함수(nth derivative)라 하고,

$$y^{(n)},\quad y^{(n)}(x),\quad f^{(n)}(x),\quad \frac{d^n y}{dx^n},\quad \frac{d^n f}{dx^n},\quad \frac{d^n f(x)}{dx^n}$$

등으로 나타낸다.

또 n계 도함수의 $x=a$에서의 값 $f^{(n)}(a)$를 $x=a$에서의 n계 **미분계수**(nth differential coefficient)라고 한다.

예를 들면, $y=x^3-2x^2-3x+5$이면,

$$y'=3x^2-4x-3,\quad y''=6x-4,\quad y^{(3)}=6,\quad y^{(4)}=y^{(5)}=\cdots=0.$$

예제 5.1.6 $x^2+y^2=a^2$에서 y'과 y''을 구하여라.

풀이 음함수의 미분법에 의하여 $2x+2yy'=0$이다.
따라서

$$y'=-\frac{x}{y}\ (\text{단, } y\neq 0),$$

다시 **정리 5.1.5**에 의하여 미분하면,

$$y''=-\left(\frac{y-xy'}{y^2}\right)$$

그런데 $y'=-\frac{x}{y}$, $x^2+y^2=a^2$이므로 2계 도함수는

$$y''=-\left(\frac{y-x(-x/y)}{y^2}\right)=-\left(\frac{y^2+x^2}{y^3}\right)=-\frac{a^2}{y^3}.$$

■

연습문제

1. 다음 함수의 도함수를 구하여라.

(1) $y=\pi x^3$ (2) $y=-3x^{-3}$

(3) $y=(3x^2+2x+1)^5$

(4) $y=(x^2+17)(x^3-3x+1)$

(5) $y=\dfrac{(x+1)^2}{(2x+1)^3}$

(6) $y=\dfrac{1}{4x^2-3x+9}$

2. 다음 함수에 대한 y'을 구하여라.

(1) $\begin{cases} y=u^2+6u-2 \\ u=4x^2+8x+1 \end{cases}$

(2) $\begin{cases} y=u\sqrt{u+1} \\ u=2x^2-\dfrac{2}{3} \end{cases}$

3. 다음 함수에 대한 y'을 구하여라.

(1) $x=\dfrac{y-1}{\sqrt{y}}$

(2) $x=y\sqrt{1+y^3}$

(3) $x=y\sqrt{1+y}$

(4) $x=\dfrac{1}{3}y^3+y$

4. 다음에서 $\dfrac{dy}{dx}$를 구하여라.

(1) $\sqrt[3]{x^2}+\sqrt[3]{y^2}=4$

(2) $y^2=\dfrac{x-y}{x+y}$

(3) $x^2+3y^2=4xy$

(4) $x^3y+x^2+y^2=10$

5. x, y 사이에 다음 관계가 성립할 때, $\dfrac{dy}{dx}$를 구하여라.

(1) $x=\dfrac{1}{3}t^3-9t,\ \ y=\dfrac{1}{3}t^3-\dfrac{1}{2}t^2-6t$

(2) $x=t+\dfrac{1}{t},\ \ y=t-\dfrac{1}{t}$

5.2 지수 • 로그함수의 도함수

도함수의 정의를 이용하여 지수함수 $f(x)=a^x$의 도함수를 구해보자.

$$f'(x)=\lim_{h\to0}\frac{f(x+h)-f(x)}{h}=\lim_{h\to0}\frac{a^{x+h}-a^x}{h}$$

$$=\lim_{h\to0}\frac{a^x\cdot a^h-a^x}{h}=\lim_{h\to0}\frac{a^x(a^h-1)}{h}$$

분자 a^x 는 h 에 의존하지 않기 때문에, 다음과 같이 나타낼 수 있다.

$$f'(x) = a^x \lim_{h \to 0} \frac{a^h - 1}{h}$$

여기서 $f(0) = 1$ 이므로, 극한값

$$\lim_{h \to 0} \frac{a^h - 1}{h} = \lim_{h \to 0} \frac{f(h) - f(0)}{h} = f'(0)$$

이 0 에서의 f 의 도함수임을 안다. 또한 자연로그의 정의에 의해서,

$$\lim_{h \to 0} \frac{a^h - 1}{h} = \lim_{h \to 0} \frac{e^{(\ln a)h} - 1}{h} = \ln a$$

이므로, $f'(x) = a^x \ln a$ 임을 알 수 있다.

정리 5.2.1

$$(a^x)' = a^x \ln a$$

$a = e$ 로 놓으면, $(e^x)' = e^x$. ■

또한 연쇄법칙을 적용하여 지수함수의 미분을 증명할 수 있다.

$a = e^{\ln a}$ 라 하면, $a^x = (e^{\ln a})^x = e^{(\ln a)x}$ 이므로, 연쇄법칙을 적용하여 미분하면

$$\begin{aligned} \frac{d}{dx}(a^x) &= \frac{d}{dx}(e^{(\ln a)x}) = e^{(\ln a)x} \frac{d}{dx}(\ln a)x \\ &= e^{(\ln a)x} \cdot \ln a = a^x \ln a \end{aligned}$$

이다.

예제 5.2.1 다음 함수의 도함수를 구하여라.

$$y = \sqrt{e^x + 1}.$$

풀이 $u = e^x + 1$ 이라고 하면, $y = \sqrt{u}$ 이므로

$$\begin{aligned} \frac{dy}{dx} &= \frac{dy}{du} \cdot \frac{du}{dx} = \frac{1}{2\sqrt{u}} \cdot e^x \\ &= \frac{e^x}{2\sqrt{e^x + 1}}. \end{aligned}$$ ■

정리 5.2.2

(a) $\dfrac{d}{dx}(\log_a x) = \dfrac{\log_a e}{x} = \dfrac{1}{x}\dfrac{1}{\ln a}$

(b) $\dfrac{d}{dx}(\ln x) = \dfrac{1}{x}$

증명 (a) $a > 0,\ a \neq 1,\ x > 0,\ x + \Delta x > 0$ 이라 하면,

$$\frac{\log_a(x+\Delta x) - \log_a x}{\Delta x} = \frac{1}{\Delta x}\log_a\left(1+\frac{\Delta x}{x}\right)$$
$$= \frac{1}{x}\frac{x}{\Delta x}\log_a\left(1+\frac{\Delta x}{x}\right)$$

이므로,

$$y' = \lim_{\Delta x \to 0}\frac{\log_a(x+\Delta x) - \log_a x}{\Delta x} = \lim_{\Delta x \to 0}\frac{1}{x}\log_a\left(1+\frac{\Delta x}{x}\right)^{\frac{x}{\Delta x}}$$

이다. 여기서 $z = \dfrac{\Delta x}{x}$ 라 하면 $\Delta x \to 0$ 일 때, $z \to 0$ 이므로

$$y' = \lim_{z \to 0}\frac{1}{x}\log_a(1+z)^{\frac{1}{z}} = \frac{1}{x}\log_a e = \frac{1}{x}\frac{1}{\ln a}.$$

(b) $a = e$ 를 (a)에 대입하면 $y' = \dfrac{1}{x}$ 이다. ■

예제 5.2.2 함수 $y = \ln(x^3+1)$ 의 y' 을 구하여라.

풀이 연쇄법칙을 적용하여 미분하기 위하여 $u = x^3+1$ 로 치환하면, $y = \ln u$ 이고

$$\frac{dy}{dx} = \frac{dy}{du}\frac{du}{dx} = \frac{1}{u}\frac{du}{dx} = \frac{1}{x^3+1}(3x^2) = \frac{3x^2}{x^3+1}.$$ ■

일반적으로, 지수함수의 미분에 연쇄법칙을 적용하여 미분하면 다음과 같은 식을 얻는다.

$$\frac{d}{dx}(\ln u) = \frac{1}{u}\frac{du}{dx} \quad \text{또는} \quad \frac{d}{dx}[\ln g(x)] = \frac{g'(x)}{g(x)}.$$

정리 5.2.3

임의의 실수에 대하여 $y = f(x) = x^n$ 의 도함수 $\dfrac{dy}{dx} = nx^{n-1}$.

증명 $x^n = e^{n\ln x}$ 이므로

$$\frac{du}{dx} = e^{n\ln x} \cdot \frac{n}{x} = x^n \cdot \frac{n}{x} = nx^{n-1}. \qquad ■$$

연습문제

1. 다음 각 함수의 도함수를 구하여라.

(1) $y = \log_3(2x-3)^3$

(2) $y = (\log_2 x)^3$

(3) $y = \ln(\ln x)$

(4) $y = e^x \ln x$

2. 다음 방정식에서 $\frac{dy}{dx}$ 를 구하여라.

(1) $y^n \ln y = x^3$

(2) $x = a\ln\left(\frac{a+\sqrt{a^2-y^2}}{y}\right)$

3. 다음 각 함수의 도함수를 구하여라.

(1) $y = \ln\left(\frac{1+e^x}{e^x}\right)$

(2) $y = \frac{e^x - e^{-x}}{e^x + e^{-x}}$

4. 다음 각 방정식에서 $\frac{dy}{dx}$ 를 구하여라.

(1) $x^y = y^x$

(2) $y = e^{\frac{x+y}{y}}$

(3) $y = \left(\frac{1}{x}\right)^x$

(4) $y = x^{\ln x}$

5. $x = e^{t+2}$, $y = e^{3t+1}$ 일 때, $\frac{dy}{dx}$ 를 구하여라.

6. $f(x) = x^2 e^{-x}$, $y = e^x f'(x)$ 일 때, 임의의 x 에 대하여

$$x^2 y'' - axy' + by = 0$$

을 만족시키는 상수 a, b 의 값을 구하여라.

5.3 삼각함수의 미분법

삼각함수의 미분에서 기본이 되는 다음 극한값에 대하여 알아보자.

$$\lim_{\theta\to 0}\frac{\sin\theta}{\theta}=1$$

반지름 a인 원의 중심각을 $\theta\left(0<\theta<\frac{\pi}{2}\right)$라 하고, [그림 5.3.1]과 같이 접선 AT를 그어, 반지름 $\overline{OB}$의 연장선과의 교점을 T라 하면, 각각의 면적에 대해 $\triangle OAC<$부채꼴$OAB<\triangle OAT$ 임은 명백하다.

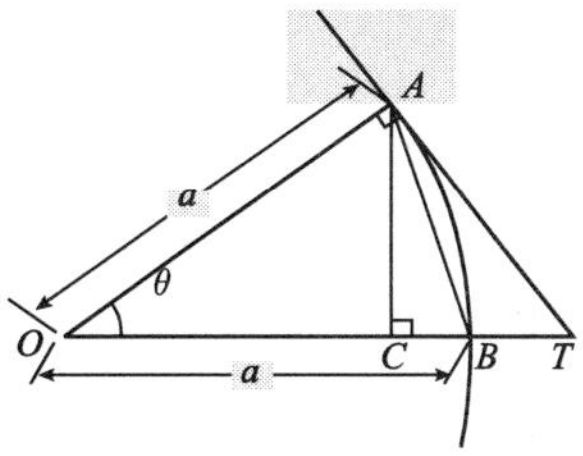

[그림 5.3.1]

그런데 삼각함수를 이용하면,

$$\overline{OC}=a\cos\theta,\ \overline{AC}=a\sin\theta,$$
$$\overline{AT}=a\tan\theta$$

이므로, 이것을 위의 식에 대입하면,

$$\frac{1}{2}a\cos\theta\cdot a\sin\theta<\frac{1}{2}a^2\theta<\frac{1}{2}a\cdot a\tan\theta.$$

이 부등식의 각 항을 $\frac{1}{2}a^2\sin\theta$로 나누고, 그 역수를 취하면,

$$\frac{1}{\cos\theta}<\frac{\sin\theta}{\theta}<\cos\theta.$$

여기서 $\theta\to 0$일 때 $\frac{1}{\cos\theta}\to 1$이고, $\cos\theta\to 1$이므로 $\frac{\sin\theta}{\theta}\to 1$이다.

따라서

$$\lim_{\theta \to 0} \frac{\sin\theta}{\theta} = 1.$$

또 θ가 음의 각인 경우에 대해서도 $\theta = -\theta'$라 하면, $\theta' > 0$이므로,

$$\lim_{\theta \to 0} \frac{\sin\theta}{\theta} = \lim_{\theta' \to 0} \frac{\sin(-\theta')}{-\theta'} = \lim_{\theta' \to 0} \frac{\sin\theta'}{\theta'} = 1.$$

따라서 θ가 양·음에 관계없이

$$\lim_{\theta \to 0} \frac{\sin\theta}{\theta} = 1.$$

위의 극한을 이용하여 삼각함수의 도함수를 구하면 다음과 같다.

정리 5.3.1

(a) $\frac{d}{dx}(\sin x) = \cos x$

(b) $\frac{d}{dx}(\cos x) = -\sin x$

(c) $\frac{d}{dx}(\tan x) = \sec^2 x$

(d) $\frac{d}{dx}(\cot x) = -\csc^2 x$

(e) $\frac{d}{dx}(\sec x) = \sec x \tan x$

(f) $\frac{d}{dx}(\csc x) = -\csc x \cot x$

증명 (a) $y' = \lim_{\Delta x \to 0} \frac{\sin(x+\Delta x) - \sin x}{\Delta x} = \lim_{\Delta x \to 0} \frac{2\cos\frac{2x+\Delta x}{2} \cdot \sin\frac{\Delta x}{2}}{\Delta x}$

$$= \lim_{\Delta x \to 0} \frac{\cos\left(x + \frac{\Delta x}{2}\right) \cdot \sin\frac{\Delta x}{2}}{\frac{\Delta x}{2}} = \lim_{\Delta x \to 0}\left(\cos x + \frac{\Delta x}{2}\right) \cdot \lim_{\Delta x \to 0} \frac{\sin\frac{\Delta x}{2}}{\frac{\Delta x}{2}}$$

$$= \cos x \cdot 1 = \cos x$$

(b) $y = \cos x = \sin\left(\frac{\pi}{2} + x\right)$이므로 $y' = \cos\left(\frac{\pi}{2} + x\right) = -\sin x$

(c) $y' = (\tan x)' = \left(\frac{\sin x}{\cos x}\right)' = \frac{\cos x(\sin x)' - \sin x(\cos x)'}{\cos^2 x}$

$$= \frac{1}{\cos^2 x} = \sec^2 x$$

(d) $$y' = (\cot x)' = \left(\frac{\cos x}{\sin x}\right)' = \frac{(\cos x)'\sin x - \cos x(\sin x)'}{\sin^2 x}$$

$$= \frac{(-\sin x)\sin x - \cos x \cos x}{\sin^2 x} = -\frac{1}{\sin^2 x} = -\csc^2 x$$

(e) $$y' = (\sec x)' = \left(\frac{1}{\cos x}\right)' = \frac{1' \cdot \cos x - 1 \cdot (\cos x)'}{\cos^2 x}$$

$$= \frac{1}{\cos x} \cdot \frac{\sin x}{\cos x} = \sec x \cdot \tan x$$

(f) $$y' = (\csc x)' = \left(\frac{1}{\sin x}\right)' = \frac{1' \cdot \sin x - 1 \cdot (\sin x)'}{\sin^2 x}$$

$$= \frac{0 \cdot \sin x - 1 \cdot \cos x}{\sin^2 x}$$

$$= -\frac{1}{\sin x} \cdot \frac{\cos x}{\sin x} = -\csc x \cdot \cot x.$$ ■

예제 5.3.1 $f(x) = \dfrac{\sec x}{1 + \tan x}$일 때, $f'(x)$를 구하여라.

풀이 $$f'(x) = \frac{(1+\tan x)\frac{d}{dx}(\sec x) - \sec x \frac{d}{dx}(1+\tan x)}{(1+\tan x)^2}$$

$$= \frac{(1+\tan x)\sec x \tan x - \sec x \cdot \sec^2 x}{(1+\tan x)^2}$$

$$= \frac{\sec x[\tan x + \tan^2 x - \sec^2 x]}{(1+\tan x)^2}$$

$$= \frac{\sec x[\tan x - 1]}{(1+\tan x)^2}$$ ■

연습문제

1. 다음 각 함수의 도함수를 구하여라.

(1) $y = x\sin x$

(2) $y = \sqrt{\cot x}$

(3) $y = \dfrac{1+\sin x}{\cos x}$

(4) $y = \tan x + \dfrac{1}{3}\tan^3 x$

2. 다음 각 방정식에서 $\frac{dy}{dx}$를 구하여라.

(1) $x=\cos y$ (2) $\begin{cases} x=2\cos^3\theta \\ y=2\sin^3\theta \end{cases}$

3. 함수 $f(x)=\cos(\sin(\tan x))$의 도함수를 구하여라.

4. $f(x)=\sin^2 x+\cos^2 x$의 도함수를 구하여라.

5. 다음 함수의 도함수를 구하여라.

(1) $y=\ln\frac{1+\sin x}{1-\sin x}$ (2) $y=\frac{e^x\cos x}{1+\sin x}$

6. 다음에 주어진 두 함수의 도함수가 같음을 보여라.

$$y=\sin^4 x, \qquad y=\cos^4 x-2\cos^2 x$$

7. 다음 각 함수의 도함수를 구하여라$\left(\text{단, } -\frac{\pi}{2}\le y\le\frac{\pi}{2}\right)$.

(1) $y=\sin^{-1}x$ (2) $y=\cos^{-1}x$

5.4 평균값 정리

함수 $f(x)$가 어떤 구간에서 미분 가능이면 그 구간에서 연속이므로 $f(x)$는 연속함수의 성질을 갖고 또 다음의 정리가 성립한다.

정리 5.4.1 롤(Rolle)의 정리

함수 $f(x)$가 폐구간 $[a, b]$에서 연속이고, 개구간 (a, b)에서 미분 가능이며, $f(a)=f(b)$이면

$$f'(c)=0$$

을 만족하는 c가 개구간 (a, b) 안에 적어도 하나 존재한다([그림 5.4.1] 참조).

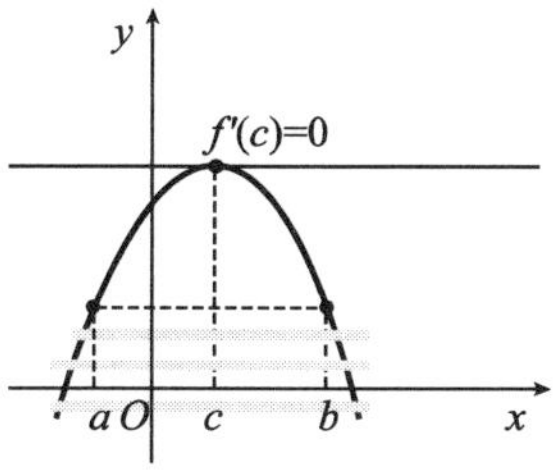

[그림 5.4.1]

증명 함수 $f(x)$는 폐구간 $[a, b]$에서 연속이므로, 이 구간에서 최댓값 M과 최솟값 m을 가진다.

(i) $M=m$일 때

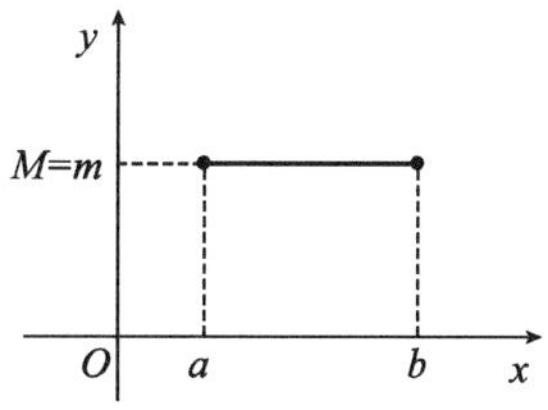

$f(x)$는 폐구간 $[a, b]$에서 상수함수이다.
따라서 모든 c에 대하여

$$f'(c)=0 \quad (a<c<b)$$

(ii) $M>m$일 때

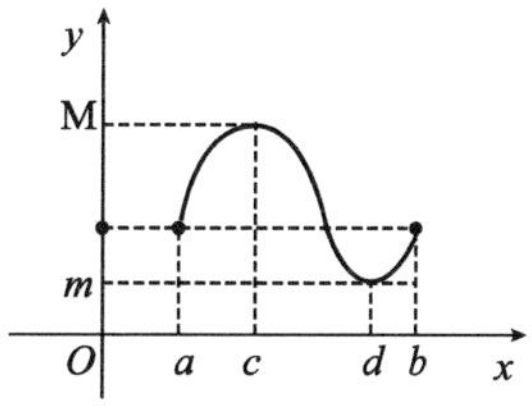

$x=c$와 $x=d$에서 각각 최댓값과 최솟값을 가진다고 하자. 즉,

$$f(c)=M, \ f(d)=m$$

그러면 $f(a)=f(b)$인데 $f(c)>f(b)$이므로 c와 d 중 적어도 어느 하나는 개구간 (a, b) 안에 들어가야 한다.
만일 $c\in(a, b)$이면 f는 $x=c$에서 극값을 가지는데 f가 $x=c$에서 미분 가능하므로

$$f'(c)=0$$

이다. $d\in(a, b)$인 경우도 마찬가지이다. ■

롤의 정리의 주된 이용은 프랑스 수학자 **라그랑지**(Joseph-Louis Lagrange, 1736~1813)에 의하여 처음 주장한 아래의 중요한 정리를 증명하는 데 있다.

정리 5.4.2 평균값(mean value) 정리

함수 $f(x)$가 폐구간 $[a, b]$에서 연속이고, 개구간 (a, b)에서 미분 가능하면

$$\frac{f(b)-f(a)}{b-a}=f'(c)$$

를 만족하는 c가 개구간 (a, b) 안에 적어도 하나 존재한다([그림 5.4.2] 참조).

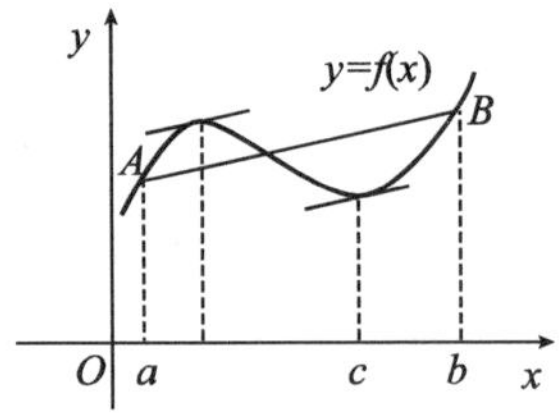

[그림 5.4.2]

증명 $g(x)=f(x)-f(b)-\dfrac{f(b)-f(a)}{b-a}(x-b)$라고 하면, 함수 $g(x)$는 폐구간 $[a, b]$에서 연속이고, 개구간 (a, b)에서 미분 가능하다. 또,

$$g(a)=0,\ \ g(b)=0$$

그러므로 $g(x)$에 롤의 정리를 이용하면

$$g'(c)=f'(c)-\frac{f(b)-f(a)}{b-a}=0$$

을 만족하는 c가 개구간 (a, b) 안에 적어도 하나 존재한다.
따라서

$$\frac{f(b)-f(a)}{b-a}=f'(c).$$

■

예제 5.4.1 함수 $f(x)$가 폐구간 $[a, b]$에서 연속이고 개구간 (a, b)에서 미분 가능하며 $f'(x)=0$이 항상 성립하면, $f(x)$는 상수함수임을 증명하여라.

풀이 폐구간 $[a, b]$의 임의의 한 점을 x라고 하면, 평균값의 정리로부터

$$\frac{f(x)-f(a)}{x-a}=f'(c)$$

를 만족하는 c가 개구간 (a, b) 안에 적어도 하나 존재한다. 그런데 항상 $f'(x)=0$이므로 $f'(c)=0$이다. 즉, $f(x)=f(a)$이다. 따라서 임의의 x에 대하여 $f(x)=f(a)$이므로 $f(x)$는 상수함수이다. ■

평균값 정리는 코시(Cauchy)의 평균값 정리를 유도할 수 있으며, 이를 이용하여 미적분학에서 매우 중요한 정리인 로피탈(L'Hospital) 정리를 증명하는 데 이용한다.

연습문제

1. 다음 함수에 대하여 주어진 구간에서 $f'(c)=0$ 인 점 c가 존재하는지 조사하여라.

(1) $f(x)=x^2-2x \quad (0,\ 2)$

(2) $f(x)=\sin x \quad (0,\ \pi)$

(3) $f(x)=\cos x \quad (0,\ 2\pi)$

(4) $f(x)=\tan x \quad \left(-\frac{\pi}{2},\ \frac{\pi}{2}\right)$

2. 함수 f 가 다음과 같이 주어져 있을 때, a, b 에 대하여 $\dfrac{f(b)-f(a)}{b-a}=f'(c)$를 만족하는 c를 개구간 $(a,\ b)$에서 찾아라.

(1) $f(x)=x^2 \ (a=1,\ b=3)$

(2) $f(x)=\sqrt{x} \ (a=0,\ b=2)$

(3) $f(x)=x^3 \ (a=1,\ b=2)$

(4) $f(x)=\sin x \left(a=0,\ b=\frac{\pi}{2}\right)$

3. 두 함수 f, g가 $x=a$의 근방에서 미분 가능하고 $g'\neq 0$이라 하자. 만약 $\lim_{x\to a} f(x)=0=\lim_{x\to a} g(x)$ 이고 $\lim_{x\to a}\dfrac{f'(x)}{g'(x)}$가 존재하면 다음의 사실이 성립한다(로피탈 정리라고 함).

$$\lim_{x\to a}\frac{f(x)}{g(x)}=\lim_{x\to a}\frac{f'(x)}{g'(x)}$$

위 정리를 이용하여 다음의 극한값을 구하여라.

(1) $\lim_{x\to 0}\dfrac{1-\cos x}{x^2}$

(2) $\lim_{x\to 0}\dfrac{e^x-e^{-x}}{x}$

(3) $\lim_{x\to 0^+} x^x$

(4) $\lim_{x\to 0^+}(\cos x)^{\frac{1}{x^2}}$

5.5 속도와 가속도

수직선 위를 움직이는 점 P의 t초 후의 위치는 t의 함수이므로

$$x=f(t)$$

라고 하자.

시각이 t에서 $t+\Delta t$까지 변화할 때 점 P의 위치의 변화를 Δx라고 하면, $\frac{\Delta x}{\Delta t}$는 시각 t에서 $t+\Delta t$까지의 P의 **평균속도**(average velocity)이고

$$\frac{\Delta x}{\Delta t}=\frac{f(t+\Delta t)-f(t)}{\Delta t}.$$

따라서 $\Delta t \to 0$일 때,

$$\lim_{\Delta t\to 0}\frac{\Delta x}{\Delta t}=\lim_{\Delta t\to 0}\frac{f(t+\Delta t)-f(t)}{\Delta t}=f'(t)$$

를 시각 t에서의 **속도**(velocity) 또는 **순간속도**(instantaneous velocity)라 하고, $v(t)$로 나타낸다.

$x=f(t)$는 점 P의 위치를 나타내므로 $v(t)>0$이면 P는 수직선의 양의 방향으로, $v(t)<0$이면 음의 방향으로 움직인다.

속도의 절댓값 $|v'(t)|$을 **속력**(speed)이라고 한다. 따라서 속도는 방향을 가진 벡터이고, 속력은 그 크기를 나타낸다.

속도의 변화율을 **가속도**(acceleration)라고 한다. 즉, 가속도를 $a(t)$라고 하면

$$a(t)=\frac{dv}{dt}=\frac{d^2x}{dt^2}=f''(t)$$

이고, 가속도의 절댓값 $|a(t)|$를 **가속도의 크기**(magnitude of acceleration)라고 한다.

예제 5.5.1 깊이가 20 cm, 반지름 10 cm의 직원뿔의 그릇에 매초 15 cc의 물을 넣고 있다. 물의 깊이가 8 cm일 때 수면의 상승속도를 구하여라 ([그림 5.5.1] 참조).

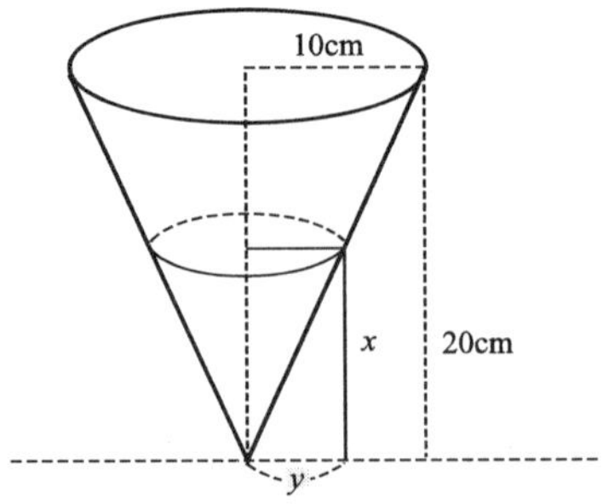

[그림 5.5.1]

풀이 물의 깊이를 x, 수면의 반지름을 y라고 하면

$$\frac{y}{10}=\frac{x}{20}.$$

따라서 $y=\frac{1}{2}x$이고 지금 t초 동안 물을 넣었을 때, 물의 부피를 $V\text{cm}^3$이라고 하면

$$V=\frac{\pi}{3}\left(\frac{1}{2}x\right)^2 x=\frac{\pi}{12}x^3.$$

그러므로

$$\frac{dV}{dt}=\frac{dV}{dx}\cdot\frac{dx}{dt}=\frac{\pi}{4}x^2\frac{dx}{dt}.$$

그런데 $\frac{dV}{dt}=15$ 이므로 $15=\frac{\pi}{4}8^2\frac{dx}{dt}$ 이고, 따라서 다음이 성립한다.

$$\left[\frac{dx}{dt}\right]_{x=8}=\frac{60}{64\pi}=\frac{15}{16\pi}(\text{cm/sec}).$$

■

좌표평면 위에서 움직이는 점 P의 시각 t에서의 위치를 $(x,\ y)$라고 하면, x, y는 t의 함수로

$$x=f(t),\quad y=g(t)$$

와 같이 나타낼 수 있다.

이때 점 P의 x, y의 성분의 속도는 각각

$$v_x(t)=\frac{dx}{dt},\quad v_y(t)=\frac{dy}{dt}$$

이고, 이들을 성분으로 하는 벡터

$$\begin{aligned} v(t)&=\left\langle\frac{dx}{dt},\ \frac{dy}{dt}\right\rangle \\ &=\langle f'(t),\ g'(t)\rangle \end{aligned}$$

를 시각 t에서의 점 P의 속도라고 한다. 또 $v(t)$의 크기

$$|v(t)|=\sqrt{\left(\frac{dx}{dt}\right)^2+\left(\frac{dy}{dt}\right)^2}=\sqrt{f'(t)^2+g'(t)^2}$$

를 시각 t에서의 점 P의 속력이라고 한다.

마찬가지로, 점 P의 x, y의 성분의 가속도를 성분으로 하는 벡터

$$\boldsymbol{a}(t)=\left\langle \frac{d^2x}{dt^2},\ \frac{d^2y}{dt^2} \right\rangle = \langle f''(t),\ g''(t) \rangle$$

를 시각 t에서의 점 P의 **가속도**

$$|\boldsymbol{a}(t)|=\sqrt{\left(\frac{d^2x}{dt^2}\right)^2+\left(\frac{d^2y}{dt^2}\right)^2}=\sqrt{f''(t)^2+g''(t)^2}$$

를 시각 t에서의 점 P의 가속도의 크기라고 한다.

예제 5.5.2 좌표평면 위를 움직이는 점 P의 시각 t에서의 위치가

$$x=2\sin t,\quad y=\cos t$$

로 주어져 있을 때,

(a) $t=\frac{\pi}{3}$ 에서의 점 P의 속도와 속력을 구하여라.

(b) $t=\frac{\pi}{4}$ 에서의 점 P의 가속도와 가속도의 크기를 구하여라.

풀이 (a) $\frac{dx}{dt}=2\cos t$, $\frac{dy}{dt}=-\sin t$ 이므로 시각 t에서의 점 P의 속도는

$$\boldsymbol{v}(t)=\langle 2\cos t,\ -\sin t \rangle.$$

$t=\frac{\pi}{3}$ 일 때의 속도와 속력은 각각

$$\boldsymbol{v}\left(\frac{\pi}{3}\right)=\left\langle 2\cdot\frac{1}{2},\ -\frac{\sqrt{3}}{2}\right\rangle=\left\langle 1,\ -\frac{\sqrt{3}}{2}\right\rangle$$

$$\left|\boldsymbol{v}\left(\frac{\pi}{3}\right)\right|=\sqrt{1^2+\left(-\frac{\sqrt{3}}{2}\right)^2}=\frac{\sqrt{7}}{2}.$$

(b) $\frac{d^2x}{dt^2}=-2\sin t$, $\frac{d^2y}{dt^2}=-\cos t$ 이므로 시각 t에서의 점 P의 가속도는

$$\boldsymbol{a}(t)=\langle -2\sin t,\ -\cos t \rangle$$

$t=\frac{\pi}{4}$ 일 때의 가속도와 가속도의 크기는 각각

$$a\left(\frac{\pi}{4}\right)=\left\langle -2\cdot\frac{\sqrt{2}}{2},\ -\frac{\sqrt{2}}{2}\right\rangle=\left\langle -\sqrt{2},\ -\frac{\sqrt{2}}{2}\right\rangle,$$

$$\left|a\left(\frac{\pi}{4}\right)\right|=\sqrt{(-\sqrt{2})^2+\left(-\frac{\sqrt{2}}{2}\right)^2}=\frac{\sqrt{10}}{2}. \qquad ■$$

연습문제

1. x축 위를 움직이는 점 P의 시각 t에서의 위치 x는

$$x=t^3-9t^2+24t$$

로 주어진다고 한다. 점 P의 진행방향이 바뀌는 시각 t를 구하여라.

2. 어떤 환경하에서 $p(t)$가 시각 t에서 유언비어를 알고 있는 인구의 비율이라면 $p(t)$는 아래와 같다.

$$p(t)=\frac{1}{1+10\cdot e^{-0.5t}}$$

이때 시점 $t=10$에서 유언비어의 확산율을 구하여라.

3. 처음 20 미터/초로 똑바로 던져 올린 물체의 t초 후의 높이를 $f(t)$ 미터라 할 때, $f(t)=20t-5t^2$이라 하자.

(1) 던진 후 2초 동안의 평균속도를 구하여라.
(2) 던진 1초, 2초, 3초 후의 속도를 구하여라.
(3) 시각 t에서의 가속도 $a(t)$를 구하여라.

4. 시각 t에서의 점 P의 좌표 $(x,\ y)$가

$$x=4\cos t,\quad y=2\sin t$$

로 주어질 때, $t=\frac{\pi}{4}$에서의 점 P의 속도와 가속도 및 각각의 크기를 구하여라.

06

적분법

리만 [Riemann, Georg Friedrich Bernhard, 1826–1866]

독일 하노버에서 태어났다. 그의 짧은 일생을 통해 발표한 논문의 수는 비교적 적지만, 수학의 각 분야에서 획기적인 업적을 남겼다. 그는 수학의 다른 많은 영역과 복소함수론 사이에 광범위한 유사성이 있음을 보여주었으며, 또 복소함수의 기하학적인 이론의 기초를 마련했다. 1854년의 교수자격 취득 논문에서 리만적분을 정의하고, 삼각급수의 수렴에 관한 조건을 제시했는데, 이 적분의 정의는 함수가 적분된다는 것은 무엇을 뜻하는지를 나타낸 것이었다. 이 정의는 20세기에 접어들어 르베그에 의해 더욱 포괄적인 정의가 부여되었다. 1854년 취임강연에서 기하학의 기초를 논하면서, 리만공간의 개념을 도입하여 리만공간의 곡률을 정의하였다. 만년에는 W.E. 베버의 영향을 받아서, 이론물리학에 흥미를 가졌으며 물리학에서 사용되는 편미분방정식에 대해서 강의하였다.

6.1 부정적분

앞 장에서 함수 $f(x)$의 도함수 $f'(x)$를 구하는 방법을 공부하였다. 반대로 이번에는 함수 $F(x)$의 도함수 $F'(x)=f(x)$를 알고 있을 때 함수 $F(x)$를 구하는 방법을 알아보기로 하자.

일반적으로 함수 $f(x)$에 대하여 $F'(x)=f(x)$인 함수 $F(x)$를 $f(x)$의 **원시함수**(primitive function) 또는 **역도함수**(anti-derivative) 라고 한다.

만약 함수 $F(x)$, $G(x)$가 모두 함수 $f(x)$의 원시함수이면

$$\{G(x)-F(x)\}'=G'(x)-F'(x)=f(x)-f(x)=0$$

이 성립한다.

그런데 도함수가 0이 되는 함수는 상수함수이므로, 어떤 상수 C에 대하여 $G(x)-F(x)=C$ 즉, $G(x)=F(x)+C$이다.

따라서 함수 $f(x)$의 원시함수의 하나를 $F(x)$라 하면 $f(x)$의 임의의 원시함수는 $F(x)+C$로 나타내며, 이것을 $\int f(x)dx=F(x)+C$로 표시하고, $f(x)$의 **부정적분**(indefinite integral)이라 한다.

이때 함수 $f(x)$를 **피적분함수**(integrand function), C를 **적분상수**(integration constant), x를 **적분변수**(integration variable)라 하며, 부정적분을 구하는 과정을 $f(x)$를 적분(integration)한다고 말한다.

위 설명처럼 미분의 반대 계산이 적분이므로 미분과 적분 사이에는 다음과 같은 관계가 성립한다.

$\frac{d}{dx}F(x)=f(x)$일 때,

(i) $\int f(x)dx=F(x)+C$ (C는 적분상수)

(ii) $\frac{d}{dx}\left(\int f(x)dx\right)=f(x)$

계속해서 사용하게 될 부정적분에 관련된 성질을 정리하면 다음과 같다.

정리 6.1.1

(a) $\int dx=x+C$

(b) $\int k\,dx=kx+C$ (k는 임의의 상수)

(c) $\int x^r dx = \frac{1}{r+1}x^{r+1} + C$ ($r \neq -1$인 임의의 상수)

(d) $\int kf(x)dx = k\int f(x)dx$ (k는 임의의 상수)

(e) $\int \{f(x) \pm g(x)\}dx = \int f(x)dx \pm \int g(x)dx$ (복호동순) ■

특히 $\{kF(x)\}' = kF'(x) = kf(x)$에서 $\int kf(x)dx = kF(x) = k\int f(x)dx$가 성립하고, 마찬가지로 $\{F(x) \pm G(x)\}' = F'(x) \pm G'(x) = f(x) \pm g(x)$에서 $\int \{f(x) \pm g(x)\}dx = F(x) \pm G(x) = \int f(x)dx \pm \int g(x)dx$ (복호동순)이 성립함을 보임으로써 (d)와 (e)는 간단히 증명된다.

6.2 초월함수의 부정적분

5장에서 배운 초월함수의 미분법에서

$$(\sin x)' = \cos x, \qquad (\cos x)' = -\sin x$$
$$(\tan x)' = \sec^2 x, \qquad (\cot x)' = -\csc^2 x$$
$$(\sec x)' = \sec x \tan x, \qquad (\csc x)' = -\csc x \cot x$$
$$(e^x)' = e^x, \qquad (a^x)' = a^x \ln a \ \text{(단, } a>0,\ a \neq 1)$$

이 성립되기에 마찬가지로 아래와 같은 공식을 얻을 수 있다.

정리 6.2.1

(f) $\int \sin x\, dx = -\cos x + C$

(g) $\int \cos x\, dx = \sin x + C$

(h) $\int \sec^2 x\, dx = \tan x + C$

(i) $\int \csc^2 x\, dx = -\cot x + C$

(j) $\int \sec x \tan x\, dx = \sec x + C$

(k) $\int \csc x \cot x\, dx = -\csc x + C$

(l) $\int \tan x\, dx = -\ln|\cos x| + C$

(m) $\int \cot x\, dx = \ln|\sin x| + C$

(n) $\int e^x\,dx = e^x + C$

(o) $\int a^x\,dx = \dfrac{a^x}{\ln a} + C$ (단, $a>0$, $a\neq 1$) ■

6.3 치환적분법

합성함수의 미분법은 적분하는 데 매우 유용한 방법을 제공해준다. 함수 $F(u)$의 도함수 $f(u)$가 존재하고, u가 x의 미분 가능한 함수 $u=g(x)$일 때 합성함수의 미분법에 의하여

$$\frac{dF(u)}{dx} = \frac{dF(u)}{du}\frac{du}{dx} = f(g(x))g'(x)$$

이다. 따라서 다음과 같은 식을 얻을 수 있다.

$y=f(u)$에서 $\dfrac{dF(u)}{du}=f(u)$이고 $u=g(x)$로 놓으면 $du=g'(x)\,dx$이므로 다음이 성립된다.

$$\int f(u)\,du = \int f(g(x))g'(x)\,dx = F(g(x)) + C$$

이러한 적분법을 **치환적분법**(integration by substitution)이라고 한다.

주어진 부정적분이 $\int f(g(x))g'(x)\,dx$인 경우 $g(x)=t$로 놓으면 $g'(x)\,dx=dt$이므로 치환적분법의 공식에 의해 다음과 같이 주어진다.

$$\int f(g(x))g'(x)\,dx = \int f(t)dt$$

또 부정적분 $\int \dfrac{f'(x)}{f(x)}dx$에서 $f(x)=t$로 놓으면 $f'(x)dx=dt$이므로

$$\int \frac{f'(x)}{f(x)}dx = \int \frac{1}{t}dt = \ln|t| + C.$$

그러므로 $\int \dfrac{f'(x)}{f(x)}dx = \ln|f(x)| + C.$

예제 6.3.1 다음 부정적분을 구하여라.

(a) $\int (2x-3)^3 dx$ (b) $\int \frac{1}{3x-4} dx$

(c) $\int \sin(5x+1)\, dx$ (d) $\int \sqrt{2x-3}\, dx$

풀이 (a) $2x-3=t$로 놓으면 $2\,dx=dt$.
따라서

$$\int (2x-3)^3 dx = \frac{1}{2}\int (2x-3)^3 2\,dx = \frac{1}{2}\int t^3 dt$$

$$= \frac{1}{2}\cdot\frac{1}{4}t^4 + C = \frac{1}{8}(2x-3)^4 + C.$$

(b) $3x-4=t$로 놓으면 $3\,dx=dt$.
따라서

$$\int \frac{1}{3x-4} dx = \frac{1}{3}\int \frac{3}{3x-4} dx = \frac{1}{3}\int \frac{1}{t} dt$$

$$= \frac{1}{3}\ln|t| + C = \frac{1}{3}\ln|3x-4| + C.$$

(c) $5x+1=t$로 놓으면 $5\,dx=dt$.
따라서

$$\int \sin(5x+1)\, dx = \frac{1}{5}\int \sin(5x+1)\cdot 5\,dx = \frac{1}{5}\int \sin t\, dt$$

$$= -\frac{1}{5}\cos t + C = -\frac{1}{5}\cos(5x+1) + C.$$

(d) $2x-3=t$로 놓으면 $2\,dx=dt$.
따라서

$$\int \sqrt{2x-3}\, dx = \frac{1}{2}\int (2x-3)^{\frac{1}{2}}\cdot 2\,dx = \frac{1}{2}\int t^{\frac{1}{2}} dt$$

$$= \frac{1}{3}t^{\frac{3}{2}} + C = \frac{1}{3}(2x-3)^{\frac{3}{2}} + C.$$ ■

예제 6.3.2 다음 부정적분을 구하여라.

(a) $\int x(x^2+1)^2 dx$ (b) $\int 2x\sqrt{x^2+3}\, dx$

풀이 (a) $x^2+1=t$ 로 놓으면 $2x\,dx=dt$.

따라서

$$\int x(x^2+1)^2dx=\frac{1}{2}\int(x^2+1)^2 2x\,dx=\frac{1}{2}\int t^2\,dt$$

$$=\frac{1}{2}\cdot\frac{1}{3}t^3+C=\frac{1}{6}(x^2+1)^3+C.$$

(b) $x^2+3=t$ 로 놓으면 $2x\,dx=dt$.

따라서

$$\int 2x\sqrt{x^2+3}\,dx=\int\sqrt{t}\,dt=\frac{2}{3}t^{\frac{3}{2}}+C=\frac{2}{3}(x^2+3)^{\frac{3}{2}}+C.$$ ■

예제 6.3.3 $\displaystyle\int\frac{\sqrt{x^2-9}}{x}dx$를 구하여라.

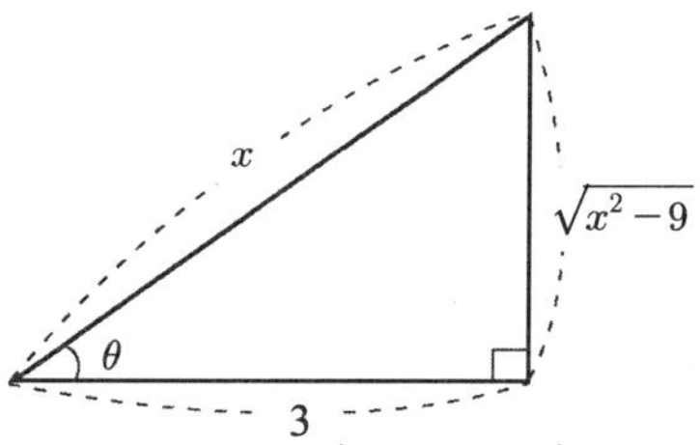

$(x=3\sec\theta)$

풀이 $x=3\sec\theta\left(0\le\theta<\frac{\pi}{2}\ \text{또는}\ -\pi\le\theta<\frac{\pi}{2}\right)$로 치환하면

$$\sqrt{x^2-9}=3\tan\theta,\qquad dx=3\sec\theta\tan\theta\,d\theta$$

이므로

$$\begin{aligned}\int\frac{\sqrt{x^2-9}}{x}dx&=\int\frac{3\tan\theta}{3\sec\theta}(3\sec\theta\tan\theta)\,d\theta\\&=3\int\tan^2\theta\,d\theta=3\int(\sec^2\theta-1)\,d\theta\\&=3\tan\theta-3\theta+C.\end{aligned}$$

다시 x 로 변환하기 위하여 위의 그림을 이용하면

$$\tan\theta=\frac{x^2-9}{3},\quad \theta=\sec^{-1}\left(\frac{x}{3}\right)$$

이므로

$$\int \frac{\sqrt{x^2-9}}{x}\,dx = x^2-9-3\sec^{-1}\left(\frac{x}{3}\right)+C.$$ ■

연습문제

1. 다음 부정적분을 구하여라.

(1) $\int \frac{2x}{x^2+1}dx$ (2) $\int \frac{e^x}{e^x+1}dx$

(3) $\int \tan x\,dx$ (4) $\int \frac{\sin x}{1+\cos x}dx$

2. 다음 식을 치환적분을 이용하여 증명하여라.

(1) $\int \cos^3 x \sin x\,dx = -\frac{1}{4}\cos^4 x + C$

(2) $\int \tan x\,dx = \ln|\sec x| + C$

(3) $\int \frac{e^{2x}}{5+e^{2x}}dx = \frac{1}{6}\ln(5+e^{2x}) + C$

(4) $\int \frac{\sec^2 x}{\tan x+1}dx = \ln|\tan x+1| + C$

(5) $\int \cos^2 x\,dx = \frac{1}{2}\left(x+\frac{1}{2}\sin 2x\right)+C$

(6) $\int \frac{dx}{x^2+a^2} = \frac{1}{a}\tan^{-1}\left(\frac{x}{a}\right)+C$

(7) $\int \frac{dx}{\sqrt{a^2-x^2}} = \sin^{-1}\left(\frac{x}{a}\right)+C$

(8) $\int \frac{dx}{x\sqrt{x^2-a^2}} = \frac{1}{a}\sec^{-1}\left(\frac{x}{a}\right)+C$

(9) $\int \sin^n(ax)\cos(ax)\,dx = \frac{1}{a}\frac{1}{n+1}\sin^{n+1}(ax)+C \ (n \neq -1)$

6.4 부분적분법

이제 두 함수의 곱의 미분법을 이용하여 두 함수의 곱의 적분법을 알아보자. 이를테면, 두 함수의 곱 xe^x의 부정적분을 구하기 위하여 xe^x를 미분하면 $(xe^x)' = e^x + xe^x$이다.

이 식의 양변을 다시 x에 관하여 적분하면

$$\int (xe^x)'\,dx = \int e^x\,dx + \int xe^x\,dx$$

이다. 따라서

$$\int xe^x\,dx = \int (xe^x)'\,dx - \int e^x\,dx = xe^x - e^x + C$$

와 같이 구할 수 있다.

일반 함수도 마찬가지로, 두 함수의 곱의 미분법에 의하여

$$\{f(x)g(x)\}' = f'(x)\,g(x) + f(x)g'(x)$$

이므로 양변을 다시 적분하면, 부정적분의 정의에 의하여

$$f(x)g(x) = \int f'(x)g(x)\,dx + \int f(x)g'(x)\,dx.$$

그러므로 $\int f'(x)g(x)\,dx = f(x)g(x) - \int f(x)g'(x)\,dx.$

이와 같은 적분법을 **부분적분법**(integration by parts)이라고 한다.

대부분의 경우 아래와 같이 미분하기 쉬운 왼쪽의 것을 $g(x)$, 적분하기 쉬운 오른쪽의 것을 $f'(x)$로 놓는다.

예제 6.4.1 다음 부정적분을 구하여라.

(a) $\int xe^x\,dx$　　(b) $\int x\cos x\,dx$

(c) $\int x\ln x\,dx$　　(d) $\int \ln x\,dx$

풀이 (a) $f'(x) = e^x$, $g(x) = x$로 놓으면 $f(x) = e^x$, $g'(x) = 1$이므로

$$\int xe^x\,dx = xe^x - \int e^x\,dx = xe^x - e^x + C.$$

(b) $f'(x)=\cos x$, $g(x)=x$ 로 놓으면 $f(x)=\sin x$, $g'(x)=1$ 이므로

$$\int x\cos x\,dx = x\sin x - \int \sin x\,dx = x\sin x + \cos x + C.$$

(c) $f'(x)=x$, $g(x)=\ln x$ 로 놓으면 $f(x)=\frac{1}{2}x^2$, $g'(x)=\frac{1}{x}$ 이므로

$$\int x\ln x\,dx = \frac{1}{2}x^2\ln x - \frac{1}{2}\int x\,dx = \frac{1}{2}x^2\ln x - \frac{1}{4}x^2 + C.$$

(d) $f'(x)=1$, $g(x)=\ln x$ 로 놓으면 $f(x)=x$, $g'(x)=\frac{1}{x}$ 이므로

$$\int \ln x\,dx = x\ln x - \int 1\,dx = x\ln x - x + C.$$

■

연습문제

1. 다음 식을 부분적분법을 이용하여 구하여라.

(1) $\int x^{-2}\ln x\,dx$

(2) $\int (\ln x)^2 dx$

(3) $\int x^3 e^x\,dx$

(4) $\int x(10^x + 10^{-x})^2 dx$

(5) $\int e^x \sin x\,dx$

(6) $\int x^5 e^{-x^3} dx$

(7) $\int x^2 e^x\,dx$

(8) $\int x e^{3x}\,dx$

(9) $\int x\sin x\,dx$

(10) $\int \sec^3 x\,dx$

2. 다음 식이 성립함을 보여라.

$$\int x^n e^x\,dx = x^n e^x - n\int x^{n-1}e^x\,dx$$

3. $I_n = \int \sin^n x\,dx\ (n=1, 2, \cdots)$일 때 $I_n = -\frac{1}{n}\sin^{n-1}x\cos x + \frac{n-1}{n}I_{n-2}$를 유도하여라.

6.5 유리함수의 적분법

분자, 분모가 다항식인 분수식을 **유리함수**(rational function)라 한다. 지금 유리함수 $\frac{f(x)}{g(x)}$에서 $f(x)$의 차수가 $g(x)$의 차수보다 같거나 높으면 $f(x)$를 $g(x)$로 나누어서 그 몫을 $Q(x)$, 나머지를 $R(x)$라 할 때 $\frac{f(x)}{g(x)}=Q(x)+\frac{R(x)}{g(x)}$가 되어 $Q(x)$는 다항식이므로 쉽게 적분 가능하다.

여기서 $\frac{R(x)}{g(x)}$는 **진유리함수**(proper rational function)이므로 $g(x)$가 서로소가 되는 인수 $g_1(x)$, $g_2(x)$, $\cdots$ 로 분해될 경우 $\frac{R(x)}{g(x)}=\frac{R_1(x)}{g_1(x)}+\frac{R_2(x)}{g_2(x)}+\cdots$ 와 같이 몇 개의 진유리함수의 합 또는 차의 꼴로 만드는 것을 **부분분수**(partial fraction)로 분해한다고 한다. 일반적으로 유리함수의 부정적분은 부분분수로 분해하면 쉽게 부정적분을 구할 수 있다.

예제 6.5.1 부정적분 $\int \frac{1}{x^2-1}\,dx$를 구하여라.

풀이 $\frac{1}{x^2-1}=\frac{A}{x-1}+\frac{B}{x+1}$와 같은 부분분수로 분해할 수 있다.

여기서, 우변을 통분하면

$$\frac{A}{x-1}+\frac{B}{x+1}=\frac{A(x+1)+B(x-1)}{(x-1)(x+1)}=\frac{(A+B)x+(A-B)}{(x-1)(x+1)}.$$

이때 원래의 식과 계수 비교를 통해 $A+B=0$, $A-B=1$이 되어야 하므로 연립하여 풀어내면 $A=\frac{1}{2}$, $B=-\frac{1}{2}$이 된다. 따라서

$$\begin{aligned}\int \frac{1}{x^2-1}\,dx &= \frac{1}{2}\int \frac{1}{x-1}\,dx-\frac{1}{2}\int \frac{1}{x+1}\,dx \\ &= \frac{1}{2}\ln|x-1|-\frac{1}{2}\ln|x+1|+C=\frac{1}{2}\ln\left|\frac{x-1}{x+1}\right|+C.\end{aligned}$$

■

연습문제

1. 다음 부정적분을 구하여라.

(1) $\displaystyle\int \frac{2x+4}{x^3-2x^2}dx$ (2) $\displaystyle\int \frac{x}{x+2}dx$

(3) $\displaystyle\int \frac{x^2+3}{x^2-9}dx$ (4) $\displaystyle\int \frac{1}{x^2+x-2}dx$

(5) $\displaystyle\int \frac{x}{x^2-5x+6}dx$ (6) $\displaystyle\int \frac{2x^2+3}{x(x-1)^2}dx$

(7) $\displaystyle\int \frac{\cos\theta}{\sin^2\theta+4\sin\theta-5}d\theta$

2. 부분분수에 의한 방법 중 $Q(x)$가 일차식 $ax+b$가 r번 중복되는 경우로 인수분해가 된다면 다음과 같이 부정적분을 적용한다.

$$\begin{aligned}\int f(x)\,dx &= \int \frac{P(x)}{Q(x)}dx \\ &= \int\left[\frac{A_1}{ax+b}+\frac{A_2}{(ax+b)^2}+\cdots+\frac{A_r}{(ax+b)^r}\right]dx\end{aligned}$$

이를 이용하여 다음의 부정적분을 구하여라.

$$\int \frac{x^4-2x^2+4x+1}{x^3-x^2+1}dx$$

6.6 정적분의 정의 및 부정적분과의 관계

다각형과 같이 선분으로 둘러싸인 도형의 넓이는 삼각형이나 직사각형 등으로 나누어 그 넓이를 구할 수 있었다. 그러나 직선과 곡선, 곡선과 곡선으로 둘러싸인 도형의 넓이나 곡면으로 둘러싸인 입체도형의 부피를 구할 때에는 극한의 개념을 사용해야만 한다.

그림과 같이 반지름의 길이가 r인 원에 내접하는 정 n각형 넓이를 S_n이라 하면 $n\to\infty$일 때, $S_n=n\cdot\triangle OAB$의 값은 원의 넓이에 한없이 접근함을 알 수 있다([그림 6.6.1] 참조).

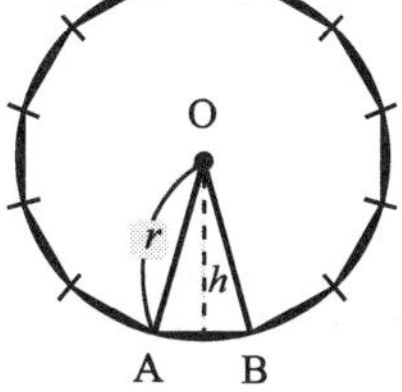

[그림 6.6.1]

이제 포물선 $y=x^2$과 x축 및 직선 $x=a\,(a>0)$로 둘러싸인 도형의 넓이를 구해보자.

다음 그림과 같이 구간 $[0,\ a]$를 n등분하여 양 끝점과 각 분점의 x좌표를 $0=x_0,\ x_1,\ x_2,\ \cdots,\ x_n=a$라고 하자([그림 6.6.2] 참조).

각 소구간의 길이를 Δx로 나타내면 $\Delta x=\dfrac{a}{n}$이 된다. 이때 양 끝점과 각 분점의 x좌표는 다음과 같다.

$$x_k=k\Delta x=\frac{ak}{n},\quad k=0,\ 1,\ 2,\ \cdots,\ n.$$

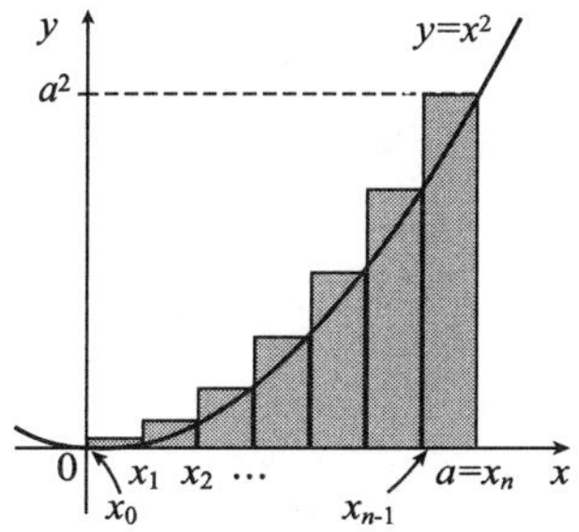

[그림 6.6.2]

각 소구간 $[x_{k-1},\ x_k]$에서 이 구간의 오른쪽 끝점에서의 함숫값을 높이로 하는 직사각형을 만들면 위 그림의 음영 부분과 같다. 이들 직사각형의 넓이의 합을 S_n이라 하면

$$\begin{aligned}S_n&=x_1^2\,\Delta x+x_2^2\,\Delta x+x_3^2\,\Delta x+\cdots+x_n^2\,\Delta x\\&=\sum_{k=1}^{n}x_k^2\,\Delta x=\sum_{k=1}^{n}\frac{a^2}{n^2}k^2\frac{a}{n}=\frac{a^3}{n^3}\sum_{k=1}^{n}k^2\\&=\frac{a^3}{n^3}\frac{n(n+1)(2n+1)}{6}.\end{aligned}$$

여기서 n이 한없이 커지면 소구간의 길이는 0에 가까워지고, S_n의 극한값이 도형의 넓이 S가 된다. 즉,

$$S = \lim_{n\to\infty} S_n = \lim_{n\to\infty} \frac{a^3}{6}\left(1+\frac{1}{n}\right)\left(2+\frac{1}{n}\right) = \frac{2a^3}{6} = \frac{1}{3}a^3.$$

이와 같이 어떤 도형을 몇 개의 작은 도형으로 분할하여 그 넓이나 부피의 합을 구하고, 분할된 도형의 넓이를 한없이 작게 하였을 때의 극한을 구함으로써 도형의 넓이나 부피를 구하는 방법을 **구분구적법**(measuration by parts)이라고 한다.

이제 구분구적법의 뜻을 확장하여 보기로 하자.

먼저, 함수 $f(x)$는 구간 $[a, b]$에서 연속이고, $f(x) \geq 0$이라고 가정한다.

구간 $[a, b]$를 n등분하여 양 끝점과 각 분점의 x좌표를

$$a = x_0,\ x_1,\ x_2,\ \cdots,\ x_n = b$$

이라 하고, 소구간의 길이를 Δx라고 하면 $\Delta x = \dfrac{b-a}{n}$이 된다. 다음 [그림 6.6.3]과 같이, 밑변의 길이가 Δx이고 각 소구간의 왼쪽 끝점에서의 함숫값을 높이로 하는 n개의 직사각형을 생각하면, 이들 직사각형의 넓이의 합 S_n은 다음과 같다.

$$S_n = f(x_0)\Delta x + f(x_1)\Delta x + \cdots + f(x_{n-1})\Delta x = \sum_{k=0}^{n-1} f(x_k)\Delta x$$

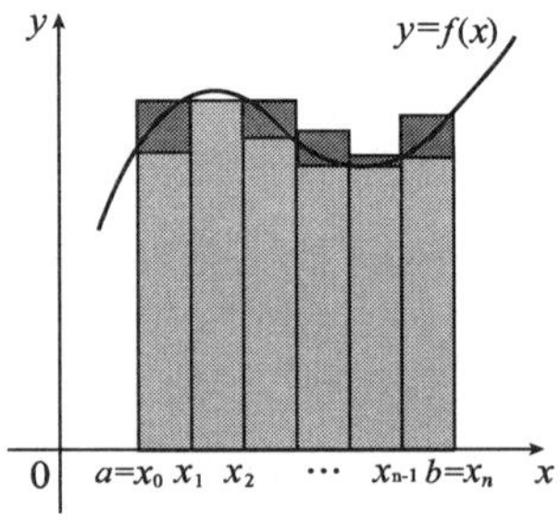

[그림 6.6.3]

여기서 n이 한없이 커지면 S_n은 곡선 $y=f(x)$와 x축 및 두 직선 $x=a$, $x=b$로 둘러싸인 도형의 넓이 S에 가까워진다. 즉,

$$S = \lim_{n \to \infty} S_n = \lim_{n \to \infty} \sum_{k=0}^{n-1} f(x_k) \Delta x.$$

위에서 각 소구간의 왼쪽 끝점에서의 함숫값 대신에 오른쪽 끝점의 함숫값을 높이로 하는 n개의 직사각형의 넓이를 생각해도 $S = \lim_{n \to \infty} \sum_{k=1}^{n} f(x_k) \Delta x$가 된다.

일반적으로, 함수 $f(x)$가 구간 $[a, b]$에서 연속이기만 하면 함숫값의 부호에 관계없이 극한값

$$S_1 = \lim_{n \to \infty} \sum_{k=0}^{n-1} f(x_k) \Delta x, \quad S_2 = \lim_{n \to \infty} \sum_{k=1}^{n} f(x_k) \Delta x$$

가 존재하고, 특히 이들이 $S_1 = S_2 = S$라는 사실이 알려져 있다.

이 극한값을 함수 $f(x)$의 a에서 b까지의 **정적분(definite integral)**이라 하고, $\int_a^b f(x)\,dx$와 같이 나타낸다.

정적분의 정의에서, $f(x) \geq 0$일 때, $\int_a^b f(x)\,dx$는 구간 $[a, b]$에서 곡선 $y = f(x)$와 x축 및 두 직선 $x = a$, $x = b$로 둘러싸인 넓이를 의미한다. 이 경우에 대하여 정적분의 성질을 알아보자.

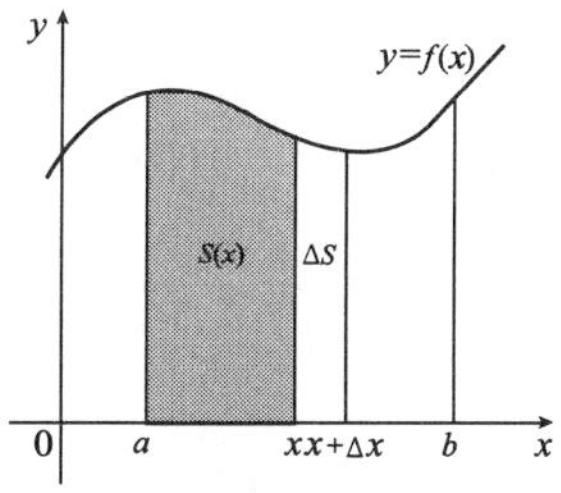

[그림 6.6.4]

$a \leq x \leq b$인 각 x에 대하여 구간 $[a, x]$에서의 곡선 $y = f(x)$와 x축 사이에 있는 부분의 넓이([그림 6.6.4]의 음영 부분)를 $S(x)$라 하자.

이때 x의 증분 $\Delta x\ (\Delta x > 0)$에 대한 $S(x)$의 증분

$$\Delta S = S(x + \Delta x) - S(x)$$

는 구간 $[x, x + \Delta x]$에서 함수 $y = f(x)$와 x축 사이에 있는 부분의 넓이이다. 구간 $[x, x + \Delta x]$에서 함수 $y = f(x)$의 최솟값을 $f(t_1)$, 최댓값을 $f(t_2)$라고 하면, 다음 부등식이 성립한다.

$$f(t_1)\Delta x \le \Delta S \le f(t_2)\Delta x \text{ 즉, } f(t_1) \le \frac{\Delta S}{\Delta x} \le f(t_2)$$

여기서 $\Delta x \to 0$이면 $t_1 \to x$, $t_2 \to x$이므로 $\lim_{\Delta x \to 0^+} \frac{\Delta S}{\Delta x} = f(x)$ 같은 방법으로, $\lim_{\Delta x \to 0^-} \frac{\Delta S}{\Delta x} = f(x)$임을 알 수 있다. 따라서

$$\frac{dS}{dx} = S'(x) = f(x).$$

즉, 넓이를 나타내는 함수 $S(x)$는 $f(x)$의 부정적분이다. 다음에는 부정적분과 정적분 사이의 관계에 대하여 알아보자.

$f(x)$의 부정적분의 하나를 $F(x)$라 하면,

$$S(x) = F(x) + C, \ C\text{는 적분상수}$$

와 같이 나타낼 수 있다. 여기서 $x = a$라고 하면, $S(a) = F(a) + C$이다. $S(x)$의 정의에 의하여 $S(a) = 0$이므로 $C = -F(a)$. 이것을 식 $S(x) = F(x) + C$에 대입하면 $S(x) = F(x) - F(a)$이다.

한편 정적분의 정의에 의하여 $S(x) = \int_a^x f(x)\,dx$이므로

$$\int_a^x f(x)dx = F(x) - F(a)$$

가 성립하고, 특히, $x = b$에서

$$\int_a^b f(x)\,dx = F(b) - F(a)$$

가 된다.

위의 관계는 $f(x)$가 연속함수이면 성립함을 증명할 수 있다.

식 $\int_a^b f(x)\,dx = F(b) - F(a)$에서 우변은 보통 $[F(x)]_a^b$와 같이 나타낸다.

이로부터 다음의 정리를 얻을 수 있다.

정리 6.6.1 정적분의 기본 정리(fundamental theorem of calculus)

함수 $f(x)$가 구간 $[a, b]$에서 연속이면, $S(x) = \int_a^x f(x)\,dx$일 때 $S'(x) = f(x)$이며

또한 $F(x)$가 $f(x)$의 원시함수이면

$$\int_a^b f(x)\,dx = [F(x)]_a^b = F(b) - F(a).$$

지금까지는 $a \le b$일 때 정적분 $\int_a^b f(x)\,dx$를 정의하였으나, $a > b$일 때 역시 다음과 같이 정의할 수 있다.

$$\int_a^b f(x)\,dx = -\int_b^a f(x)\,dx \quad (a > b)$$

$f(x)$의 한 부정적분을 $F(x)$라 하자. 위의 정리에 의하면

$$\int_a^b f(x)\,dx = -\int_b^a f(x)\,dx = -[F(x)]_b^a = F(b) - F(a).$$

따라서 적분법의 기본 정리는 아래끝과 위끝의 대소에 관계없이 항상 성립한다.

또 a와 x의 대소에 관계없이 $\int_a^x f(x)\,dx = F(x) - F(a)$이므로

$$\frac{d}{dx}\int_a^x f(x)\,dx = F'(x) = f(x)$$

가 성립한다. ■

예제 6.6.1 다음 정적분의 값을 구하여라.

(a) $\int_1^2 x^2\,dx$ (b) $\int_{-1}^0 x(2-x)\,dx$

풀이 (a) $\int_1^2 x^2\,dx = \left[\frac{1}{3}x^3\right]_1^2 = \frac{7}{3}$

(b) $\int_{-1}^0 x(2-x)\,dx = \int_{-1}^0 (2x - x^2)\,dx = \left[x^2 - \frac{1}{3}x^3\right]_{-1}^0 = -\frac{4}{3}$ ■

예제 6.6.2 다음의 계산에서 무엇이 잘못되었는가?

$$\int_{-1}^3 \frac{1}{x^2}\,dx = \left[\frac{x^{-1}}{-1}\right]_{-1}^3 = -\frac{1}{3} - 1 = -\frac{4}{3}.$$

풀이 먼저 해답이 음수이나 $f(x)=\frac{1}{x^2}\ge 0$ 이며 $f\ge 0$ 일 때 $\int_a^b f(x)\,dx \ge 0$ 라는 사실에 주목하여라. 정적분의 기본정리는 연속함수들에 적용된다. $f(x)=\frac{1}{x^2}$ 는 구간 $[-1,\ 3]$ 위에서 연속이 아니므로 기본정리는 여기에서 적용될 수 없다. 실제로 f 는 $x=0$ 에서 불연속이며 무한대의 값을 갖는다. 따라서 주어진 정적분 값은 존재하지 않는다. ■

예제 6.6.3 임의의 실수 x 에 대하여 $\int_a^x f(t)\,dt = x^2+x-2$ 를 만족시키는 함수 $f(x)$와 상수 a 의 값을 구하여라.

풀이 $\frac{d}{dx}\int_a^x f(t)\,dt = f(x)$ 이므로, $f(x)=\frac{d}{dx}(x^2+x-2)=2x+1$.

주어진 등식에 $x=a$ 를 대입하면 $\int_a^a f(t)\,dt = 0$ 이므로 $a^2+a-2=0$ 을 이용하여 $a=-2,\ 1$ 임을 알 수 있다. 따라서 $f(x)=2x+1$, $a=-2$ 또는 $a=1$ 이다. ■

6.7 정적분의 계산

앞에서의 정적분의 정의를 이용하면 다음과 같은 정적분의 기본 성질들을 얻을 수 있다.

정리 6.7.1

(a) $\int_a^b kf(x)\,dx = k\int_a^b f(x)\,dx$ (k는 상수)

(b) $\int_a^b \{f(x)\pm g(x)\}\,dx = \int_a^b f(x)dx \pm \int_a^b g(x)\,dx$ (복호동순)

(c) $\int_a^b f(x)\,dx = \int_a^c f(x)\,dx + \int_c^b f(x)\,dx$ $(a<c<b)$ ■

예제 6.7.1 다음 정적분 값을 구하여라.

(a) $\int_0^{\frac{\pi}{3}} \tan^2 x\,dx$ (b) $\int_0^{\pi}(e^{4x}-\sin^2 x)dx$ (c) $\int_0^2 |x^2-1|\,dx$

풀이 (a) $\int_0^{\frac{\pi}{3}} \tan^2 x\,dx = \int_0^{\frac{\pi}{3}}(\sec^2 x-1)\,dx = [\tan x - x]_0^{\frac{\pi}{3}} = \sqrt{3}-\frac{\pi}{3}$

(b) $\int_0^{\pi}(e^{4x}-\sin^2 x)\,dx = \int_0^{\pi}\left(e^{4x}-\frac{1-\cos 2x}{2}\right)dx$

$$= \left[\frac{1}{4}e^{4x} - \frac{1}{2}x + \frac{1}{4}\sin 2x\right]_0^{\pi} = \left(\frac{1}{4}e^{4\pi} - \frac{1}{2}\pi\right) - \left(\frac{1}{4}e^0\right)$$

$$= \frac{1}{4}(e^{4\pi} - 2\pi - 1)$$

(c) 구간 [0, 2]에서 $|x^2-1| = \begin{cases} -(x^2-1), & 0 \le x \le 1 \\ x^2-1 &, 1 \le x \le 2 \end{cases}$ 이므로, 구간 [0, 2]를 두 구간 [0, 1], [1, 2]로 나누어 적분한다. 즉,

$$\int_0^2 |x^2-1|\,dx = -\int_0^1 (x^2-1)\,dx + \int_1^2 (x^2-1)\,dx$$

$$= -\left[\frac{x^3}{3} - x\right]_0^1 + \left[\frac{x^3}{3} - x\right]_1^2 = 2.$$

■

일반적으로 우함수는 y축에 대칭인 특징을 지니고 있으며 x^2, x^4, $\cos x$ 등이 대표적 예이고, 기함수는 원점에 대칭인 특징을 지니고 있으며 x, x^3, $\sin x$ 등이 대표적 함수들이다. 우함수와 기함수의 정적분은 다음과 같은 성질이 있다.

만약 $f(x)$가 우함수이면, $\int_{-a}^{a} f(x)\,dx = 2\int_0^a f(x)\,dx$ 이 성립하며,

만약 $f(x)$가 기함수이면, $\int_{-a}^{a} f(x)\,dx = 0$ 이 성립한다.

예제 6.7.2 다음의 정적분을 구하여라.

(a) $\int_{-2}^{2} (3x^2 + 4x + 1)\,dx$

(b) $\int_{-1}^{0} (x^5 + x^3)\,dx - \int_1^0 (x^5 + x^3)\,dx$

(c) $\int_{-\pi}^{\pi} (\sin x + \cos x)\,dx$

풀이 (a) $\int_{-2}^{2} (3x^2 + 4x + 1)\,dx = 2\int_0^2 (3x^2 + 1)\,dx = 20$

(b) $\int_{-1}^{0} (x^5 + x^3)\,dx - \int_1^0 (x^5 + x^3)\,dx = \int_{-1}^{1} (x^5 + x^3)\,dx = 0$

(c) $\int_{-\pi}^{\pi} (\sin x + \cos x)\,dx = \int_{-\pi}^{\pi} \sin x\,dx + \int_{-\pi}^{\pi} \cos x\,dx$

$$= 0 + 2\int_0^{\pi} \cos x\,dx = 2[\sin x]_0^{\pi} = 0$$

■

정리 6.7.2

함수 $u=g(x)$가 구간 $[a, b]$에서 연속인 도함수를 가지고 함수 $f(u)$가 구간 $[\alpha, \beta]$에서 연속일 때 $g(a)=\alpha,\ g(b)=\beta$이면

$$\int_a^b f(g(x))g'(x)\,dx=\int_\alpha^\beta f(u)\,du.$$

증명 함수 $f(u)$의 한 부정적분을 $F(u)$라고 하면 $\int_\alpha^\beta f(u)\,du=F(\beta)-F(\alpha)$.

또 $\int f(g(x))g'(x)\,dx=\int f(u)\,du=F(u)=F(g(x))$가 성립한다.

따라서

$$\int_a^b f(g(x))g'(x)\,dx=F(g(b))-F(g(a))=F(\beta)-F(\alpha)=\int_\alpha^\beta f(u)\,du.$$ ■

예제 6.7.3 다음 정적분을 구하여라.

(a) $\int_{-1}^1 \sqrt{1-x^2}\,dx$　　(b) $\int_0^1 \frac{1}{1+x^2}\,dx$

풀이 (a) $x=\sin t$라고 하면 $\frac{dx}{dt}=\cos t$이고, $x=-1$일 때 $t=-\frac{\pi}{2}$, $x=1$일 때 $t=\frac{\pi}{2}$이므로

$$\begin{aligned}\int_{-1}^1 \sqrt{1-x^2}\,dx&=\int_{-\frac{\pi}{2}}^{\frac{\pi}{2}} \sqrt{1-\sin^2 t}\cos t\,dt\\&=\int_{-\frac{\pi}{2}}^{\frac{\pi}{2}} \cos^2 t\,dt=\int_{-\frac{\pi}{2}}^{\frac{\pi}{2}} \frac{1+\cos 2t}{2}\,dt\\&=\left[\frac{1}{2}t+\frac{1}{4}\sin 2t\right]_{-\frac{\pi}{2}}^{\frac{\pi}{2}}=\frac{\pi}{2}.\end{aligned}$$

(b) $x=\tan t$ 라고 하면, $\frac{dx}{dt}=\sec^2 t$. $x=0$일 때 $t=0$, $x=1$일 때 $t=\frac{\pi}{4}$이므로

$$\begin{aligned}\int_0^1 \frac{1}{1+x^2}\,dx&=\int_0^{\frac{\pi}{4}} \frac{1}{1+\tan^2 t}\frac{dx}{dt}\,dt=\int_0^{\frac{\pi}{4}} \frac{1}{\sec^2 t}\sec^2 t\,dt\\&=\int_0^{\frac{\pi}{4}} 1\,dt=[t]_0^{\frac{\pi}{4}}=\frac{\pi}{4}.\end{aligned}$$ ■

부정적분의 부분적분법에 관한 정리로부터 다음을 알 수 있다.

$$\int_a^b f'(x)g(x)\,dx = [f(x)g(x)]_a^b - \int_a^b f(x)g'(x)\,dx$$

예제 6.7.4 정적분 $\int_0^{\frac{\pi}{2}} e^x \sin x\,dx$ 의 값을 구하여라.

풀이 $A = \int_0^{\frac{\pi}{2}} e^x \sin x\,dx$ 라고 하면

$$\begin{aligned} A &= \int_0^{\frac{\pi}{2}} e^x \sin x\,dx = \int_0^{\frac{\pi}{2}} (e^x)' \sin x\,dx = [e^x \sin x]_0^{\frac{\pi}{2}} - \int_0^{\frac{\pi}{2}} e^x \cos x\,dx \\ &= [e^x \sin x]_0^{\frac{\pi}{2}} - \left\{ [e^x \cos x]_0^{\frac{\pi}{2}} - \int_0^{\frac{\pi}{2}} e^x(-\sin x)\,dx \right\} = e^{\frac{\pi}{2}} + 1 - A. \end{aligned}$$

그러므로 $A = \frac{1}{2}(e^{\frac{\pi}{2}} + 1)$. ■

정리 6.7.3 정적분의 평균값 정리 (mean value theorem of definite integral)

함수 $f(t)$가 $[a, b]$에서 연속이면, 식 $\int_a^b f(t)\,dt = f(c)(b-a)$를 만족하는 적당한 c가 개구간 (a, b)에 존재한다.

증명 $g(x) = \int_0^x f(t)\,dt$, $x \in [a, b]$ 라 두면 미분과 적분과의 관계에 의하여 함수 g는 $[a, b]$에서 연속이고 (a, b)에서 미분 가능하다. 미분의 평균값 정리에 의하여 적당한 $c \in (a, b)$가 존재하여 $g'(c) = \frac{g(b)-g(a)}{b-a}$를 만족한다. $g'(x) = f(x)$이므로

$$\int_a^b f(t)\,dt = g(b) - g(a) = g'(c)(b-a) = f(c)(b-a)$$

를 만족한다. ■

함수 f가 불연속이면 적분의 평균값 정리는 성립되지 않는다. 예를 들면,

$$\text{함수 } f(x) = \begin{cases} -1, & -1 \le x < 0 \\ 1, & 0 \le x \le 1 \end{cases}$$

에 대하여 $\int_{-1}^1 f(t)\,dt = 0$ 이지만, 모든 $c \in [-1, 1]$에 대하여 $f(c)[1-(-1)] = 2f(c) \neq 0$ 이다.

정적분의 평균값 정리는 $f(x) > 0$ 일 때 개구간 (a, b) 안에서 적당한 점 c를 취하여 가로를 $b-a$, 세로를 $f(c)$로 하는 직사각형의 넓이를 곡선 $y = f(x)$와

x축 및 두 직선 $x=a$, $y=b$로 둘러싸인 부분의 넓이와 같게 할 수 있음을 뜻한다. 이 정리를 다음과 같이 중간값 정리를 이용하여 증명할 수도 있다.

폐구간 $[a, b]$에서 연속함수 $f(x)$의 최댓값을 M, 최솟값을 m이라 하면

$$m \le f(x) \le M.$$

이때 $\int_a^b m\,dx < \int_a^b f(x)\,dx < \int_a^b M\,dx$,

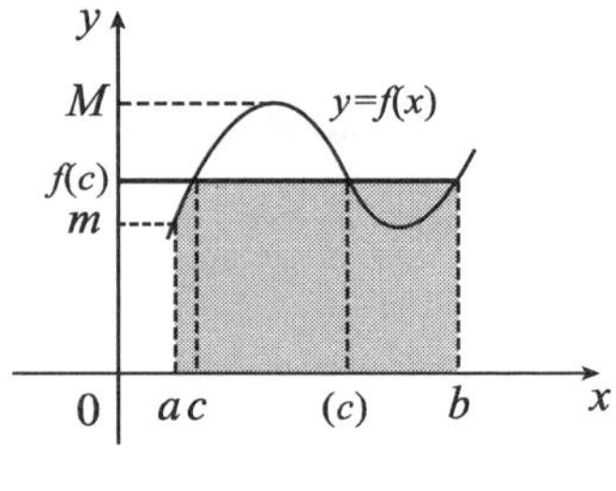

$m(b-a) < \int_a^b f(x)\,dx < M(b-a)$.

따라서 $m < \frac{1}{b-a}\int_a^b f(x)\,dx < M$.

여기서 $\frac{1}{b-a}\int_a^b f(x)\,dx = k$라고 놓으면 중간값의 정리에 의하여 $f(c)=k$ $(a<c<b)$를 만족하는 c가 적어도 하나 존재한다.

예제 6.7.5 부등식 $\frac{5}{6} < \int_{\frac{1}{2}}^{3} \frac{1}{x}\,dx < 5$를 증명하여라.

증명 함수 $y=\frac{1}{x}$은 감소함수이므로 오른쪽 그림에서

$\frac{1}{2} \le x \le 3$에서 $\frac{1}{3} \le \frac{1}{x} \le 2$이다.

따라서 $\int_{\frac{1}{2}}^{3} \frac{1}{3}\,dx < \int_{\frac{1}{2}}^{3} \frac{1}{x}\,dx < \int_{\frac{1}{2}}^{3} 2\,dx$이고

$\frac{1}{3}[x]_{\frac{1}{2}}^{3} < \int_{\frac{1}{2}}^{3} \frac{1}{x}\,dx < 2[x]_{\frac{1}{2}}^{-3}$이므로

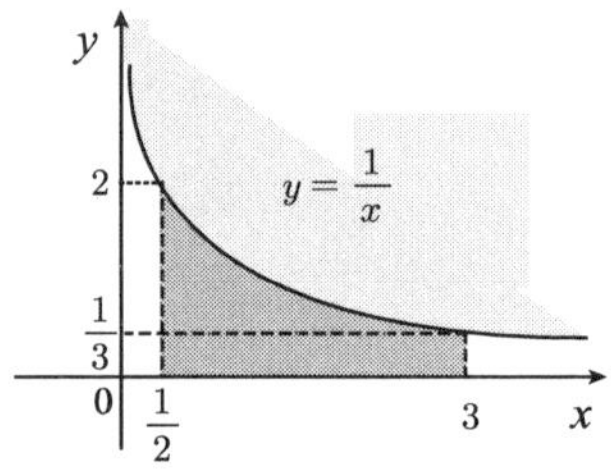

따라서 $\frac{5}{6} < \int_{\frac{1}{2}}^{3} \frac{1}{x}\,dx < 5$이다. ■

연습문제

1. 다음 정적분을 구하여라.

(1) $\int_0^2 \frac{1}{(x+1)^2}\,dx$

(2) $\int_{-1}^{1} (x^2+1-2|x|)\,dx$

(3) $\int_0^1 \frac{1}{1+x}\,dx$

(4) $\int_0^1 \frac{x}{x^2+1}\,dx$

(5) $\int_0^{\frac{1}{2}} \frac{x}{\sqrt{1-x^2}}\,dx$

(6) $\int_0^a \sqrt{a^2-x^2}\,dx$

(7) $\int_0^{\frac{\pi}{2}} e^{-x}\sin x\,dx$

(8) $\int_0^{\frac{\pi}{2}} x^2\sin x\,dx$

(9) $\int_2^{11} (x+1)\sqrt{x-2}\,dx$

(10) $\int_{-1}^1 \sqrt{x^2}(x+1)\,dx$

2. 연속함수 $f(x)$에 대해 $\int_a^x (x-t)f(t)\,dt$의 도함수가 $\int_a^x f(t)\,dt$임을 보여라.

3. 다음이 성립함을 보여라.

(1) $\int_a^b f(x)\,dx = \int_{a+k}^{b+k} f(x-k)\,dx$

(2) $\int_0^a f(x)\,dx = \int_0^a f(a-x)\,dx$

4. 다음 부등식을 증명하여라.

(1) $\frac{\pi}{4} < \int_0^1 \sqrt{1-x^n}\,dx < 1 \ (n>2)$

(2) $\frac{1}{3} < \int_0^1 x^{(\sin x+\cos x)^2}\,dx < \frac{1}{2}$

6.8 정적분의 응용

연속함수 $y=f(x)$가 구간 $[a, b]$에서 $f(x) \geq 0$일 때, 그 구간에서 $y=f(x)$와 x축 사이에 있는 도형의 넓이는 다음 정적분으로 주어짐을 알고 있다.

$$\int_a^b f(x)\,dx$$

함수 $y=f(x)$가 구간 $[a, b]$에서 $f(x) \leq 0$일 때, 곡선 $y=f(x)$와 x축 및 두 직선 $x=a$, $x=b$로 둘러싸인 도형의 넓이 S는 [그림 6.8.1]과 같이 곡선 $y=f(x)$와 x축에 대하여 대칭인 곡선 $y=-f(x)$와 x축 및 두 직선 $x=a$, $x=b$로 둘러싸인 도형의 넓이와 같으므로

$$S = \int_a^b [-f(x)]\ dx.$$

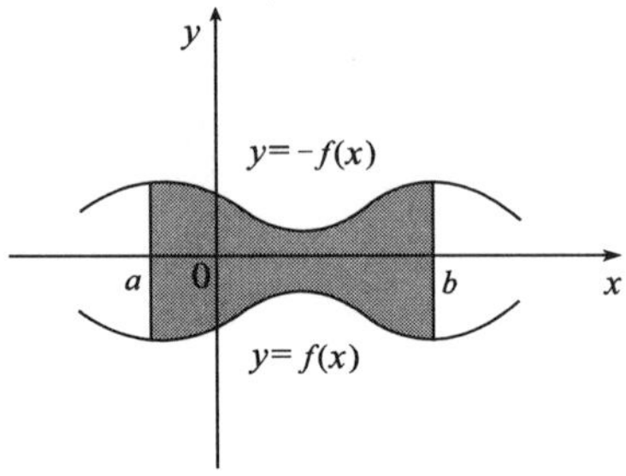

[그림 6.8.1]

따라서 다음을 알 수 있다.

(1) 곡선과 x축 사이의 넓이

구간 $[a,\ b]$에서 곡선 $y=f(x)$와 x축 사이의 넓이 S는 $S=\int_a^b |f(x)|\,dx$로 나타낼 수 있다.

예제 6.8.1 구간 $[-1,\ 1]$에서 곡선 $y=x^3-x^2-2x$와 x축으로 둘러싸인 도형의 넓이를 구하여라.

풀이 [그림 6.8.2]와 같이 도형이 두 부분으로 나누어지므로

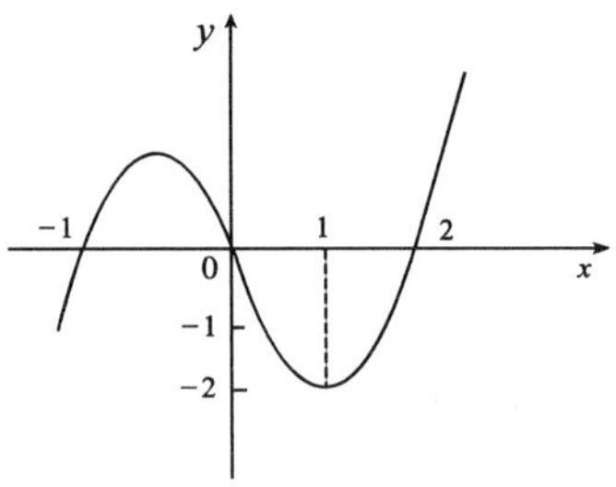

[그림 6.8.2]

$$S=\int_{-1}^{1}|x^3-x^2-2x|\,dx=\int_{-1}^{0}(x^3-x^2-2x)\,dx-\int_{0}^{1}(x^3-x^2-2x)\,dx$$

$$=\left[\frac{1}{4}x^4-\frac{1}{3}x^3-x^2\right]_{-1}^{0}-\left[\frac{1}{4}x^4-\frac{1}{3}x^3-x^2\right]_{0}^{1}=\frac{3}{2}.$$ ■

(2) 두 곡선 사이의 넓이

계속해서 구간 $[a, b]$에서 $f(x) \ge g(x)$인 두 연속함수에 대하여 두 곡선 $y=f(x)$, $y=g(x)$ 사이의 넓이 S를 구하여보자.

만일 $g(x) \ge 0$이면 S는 곡선 $y=f(x)$와 x축 사이의 넓이에서 곡선 $y=g(x)$와 x축 사이의 넓이를 뺀 것과 같으므로([그림 6.8.3] 참조)

$$S=\int_a^b f(x)\,dx-\int_a^b g(x)\,dx=\int_a^b (f(x)-g(x))\,dx.$$

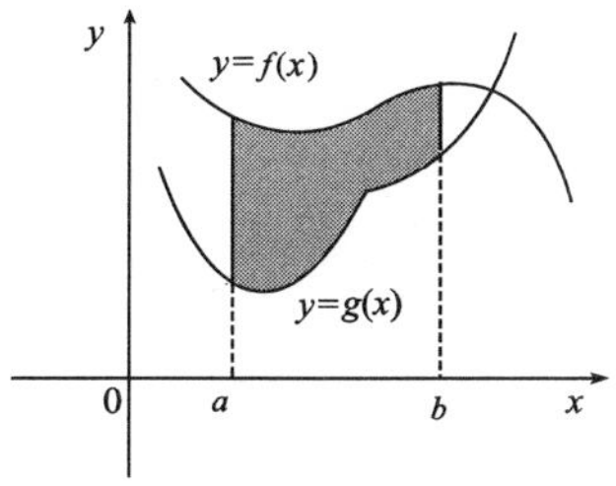

[그림 6.8.3]

일반적으로 구간 $[a, b]$에서 $g(x)$의 최솟값을 $-m$이라고 하면 S는 두 곡선을 각각 y축으로 m만큼 평행이동하여 얻은 두 곡선

$$y=f_1(x)=f(x)+m, \quad y=g_1(x)=g(x)+m \ge 0$$

사이의 넓이와 같다.

따라서 $S=\int_a^b (f_1(x)-g_1(x))\,dx=\int_a^b (f(x)-g(x))\,dx$이다.

구간 $[a, b]$에서 $f(x) \ge g(x)$일 때, 두 곡선 $y=f(x)$, $y=g(x)$와 두 직선 $x=a$, $x=b$로 둘러싸인 도형의 넓이를 S라고 하면

$$S=\int_a^b (f(x)-g(x))\,dx.$$

예제 6.8.2 두 포물선 $y=x^2+3x$와 $y=-2x^2+6$으로 둘러싸인 도형의 넓이를 구하여라.

풀이

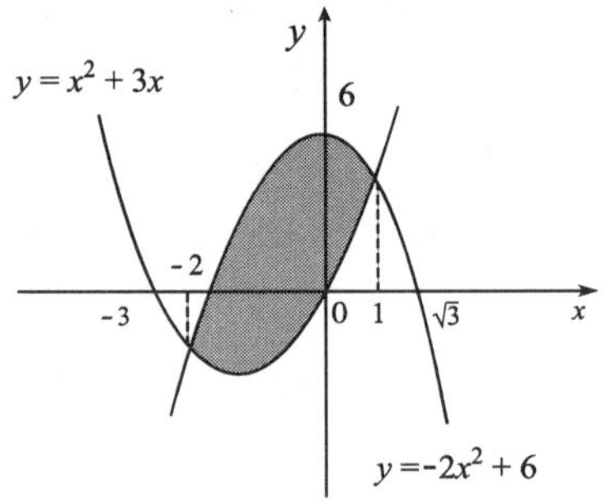

[그림 6.8.4]

두 포물선의 교점의 x 좌표는 방정식 $x^2+3x=-2x^2+6$ 의 근이므로 $x=1,\ x=-2$ 이다([그림 6.8.4] 참조).

구간 $[-2,\ 1]$에서는 $x^2+3x\le -2x^2+6$ 이므로, 구하려는 넓이 S 는

$$S=\int_{-2}^{1}\{-2x^2+6-(x^2+3x)\}\,dx=\int_{-2}^{1}(-3x^2-3x+6)\,dx$$
$$=\left[-x^3-\frac{3}{2}x^2+6x\right]_{-2}^{1}=\frac{27}{2}.$$

■

일반적으로 두 곡선 $y=f(x),\ y=g(x)$와 두 직선 $x=a,\ x=b$로 둘러싸인 도형의 넓이는 정적분 $\int_a^b|f(x)-g(x)|\,dx$와 같다.

예제 6.8.3 두 곡선 $f(x)=\sin x,\ g(x)=\cos x$와 두 직선 $x=0,\ x=2\pi$로 둘러싸인 도형의 넓이를 구하여라.

풀이 $0\le x\le\frac{\pi}{4},\ \frac{5}{4}\pi\le x\le 2\pi$ 에서는 $f(x)\le g(x)$이고, $\frac{\pi}{4}\le x\le\frac{5}{4}\pi$ 에서는 $f(x)\ge g(x)$이므로 구하는 넓이는([그림 6.8.5] 참조)

$$\int_0^{2\pi}|\sin x-\cos x|\,dx$$
$$=\int_0^{\frac{\pi}{4}}(\cos x-\sin x)\,dx+\int_{\frac{\pi}{4}}^{\frac{5}{4}\pi}(\sin x-\cos x)\,dx+\int_{\frac{5}{4}\pi}^{2\pi}(\cos x-\sin x)\,dx$$
$$=[\sin x+\cos x]_0^{\frac{\pi}{4}}+[-\cos x-\sin x]_{\frac{\pi}{4}}^{\frac{5}{4}\pi}+[\sin x+\cos x]_{\frac{5}{4}\pi}^{2\pi}=4\sqrt{2}.$$

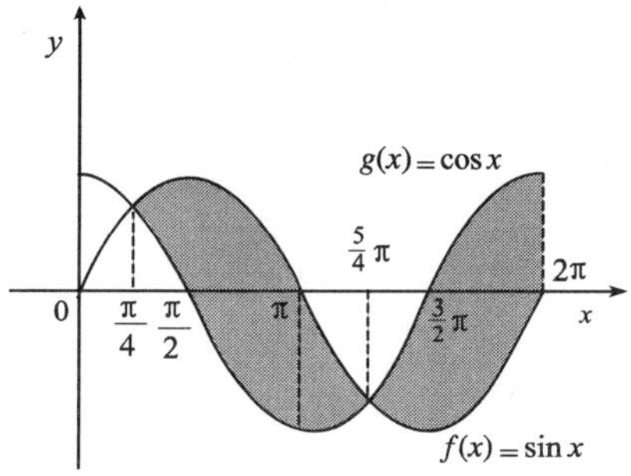

[그림 6.8.5] ■

y에 대한 두 함수 $f(y)$, $g(y)$ (단, $g(y) \le f(y)$)의 그래프가 다음 그림과 같이 주어져 있을 때, 두 곡선 $x=f(y)$, $x=g(y)$와 두 직선 $y=c$, $y=d$로 둘러싸인 도형의 넓이 S는 $S=\int_c^d (f(y)-g(y))\,dy$로 주어진다 ([그림 6.8.6]).

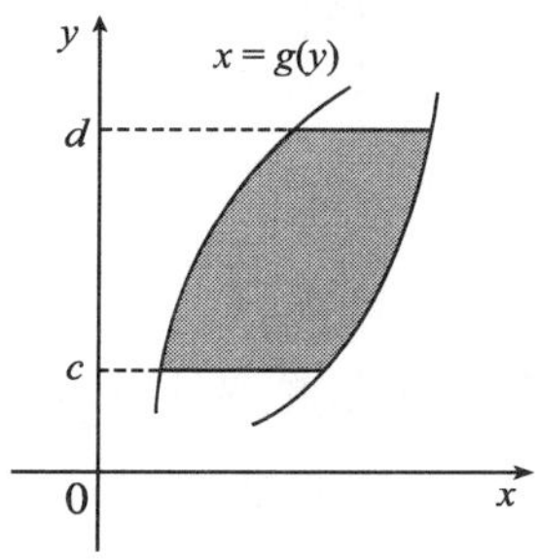

[그림 6.8.6]

예제 6.8.4 곡선 $2x=y^2$과 직선 $y=2x-2$로 둘러싸인 도형의 넓이를 구하여라.

풀이 두 곡선의 식은 각각 $x=\frac{1}{2}y^2$, $x=\frac{1}{2}(y+2)$로 나타낼 수 있다.
이 두 곡선의 y좌표는 각각 위 두 식의 근이므로 $y=-1,\ 2$이다. 따라서 $-1 \le y \le 2$에서 $\frac{1}{2}(y+2) \ge \frac{1}{2}y^2$이므로 구하는 넓이는([그림 6.8.7] 참조)

$$\int_{-1}^{2}\left(\frac{1}{2}(y+2)-\frac{1}{2}y^2\right)dy=\frac{1}{2}\left[\frac{1}{2}y^2+2y-\frac{1}{3}y^3\right]_{-1}^{2}=\frac{9}{4}.$$

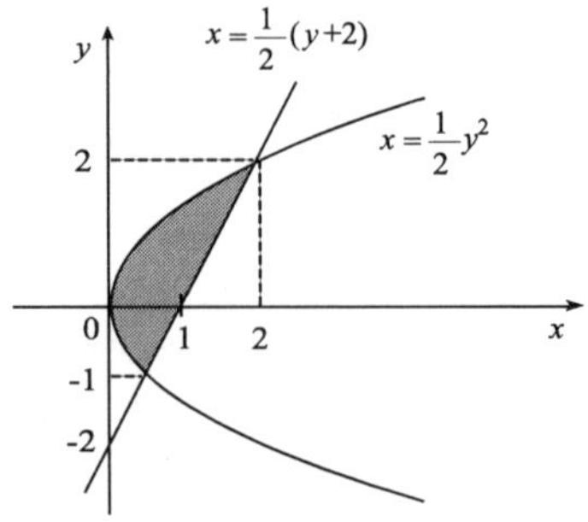

[그림 6.8.7] ■

(3) 단면의 넓이를 이용한 입체의 부피

부피를 구하는 데에도 다음과 같은 정적분이 이용된다.

공간 안에 주어진 입체가 한 수직선 l 위의 점 a, $b\,(a<b)$에 수직인 두 평면 사이에 있을 때, l 위의 점 x에서 l에 수직인 평면이 입체를 자른 단면의 넓이를 $S(x)$라고 하면, 입체의 부피 V는

$$V=\int_a^b S(x)\,dx.$$

구간 $[a, b]$의 분할 $a=x_0, x_1, x_2, \cdots, x_n=b$에 대하여 각 점 x_i에서 l에 수직인 평면으로 입체를 자를 때, 세분된 각 부분은 한쪽을 단면으로 하고 $\Delta x_i=x_i-x_{i-1}$을 높이로 하는 기둥꼴로 근사된다([그림 6.8.8] 참조). 이때 이들의 부피의 합 V_n은

$$V_n=S(x_1)\Delta x_1+S(x_2)\Delta x_2+\cdots+S(x_n)\Delta x_n=\sum_{i=1}^{n}S(x_i)\Delta x_i$$

로 주어진다. $n\to\infty$일 때, V_n은 $\int_a^b S(x)\,dx$로 수렴하므로 입체의 부피 V는

$$V=\int_a^b S(x)\,dx.$$

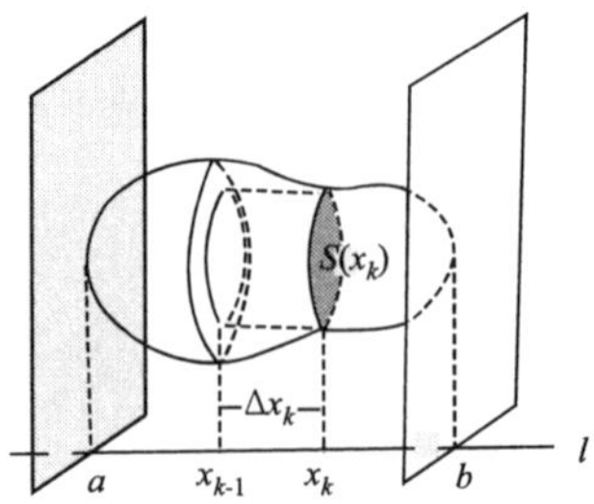

[그림 6.8.8]

연속인 함수 $f(x)$가 구간 $[a, b]$에서 $f(x) \geq 0$일 때, 곡선 $y=f(x)$와 x축 및 두 직선 $x=a$, $x=b$로 둘러싸인 도형을 x축의 둘레로 회전시키면 회전체가 생긴다([그림 6.8.9] 참조).

이때 구간 $[a, b]$ 안의 점을 지나 x축과 수직인 평면에 의하여 잘리는 회전체의 단면은 반지름의 길이가 $|f(x)|$인 원이므로, 그 단면의 넓이는

$$S(x)=\pi(f(x))^2.$$

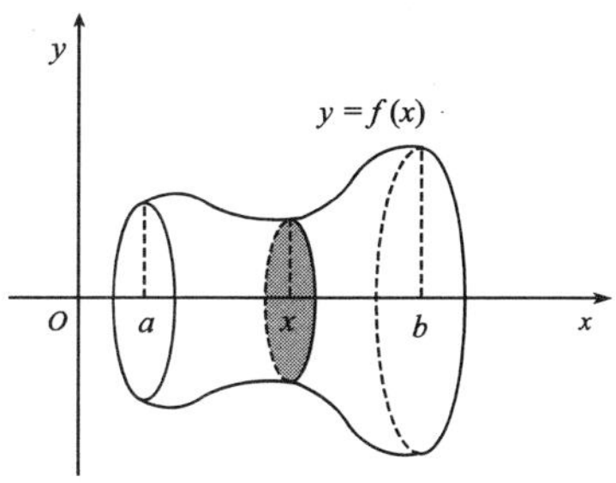

[그림 6.8.9]

따라서 다음을 알 수 있다.

■ **회전체의 부피 (I)**

연속함수 f가 구간 $[a, b]$에서 $f(x) \geq 0$일 때, 곡선 $y=f(x)$의 x축 및 두 직선 $x=a$, $x=b$로 둘러싸인 도형을 x축의 둘레로 회전시킨 회전체의 부피 V는

$$V=\pi\int_a^b (f(x))^2\,dx=\pi\int_a^b y^2\,dx.$$

예제 6.8.5 반지름의 길이가 r인 구의 부피를 구하여라.

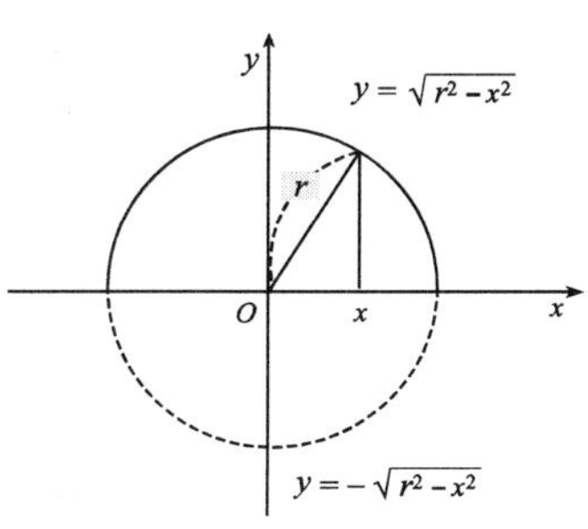

[그림 6.8.10]

풀이 원 $x^2+y^2=r^2$의 x축의 위쪽에 있는 $y=\sqrt{r^2-x^2}$ 부분과 x축으로 둘러싸인 도

형을 x축의 둘레로 회전시킨 구의 부피 V는([그림 6.8.10] 참조)

$$V=\pi\int_{-r}^{r} y^2\,dx=\pi\int_{-r}^{r}(r^2-x^2)\,dx=\pi\left[r^2x-\frac{1}{3}x^3\right]_{-r}^{r}=\frac{4}{3}\pi r^3. \qquad ■$$

예제 6.8.6 포물선 $x=y^2$과 원 $x^2+y^2=2$로 둘러싸인 부분을 x축의 둘레로 회전시킨 회전체의 부피를 구하여라([그림 6.8.11] 참조).

풀이 두 곡선의 교점의 x좌표를 구하기 위하여 두 식을 연립하면 $x^2+x-2=0$이며, 따라서 x좌표는 $x=1,\ -2$이다.
그런데 $x>0$이므로, $x=1$이다. 따라서 구하는 부피는

$$V=\pi\int_{0}^{1} x\,dx+\pi\int_{1}^{\sqrt{2}}(2-x^2)\,dx$$

$$=\pi\left[\frac{1}{2}x^2\right]_0^1+\pi\left[2x-\frac{1}{3}x^3\right]_1^{\sqrt{2}}=\left(\frac{4}{3}\sqrt{2}-\frac{7}{6}\right)\pi.$$

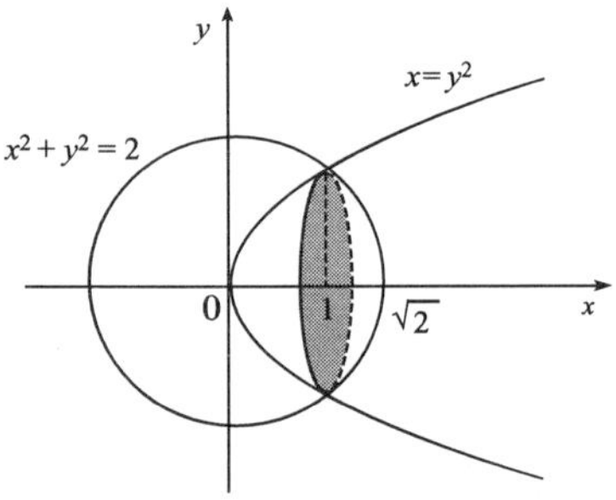

[그림 6.8.11] ■

회전체의 부피를 또 다른 경우에 구해보자([그림 6.8.12] 참조).

연속함수 g가 구간 $[c,\ d]$에서 $g(y)\geq 0$일 때, 곡선 $x=g(y)$와 y축 및 두 직선 $y=c,\ y=d$로 둘러싸인 도형 S를 y축의 둘레로 회전시킨 회전체의 부피 V를 구해보자.

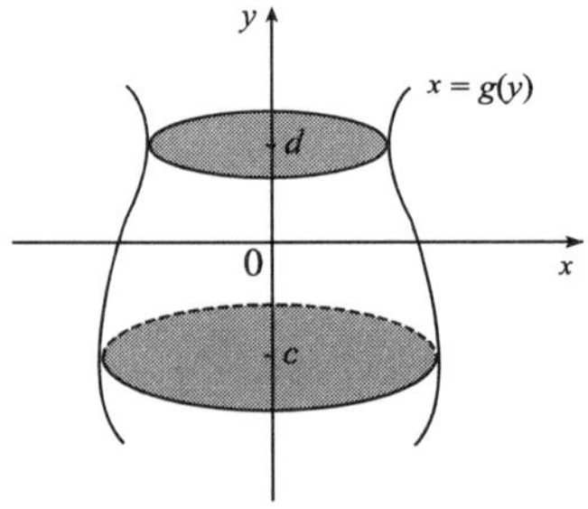

[그림 6.8.12]

■ **회전체의 부피 (II)**

구간 $[c, d]$에서 연속인 함수 $g(y) \geq 0$에 대하여 $x=g(y)$, y축, 두 직선 $y=c$, $y=d$로 둘러싸인 영역을 y축의 둘레로 회전시킨 회전체의 부피 V는

$$V=\pi\int_c^d (g(y))^2 dy=\pi\int_c^d x^2\,dy.$$

(4) 속 도

직선 위를 움직이는 점 P의 시각 t에서의 좌표를 $x(t)$, 속도를 $v(t)$라고 하자. 이제 $t=\alpha$일 때, 점 P의 위치를 $x(\alpha)=a$라 하고 $v(t)$의 한 부정적분을 $V(t)$라고 하면

$$\frac{d}{dt}x(t)=v(t).$$

그러므로 $x(t)=\int v(t)\,dt=V(t)+C$. 그런데 $a=x(\alpha)$이므로 $C=a-V(\alpha)$. 따라서 시각 β에서의 점의 위치는

$$x(\beta)=V(\beta)+a-V(\alpha)=a+\int_\alpha^\beta v(t)\,dt.$$

직선 위를 운동하는 점의 속도가 $v(t)$이고, $t=\alpha$일 때의 점의 위치가 a이면, 시각 β에서의 점의 위치는

$$x(\beta)=a+\int_\alpha^\beta v(t)\,dt.$$

또 시각 α에서 β까지 점 P가 운동한 거리 L은 운동의 방향과는 관계가 없고 $|v(t)|$에만 관계가 있으므로

$$L=\int_\alpha^\beta |v(t)|\,dt.$$

예제 6.8.7 원점에서 출발하여 수직선 위를 움직이는 점 P의 시각 t에서의 속도가 $v(t)=t^2-6t+5$라고 할 때,

(a) 시각 t에서의 P의 위치 $x(t)$를 구하여라.

(b) 점 P가 다시 원점으로 되돌아오는 시각을 구하여라.

풀이 (a) $x(0)=0$이므로,

$$x(t)=\int_0^t v(s)ds=\int_0^t (s^2-6s+5)\,ds=\frac{1}{3}t^3-3t^2+5t.$$

(b) $x(t)=0$ 에서

$$\frac{1}{3}t^3-3t^2+5t=0.\ \text{그러므로}\ t=0\ \text{또는}\ t=\frac{9\pm\sqrt{21}}{2}.$$

그런데 $t=0$ 은 출발할 때의 시각이므로 $t=\dfrac{9\pm\sqrt{21}}{2}$ 이다. ■

(5) 곡선의 길이

오른쪽 [그림 6.8.13]과 같이 개구간 $(a,\ b)$ 안의 임의의 한 점을 x 라 하고 정점 A와 점 $\mathrm{P}(x,\ f(x))$ 사이의 곡선의 호 $\overset{\frown}{\mathrm{AP}}$ 의 길이를 l 이라고 하자.

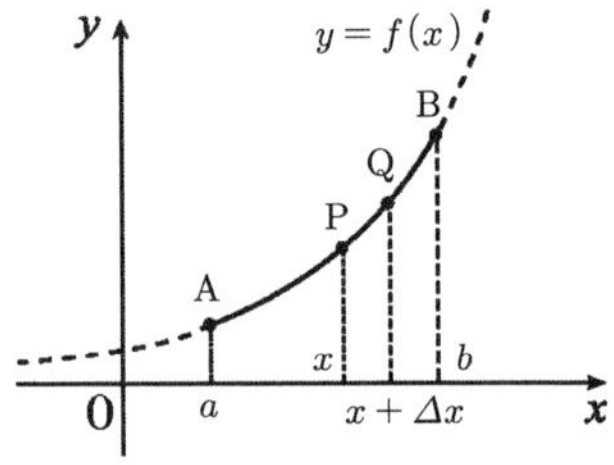

[그림 6.8.13]

이제 곡선 위의 한 점 $\mathrm{Q}(x+\Delta x,\ f(x+\Delta x))$ 를 잡고 점 Q를 한없이 점 P에 접근시킬 때, 호 $\overset{\frown}{\mathrm{PQ}}$ 의 길이는 현 $\overline{\mathrm{PQ}}$ 의 길이와 같다.

즉, $\displaystyle\lim_{\Delta x\to 0}\frac{\overset{\frown}{\mathrm{PQ}}}{\overline{\mathrm{PQ}}}=1$.

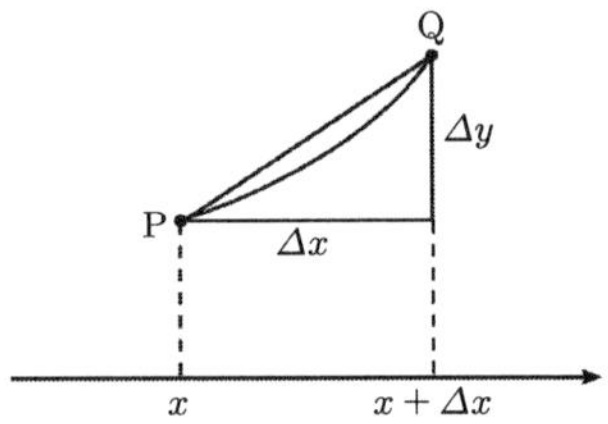

[그림 6.8.14]

오른쪽 [그림 6.8.14]에서 $\overset{\frown}{\mathrm{PQ}}=\Delta l$,

$\overline{\mathrm{PQ}}=\sqrt{(\Delta x)^2+(\Delta y)^2}$.

(단, $\Delta y=f(x+\Delta x)-f(x)$ 이다.)

따라서
$$\lim_{\Delta x\to 0}\frac{\Delta l}{\Delta x}=\lim_{\Delta x\to 0}\frac{\overset{\frown}{\mathrm{PQ}}}{\overline{\mathrm{PQ}}}\cdot\frac{\overline{\mathrm{PQ}}}{\Delta x}$$
$$=\lim_{\Delta x\to 0}\frac{\overset{\frown}{\mathrm{PQ}}}{\overline{\mathrm{PQ}}}\cdot\frac{\sqrt{(\Delta x)^2+\{f(x+\Delta x)-f(x)\}^2}}{\Delta x}$$
$$=1\cdot\sqrt{1+\left\{\lim_{\Delta x\to 0}\frac{f(x+\Delta x)-f(x)}{\Delta x}\right\}^2}$$

따라서 $\dfrac{dl}{dx}=\sqrt{1+\{f'(x)\}^2}$ 이므로 $l=\displaystyle\int_a^b\sqrt{1+\left(\frac{dy}{dx}\right)^2}\,dx$ 이다.

예제 6.8.8 곡선 $y^2=x^3$ 의 $0\le x\le 4$ 에서의 길이 l 을 구하여라.

풀이 $y^2=x^3$ 에서 $2yy'-3x^2$.

따라서 $y' = \dfrac{3x^2}{2y}$ 이고 또한 $(y')^2 = \dfrac{9x^4}{4y^2} = \dfrac{9x^4}{4x^3} = \dfrac{9}{4}x$ 이다. 즉,

$$l = \int_0^4 \sqrt{1+\frac{9}{4}x}\, dx = \int_0^4 \frac{\sqrt{4+9x}}{2}\, dx$$
$$= \left[\frac{1}{27}(4+9x)^{\frac{3}{2}}\right]_0^4 = \frac{8}{27}(10\sqrt{10}-1). \quad ■$$

연습문제

1. 다음 주어진 곡선이나 직선으로 둘러싸인 영역의 넓이를 구하여라.

(1) $y=x^3,\ y=x^2-1,\ x=1,\ x=3$

(2) $y=e^x,\ y=x-1,\ x=-2,\ x=0$

(3) $y=x^3-1,\ y=1-x,\ x=-2,\ x=2$

(4) $y=1-x,\ y=x^2-1,\ x=0,\ x=2$

2. 주어진 두 함수로 둘러싸인 영역의 넓이를 구하여라.

(1) $y=x^3,\ y=x^2$

(2) $y=\sin x,\ y=x^2$

(3) $y=x^3,\ y=3x+2$

3. 연간 출생자 수는 $b(t)=2e^{0.04t}$ 이고, 연간 사망자 수는 $d(t)=2e^{0.02t}$ (백만 명)으로 주어진다. $t \geq 0$ 일 때 $b(t) \geq d(t)$ 임을 보이고, 두 그래프 사이의 면적이 인구 증가수를 나타냄을 설명하여라. 또 $0 \leq t \leq 10$ 동안 증가한 인구의 수를 계산하여라.

4. 떨어지는 두 물체의 속도 함수가 $f(t)=-40-32t$ 와 $g(t)=-30-32t$ 로 각각 주어졌다. 시간 $t=0$ 에서 두 물체가 똑같은 높이에서 떨어지기 시작할 때 $0 \leq t \leq 10$ 동안 두 곡선 $y=f(t)$ 와 $y=g(t)$ 사이의 면적을 계산하고 그 의미를 설명하여라.

5. 다음 주어진 영역을 주어진 직선의 둘레로 회전시킨 회전체의 부피를 구하여라.

(1) $y=2-x,\ y=0,\ x=0$ 으로 유계된 영역

회전축 : (i) y 축 　　(ii) $y=3$

(2) $y=e^x,\ x=0,\ x=2,\ y=0$ 으로 유계된 영역

회전축 : (i) y축 (ii) $y=-2$

6. 영역 R은 $y=x^2$, $y=0$, $x=1$로 둘러싸여 있다. R을 다음 직선의 둘레로 회전시킨 회전체의 부피를 구하여라.

(1) y축 (2) x축 (3) $x=-1$ (4) $y=1$

7. $-1 \le x \le 1$과 $-1 \le y \le 1$로 둘러싸인 정사각형을 y축의 둘레로 회전시킨 회전체의 부피가 2π임을 보여라.

8. 꼭짓점이 $(-1, -1)$, $(0, 1)$, $(1, -1)$인 삼각형을 y축의 둘레로 회전시킨 회전체의 부피는 $\frac{2\pi}{3}$임을 보여라.

9. 지상에서 처음 속도 49 미터/초로 수직으로 던져 올린 물체의 t초 후의 속도는 공기의 저항을 무시한다면 $v(t)=49-9.8t$ 미터/초이다. 이 물체는 몇 초 후에 지상에 떨어지겠는가? 또 지상에 떨어질 때까지의 운동 거리를 구하여라.

10. 다음 곡선들의 주어진 구간에서의 길이를 구하여라.

(1) $y=2x$ $(1 \le x \le 3)$

(2) $y=\ln(\cos x)$ $\left(0 \le x \le \frac{\pi}{6}\right)$

6.9 급수의 수렴과 테일러급수

우리는 **3장**에서 무한수열과 급수를 논한 바 있다. 미적분학에서 무한수열과 급수의 중요성은 함수들을 무한급수의 합으로 표현하는 뉴턴의 아이디어로부터 유래한다. 예를 들어, 뉴턴은 넓이를 구하기 위하여 함수를 먼저 급수로 표현하고 급수의 각각의 항을 적분함으로써 함수를 적분하였다. 본 절에서는 $\int \frac{\sin x}{x}dx$와 같은 적분 문제를 해결하기 위한 아이디어를 제공할 것이다. 이러한 문제는 **6장**에서의 적분 방법으로는 불가능하다. 물리학이나 공학 등 여러 분야에서는 주어진 함수를 우선 무한급수로 바꾸어 놓고 그 급수의 처음 몇 개 항을 가지고 근삿값 예를 들면, $\int \frac{\sin x}{x}dx \approx \int \left(1-\frac{x^2}{3!}\right)dx$ 등으로 사용하거나 함수가 갖는 고유의 특성을 설명하는 데 사용하기도 한다.

먼저, 이를 위해 몇 가지 급수의 수렴과 발산판정법을 소개한다.

6.9.1 급수의 수렴, 발산 판정법

정의 6.9.1

급수 $\sum_{n=1}^{\infty} a_n = a_1 + a_2 + a_3 + \cdots$ 에 대하여 s_n 은 다음과 같은 부분합이다.

$$s_n = \sum_{i=1}^{n} a_i = a_1 + a_2 + \cdots + a_n$$

수열 $\{s_n\}$ 이 수렴하고 $\lim_{n \to \infty} s_n = s$ 가 실수로 존재할 때 급수 $\sum a_n$ 은 **수렴**한다고 하고

$$a_1 + a_2 + \cdots + a_n + \cdots = s \quad \text{또는} \quad \sum_{n=1}^{\infty} a_n = s$$

로 나타낸다. 이때 s 를 급수의 **합**이라 한다. $\{s_n\}$ 이 수렴하지 않을 때 급수는 **발산**한다고 한다. ■

무한등비급수의 예로서, $\sum_{n=1}^{\infty} \frac{1}{2^n} = \frac{1}{2} + \frac{1}{4} + \frac{1}{8} + \cdots + \frac{1}{2^n} + \cdots = 1$ 임은 자명한 사실인데, 이것은 부분합

$$s_n = \frac{1}{2} + \frac{1}{4} + \frac{1}{8} + \cdots + \frac{1}{2^n} = \frac{\frac{1}{2}\left(1 - \left(\frac{1}{2}\right)^n\right)}{1 - \frac{1}{2}} = 1 - \left(\frac{1}{2}\right)^n$$

으로부터 $\sum_{n=1}^{\infty} \frac{1}{2^n} = \lim_{n\to\infty} s_n = \lim_{n\to\infty}\left[1 - \left(\frac{1}{2}\right)^n\right] = 1$ 이므로 **정의 6.9.1** 에 의해 주어진 급수는 1로 수렴한다.

또한 무한급수의 일반적인 성질인 '급수 $\sum_{n=1}^{\infty} a_n$ 이 수렴할 때 $\lim_{n\to\infty} a_n = 0$' 임을 이용하면 다음과 같은 정리를 얻는다.

정리 6.9.1

$\lim_{n\to\infty} a_n$ 이 존재하지 않거나 $\lim_{n\to\infty} a_n \neq 0$ 이면 급수 $\sum_{n=1}^{\infty} a_n$ 은 발산한다. ■

이를 급수의 **발산판정법**이라고도 부른다.

예제 6.9.1 급수 $\sum_{n=1}^{\infty} \dfrac{n^2+2n}{3n^2+4}$ 이 발산함을 보여라.

풀이 주어진 급수는 **정리 6.9.1** 에 의해 아래와 같이 발산한다.

$$\lim_{n\to\infty} a_n = \lim_{n\to\infty} \frac{n^2+2n}{3n^2+4} = \lim_{n\to\infty} \frac{(n^2+2n)/n^2}{(3n^2+4)/n^2} = \lim_{n\to\infty} \frac{1+2/n}{3+4/n^2} = \frac{1}{3}\,(\neq 0)$$ ■

예제 6.9.2 조화급수 $\sum_{n=1}^{\infty} \dfrac{1}{n}$ 이 발산함을 보여라.

풀이 아래와 같이 **정리 6.9.1** 인 발산판정법을 적용할 수가 없다.

$$\lim_{n\to\infty} a_n = \lim_{n\to\infty} \frac{1}{n} = 0$$

따라서 다른 방법으로 판정해야만 하는데, 다음 정리인 p-급수 판정법에 의해 $p=1$ 인 경우로서 발산하게 된다. ■

정리 6.9.2 ***p*–급수 판정법**

어떤 실수 p에 대해 급수 $\sum_{n=1}^{\infty} \dfrac{1}{n^p}$ 은 $p>1$ 이면 수렴하고, $p\leq 1$ 이면 발산한다.

■

다음은 특별히 부호가 교대로 바뀌는 **교대급수**(alternating series)를 공부한다. 이것은 부호가 양과 음(또는 음과 양)으로 교대로 바뀌는 급수를 말하며, 다음과 같은 예를 들 수 있다.

$$\sum_{n=1}^{\infty} \frac{(-1)^{n-1}}{n} = 1-\frac{1}{2}+\frac{1}{3}-\frac{1}{4}+\cdots+(-1)^{n-1}\frac{1}{n}+\cdots$$

정리 6.9.3

교대급수

$$\sum_{n=1}^{\infty}(-1)^{n-1}b_n = b_1 - b_2 + b_3 - b_4 + \cdots + (-1)^{n-1}b_n + \cdots \quad (\text{단, } b_n > 0)$$

가 다음의 두 조건을 만족하면 교대급수 $\sum_{n=1}^{\infty}(-1)^{n-1}b_n$은 수렴한다.

(i) 모든 n에 대해 $b_{n+1} \leq b_n$ (ii) $\lim_{n\to\infty} b_n = 0$ ■

예제 6.9.3 교대 조화급수

$$\sum_{n=1}^{\infty}\frac{(-1)^{n-1}}{n} = 1 - \frac{1}{2} + \frac{1}{3} - \frac{1}{4} + \cdots + (-1)^{n-1}\frac{1}{n} + \cdots$$

이 수렴함을 보여라.

풀이 주어진 급수에서 $b_n = \dfrac{1}{n}\,(>0)$이라 하면, 다음과 같이

(i) 모든 n에 대해 $b_{n+1} = \dfrac{1}{n+1} \leq \dfrac{1}{n} = b_n$

(ii) $\lim_{n\to\infty} b_n = \lim_{n\to\infty}\dfrac{1}{n} = 0$

으로서 두 조건을 만족하므로 교대 조화급수 $\sum_{n=1}^{\infty}\dfrac{(-1)^{n-1}}{n}$은 수렴한다. ■

예제 6.9.3에서 주어진 교대급수가 수렴하므로 그 값을 s, 부분합을 s_n이라 하면

$$s_1 = 1,\quad s_2 = 1 - \frac{1}{2},\quad s_3 = 1 - \frac{1}{2} + \frac{1}{3},\quad s_4 = 1 - \frac{1}{2} + \frac{1}{3} - \frac{1}{4},\quad \cdots$$

$$s_1 = b_1,\quad s_2 = b_1 - b_2,\quad s_3 = b_1 - b_2 + b_3,\quad s_4 = b_1 - b_2 + b_3 - b_4,\quad \cdots$$

으로부터 $s_1 = 1\,(=b_1)$이고, s_2는 $b_2\left(=\dfrac{1}{2}\right)$을 빼면 s_2는 s_1의 왼쪽에 위치한다. 마찬가지로 s_3는 $b_3\left(=\dfrac{1}{3}\right)$을 더하게 되어 s_3는 s_2의 오른쪽에 위치하며 더욱이, $b_3 = \dfrac{1}{3} < \dfrac{1}{2} = b_2$이므로 $s_3\,(=b_1 - b_2 + b_3 = b_1 + \text{음수})$는 $s_1\,(=b_1)$의 왼쪽에 위치한다. 이 방법을 계속하면 부분합들은 수렴값 s의 앞뒤에 위치한다([그림 6.9.1] 참조).

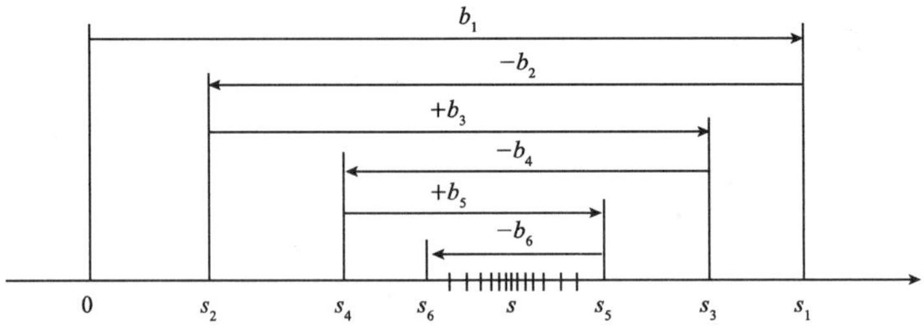

[그림 6.9.1]

따라서

$$|s-s_1| \le |s_2-s_1| = b_2, \qquad |s-s_2| \le |s_3-s_2| = b_3,$$
$$|s-s_3| \le |s_4-s_3| = b_4, \cdots, \qquad |s-s_n| \le |s_{n+1}-s_n| = b_{n+1}, \cdots$$

임을 알 수 있다. 이것은 수렴하는 교대급수의 수렴 값을 추정할 때 유용하다.

정리 6.9.4

수렴하는 교대급수

$$\sum_{n=1}^{\infty} (-1)^{n-1} b_n = b_1 - b_2 + b_3 - b_4 + \cdots + (-1)^{n-1} b_n + \cdots \quad (\text{단, } b_n > 0)$$

가 있을 때, 급수의 합을 s, 부분합을 s_n 그리고 오차를 R_n이라 하면

$$|R_n| = |s - s_n| \le b_{n+1}$$

이다.

■

예제 6.9.4 예제 6.9.3에서 교대 조화급수

$$\sum_{n=1}^{\infty} \frac{(-1)^{n-1}}{n} = 1 - \frac{1}{2} + \frac{1}{3} - \frac{1}{4} + \cdots + (-1)^{n-1}\frac{1}{n} + \cdots$$

가 수렴함을 알았다. 그 수렴값을 s라 하면 그 부분합 s_n은 하나의 근삿값으로 생각할 수 있다. 따라서 그때의 오차는 R_n이고 더욱이 b_{n+1}은 오차의 한계로 간주된다. 예를 들면, $n=3$일 때

$$|s-s_3| \le b_{3+1} \quad \text{또는} \quad |s-s_3| \le b_4 = \frac{1}{4} (= 0.25)$$

이므로 수렴하는 참값 s의 근삿값으로서 $s_3 = 1 - \frac{1}{2} + \frac{1}{3} \approx 0.83333$은 오차가 0.25를

넘지 않는다는 뜻이다. 실제로, 주어진 교대 조화급수의 수렴값은 $\ln 2 \approx 0.69315$로 알려져 있고, 근삿값 $s_3 \approx 0.83333$의 오차는 0.14018이므로 다음을 만족한다.

$$|s - s_3| \approx |0.69315 - 0.83333| = 0.14018 < 0.25\,(= b_4)$$ ■

다음은 **비판정법**(ratio test)을 소개하기 위해 먼저, 주어진 임의의 급수 $\sum_{n=1}^{\infty} a_n$에 대하여 다음과 같이 원래 급수의 각 항에 절댓값을 취한 급수

$$\sum_{n=1}^{\infty} |a_n| = |a_1| + |a_2| + \cdots + |a_n| + |a_{n+1}| + \cdots$$

을 고려해보자. 만약 이 급수가 수렴한다면 주어진 급수 $\sum_{n=1}^{\infty} a_n$은 **절대수렴**한다고 정의한다(따라서 수렴한다). 다음은 이에 대한 급수의 수렴, 발산을 동시에 판정하는 정리이다. 증명은 이 책의 수준을 벗어나므로 생략하였다.

정리 6.9.5 비판정법

급수 $\sum_{n=1}^{\infty} a_n$에 대해

(a) $\lim_{n\to\infty}\left|\frac{a_{n+1}}{a_n}\right| = L < 1$ 이면 주어진 급수는 절대수렴한다.

(b) $\lim_{n\to\infty}\left|\frac{a_{n+1}}{a_n}\right| = L > 1$ 또는 $\lim_{n\to\infty}\left|\frac{a_{n+1}}{a_n}\right| = \infty$ 이면 발산한다.

(c) $\lim_{n\to\infty}\left|\frac{a_{n+1}}{a_n}\right| = L = 1$ 이면 수렴발산을 판정할 수 없다. ■

예제 6.9.5 다음에 주어진 급수의 수렴, 발산 여부를 결정하여라.

(a) $\sum_{n=1}^{\infty} \frac{(-1)^n}{2^n}$

(b) $\sum_{n=1}^{\infty} \frac{n^n}{n!}$

(c) $\sum_{n=1}^{\infty} \frac{(-1)^{n-1}}{n}$

풀이 (a) $\lim_{n\to\infty}\left|\frac{a_{n+1}}{a_n}\right| = \lim_{n\to\infty}\left|\frac{\frac{(-1)^{n+1}}{2^{n+1}}}{\frac{(-1)^n}{2^n}}\right| = \lim_{n\to\infty}\frac{1}{2} = \frac{1}{2} < 1$ 이므로 수렴한다.

(b) $\lim_{n\to\infty}\left|\frac{a_{n+1}}{a_n}\right| = \lim_{n\to\infty}\left|\frac{\frac{(n+1)^{n+1}}{(n+1)!}}{\frac{n^n}{n!}}\right| = \lim_{n\to\infty}\frac{(n+1)^n}{n^n}$

$= \lim_{n\to\infty}\left(1+\frac{1}{n}\right)^n = e > 1$ 이므로 발산한다.

(c) $\lim_{n\to\infty}\left|\frac{a_{n+1}}{a_n}\right| = \lim_{n\to\infty}\left|\frac{\frac{(-1)^n}{n+1}}{\frac{(-1)^{n-1}}{n}}\right| = \lim_{n\to\infty}\frac{n}{n+1} = 1$ 이므로 판정할 수 없다. ■

실제로, 예제 6.9.5 (c)에서 주어진 급수는 예제 6.9.3에서와 같이 **정리 6.9.3 (교대급수 판정법)**에 의해 수렴하였고, 다음과 같이 주어진 급수

$$\sum_{n=1}^{\infty}\left|\frac{(-1)^{n-1}}{n}\right| = \sum_{n=1}^{\infty}\frac{1}{n}$$

는 **정리 6.9.2 (p−급수 판정법)**에 의해 발산한다. 따라서 급수 (c)는 절대수렴은 하지 않고 단순 수렴하는 급수로서 이러한 경우를 **조건수렴**이라고 부른다.

6.9.2 멱급수와 테일러급수

이제 다음과 같이 임의의 실수 x에 따라 변하는 급수를 고려해보자.

$$\sum_{n=0}^{\infty} c_n x^n = c_0 + c_1 x + c_2 x^2 + \cdots + c_n x^n + \cdots$$

이와 같은 형태의 급수를 **멱급수**(power series)라 하며, x는 변수이고 c_n은 상수로서 급수의 계수라고 부른다. 이때 주어진 멱급수는 x의 값에 따라 수렴 또는 발산할 수도 있다. 특히 급수의 합을 함수

$$f(x) = c_0 + c_1 x + c_2 x^2 + \cdots + c_n x^n + \cdots$$

이라 하면 정의역은 x가 수렴하는 범위가 되고 f는 다항함수의 형태이다. 예를 들어, 모든 n에 대하여 $c_n = 1$일 때 멱급수

$$\sum_{n=0}^{\infty} x^n = 1 + x + x^2 + \cdots + x^n + \cdots$$

는 $|x| < 1$일 때 수렴하고 $|x| \geq 1$일 때 발산한다. 따라서 $f(x) = 1 + x + x^2$

$+ \cdots + x^n + \cdots$ 라 하면 이 함수의 정의구역은 $|x| < 1$ 이다.

일반적으로 다음과 같은 멱급수

$$\sum_{n=0}^{\infty} c_n (x-a)^n = c_0 + c_1 (x-a) + c_2 (x-a)^2 + \cdots + c_n (x-a)^n + \cdots$$

을 $(x-a)$**의 멱급수** 또는 a**를 중심으로 한 멱급수**라 부른다.

예제 6.9.6 다음에 주어진 멱급수가 수렴하는 조건 x을 구하여라.

(a) $\sum_{n=0}^{\infty} n! x^n$

(b) $\sum_{n=1}^{\infty} \frac{(x-2)^{n-1}}{n}$

풀이 (a) **정리 6.9.5**의 비판정법을 이용하면

$$\lim_{n\to\infty}\left|\frac{a_{n+1}}{a_n}\right| = \lim_{n\to\infty}\left|\frac{(n+1)!\,x^{n+1}}{n!\,x^n}\right| = \lim_{n\to\infty}(n+1)|x| = \infty$$

이므로 $x=0$ 일 때만 수렴한다. 따라서 급수 $\sum_{n=0}^{\infty} n! x^n$ 의 수렴조건은 $x=0$ 이다.

(b) 마찬가지로

$$\lim_{n\to\infty}\left|\frac{a_{n+1}}{a_n}\right| = \lim_{n\to\infty}\left|\frac{\frac{(x-2)^n}{n+1}}{\frac{(x-2)^{n-1}}{n}}\right| = \lim_{n\to\infty}|x-2|$$

이므로 비판정법에 의해 $|x-2| < 1$ 일 때 수렴한다. 즉,

$$|x-2| < 1 \quad \text{또는} \quad -1 < x-2 < 1 \quad \text{또는} \quad 1 < x < 3$$

이고, 특히 $|x-2| = 1$ 일 때 $(x=1,\ x=3)$에는 비판정법에 의해 판정할 수 없으므로 주의해야 한다. 먼저, $x=1$ 일 때

$$\sum_{n=1}^{\infty}\frac{(x-2)^{n-1}}{n}\bigg|_{x=1} = \sum_{n=1}^{\infty}\frac{(1-2)^{n-1}}{n} = \sum_{n=1}^{\infty}\frac{(-1)^{n-1}}{n}$$

이므로 예제 6.9.3에서와 같이 이 급수는 수렴하고, $x=3$ 일 때에는

$$\sum_{n=1}^{\infty} \frac{(x-2)^{n-1}}{n}\Bigg|_{x=3} = \sum_{n=1}^{\infty} \frac{(3-2)^{n-1}}{n} = \sum_{n=1}^{\infty} \frac{1}{n}$$

이므로 발산한다. 따라서 주어진 급수가 수렴하는 조건은 $1 \leq x < 3$ 이다. ■

이제 멱급수를 어떻게 활용하고 그에 대한 의의가 무엇인지를 생각해보자. 먼저, 무한등비급수를 변형하거나 그에 대한 미분 또는 적분함으로써 어떤 형태의 함수들을 멱급수의 합으로 나타내는 방법을 소개한다. 이것은 어떤 주어진 함수가 기본적인 적분이 적용되지 않는 함수들을 적분을 구하거나 특히, 적분을 멱급수 형태로 나타냄으로써 근삿값을 구하는 데 이용할 것이다.

다음의 무한등비급수를 고려해보면,

$$\sum_{n=0}^{\infty} x^n = 1 + x + x^2 + \cdots + x^n + \cdots = \frac{1}{1-x} \quad (\text{단, } |x| < 1)$$

이것은 함수 $f(x) = \dfrac{1}{1-x}$ (단, $|x| < 1$)가 주어졌을 때 하나의 멱급수로 $f(x)$를 표현한 것으로도 볼 수 있다. 여기서 유의해야 할 점은 정의구역인 수렴조건 $|x| < 1$ 일 때만 가능하다는 것이다.

예제 6.9.7 다음에 주어진 함수를 멱급수로 나타내고, 수렴하는 조건 x를 구하여라.

(a) $\dfrac{1}{1+x^2}$

(b) $\dfrac{1}{3+x}$

풀이 (a)

$$\frac{1}{1+x^2} = \frac{1}{1-(-x^2)} = \sum_{n=0}^{\infty} (-x^2)^n = \sum_{n=0}^{\infty} (-1)^n x^{2n} = 1 - x^2 + x^4 - x^6 + x^8 - x^{10} + \cdots$$

이고, 무한등비급수의 수렴조건으로부터 $|-x^2| < 1$ 즉, $|x| < 1$ 일 때 수렴한다. 물론 이것은 비판정법으로도 구할 수 있으며 양끝 값에서 수렴발산을 조사할 필요는 없다.

(b) 마찬가지로

$$\frac{1}{3+x}=\frac{1}{3\left[1+\left(\frac{x}{3}\right)\right]}=\frac{1}{3\left[1-\left(-\frac{x}{3}\right)\right]}$$

$$=\frac{1}{3}\sum_{n=0}^{\infty}\left(-\frac{x}{3}\right)^n=\sum_{n=0}^{\infty}(-1)^n\frac{x^n}{3^{n+1}}$$

와 같이 멱급수로 나타낼 수 있으며 특히, 수렴조건은 $\left|-\frac{x}{3}\right|<1$ 로부터 $|x|<3$ 일 때 수렴한다. 즉, 수렴구간은 $(-3,\ 3)$ 이다. ■

일반적으로, 주어진 함수 $f(x)$가 멱급수의 합 $f(x)=\sum_{n=0}^{\infty}c_n x^n$ 와 같이 나타낼 수 있다면 그 함수의 정의역은 급수의 수렴구간이 된다. 따라서 정의구역 내에서 함수들을 다항식처럼 급수의 각 항을 각각 미분하거나 적분할 수 있다. 이것을 **항별 미분**과 **항별 적분**이라 하는데 특히, 원래 급수의 수렴조건은 변할 수도 있음에 유의해야한다. 이것은 다음 예제로 확인하도록 하자.

예제 6.9.8 다음에 주어진 함수를 멱급수로 나타내고 수렴하는 조건 x를 구하여라.

(a) $\frac{1}{(1-x)^2}$

(b) $\ln(1-x)$

풀이 (a) 다음의 무한등비급수

$$\frac{1}{1-x}=1+x+x^2+\cdots+x^n+\cdots\ (단,\ |x|<1)$$

에서 양변을 항별 미분을 하면

$$\frac{d}{dx}\left(\frac{1}{1-x}\right)=\frac{1}{(1-x)^2}$$

$$=\frac{d}{dx}(1+x+x^2+\cdots+x^n+\cdots)$$

$$=0+1+2x+\cdots+nx^{n-1}+\cdots=\sum_{n=1}^{\infty}nx^{n-1}$$

이고, $\sum_{n=1}^{\infty}nx^{n-1}=\sum_{n=0}^{\infty}(n+1)x^n$ 이므로

$$\frac{1}{(1-x)^2}=\sum_{n=0}^{\infty}(n+1)x^n$$

이다. 또한 비판정법에 의해

$$\lim_{n\to\infty}\left|\frac{a_{n+1}}{a_n}\right| = \lim_{n\to\infty}\left|\frac{(n+2)\,x^{n+1}}{(n+1)\,x^n}\right| = \lim_{n\to\infty}|x| < 1$$

이므로 수렴조건은 $|x|<1$ 이다. 여기서 $x=\pm 1$ 일 때는 포함되지 않는 것은 자명하다.

(b) 마찬가지로

$$\frac{1}{1-x} = 1+x+x^2+\cdots+x^n+\cdots \text{ (단, } |x|<1)$$

에서 양변을 항별 적분을 하면

$$\begin{aligned}\int \frac{1}{1-x}\,dx &= -\ln(1-x)\\ &= \int (1+x+x^2+\cdots+x^n+\cdots)\,dx\\ &= C+x+\frac{1}{2}x^2+\frac{1}{3}x^3+\cdots+\frac{1}{n+1}x^{n+1}+\cdots\\ &= C+\sum_{n=1}^{\infty}\frac{1}{n}x^n = C+\sum_{n=0}^{\infty}\frac{1}{n+1}x^{n+1}\end{aligned}$$

이고, 여기서 $x=0$ 이면 $-\ln(1-0)=0$ 이므로 적분상수 $C=0$ 이다. 따라서

$$\ln(1-x) = -\sum_{n=0}^{\infty}\frac{1}{n+1}x^{n+1}$$

이고, 수렴조건은 $|x|<1$ 일 때이다. 그러나 $x=1$ 일 때 위 식의 우변은

$$-\sum_{n=0}^{\infty}\frac{1}{n+1}x^{n+1}\bigg|_{x=1} = -\sum_{n=0}^{\infty}\frac{1}{n+1} = -\left(\sum_{n=1}^{\infty}\frac{1}{n}\right)$$

이고 이것은 조화급수이므로 발산한다. 또한 $x=-1$ 일 때 위 식의 우변은

$$\begin{aligned}-\sum_{n=0}^{\infty}\frac{1}{n+1}x^{n+1}\bigg|_{x=-1} &= -\sum_{n=0}^{\infty}\frac{1}{n+1}(-1)^{n+1}\\ &= \sum_{n=0}^{\infty}\frac{1}{n+1}(-1)^2(-1)^n\\ &= \sum_{n=1}^{\infty}\frac{(-1)^{n-1}}{n}\end{aligned}$$

이므로 이것은 교대급수 판정법에 의해 수렴한다. 따라서 수렴구간은 $-1\le x<1$ 이다. ■

예제 6.9.8(b)에서 수렴구간은 $-1\le x<1$ 이므로 예를 들어, 범위 내에 있는 $x=-1$ 일 때

$$\ln(1-x)|_{x=-1} = \ln 2 = \sum_{n=1}^{\infty} \frac{(-1)^{n-1}}{n}$$

$$= 1 - \frac{1}{2} + \frac{1}{3} - \frac{1}{4} + \cdots + \frac{(-1)^{n-1}}{n} + \cdots$$

이므로 예제 6.9.3에서 주어진 교대 조화급수의 수렴값은 $s = \ln 2$ 임을 보여준다.

다음의 예제는 앞에서 배운(**6.6절** 또는 **6.7절**) 방법으로는 해결할 수 없는 정적분 예로서 새로운 대안을 제시한다.

예제 6.9.9 (a) $\int \frac{1}{1+x^3}\,dx$ 을 멱급수로 나타내어라.

(b) (a)의 결과를 이용하여 오차 < 0.0001 이내에서 $\int_0^{1/3} \frac{1}{1+x^3}\,dx$ 을 추정하여라.

풀이 (a) 먼저 주어진 부정적분을 급수로 표현하면

$$\int \frac{1}{1+x^3}\,dx = \int \frac{1}{1-(-x^3)}\,dx$$

$$= \int (1 - x^3 + x^6 - x^9 + \cdots + (-1)^n x^{3n} + \cdots)\,dx$$

$$= C + x - \frac{1}{4}x^4 + \frac{1}{7}x^7 - \frac{1}{10}x^{10} + \cdots + (-1)^n \frac{1}{3n+1}x^{3n+1} + \cdots$$

이 되고, 수렴조건은 $|-x^3| < 1$ 이고, 특히 $x=1$ 일 때 $b_n = \frac{1}{3n+1}(>0)$ 인 수렴하는 교대급수이므로 주어진 적분은 $-1 < x \le 1$ 범위 내에서 수렴한다.

(b) (a)의 수렴조건 $-1 < x \le 1$ 로부터 적분구간 $x: 0 \to 1/3$ 은 수렴범위 내에 있으므로 주어진 정적분 값은 유한 확정(수렴)값을 갖고

$$\int_0^{1/3} \frac{1}{1+x^3}\,dx$$

$$= \left[C + x - \frac{1}{4}x^4 + \frac{1}{7}x^7 - \frac{1}{10}x^{10} + \cdots + (-1)^n \frac{1}{3n+1}x^{3n+1} + \cdots \right]_0^{1/3}$$

$$= \frac{1}{3} - \frac{1}{4}\left(\frac{1}{3}\right)^4 + \frac{1}{7}\left(\frac{1}{3}\right)^7 - \frac{1}{10}\left(\frac{1}{3}\right)^{10} + \cdots + (-1)^n \frac{1}{3n+1}\left(\frac{1}{3}\right)^{3n+1} + \cdots$$

이므로 이것은 수렴값 s 를 갖는 교대급수이다. 즉, 부분합을 s_n 이라 할 때

$$s_n = \frac{1}{3} - \frac{1}{4}\left(\frac{1}{3}\right)^4 + \frac{1}{7}\left(\frac{1}{3}\right)^7 - \frac{1}{10}\left(\frac{1}{3}\right)^{10} + \cdots + (-1)^n \frac{1}{3n+1}\left(\frac{1}{3}\right)^{3n+1}$$

$$\left(\text{단,}\quad b_n = \frac{1}{3n+1}\left(\frac{1}{3}\right)^{3n+1} > 0\right)$$

여기서 **정리 6.9.4**를 적용하면

$$b_1 = \frac{1}{3} > \frac{1}{10{,}000}\,;\quad b_2 = \frac{1}{4}\left(\frac{1}{3}\right)^4 = \frac{1}{4(3)^4} = \frac{1}{324} > \frac{1}{10{,}000}\,;$$

$$b_3 = \frac{1}{7}\left(\frac{1}{3}\right)^7 = \frac{1}{7(3)^7} = \frac{1}{15{,}309} < \frac{1}{10{,}000}$$

이므로

$$|s - s_2| \le b_3 < \frac{1}{10{,}000}$$

이다. 즉, 부분합 $s_2 = \frac{1}{3} - \frac{1}{4}\left(\frac{1}{3}\right)^4 \approx 0.33025$는 오차 < 0.0001 이내에서 $s = \int_0^{1/3} \frac{1}{1+x^3}\,dx$의 추정값이다. ■

지금까지 몇 가지 특별한 경우의 함수들에 대해서만 멱급수로 나타낼 수 있었다. 이제는 보다 더 일반적인 함수에 대한 멱급수 표현을 고려해보자.

함수 f를 정의구역 $|x-a| < R$에서 다음과 같이 멱급수로 표현 가능한 함수라 하자.

$$f(x) = c_0 + c_1(x-a) + c_2(x-a)^2 + \cdots + c_n(x-a)^n + \cdots$$

그러면 $f(a) = c_0$이고, 위 식을 한 번 미분하여 x 대신 a를 대입하면 $f'(a) = c_1$, 두 번 미분하여 x 대신 a를 대입하면 $f''(a) = 2c_2$, 이 과정을 n번 반복하면

$$\left.\frac{df(x)}{dx}\right|_{x=a} = f^{(n)}(a) = n!\,c_n \qquad \text{또는} \qquad c_n = \frac{f^{(n)}(a)}{n!}$$

이므로 다음 정리를 얻을 수 있다.

정리 6.9.6

무한히 미분 가능한 함수 f가 정의구역 내에서 멱급수로 표현 가능하면

$$f(x) = f(a) + \frac{f'(a)}{1!}(x-a) + \frac{f''(a)}{2!}(x-a)^2 + \cdots + \frac{f^{(n)}(a)}{n!}(x-a)^n + \cdots$$

이다. 이 급수를 **a에서 함수 f의 테일러급수**(Taylor series for f at a)라 하고 특히, $a=0$일 때의 테일러급수는 다음과 같다.

$$f(x)=f(0)+\frac{f'(0)}{1!}x+\frac{f''(0)}{2!}x^2+\cdots+\frac{f^{(n)}(0)}{n!}x^n+\cdots$$

이를 **f의 매클로린급수**(Maclaurin series for f)라 한다. ▪

참고로, 일반적으로는 미분 가능한 어떠한 함수 f에 대해서도 멱급수로 전개하였을 때 테일러급수의 합과 동일하지는 않다. 그러나 이러한 내용은 이 책의 수준을 벗어나므로 엄밀하게 정의하지 않고 단지, 결과의 활용을 위해 테일러급수 또는 매클로린급수를 구할 것이다.

예제 6.9.10 $x=1$에서 $f(x)=x^3-4x^2+5$의 테일러급수를 구하여라.

풀이 먼저 $f(1)=1^3-4(1)^2+5=2$이고, 위 식을 한 번, 두 번, 그리고 세 번 미분하여 각각 x대신 1을 대입하면

$$f'(x)=3x^2-8x,\quad f'(1)=3(1)^2-8(1)=-5$$
$$f''(x)=6x-8,\quad f''(1)=6(1)-8=-2$$
$$f'''(x)=6,\quad f'''(1)=6$$

이고, $n(\geq 4)$번 미분하면

$$\frac{d^nf(x)}{dx^n}=f^{(n)}(x)=0$$

이다. 따라서 $x=1$에서 f의 테일러급수는 다음과 같다.

$$\begin{aligned}f(x)&=f(1)+\frac{f'(1)}{1!}(x-1)+\frac{f''(1)}{2!}(x-1)^2+\frac{f^{(3)}(1)}{3!}(x-1)^3+\frac{f^{(4)}(1)}{4!}(x-1)^4+\cdots\\&=2+\frac{(-5)}{1!}(x-1)+\frac{(-2)}{2!}(x-1)^2+\frac{6}{3!}(x-1)^3+\frac{0}{4!}(x-1)^4+\cdots\\&=2-5(x-1)-(x-1)^2+(x-1)^3\end{aligned}$$

■

예제 6.9.11 $x=0$에서 주어진 함수 f의 테일러급수를 구하여라.

(a) e^x

(b) $\sin x$

(c) $\cos x$

풀이 (a) $f(x)=e^x$ 일 때, $f(0)=1$ 이고 모든 n 에 대해 $f^{(n)}(x)=e^x$ 이므로 $f^{(n)}(0)=1$ 이다. 따라서 $x=0$ 에서 f 의 테일러급수(또는 매클로린급수)는 다음과 같다.

$$\begin{aligned} f(x)=e^x &= f(0)+\frac{f'(0)}{1!}x+\frac{f''(0)}{2!}x^2+\frac{f^{(3)}(0)}{3!}x^3+\cdots+\frac{f^{(n)}(0)}{n!}x^n+\cdots \\ &= 1+\frac{1}{1!}x+\frac{1}{2!}x^2+\frac{1}{3!}x^3+\cdots+\frac{1}{n!}x^n+\cdots \\ &= \sum_{n=0}^{\infty}\frac{x^n}{n!} \end{aligned}$$

특히 f 의 매클로린급수에 대한 비판정법을 적용하면

$$\lim_{n\to\infty}\left|\frac{a_{n+1}}{a_n}\right| = \lim_{n\to\infty}\left|\frac{\frac{x^{n+1}}{(n+1)!}}{\frac{x^n}{n!}}\right| = \lim_{n\to\infty}\frac{1}{n+1}|x|=0$$

이므로 모든 실수 x 에 대해 수렴함을 알 수 있다.

(b) $f(x)=\sin x$ 에 대해 차례대로 다음이 성립하고

$$\begin{aligned} f(x)&=\sin x, & f(0)&=0 \\ f'(x)&=\cos x, & f'(0)&=1 \\ f''(x)&=-\sin x, & f''(0)&=0 \\ f^{(3)}(x)&=-\cos x, & f^{(3)}(0)&=-1 \\ f^{(4)}(x)&=\sin x, & f^{(4)}(0)&=0 \end{aligned}$$

여기서 네 번마다 도함수가 반복이 된다. 따라서 f 의 매클로린급수는 다음과 같다.

$$\begin{aligned} f(x)&=\sin x \\ &= f(0)+\frac{f'(0)}{1!}x+\frac{f''(0)}{2!}x^2+\frac{f^{(3)}(0)}{3!}x^3+\frac{f^{(4)}(0)}{4!}x^4+\frac{f^{(5)}(0)}{5!}x^5+\cdots \\ &= 0+\frac{1}{1!}x+\frac{0}{2!}x^2+\frac{(-1)}{3!}x^3+\frac{0}{4!}x^4+\frac{1}{5!}x^5+\cdots \\ &= x-\frac{1}{3!}x^3+\frac{1}{5!}x^5-\frac{1}{7!}x^7+\cdots=\sum_{n=0}^{\infty}(-1)^n\frac{x^{2n+1}}{(2n+1)!} \end{aligned}$$

또한 급수에 대한 비판정법을 적용하면

$$\lim_{n\to\infty}\left|\frac{a_{n+1}}{a_n}\right| = \lim_{n\to\infty}\left|\frac{(-1)^{n+1}\dfrac{x^{2n+3}}{(2n+3)!}}{(-1)^n\dfrac{x^{2n+1}}{(2n+1)!}}\right|$$

$$= \lim_{n\to\infty}\left|\frac{(2n+1)!\,x^{2n+3}}{(2n+3)(2n+2)(2n+1)!\,x^{2n+1}}\right|$$

$$= \lim_{n\to\infty}\frac{1}{(2n+3)(2n+2)}|x^2| = 0$$

이므로 수렴구간은 모든 실수이다.

(c) $f(x) = \cos x$ 에 대해 직접 매클로린급수를 구할 수 있으나 (b)의 결과를 이용하면

$$\cos x = \frac{d}{dx}(\sin x) = \frac{d}{dx}\left(x - \frac{1}{3!}x^3 + \frac{1}{5!}x^5 - \frac{1}{7!}x^7 + \cdots\right)$$

$$= 1 - \frac{1}{2!}x^2 + \frac{1}{4!}x^4 - \frac{1}{6!}x^6 + \cdots$$

$$= \sum_{n=0}^{\infty}(-1)^n\frac{x^{2n}}{(2n)!}$$

이다. ■

예제 6.9.12 $f(x) = xe^{-x^2}$ 의 매클로린급수를 구하여라.

풀이 먼저 예제 6.9.11 (a) 의 결과인 e^x 에서 x 대신 $-x^2$ 을 대입하면

$$e^x\Big|_{x:\,-x^2} = e^{(-x^2)}$$
$$= 1 + \frac{1}{1!}(-x^2) + \frac{1}{2!}(-x^2)^2 + \frac{1}{3!}(-x^2)^3 + \cdots + \frac{1}{n!}(-x^2)^n + \cdots$$
$$= \sum_{n=0}^{\infty}\frac{(-x^2)^n}{n!}$$

이고, 그 결과에 다시 x 를 곱하면 매클로린급수는 다음과 같다.

$$xe^{-x^2} = x\left[1 + \frac{1}{1!}(-x^2) + \frac{1}{2!}(-x^2)^2 + \frac{1}{3!}(-x^2)^3 + \cdots + \frac{1}{n!}(-x^2)^n + \cdots\right]$$
$$= x\sum_{n=0}^{\infty}\frac{(-x^2)^n}{n!} = \sum_{n=0}^{\infty}(-1)^n\frac{x^{2n+1}}{n!}$$ ■

이제 **6.9절**의 서론에서 제시하였던 $\int \frac{\sin x}{x}dx$ 의 문제를 생각해보자.

예제 6.9.13 정적분 $\int_0^{1/3} \frac{\sin x}{x}\, dx$ 을 오차 < 0.0001 이내에서 추정하여라.

풀이 예제 6.9.11 (b) 의 결과를 이용하자. 그러면 정적분 값은

$$\int_0^{1/3} \frac{\sin x}{x}\, dx$$

$$= \int_0^{1/3} \frac{\left[x - \frac{1}{3!}x^3 + \frac{1}{5!}x^5 - \frac{1}{7!}x^7 + \cdots + (-1)^n \frac{1}{(2n+1)!}x^{2n+1} + \cdots\right]}{x}\, dx$$

$$= \int_0^{1/3} \left[1 - \frac{1}{3!}x^2 + \frac{1}{5!}x^4 - \frac{1}{7!}x^6 + \cdots + (-1)^n \frac{1}{(2n+1)!}x^{2n} + \cdots\right] dx$$

$$= \left[C + x - \frac{1}{3!3}x^3 + \frac{1}{5!\,5}x^5 - \frac{1}{7!\,7}x^7 + \cdots + (-1)^n \frac{1}{(2n+1)!(2n+1)}x^{2n+1} + \cdots\right]_0^{1/3}$$

$$= \frac{1}{3} - \frac{1}{3!3}\left(\frac{1}{3}\right)^3 + \frac{1}{5!5}\left(\frac{1}{3}\right)^5 - \frac{1}{7!7}\left(\frac{1}{3}\right)^7 + \cdots$$

$$+ (-1)^n \frac{1}{(2n+1)!(2n+1)}\left(\frac{1}{3}\right)^{2n+1} + \cdots$$

이고, 따라서

$$\int_0^{1/3} \frac{\sin x}{x}\, dx = \sum_{n=0}^{\infty} (-1)^n b_n \quad \left(단,\ b_n = \frac{1}{(2n+1)!(2n+1)\,3^{2n+1}} > 0\right)$$

으로부터 모든 n 에 대해서 $b_n \ge b_{n+1}$ 이고, $\lim_{n\to\infty} b_n = 0$ 이므로 수렴값 s 를 갖는 교대급수이다. 이제 급수의 부분합을 s_n 이라 할 때 **정리 6.9.4**를 적용하면

$$b_1 = \frac{1}{3} > \frac{1}{10{,}000}; \quad b_2 = \frac{1}{3!3}\left(\frac{1}{3}\right)^3 = \frac{1}{3!(3)^4} = \frac{1}{486} > \frac{1}{10{,}000};$$

$$b_3 = \frac{1}{5!\,5}\left(\frac{1}{3}\right)^5 = \frac{1}{5!\,5(3)^5} = \frac{1}{145{,}800} < \frac{1}{10{,}000}$$

이므로

$$|s - s_2| \le b_3 < \frac{1}{10{,}000}$$

을 만족한다. 따라서 실제 값 $s = \int_0^{1/3} \frac{\sin x}{x}\, dx$ 의 추정값으로 부분합 $s_2 = \frac{1}{3} -$

$-\dfrac{1}{3!3}\left(\dfrac{1}{3}\right)^3 \approx s_2 = \dfrac{1}{3} - \dfrac{1}{3!3}\left(\dfrac{1}{3}\right)^3 \approx 0.33128$ 으로 한다면 그 오차는 < 0.0001 이내이다.

■

연습문제

1. 급수 $\displaystyle\sum_{n=1}^{\infty} \frac{1}{n(n+1)}$ 이 수렴함을 보이고 합을 구하여라.

2. 급수의 수렴발산을 판정하여라.

(1) $\displaystyle\sum_{n=1}^{\infty} \frac{2}{5n}$

(2) $\displaystyle\sum_{n=1}^{\infty} \sqrt[n]{3}$

(3) $\displaystyle\sum_{n=1}^{\infty} \arctan n$

(4) $\displaystyle\sum_{n=1}^{\infty} \ln\left(\frac{n^2+n+1}{3n^2+n-1}\right)$

(5) $\displaystyle\sum_{n=1}^{\infty} \frac{2}{\sqrt[3]{n}}$

(6) $\displaystyle\sum_{n=1}^{\infty} \frac{5}{\sqrt[3]{n^4}}$

(7) $\displaystyle\sum_{n=1}^{\infty} \frac{(-1)^n 3n}{4n-1}$

(8) $\displaystyle\sum_{n=1}^{\infty} \frac{(-1)^n}{n!}$

(9) $\displaystyle\sum_{n=1}^{\infty} (-1)^n \frac{n^3}{5^n}$

(10) $\displaystyle\sum_{n=1}^{\infty} \frac{n^n}{n!}$

3. 주어진 멱급수의 수렴조건을 구하여라.

(1) $\displaystyle\sum_{n=1}^{\infty} n!x^n$

(2) $\displaystyle\sum_{n=1}^{\infty} \frac{(x-3)^n}{n}$

4. 함수 $\tan^{-1}x$ 를 멱급수로 나타내고 수렴조건을 구하여라.

5. 함수 $x\cos x$ 의 매클로린급수를 구하여라.

6. 정적분 $\displaystyle\int_0^1 e^{-x^2}dx$ 를 오차 < 0.001 이내에서 추정하여라.

07

공간도형과 벡터

유클리드 [Euclid, 325 BC–265 BC]

유클리드는 당대까지의 기하학 지식을 정연한 논리를 통해 집대성한 《원론(*Elements*)》을 집필하였다. 이후 그의 업적은 2000여 년간 유럽인의 필수교양이 되었고, 모든 수학의 모태가 되었다. "기하학에는 왕도가 없다"는 말을 남겼다고 한다.

7.1 좌표공간

좌표평면은 평면에 원점에서 서로 직교하는 두 개의 수직선이 주어진 것이다. 비슷하게 **좌표공간**은 공간에 원점에서 서로 직교하는 세 개의 수직선이 주어진 것이다. 일반적으로 이 세 수직선을 x축, y축, z축으로 이름 지어 구분한다([그림 7.1.1] 참조).

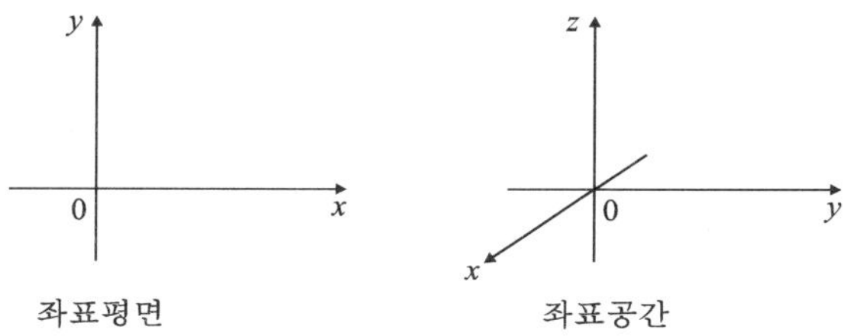

[그림 7.1.1]

좌표평면의 점들이 $\mathbb{R}^2=\{(x,\ y)\mid x,\ y\in\mathbb{R}\}$의 원소들과 일대일 대응이 주어진 방법과 비슷하게 $\mathbb{R}^3=\{(x,\ y,\ z)\mid x,\ y,\ z\in\mathbb{R}\}$의 원소들과 좌표공간의 점들에 일대일 대응을 다음과 같이 줄 수 있다.

공간의 한 점 P에 대응하는 $\mathbb{R}^3$의 원소, 즉 세 실수의 순서쌍 $(a,\ b,\ c)$는 $a,\ b,\ c$를 각각 P에서 x축, y축, z축에 내린 수선의 발의 좌표로 정함으로써 결정된다. 이때 $a,\ b,\ c$를 각각 P의 x좌표, y좌표, z좌표라 하고 $(a,\ b,\ c)$를 P의 좌표라 한다. 그리고 $\mathbb{R}^3=\{(x,\ y,\ z)\mid x,\ y,\ z\in\mathbb{R}\}$을 **삼차원 직교좌표계**(three dimensional rectangular coordinate system)라 부른다.

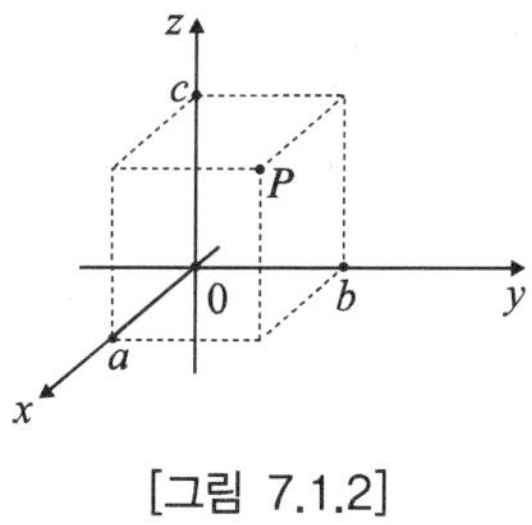

[그림 7.1.2]

일반적으로 서로 만나는 두 직선을 모두 포함하는 평면은 하나뿐이고, 이 평면을 두 직선이 결정한 **평면**이라고 부른다. 좌표공간에서 x축과 y축이 결정하는 평면을 xy평면, y축과 z축이 결정하는 평면을 yz평면, z축과 x축이 결정하는 평면을 zx평면이라 부른다.

그러면 x 축에 수직인 평면은 결국 yz 평면에 평행한 평면이고, 비슷하게 y 축에 수직인 평면은 zx 평면에 평행한 평면, z 축에 수직인 평면은 xy 평면에 평행한 평면이다([그림 7.1.2] 참조).

예제 7.1.1 다음 점의 좌표공간에서의 위치를 스케치하여라.

(a) $A(1,\ 2,\ 3)$　　(b) $B(1,\ -2,\ 3)$　　(c) $C(1,\ 2,\ -3)$

풀이

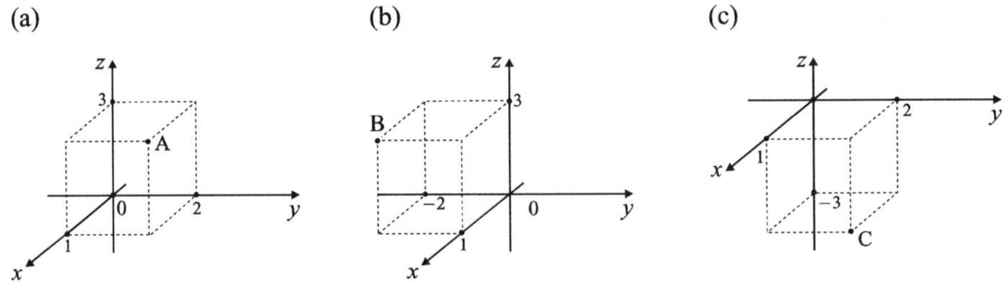

■

두 점 $P_1(x_1,\ y_1,\ z_1)$과 $P_2(x_2,\ y_2,\ z_2)$가 주어졌다고 하면 거리는

$$\overline{P_1P_2} = \sqrt{(x_1-x_2)^2+(y_1-y_2)^2+(z_1-z_2)^2}$$

이다. 이것은 P_1, P_2가 한 점에서 만나는 세 변의 길이가 각각 $|x_1-x_2|$, $|y_1-y_2|$, $|z_1-z_2|$인 직육면체의 마주보는 한 쌍의 꼭짓점에 위치하기 때문이다.

예제 7.1.2 두 점 $P(1,\ 0,\ 2)$와 $Q(3,\ 2,\ 1)$ 사이의 거리를 구하여라.

풀이

$$\begin{aligned}\overline{PQ} &= \sqrt{(1-3)^2+(0-2)^2+(2-1)^2} \\ &= \sqrt{9} = 3\end{aligned}$$

■

예제 7.1.3 xy 평면 위의 점 중 다음 세 점에 이르는 거리가 같은 좌표를 구하여라.

$$A(1,\ 1,\ 1),\ B(2,\ 3,\ 1),\ C(-1,\ 2,\ 3)$$

풀이 구하는 점은 xy 평면 위에 있으므로 $P(x,\ y,\ 0)$이라 둘 수 있다.

$$\overline{AP}^2 = (x-1)^2+(y-1)^2+(0-1)^2$$
$$\overline{BP}^2 = (x-2)^2+(y-3)^2+(0-1)^2$$

$$\overline{CP}^2=(x+1)^2+(y-2)^2+(0-3)^2$$
$$\overline{AP}^2=\overline{BP}^2\text{에서 } 2x+4y=11,\ \overline{AP}^2=\overline{CP}^2\text{에서 } 4x-2y=-11$$

따라서 $x=-\frac{11}{10}$, $y=\frac{33}{10}$이고, P의 좌표는 $\left(-\frac{11}{10}, \frac{33}{10}, 0\right)$이다. ■

이차원 해석기하학에서 x와 y를 포함하는 식의 그래프는 $\mathbb{R}^2$ 위의 곡선이다. 삼차원 해석기하학에서는 x, y, z를 포함하는 식은 $\mathbb{R}^3$에서 곡면을 나타낸다.

예제 7.1.4 다음의 식은 $\mathbb{R}^3$에서 어떤 곡면을 나타내는가?

(a) $z=4$　　　　　(b) $y=5$

풀이 (a) 식 $z=4$는 $\mathbb{R}^3$에서 z좌표가 4인 모든 점들의 집합 $\{(x, y, z) \mid z=4\}$을 나타낸다. 이것은 [그림 7.1.3] (a)와 같이 xy평면과 평행이면서 4만큼 xy평면 위에 있는 평면이다.

(b) 식 $y=5$는 $\mathbb{R}^3$에서 y좌표가 5인 모든 점들의 집합을 나타낸다. 이것을 [그림 7.1.3] (b)와 같이 xz평면과 평행이면서 5만큼 xz평면의 오른쪽에 있는 수직면이다.

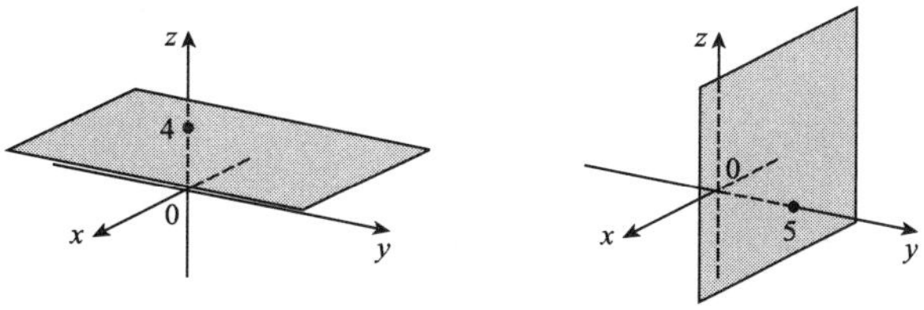

(a) $\mathbb{R}^3$의 평면, $z=4$　　　(b) $\mathbb{R}^3$의 평면, $y=5$

[그림 7.1.3] ■

예제 7.1.5 (a) 어떤 점 (x, y, z)가 다음 방정식을 만족하는가?

$$x^2+y^2=1 \quad \text{과} \quad z=4$$

(b) $x^2+y^2=1$은 $\mathbb{R}^3$에서 어떤 곡면을 나타내는가?

풀이 (a) $z=4$이므로 예제 7.1.4 (a)로부터 이 점들은 수평평면 $z=4$에 있다. 그리고 $x^2+y^2=1$이므로 이 점들은 반지름이 1이고 z축에 중심을 둔 원 위에 있다([그림 7.1.4] (a) 참조).

(b) z상에서 제한이 없는 $x^2+y^2=1$이 주어졌을 때 점 (x, y, z)는 어떠한 수평평면 $z=k$인 원 위에 있다. 그래서 $\mathbb{R}^3$에서 곡면 $x^2+y^2=1$은 $x^2+y^2=1$, $z=k$인 모든 가능한 수평 원으로 구성된다. 따라서 이 곡면은 반지름이 1이고 z축을 중심으로 반

지름이 1인 원기둥이다([그림 7.1.4] (b) 참조).

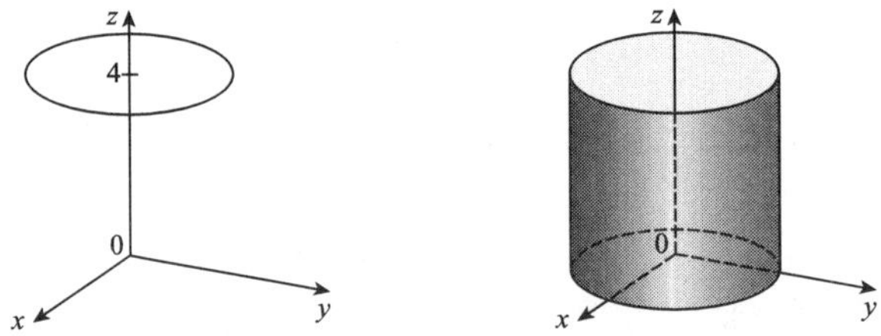

(a) 원 $x^2+y^2=1,\ z=4$ (b) 원기둥 $x^2+y^2=1$

[그림 7.1.4] ■

연습문제

1. 좌표가 다음과 같은 점의 좌표공간에서의 위치를 스케치하여라.

(1) $(1,\ 2,\ 2)$

(2) $(1,\ 2,\ -2)$

(3) $(1,\ -2,\ 2)$

2. 두 점 사이의 거리를 구하여라.

(1) $(1,\ 2,\ 4)$, $(3,\ 5,\ 2)$

(2) $(-1,\ 0,\ 1)$, $(1,\ 2,\ 3)$

3. 좌표공간의 두 점 $P(1,\ 2,\ 1)$, $Q(2,\ 3,\ 0)$로부터 같은 거리에 있는 x축 위의 점 A, y축 위의 점 B, z축 위의 점 C의 좌표를 각각 구하여라.

4. 공간에 놓인 평행사변형 $ABCD$가 있다. A, B, C의 좌표가 각각 $(4,\ 3,\ -3)$, $(-1,\ 2,\ 4)$, $(-3,\ 5,\ 8)$일 때 점 D의 좌표를 구하여라.

5. 중심이 $C(h,\ k,\ l)$이고 반지름의 길이가 r인 구면의 방정식은

$$(x-h)^2+(y-k)^2+(z-l)^2=r^2$$

이다. 이때 $x^2+y^2+z^2+4x-6y+2z+6=0$이 구면의 방정식임을 보이고 중심과 반지름을 구하여라.

7.2 벡터

물리학에서 벡터는 운동법칙은 물론이고 속도와 가속도, 힘 등을 나타내는 데 유용하게 쓰이고 있다. 물리학에서 벡터들의 모임은 바로 힘의 구성을 나타내고, 물리학적 힘의 구성은 전자기장 등 다양한 벡터들로 이루어진 공간을 나타내는 데 효과적으로 쓰인다. 또한 사회과학에서도 널리 쓰인다.

물체의 운동을 표현하는 속도는 양의 실숫값으로 표현되는 속력뿐 아니라 운동의 방향을 포함하는 개념으로서 속력보다 물체의 운동을 완전하게 표현한다. 속도와 같은 양은 화살표로 표현할 수 있다. 이러한 화살표는 시점 P와 종점 Q를 정함으로써 결정되므로 그것을 $\overrightarrow{PQ}$라 표현하고 **벡터**(vector)라 부른다. 선분의 경우에는 선분 $\overline{PQ}$와 선분 $\overline{QP}$는 같은 것이지만, 벡터의 경우에는 P와 Q의 역할이 다르므로 $\overrightarrow{PQ}$와 $\overrightarrow{QP}$는 $P=Q$인 경우를 제외하고는 서로 다르다([그림 7.2.1] 참조).

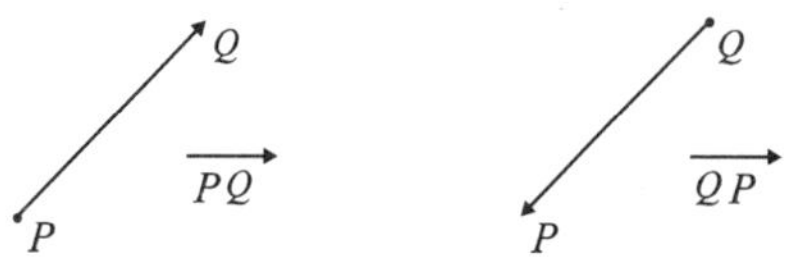

[그림 7.2.1] 벡터의 시점과 종점

같은 크기와 방향을 갖고 있는 벡터는 모두 같은 벡터로 간주하기로 한다.

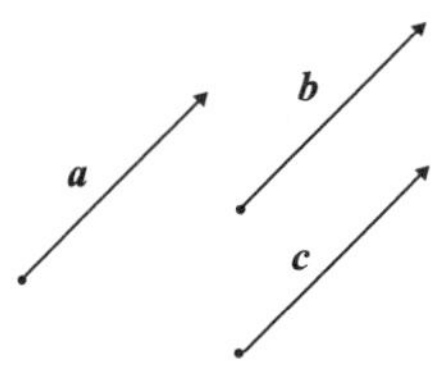

[그림 7.2.2] $\boldsymbol{a}=\boldsymbol{b}=\boldsymbol{c}$

예를 들어 위의 [그림 7.2.2]에서 $\boldsymbol{a}$, $\boldsymbol{b}$, $\boldsymbol{c}$는 모두 같은 벡터를 나타낸다. 여기에서와 같이 벡터를 굵은 소문자 알파벳으로 나타내는 것이 관행이다. 이것은 어떤 기호가 벡터를 나타내는지 단순히 실수를 나타내는지를 명확히 구분해서 의식하는 것이 중요하기 때문에 생겨난 관행이다. 벡터를 다룰 때는 실수를 벡터와 구분하는 의미에서 **스칼라**(scalar)라고 말하기도 한다.

벡터의 시점 P와 종점 Q를 평면의 범위에서 생각할 때는 $\overrightarrow{PQ}$를 평면벡터,

공간의 범위에서 생각할 때는 $\overrightarrow{PQ}$를 **공간벡터**(space vector)라 부른다([그림 7.2.3] 참조).

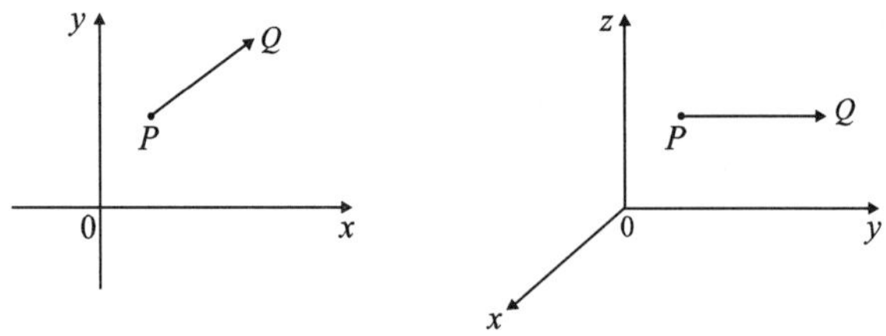

[그림 7.2.3] 평면벡터와 공간벡터

두 벡터 $\boldsymbol{a}, \boldsymbol{b}$의 **벡터합** $\boldsymbol{a}+\boldsymbol{b}$는 다음과 같이 정의된다. $\boldsymbol{a}=\overrightarrow{AB}$라면 $\boldsymbol{b}$를 시점이 B인 벡터로 나타냈을 때 $\boldsymbol{b}=\overrightarrow{BC}$이면 $\boldsymbol{a}+\boldsymbol{b}=\overrightarrow{AC}$로 정의한다([그림 7.2.4] 참조).

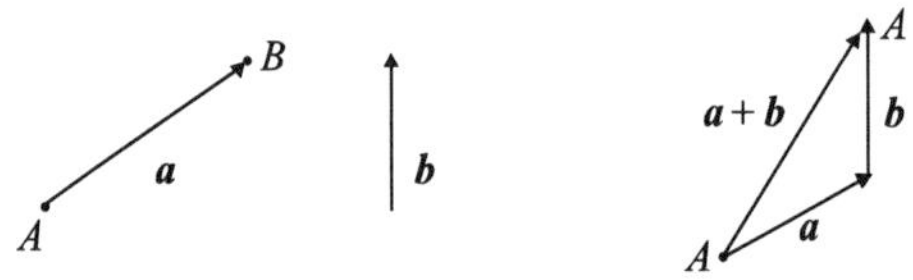

[그림 7.2.4] 벡터의 합

따라서 $\boldsymbol{a}+\boldsymbol{b}$는 $\boldsymbol{a}$와 $\boldsymbol{b}$를 모두 시점이 같은 화살표로 나타내고 이 화살표를 두 변으로 하는 평행사변형에서 $\boldsymbol{a}, \boldsymbol{b}$의 공통시점을 시점으로, 그 시점에 마주보는 꼭짓점을 종점으로 하는 화살표로 표현되는 벡터이다([그림 7.2.5] 참조).

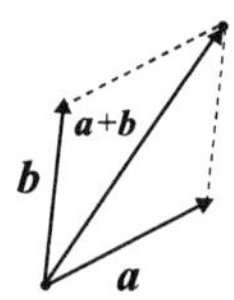

[그림 7.2.5] 평행사변형 방법

이러한 $\boldsymbol{a}+\boldsymbol{b}$의 이해는 $\boldsymbol{a}+\boldsymbol{b}=\boldsymbol{b}+\boldsymbol{a}$가 성립함을 보여준다.

벡터의 크기(길이, length ; norm)는 $\boldsymbol{a}=\overrightarrow{PQ}$일 때 선분 $\overline{PQ}$의 길이를 뜻하고 $\|\boldsymbol{a}\|$ 혹은 $\|\overrightarrow{PQ}\|$로 표기한다. 실수 c와 벡터 내의 **스칼라곱** $c\boldsymbol{u}$는 다음과 같이 정의된다. 먼저 $c>0$인 경우 $c\boldsymbol{u}$는 $\boldsymbol{u}$와 방향이 같고 길이가 $c\|\boldsymbol{u}\|$인 벡터이고, $c<0$인 경우 $c\boldsymbol{u}$는 $\boldsymbol{u}$와 방향이 반대이고 길이가 $|c|\|\boldsymbol{u}\|$인 벡터이다([그림 7.2.6] 참조).

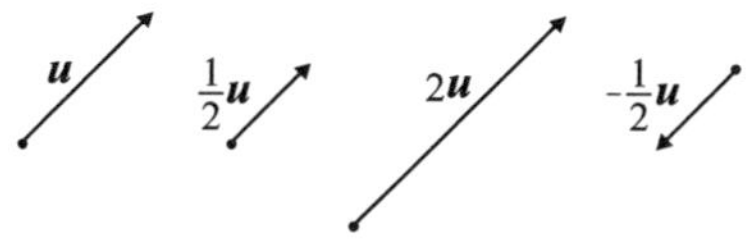

[그림 7.2.6] 실수와 벡터의 스칼라곱

$c=0$인 경우는 $c\boldsymbol{u}$는 길이가 0인 벡터이어야 하는데, 길이가 0인 벡터를 **영벡터**라 하고 $\mathbf{0}$으로 표기한다. 영벡터 $\mathbf{0}$은 시점과 종점이 같은 벡터이다. 또한 크기가 1인 벡터를 **단위벡터**라 한다.

벡터의 성분에 대해서 말하려면 좌표평면 혹은 좌표공간에서 말해야 한다. 평면벡터를 다루는 것과 공간벡터를 다루는 것이 본질적으로 차이가 없으므로 여기서는 공간벡터에 한정하여 다룬다.

벡터 $\boldsymbol{a}$를 시점이 원점 O인 벡터 $\overrightarrow{OA}$(특별히 **위치벡터**라 한다)로 나타냈을 때, A의 좌표가 (a_1, a_2, a_3)이면, $\boldsymbol{a}$를 $\langle a_1, a_2, a_3 \rangle$로 나타내기로 하고, a_1, a_2, a_3를 각각 $\boldsymbol{a}$의 x성분, y성분, z성분이라 부른다. B의 좌표가 (b_1, b_2, b_3)이면 벡터 $\overrightarrow{AB}$를 **변위벡터**라 하고 각각의 성분은 b_1-a_1, b_2-a_2, b_3-a_3가 된다.

다음은 자명하다.

정리 7.2.1

$\boldsymbol{a}=\langle a_1, a_2, a_3 \rangle$이면

$$\|\boldsymbol{a}\| = \sqrt{a_1^2 + a_2^2 + a_3^2}.$$

■

따라서 크기가 0이 아닌 벡터 $\boldsymbol{a}$와 방향이 같은 단위벡터는 $\dfrac{\boldsymbol{a}}{\|\boldsymbol{a}\|}$이다. 그리고 벡터의 성분표시를 이용하면, 벡터의 합과 실수와 벡터의 곱은 다음과 같이 간결하게 표현된다.

정리 7.2.2

$\boldsymbol{a}=\langle a_1, a_2, a_3 \rangle$, $\boldsymbol{b}=\langle b_1, b_2, b_3 \rangle$는 공간벡터, c는 실수이면

(a) $\boldsymbol{a}+\boldsymbol{b}=\langle a_1+b_1, a_2+b_2, a_3+b_3 \rangle$

(b) $c\boldsymbol{a}=\langle ca_1, ca_2, ca_3 \rangle$

■

벡터의 합에 대해 시점과 종점이 같은 벡터인 영벡터 $\mathbf{0}$은 항등원임을 쉽게 알 수 있다. 따라서 벡터 $\mathbf{a}$에 대해 합에 관한 역원 $-\mathbf{a}$를 생각할 수 있는데, $\mathbf{0}=\langle 0, 0, 0\rangle$이므로 $-\mathbf{a}$는 **정리 7.2.2**에 의하면 $\mathbf{a}=\langle a_1, a_2, a_3\rangle$일 때,

$$-\mathbf{a}=\langle -a_1, -a_2, -a_3\rangle$$

임이 자명하다. 따라서 $\mathbf{b}=\langle b_1, b_2, b_3\rangle$일 때 벡터들의 차를 $\mathbf{a}-\mathbf{b}=\mathbf{a}+(-\mathbf{b})$로 정의하면

$$\mathbf{a}-\mathbf{b}=\langle a_1-b_1, a_2-b_2, a_3-b_3\rangle$$

라는 등식을 얻는다. 또한 **정리 7.2.1**과 **7.2.2**의 (b)로부터 등식

$$\|c\mathbf{a}\|=|c|\|\mathbf{a}\|$$

를 얻는데 이것은 원래의 실수와 벡터의 곱의 정의와 일치한다.

예제 7.2.1 두 벡터 $\mathbf{a}=\langle 2, 1, 3\rangle$, $\mathbf{b}=\langle 3, -2, 1\rangle$에 대해 다음을 계산하여라.

(a) $\mathbf{a}+\mathbf{b}$ (b) $2\mathbf{a}$

(c) $2\mathbf{a}-3\mathbf{b}$ (d) $\|2\mathbf{a}-3\mathbf{b}\|$

풀이 (a) $\mathbf{a}+\mathbf{b}=\langle 2+3, 1-2, 3+1\rangle=\langle 5, -1, 4\rangle$

(b) $2\mathbf{a}=\langle 2\cdot 2, 2\cdot 1, 2\cdot 3\rangle=\langle 4, 2, 6\rangle$

(c) $$\begin{aligned}2\mathbf{a}-3\mathbf{b}&=2\langle 2, 1, 3\rangle-3\langle 3, -2, 1\rangle\\&=\langle 4, 2, 6\rangle-\langle 9, -6, 3\rangle\\&=\langle 4-9, 2-(-6), 6-3\rangle\\&=\langle -5, 8, 3\rangle\end{aligned}$$

(d) $$\begin{aligned}\|2\mathbf{a}-3\mathbf{b}\|&=\sqrt{(-5)^2+8^2+3^2}\\&=\sqrt{98}=7\sqrt{2}\end{aligned}$$

■

정리 7.2.3

$\mathbf{a}$, $\mathbf{b}$, $\mathbf{c}$ 그리고 $\mathbf{0}$을 공간벡터라 하고 d, e를 실수라 하면 다음이 성립한다.

(a) $\mathbf{a}+\mathbf{b}=\mathbf{b}+\mathbf{a}$ (교환법칙)

(b) $\mathbf{a}+(\mathbf{b}+\mathbf{c})=(\mathbf{a}+\mathbf{b})+\mathbf{c}$ (결합법칙)

(c) $\mathbf{a}+\mathbf{0}=\mathbf{a}$ (합의 항등원)

(d) $\mathbf{a}+(-\mathbf{a})=\mathbf{0}$ (합에 관한 역원)

(e) $d(\boldsymbol{a}+\boldsymbol{b}) = d\boldsymbol{a}+d\boldsymbol{b}$ (분배법칙)

(f) $(d+e)\boldsymbol{a} = d\boldsymbol{a}+e\boldsymbol{a}$ (분배법칙)

(g) $(de)\boldsymbol{a} = d(e\boldsymbol{a})$ (결합법칙)

(h) $1\boldsymbol{a} = \boldsymbol{a}$ (1을 곱하기)

(i) $0\boldsymbol{a} = 0$ (0을 곱하기)

■

위의 정리가 벡터의 성분표시를 이용하면 쉽게 증명된다는 것을 (a)의 경우를 예로 들어 설명해 보자. $\boldsymbol{a} = \langle a_1, a_2, a_3 \rangle$, $\boldsymbol{b} = \langle b_1, b_2, b_3 \rangle$라 두면

$$\begin{aligned}\boldsymbol{a}+\boldsymbol{b} &= \langle a_1+b_1, a_2+b_2, a_3+b_3 \rangle \\ &= \langle b_1+a_1, b_2+a_2, b_3+a_3 \rangle = \boldsymbol{b}+\boldsymbol{a}\end{aligned}$$

와 같이 증명이 된다.

정의 7.2.1

공집합이 아닌 벡터들의 집합 V에 대하여 두 연산, 즉 벡터의 덧셈(+)과 스칼라 곱(·)이 정의되어 **정리 7.2.3**과 같은 조건을 만족할 때 $(V, +, \cdot)$를 **벡터공간**(vector space) 또는 **선형공간**(linear space)이라고 한다. ■

다음으로 벡터의 곱의 개념으로서 벡터의 **내적**(inner product)을 소개한다.

정의 7.2.2

두 벡터 $\boldsymbol{a} = \langle a_1, a_2, a_3 \rangle$와 $\boldsymbol{b} = \langle b_1, b_2, b_3 \rangle$의 **내적** $\boldsymbol{a} \cdot \boldsymbol{b}$를

$$\boldsymbol{a} \cdot \boldsymbol{b} = a_1 b_1 + a_2 b_2 + a_3 b_3$$

로 정의한다. ■

평면벡터의 경우에도 내적을 같은 방법으로 정의한다. 내적의 기하학적인 의미는 다음에 의해 주어진다.

정리 7.2.4

두 벡터 $\boldsymbol{a}$와 $\boldsymbol{b}$가 영벡터가 아니고, 그 사잇각을 θ라 하면

$$\boldsymbol{a} \cdot \boldsymbol{b} = \|\boldsymbol{a}\| \|\boldsymbol{b}\| \cos\theta$$

이다. ■

이 정리는 평면벡터와 공간벡터에 대해 모두 성립한다.

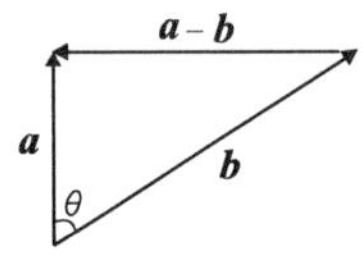

정리 7.2.4는 위의 그림과 같은 삼각형에서 코사인 제2법칙

$$\|\boldsymbol{a}-\boldsymbol{b}\|^2 = \|\boldsymbol{a}\|^2 + \|\boldsymbol{b}\|^2 - 2\|\boldsymbol{a}\|\|\boldsymbol{b}\|\cos\theta$$

을 이용하여 증명된다.

특히 $\boldsymbol{a}$와 $\boldsymbol{b}$가 수직일 필요충분조건이 $\boldsymbol{a} \cdot \boldsymbol{b} = 0$임을 알 수 있다.

우리는 이차원 평면 $\mathbb{R}^2$ 또는 삼차원 공간 $\mathbb{R}^3$에서 벡터의 개념들과 연산에 대해 다루었다. 실제로 이것은 n차원 $\mathbb{R}^n$으로 확장할 수 있는데 먼저, **정리 7.2.1**에서 n차원 벡터 $\boldsymbol{a} = \langle a_1, a_2, \cdots, a_n \rangle$의 **크기(길이)**는

$$\|\boldsymbol{a}\| = \sqrt{a_1^2 + a_2^2 + \cdots + a_n^2}$$

와 같이 나타낼 수 있다. 또한 **정의 7.2.2**에서도 두 벡터 $\boldsymbol{a} = \langle a_1, a_2, \cdots, a_n \rangle$와 $\boldsymbol{b} = \langle b_1, b_2, \cdots, b_n \rangle$의 **내적** $\boldsymbol{a} \cdot \boldsymbol{b}$는

$$\boldsymbol{a} \cdot \boldsymbol{b} = a_1 b_1 + a_2 b_2 + \cdots + a_n b_n$$

으로 정의할 수 있다.

정의 7.2.3

$\mathbb{R}^n$에서 두 벡터 $\boldsymbol{a}$, $\boldsymbol{b}$가 수직이고 각각 단위벡터이면 **정규직교벡터**(orthonormal vector) 라고 한다. ■

삼차원 공간벡터 $\mathbb{R}^3$에는 특별한 역할을 하는 벡터 3개가 있다.

$$\mathbf{i} = \langle 1, 0, 0 \rangle \quad \mathbf{j} = \langle 0, 1, 0 \rangle \quad \mathbf{k} = \langle 0, 0, 1 \rangle$$

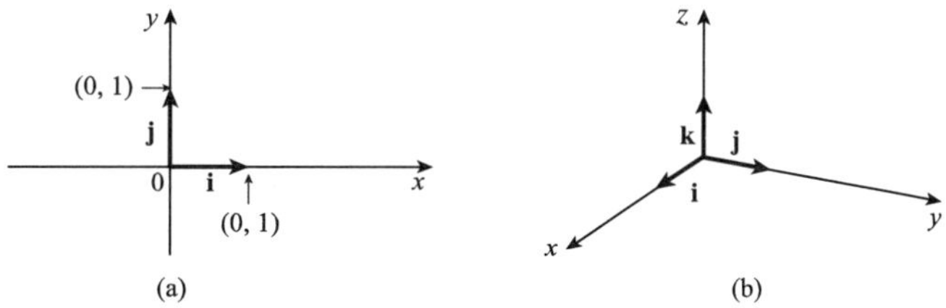

[그림 7.2.7]

여기서 i, j, k는 각각 길이가 1이고 서로 수직인 동시에 x축, y축, z축의 양의 방향을 가리키는 정규직교벡터이다. 마찬가지로 이차원 $\mathbb{R}^2$에서는 $\mathbf{i} = \langle 1, 0 \rangle$과 $\mathbf{j} = \langle 0, 1 \rangle$로 정의한다([그림 7.2.7] 참조).

만일 $\boldsymbol{a} = \langle a_1, a_2, a_3 \rangle$이면

$$\boldsymbol{a} = \langle a_1, a_2, a_3 \rangle = \langle a_1, 0, 0 \rangle + \langle 0, a_2, 0 \rangle + \langle 0, 0, a_3 \rangle$$
$$= a_1 \langle 1, 0, 0 \rangle + a_2 \langle 0, 1, 0 \rangle + a_3 \langle 0, 0, 1 \rangle$$

또는 $\boldsymbol{a} = a_1 \mathbf{i} + a_2 \mathbf{j} + a_3 \mathbf{k}$로 쓸 수 있으므로 $\mathbb{R}^3$의 임의의 벡터는 **표준기저벡터**(standard basis vectors) i, j, k로 나타낼 수 있다. 예를 들면

$$\langle 1, -2, 6 \rangle = \mathbf{i} - 2\mathbf{j} + 6\mathbf{k}.$$

마찬가지로 2차원에서는

$$\boldsymbol{a} = \langle a_1, a_2 \rangle = a_1 \mathbf{i} + a_2 \mathbf{j}$$

와 같이 쓸 수 있다.

예제 7.2.2 벡터를 이용하여 꼭짓점이 $P(1, -3, -2)$, $Q(2, 0, -4)$, $R(6, -2, -5)$인 삼각형이 직각삼각형인지 결정하여라.

풀이 $\overrightarrow{QP} = \langle -1, -3, 2 \rangle$, $\overrightarrow{QR} = \langle 4, -2, -1 \rangle$이므로 두 벡터의 내적은

$$\overrightarrow{QP} \cdot \overrightarrow{QR} = (-1)4 + (-3)(-2) + 2(-1)$$
$$= -4 + 6 - 2 = 0$$

이고, 따라서 두 벡터가 수직이므로 $\triangle PQR$은 직각삼각형임을 알 수 있다. ■

정의 7.2.1에서 실수인 n개의 성분 $a_1, a_2, \cdots, a_n$을 가진 벡터 v들의 집합, 즉

$$V = \{\langle a_1,\ a_2,\ \cdots,\ a_n\rangle \mid a_i \text{는 실수},\ i = 1,\ 2,\ \cdots,\ n\}$$

은 하나의 벡터공간이며 $\mathbb{R}^n$으로 나타낸다고 하였다. 다음은 이러한 상황에서 선형대수학에서 중요한 개념 중의 하나를 정의한다.

정의 7.2.4

$v_1, v_2, \cdots, v_n$을 벡터공간 V의 원소라 할 때, 스칼라 $k_1, k_2, \cdots, k_n$에 대하여 $k_1v_1 + k_2v_2 + \cdots + k_nv_n$의 꼴인 벡터를 $v_1, v_2, \cdots, v_n$의 **일차결합**(linear combination)이라 한다. 만일 $k_1, k_2, \cdots, k_n$이 적어도 하나는 0이 아닌 수로서 $\sum_{i=1}^{n} k_i v_i = 0$인 관계가 성립하면, $v_1, v_2, \cdots, v_n$은 **일차종속**(linearly dependent) 이라 한다. 그리고 $v_1, v_2, \cdots, v_n$이 일차종속이 아닐 때 **일차독립**(linearly independent) 이라고 한다. 즉, $v_1, v_2, \cdots, v_n$이 일차독립이라는 것은 $\sum_{i=1}^{n} k_i v_i = 0$이면 모든 $i = 1, 2, \cdots, n$에 대하여 $k_i = 0$이다. ■

예제 7.2.3 삼차원 벡터공간 $\mathbb{R}^3 = V$에서 표준기저벡터 $\mathbf{i}, \mathbf{j}, \mathbf{k}$는 일차독립이다.

풀이 $k_1\mathbf{i} + k_2\mathbf{j} + k_3\mathbf{k} = \langle k_1,\ 0,\ 0\rangle + \langle 0,\ k_2,\ 0\rangle + \langle 0,\ 0,\ k_3\rangle$

$$= \langle k_1,\ k_2,\ k_3\rangle = \mathbf{0}$$

이면 $k_1 = k_2 = k_3 = 0$이다. 따라서 $\mathbf{i}, \mathbf{j}, \mathbf{k}$는 일차독립이다. ■

예제 7.2.4 세 개의 3차원벡터 $\boldsymbol{a} = \langle 1,\ 0,\ 1\rangle$, $\boldsymbol{b} = \langle 2,\ 3,\ 2\rangle$, $\boldsymbol{c} = \langle 1,\ 3,\ 1\rangle$는 일차독립 또는 일차종속인지 밝혀라.

풀이 임의의 실수 k_1, k_2, k_3에 대하여 $\boldsymbol{a}, \boldsymbol{b}, \boldsymbol{c}$의 일차결합

$$\begin{aligned} k_1\boldsymbol{a} + k_2\boldsymbol{b} + k_3\boldsymbol{c} &= k_1\langle 1,\ 0,\ 1\rangle + k_2\langle 2,\ 3,\ 2\rangle + k_3\langle 1,\ 3,\ 1\rangle \\ &= \langle k_1 + 2k_2 + k_3,\ 3k_2 + 3k_3,\ k_1 + 2k_2 + k_3\rangle \\ &= 0 \end{aligned}$$

으로부터 다음의 방정식을 풀면

$$k_1 + 2k_2 + k_3 = 0, \quad 3k_2 + 3k_3 = 0, \quad k_1 + 2k_2 + k_3 = 0$$

에서 $k_1 = -k_2 = k_3$이므로 일차결합계수들의 유일한 값들이 모두 0일 필요가 없으므로 해당 벡터들은 일차종속이다. 실제로 $\boldsymbol{b}$는 $\boldsymbol{a}$와 $\boldsymbol{c}$의 일차결합으로 표현할 수 있다. ■

연습문제

1. 평행사변형 $ABCD$의 서로 다른 두 꼭짓점을 각각 시점과 종점으로 하는 벡터 중 서로 같은 것을 찾아라.

2. 네 점 A, B, C, D에 대해 $\overrightarrow{AB}+\overrightarrow{DC}=\overrightarrow{AC}+\overrightarrow{DB}$임을 보여라.
(힌트 : 일반적으로 $\overrightarrow{AB}+\overrightarrow{BC}+\overrightarrow{CD}+\overrightarrow{DA}=0$이 성립함을 이용하여라.)

3. $\boldsymbol{a}=\langle 3, 1, 2\rangle$, $\boldsymbol{b}=\langle 2, 4, -1\rangle$에 대해 다음을 계산하여라.
(1) $\boldsymbol{a}+\boldsymbol{b}$
(2) $\boldsymbol{a}-\boldsymbol{b}$
(3) $2\boldsymbol{a}-3\boldsymbol{b}$
(4) $\|2\boldsymbol{a}-3\boldsymbol{b}\|$
(5) $\boldsymbol{a}\cdot\boldsymbol{b}$

4. 임의의 공간벡터 $\boldsymbol{a}$에 대해 $\|\boldsymbol{a}\|=\sqrt{\boldsymbol{a}\cdot\boldsymbol{a}}$가 성립함을 보여라.

5. 다음 두 벡터 사이의 각을 구하여라.

$$\boldsymbol{a}=\langle 2, 0, -2\rangle, \quad \boldsymbol{b}=\langle 0, -2, 4\rangle$$

6. 다음 두 벡터가 서로 수직이 되도록 실수 x의 값을 정하여라.

$$\langle 4, -1, 1\rangle, \quad \langle 2, 4, x\rangle$$

7. 다음 벡터들의 일차종속, 일차독립 여부를 밝혀라.
(1) $\langle 1, 1, 2\rangle$, $\langle 1, 2, 1\rangle$, $\langle 3, 1, 1\rangle$
(2) $\langle 1, -1, 0\rangle$, $\langle 0, 1, -1\rangle$, $\langle -1, 0, 1\rangle$

7.3 행렬의 정의와 연산

몇 개의 수를 평면상의 좌표 (x, y)와 같이 순서쌍으로 나타내거나, 벡터의 형태를 취하면 편리한 경우가 있다.

데이터를 적절하게 다룰 수 있도록 해주는 도구 중에 하나가 **행렬**(matrix)이며, 이 절에서는 행렬의 종류, 그리고 행렬의 특수형태인 벡터와 스칼라에 대한 연산 등을 다룬다.

정의 7.3.1

m과 n을 양의 정수라 하자. mn개의 수 a_{ij}(여기서 $i=1, 2, \cdots, m$, $j=1, 2, \cdots, n$)를 아래와 같이 배열한 것을 $\boldsymbol{m \times n}$ **행렬**(m by n matrix)이라 하고, 이를 $A=[a_{ij}]$, $i=1, 2, \cdots, m$, $j=1, 2, \cdots, n$으로 간단히 나타낸다. 즉,

$$A=[a_{ij}]=\begin{bmatrix} a_{11} & a_{12} & \cdots & a_{1n} \\ a_{21} & a_{22} & \cdots & a_{2n} \\ \vdots & \vdots & \cdots & \vdots \\ a_{m1} & a_{m2} & \cdots & a_{mn} \end{bmatrix}$$

이다. 여기서 a_{ij}는 모든 실수와 복소수를 사용할 수 있으나, 이 책에서는 실수로 한정한다. ■

예제 7.3.1 다음은 행렬의 예로서 각각 1×3, 3×2, 3×1, 3×3 행렬 등을 나타낸다.

$$[1\ 2\ 3], \quad \begin{bmatrix} 0 & 0 \\ 0 & 0 \\ 0 & 0 \end{bmatrix}, \quad \begin{bmatrix} -1 \\ -2 \\ -3 \end{bmatrix}, \quad \begin{bmatrix} 1 & 0 & 0 \\ 0 & 1 & 0 \\ 0 & 0 & 1 \end{bmatrix}$$ ■

$A=[a_{ij}]$에서 모든 i, j에 대해 a_{ij}를 행렬의 $\boldsymbol{ij}$-**성분**(ij-entry, component, element)이라 하며, a_{ij}의 첫째 첨자 i는 이 원소를 포함하는 **행**(row)을, 둘째 첨자 j는 이 원소를 포함하고 있는 **열**(column)을 나타낸다. 특별히 $m\times1$ 행렬을 행벡터(row vector)라 부르고, $1\times n$ 행렬을 열벡터(column vector)라 한다. 따라서 $m\times n$ 행렬은 $m\times1$ 행벡터 n개와 $1\times n$ 열벡터 m개로 구성되어 있다고도 볼 수 있다.

정의 7.3.2

(a) 행과 열의 수가 같은 행렬, 즉 $n\times n$ 행렬을 $\boldsymbol{n}$**차 정사각행렬**(n by n square matrix)이라 한다. n차 정사각행렬에서 원소 $a_{11}, a_{22}, \cdots, a_{nn}$을 **대각성분**(diagonal element)이라 하며, 이 성분들은 행렬의 주대각선 상에 놓인다.

(b) 주대각선 위 부분의 원소가 모두 0인 행렬을 **하삼각행렬**(lower triangular matrix), 아래 부분의 원소가 모두 0인 행렬을 **상삼각행렬**(upper triangular matrix), 주대각선 이외의 성분이 모두 0인 행렬을 **대각행렬**(diagonal matrix)이라 한다.

(c) 대각행렬에서 a_{ii}가 모두 같은 것을 스칼라 행렬, 또 모든 원소가 1인 스칼라 행렬을 **단위행렬**(unit matrix), 또는 **항등행렬**(identity matrix)이라 하고, I_n으로 표시한다.

(d) 모든 원소가 0인 행렬을 **영행렬**(zero matrix)이라 하며, O으로 표시한다.

(e) 두 행렬 $A=[a_{ij}]$, $B=[b_{ij}]$, $i=1, 2, \cdots, m$, $j=1, 2, \cdots, n$에서 모든 i, j에 대하여, $a_{ij}=b_{ij}$일 때 A와 B는 **상등하다**(matrix A is equal to matrix B)라 하고 $A=B$로 나타낸다.

(f) 행렬 $A=[a_{ij}]$의 **전치행렬**(transpose)은 행렬 A의 열과 행을 바꾼, 즉 A의 i-행이 i-열이 되고, A의 j-열이 j-행이 되는 행렬을 말하며 A^t로 표시한다. 즉 $m\times n$ 행렬 $A=[a_{ij}]$의 전치행렬 A^t는 $n\times m$ 행렬이며 $(A^t)^t=A$이다.

(g) n차 정사각행렬에서 대각성분 $a_{11}, a_{22}, \cdots, a_{nn}$들의 합 즉, $\sum_{i=1}^{n} a_{ii}$를 **트레이스**(trace)라고 하며 $tr(A)$로 표시한다. 정사각행렬이 아닌 경우에는 트레이스를 정의하지 않는다.

(h) n차 정사각행렬 $A=[a_{ij}]$에서 $A^t=A$일 때, 즉 $a_{ji}=a_{ij}$ $(i, j=1, 2, \cdots, n)$일 때 A를 **대칭행렬**(symmetric matrix) 이라 하고, $A^t=-A$일 때, 즉 $a_{ji}=-a_{ij}$ $(i, j=1, 2, \cdots, n)$일 때 A를 **왜대칭행렬**(skew-symmetric matrix)이라 부른다. ■

예제 7.3.2 (a) 삼차 정사각행렬 $\begin{bmatrix} 2 & 0 & 0 \\ 0 & 2 & 0 \\ 0 & 0 & 2 \end{bmatrix}$은 대각성분이 모두 2로서 스칼라행렬이므로 $2I_3$로 나타낼 수 있다. 여기서 I_3는 삼차 단위행렬이다.

(b) $A=\begin{bmatrix} 1 & 2 & 3 \\ 0 & 4 & 5 \\ 0 & 0 & 6 \end{bmatrix}$는 삼차 정사각행렬이고 동시에 상삼각행렬이다. 이때 $tr(A)=1+4+6=11$이다.

(c) $\begin{bmatrix} x+y \\ x-y \end{bmatrix}=\begin{bmatrix} 1 \\ 2 \end{bmatrix}$이면 $\begin{cases} x+y=1 \\ x-y=2 \end{cases}$이며, 이 역 또한 성립한다.

(d) $A=\begin{bmatrix} 1 & 2 & 3 \\ 4 & 5 & 6 \end{bmatrix}$이면, A의 전치행렬은 $A^t=\begin{bmatrix} 1 & 4 \\ 2 & 5 \\ 3 & 6 \end{bmatrix}$이다.

(e) $A=\begin{bmatrix}0&5&3\\5&6&7\\3&7&12\end{bmatrix}$는 대칭행렬이고 $B=\begin{bmatrix}0&-3&-3\\3&0&6\\3&-6&0\end{bmatrix}$는 왜대칭행렬이다. 왜냐하면,

$$A^t=\begin{bmatrix}0&5&3\\5&6&7\\3&7&12\end{bmatrix}=A,$$

$$B^t=\begin{bmatrix}0&3&3\\-3&0&-6\\-3&6&0\end{bmatrix}=(-1)\begin{bmatrix}0&-3&-3\\3&0&6\\3&-6&0\end{bmatrix}=-B$$

이기 때문이다(행렬의 기본연산 **정의 7.3.3** (b) 참조). ■

정의 7.3.3

행렬의 기본연산은 다음과 같다.

(a) 두 개의 $m\times n$ 행렬 $A=[a_{ij}]$, $B=[b_{ij}]$의 합 :

$$A+B=[a_{ij}+b_{ij}],\ i=1,2,\cdots,m,\ j=1,2,\cdots,n$$

행렬의 합의 정의에 의하여 다음이 성립한다(단, A, B, C는 모두 동일한 크기의 행렬).

(i) $A+B=B+A$ (덧셈에 대한 교환법칙)

(ii) $(A+B)+C=A+(B+C)$ (덧셈에 대한 결합법칙)

(iii) $A+O=O+A=A$ (영행렬 O은 덧셈에 대한 항등원)

(b) $m\times n$행렬 $A=[a_{ij}]$의 상수(실수) k배 :

$$kA=[ka_{ij}],\ i=1,2,\cdots,m,\ j=1,2,\cdots,n$$

특히, $(-1)A=[-a_{ij}]$이며, $-A$로 표시한다.

행렬의 상수배의 정의에 의하여 다음이 성립한다.

(i) $A+(-A)=(-A)+A=O$ ($-A$는 덧셈에 대한 역원)

(ii) $k(A+B)=kA+kB$ (스칼라 분배법칙)

(iii) $(k_1+k_2)A=k_1A+k_2A$, k_1, k_2는 상수 (스칼라 분배법칙)

(iv) $(k_1\cdot k_2)A=k_1(k_2A)=k_2(k_1A)$, k_1, k_2는 상수 (스칼라 결합법칙)

따라서 $m\times n$ 행렬들의 집합은 **정의 7.2.1**에 의하여 벡터공간이다.

(c) $m\times p$ 행렬 $A=[a_{ik}]$와 $q\times n$ 행렬 $B=[b_{kj}]$의 곱 :

이 두 행렬의 곱 AB는 $p=q$일 때만 정의되며,

$$AB=\left[\sum_{k=1}^{p=q}a_{ik}b_{kj}\right],\ i=1,2,\cdots,m,\ j=1,2,\cdots,n$$

이다. 특히 행렬의 곱의 정의에 의해 다음이 성립한다(단, 행렬 A, B, C 사이의 필요한 곱셈은 정의된다고 가정).

(i) $(A+B)C=AC+BC$ (곱셈에 대한 분배법칙)

(ii) $C(A+B)=CA+CB$ (곱셈에 대한 분배법칙)

(iii) $(AB)C=A(BC)$ (곱셈에 대한 결합법칙)

(iv) $(kA)B=k(AB)=A(kB)$

(d) 행렬의 거듭제곱:

자연수 n과 임의의 정사각행렬 A에 대하여, 거듭제곱 A^n을

$$A^n=\underbrace{A\times A\times\cdots\times A}_{n\text{개}}$$

로 정의한다(단, $A^0=1$ 이다).

행렬의 거듭제곱의 정의에 의하여 다음의 성질이 성립한다.

(i) $A^rA^s=A^{r+s}$, r, s는 양의 정수

(ii) $(A^r)^s=A^{rs}$ ■

예제 7.3.3 (a) $A=\begin{bmatrix}3&2&1\\3&0&-2\end{bmatrix}$, $B=\begin{bmatrix}1&3&6\\2&1&0\end{bmatrix}$일 때 **정의 7.3.3** (a)에 의해 다음과 같다.

$$A+B=\begin{bmatrix}3+1&2+3&1+6\\3+2&0+1&(-2)+0\end{bmatrix}=\begin{bmatrix}4&5&7\\5&1&-2\end{bmatrix}.$$

또한 $A=[3\ \ -1\ \ -7]$, $B=[0\ \ 5\ \ 2]$이면,

$$A+B=[3+0\ \ (-1)+5\ \ (-7)+2]=[3\ \ 4\ \ -5]$$

이다. A와 B의 합을 구하기 위해서는 우선 A와 B의 차원은 같아야 하며 그렇지 않으면 합은 정의되지 않는다.

(b) $\lambda=4$, $A=\begin{bmatrix}2&5\\0&1\end{bmatrix}$일 때 **정의 7.3.3** (b)에 의해 다음이 성립한다.

$$\lambda A=4\begin{bmatrix}2&5\\0&1\end{bmatrix}=\begin{bmatrix}(4)2&(4)5\\(4)0&(4)1\end{bmatrix}=\begin{bmatrix}8&20\\0&4\end{bmatrix}$$

(c) $A=\begin{bmatrix}3&2\\6&3\\5&4\end{bmatrix}$, $B=\begin{bmatrix}2&4\\0&3\\0&2\end{bmatrix}$이면,

$$A-B=\begin{bmatrix}3&2\\6&3\\5&4\end{bmatrix}-\begin{bmatrix}2&4\\0&3\\0&2\end{bmatrix}=\begin{bmatrix}3-2&2-4\\6-0&3-3\\5-0&4-2\end{bmatrix}=\begin{bmatrix}1&-2\\6&0\\5&2\end{bmatrix}.$$

(d) (c)에서 행렬 A, B에 대한 곱 AB는 **정의 7.3.3** (c)에 의해 정의되지 않지만 반면에 AB^t는 정의되고 그 결과는 다음과 같다.

$$AB^t=\begin{bmatrix}3&2\\6&3\\5&4\end{bmatrix}\begin{bmatrix}2&4\\0&3\\0&2\end{bmatrix}=\begin{bmatrix}3&2\\6&3\\5&4\end{bmatrix}\begin{bmatrix}2&0&0\\4&3&2\end{bmatrix}=\begin{bmatrix}14&6&4\\24&9&6\\26&12&8\end{bmatrix}$$

(e) $A=\begin{bmatrix}1&2&5\\2&4&10\\-1&-2&-5\end{bmatrix}$일 때 **정의 7.3.3** (d)에 의해

$$A^2=AA=\begin{bmatrix}1&2&5\\2&4&10\\-1&-2&-5\end{bmatrix}\begin{bmatrix}1&2&5\\2&4&10\\-1&-2&-5\end{bmatrix}=\begin{bmatrix}0&0&0\\0&0&0\\0&0&0\end{bmatrix}.$$

즉, $A^2=AA=O$이지만 $A\neq O$이다.

(f) $A=\begin{bmatrix}1&1\\0&1\end{bmatrix}$, $B=\begin{bmatrix}2&3\\4&5\end{bmatrix}$, $C=\begin{bmatrix}0&1\\1&1\end{bmatrix}$일 때 $(AB)C=A(BC)$이 성립하는 것은 먼저, $AB=\begin{bmatrix}1&1\\0&1\end{bmatrix}\begin{bmatrix}2&3\\4&5\end{bmatrix}=\begin{bmatrix}6&8\\4&5\end{bmatrix}$이므로

$$(AB)C=\begin{bmatrix}6&8\\4&5\end{bmatrix}\begin{bmatrix}0&1\\1&1\end{bmatrix}=\begin{bmatrix}8&14\\5&9\end{bmatrix}$$

이 성립하며 또한

$$BC=\begin{bmatrix}2&3\\4&5\end{bmatrix}\begin{bmatrix}0&1\\1&1\end{bmatrix}=\begin{bmatrix}3&5\\5&9\end{bmatrix},\quad A(BC)=\begin{bmatrix}0&1\\1&1\end{bmatrix}\begin{bmatrix}3&5\\5&9\end{bmatrix}=\begin{bmatrix}8&14\\5&9\end{bmatrix}$$

이므로 곱셈에 대한 결합법칙 $(AB)C=A(BC)$를 만족한다. ■

연습문제

1. 다음 물음에 답하여라.

(1) $A=\begin{bmatrix}3&0\\1&1\\5&2\end{bmatrix}$, $B=\begin{bmatrix}4&7&1\\6&8&0\end{bmatrix}$일 때 AB와 BA를 구하여라.

(2) $A=\begin{bmatrix}0\\-1\\0\\1\end{bmatrix}$, $B=[1\ \ 2\ \ 0\ \ -1]$일 때 AB와 BA를 구하여라.

2. A와 B가 n차 정사각행렬일 때,

(1) $(A+B)^2 = A^2 + AB + BA + B^2$ 임을 보여라.

(2) $(A+B)^2 = A^2 + 2AB + B^2$ 이면 $AB = BA$ 임을 보여라.

3. 다음 물음에 답하여라.

(1) $A = \begin{bmatrix} 1 & 3 \\ 2 & -1 \end{bmatrix}$, $B = \begin{bmatrix} 2 & 5 \\ -2 & 0 \end{bmatrix}$ 일 때 $A^t + B^t = (A+B)^t$ 임을 보여라.

(2) $A = \begin{bmatrix} 1 & 0 & -1 \\ 2 & -1 & 3 \end{bmatrix}$, $B = \begin{bmatrix} 1 & 1 & 1 \\ 0 & 2 & 4 \\ 3 & 0 & 7 \end{bmatrix}$ 일 때 $(AB)^t = B^t A^t$ 임을 보여라.

4. 정사각행렬 A에 대해

$$A = \left(\frac{A + A^t}{2} \right) + \left(\frac{A - A^t}{2} \right)$$

이라 할 때, $\left(\frac{A + A^t}{2} \right)$는 대칭행렬이고 $\left(\frac{A - A^t}{2} \right)$는 왜대칭행렬임을 보여라.

7.4 행렬식과 역행렬

행렬식을 정의하는 방법은 여러 가지가 있으나 일반적으로 $n(n \geq 1)$차의 정사각행렬에 대응되는 하나의 스칼라로 정의한다. 예를 들면, 2×2 행렬 $A = \begin{bmatrix} a & b \\ c & d \end{bmatrix}$에 대해서 다음과 같이 $ad - bc$를 A의 **행렬식**(determinant)이라 하고 $\det(A)$ 또는 간단히 $|A|$로 표기한다.

$$\det(A) = \begin{vmatrix} a & b \\ c & d \end{vmatrix} = ad - bc.$$

이차의 행렬식은 위와 같이 정의할 수 있으나, 이것을 포함하여 $n(\geq 1)$차 행렬의 행렬식은 아래와 같이 정의한다. 일반적으로 n차의 정사각행렬 $A = [a_{ij}]$, $i, j = 1, 2, \cdots, n$이 주어질 때, A의 i행과 j열을 제외하여 얻은 $(n-1)$차의 정사각행렬 M_{ij}의 행렬식 $\det(M_{ij})$을 이용하며, 이를 a_{ij}의 소행렬식이라 하고, $(-1)^{i+j}\det(M_{ij})$를 a_{ij}의 **여인수**(cofactor)라고 부른다.

정의 7.4.1

n 차의 정사각행렬 $A=[a_{ij}]$, $i, j=1, 2, \cdots, n$ 의 **행렬식**(determinant)은

$$\det(A)=\begin{vmatrix} a_{11} & a_{12} & \cdots & a_{1n} \\ a_{21} & a_{22} & \cdots & a_{2n} \\ \vdots & \vdots & & \vdots \\ a_{i1} & a_{i2} & \cdots & a_{in} \\ \vdots & \vdots & & \vdots \\ a_{n1} & a_{n2} & \cdots & a_{nn} \end{vmatrix}=\sum_{i=1}^{n}(-1)^{i+j}a_{ij}\det(M_{ij}),\ j=1, 2, \cdots, n$$

$$=\sum_{j=1}^{n}(-1)^{i+j}a_{ij}\det(M_{ij}),\ i=1, 2, \cdots, n$$

로 정의한다. 이것을 행렬식 $\det(A)$의 i 행에 대한 **라플라스**(Laplace) 또는 **여인수**(cofactor) 전개라 하며, 행렬식 $\det(A)$의 j 열에 대한 전개식도 동일한 값을 나타낸다. ■

예제 7.4.1 삼차 행렬 $A=\begin{bmatrix} 1 & 0 & -1 \\ 2 & 1 & -2 \\ -1 & 1 & 0 \end{bmatrix}$에서 행렬식 $|A|$를 구하여라.

풀이 1 행을 기준으로 라플라스 전개식을 이용하면, 먼저 $a_{11}=1$, $a_{12}=0$, $a_{13}=-1$ 에 대한 각각의 여인수 행렬식은

$$(-1)^{1+1}\det(M_{11})=(+1)\begin{vmatrix} 1 & -2 \\ 1 & 0 \end{vmatrix}=1(0)-(-2)1=2,$$

$$(-1)^{1+2}\det(M_{12})=(-1)\begin{vmatrix} 2 & -2 \\ -1 & 0 \end{vmatrix}=-(2(0)-(-2)(-1))=2,$$

$$(-1)^{1+3}\det(M_{13})=(+1)\begin{vmatrix} 2 & 1 \\ -1 & 1 \end{vmatrix}=2(1)-1(-1)=3$$

이므로 행렬식 $|A|$는 다음과 같다.

$$|A|=\sum_{j=1}^{3}(-1)^{1+j}a_{1j}\det(M_{1j})=\sum_{j=1}^{3}a_{1j}(-1)^{1+j}\det(M_{1j})$$

$$=a_{11}(-1)^{1+1}\det(M_{11})+a_{12}(-1)^{1+2}\det(M_{12})+a_{13}(-1)^{1+3}\det(M_{13})$$

$$=1(2)+0(2)+(-1)3=-1$$

■

예제 7.4.2 $D=\begin{vmatrix} 2 & 3 & 6 \\ 1 & 5 & 0 \\ 0 & 2 & 7 \end{vmatrix}$을 구하여라.

풀이 제 3 행에 관하여 전개하면($a_{31}=0$ 이므로 편리하다)

$$D=(-1)^{3+1}(0)\begin{vmatrix}3 & 6\\ 5 & 0\end{vmatrix}+(-1)^{3+2}(2)\begin{vmatrix}2 & 6\\ 1 & 0\end{vmatrix}+(-1)^{3+3}(7)\begin{vmatrix}2 & 3\\ 1 & 5\end{vmatrix}$$

$$=(-2)(-6)+7(10-3)=61$$

■

일반적으로 임의의 n차원 행렬식은 아래 성질들을 만족한다.

정리 7.4.1

(a) 임의의 정사각행렬 A의 두 행(열)을 바꾸었을 때, 그 행렬식의 값은 $-|A|$와 같다. 일반적으로 행(열)의 교환횟수가 k번이면 행렬식의 값은 $(-1)^k|A|$이다.

(b) 임의의 정사각행렬 A가 두 개의 서로 같은 열(행)을 포함하고 있으면, $|A|=0$이다. 즉, 행렬 A가 두 개의 서로 같은 열(행)을 포함하고 있다고 할 때, 두 열(행)을 교환하면 그 행렬식의 값은 (a)에 의해 $-|A|$이고 더욱이, 두 열(행)이 같으므로 두 열(행)을 교환하여도 행렬 A는 변함이 없다. 따라서 $|A|=-|A|$로부터 성립한다.

(c) 임의의 정사각행렬 A에 대하여 $|A^t|=|A|$이다.
이것은 행렬식에서 행렬이 전치되어도 행렬식의 값이 변하지 않음을 보여준다. 또한 행렬식의 값을 구할 때 행에 대해서 성립하는 성질은 열에 대해서도 성립한다는 것을 의미한다.

(d) 임의의 행렬 A의 하나의 열(행)에 스칼라 λ를 곱해 주면 그 행렬식의 값은 $\lambda|A|$와 같다. 또한 임의의 $n\times n$ 행렬 A의 모든 원소에 λ가 곱해져 있다고 하자. 즉 λA가 있을 때, $|\lambda A|=\lambda^n|A|$와 같다.

(e) 행렬의 임의의 행이나 열의 모든 원소의 값이 0이면 행렬식의 값도 0이다.

(f) A, B를 $n\times n$ 행렬이라고 하면 $|AB|=|BA|=|A||B|$이다. ■

예제 7.4.3 (a) $|A|=\begin{vmatrix}1 & 2\\ 3 & 4\end{vmatrix}=1(4)-2(3)=-2.$

행렬 A의 첫째 열과 둘째 열의 위치를 서로 바꾸면

$$\begin{vmatrix}2 & 1\\ 4 & 3\end{vmatrix}=2(3)-1(4)=2=-|A|.$$

행렬 A의 첫 번째 행과 둘째 행의 위치를 서로 바꾸면

$$\begin{vmatrix}3 & 4\\ 1 & 2\end{vmatrix}=3(2)-4(1)=2=-|A|.$$

(b) 두 열이 같은 경우 :

$$\begin{vmatrix} 2 & 2 \\ 3 & 3 \end{vmatrix} = 2(3) - 3(2) = 0.$$

2 행이 같은 경우:

$$\begin{vmatrix} 1 & 2 & 3 \\ 1 & 2 & 3 \\ 3 & 4 & 5 \end{vmatrix} = (-1)^{1+1}(1)\begin{vmatrix} 2 & 3 \\ 4 & 5 \end{vmatrix} + (-1)^{1+2}(2)\begin{vmatrix} 1 & 3 \\ 3 & 5 \end{vmatrix} + (-1)^{1+3}(3)\begin{vmatrix} 1 & 2 \\ 3 & 4 \end{vmatrix}$$

$$= -2 + 8 - 6 = 0.$$

(c) $A = \begin{bmatrix} 2 & 3 \\ 1 & 4 \end{bmatrix}$, $B = \begin{bmatrix} 4 & 3 \\ 2 & 4 \end{bmatrix}$, $C = \begin{bmatrix} 4 & 6 \\ 2 & 8 \end{bmatrix}$ 일 때

$|A| = \begin{vmatrix} 2 & 3 \\ 1 & 4 \end{vmatrix} = 5$, $|A^t| = \begin{vmatrix} 2 & 1 \\ 3 & 4 \end{vmatrix} = 5$. 즉, $|A| = |A^t|$.

$|B| = \begin{vmatrix} 4 & 3 \\ 2 & 4 \end{vmatrix} = \begin{vmatrix} 2\times 2 & 3 \\ 2\times 1 & 4 \end{vmatrix} = 2\begin{vmatrix} 2 & 3 \\ 1 & 4 \end{vmatrix} = 2(2(4) - 3(1)) = 10.$

$|C| = \begin{vmatrix} 4 & 6 \\ 2 & 8 \end{vmatrix} = \begin{vmatrix} 2(2) & 2(3) \\ 2(1) & 2(4) \end{vmatrix} = 2^2|A| = 4(5) = 20.$

$|-A| = (-1)^2|A| = |A| = 5.$

(d) $\begin{vmatrix} 0 & 1 & 2 \\ 0 & 3 & 1 \\ 0 & 4 & 2 \end{vmatrix} = \begin{vmatrix} (0)a_{11} & 1 & 2 \\ (0)a_{21} & 3 & 1 \\ (0)a_{31} & 4 & 2 \end{vmatrix} = (0)\begin{vmatrix} a_{11} & 1 & 2 \\ a_{21} & 3 & 1 \\ a_{31} & 4 & 2 \end{vmatrix} = 0.$

(e) $A = \begin{bmatrix} 1 & 2 \\ 3 & 4 \end{bmatrix}$, $B = \begin{bmatrix} 2 & 1 \\ 3 & 1 \end{bmatrix}$ 일 때 $AB = \begin{bmatrix} 1 & 2 \\ 3 & 4 \end{bmatrix}\begin{bmatrix} 2 & 1 \\ 3 & 1 \end{bmatrix} = \begin{bmatrix} 8 & 3 \\ 18 & 7 \end{bmatrix}$ 이고, 따라서

$$|AB| = \begin{vmatrix} 8 & 3 \\ 18 & 7 \end{vmatrix} = 8(7) - 3(18) = 56 - 54 = 2.$$

$BA = \begin{bmatrix} 2 & 1 \\ 3 & 1 \end{bmatrix}\begin{bmatrix} 1 & 2 \\ 3 & 4 \end{bmatrix} = \begin{bmatrix} 5 & 8 \\ 6 & 10 \end{bmatrix}$ 이므로

$$|BA| = \begin{vmatrix} 5 & 8 \\ 6 & 10 \end{vmatrix} = 5(10) - 6(8) = 2.$$

$|A| = 4 - 6 = -2$, $|B| = 2 - 3 = -1$ 이므로 $|A||B| = |B||A| = (-2)(-1) = 2.$

■

정의 7.4.2

n 차의 정사각행렬 A에 대하여 $AB = BA = I$인 행렬 B를 A의 **역행렬**(inverse matrix)이라 하고 $B = A^{-1}$로 나타낸다. 만일 A가 그 역행렬을 가지지 않으면 A를 **특이행렬**(singular matrix)이라 한다. ■

정리 7.4.2

A와 B가 각각 역행렬을 가질 때,

(a) $(AB)^{-1} = B^{-1}A^{-1}$

(b) $(A^{-1})^{-1} = A$

(c) $AX = AY$이면 $X = Y$이다. ■

정리 7.4.2 (a)에서 $(AB)(B^{-1}A^{-1}) = A(BB^{-1})A^{-1} = AIA^{-1} = AA^{-1} = I$ 이므로

$$(AB)^{-1} = B^{-1}A^{-1}$$

이고, 또한 (c)에서 $AX = AY$의 양변에 각각 A^{-1}을 곱하면

$$A^{-1}(AX) = A^{-1}(AY) \quad \text{또는} \quad (A^{-1}A)X = (A^{-1}A)Y$$

이므로 $X = Y$이다.

정의 7.4.3

n차 정사각행렬 A의 성분 a_{ij}의 여인수 $(-1)^{i+j}\det(M_{ij})$를 ji-번째 원소로 하는 n차 정사각행렬 $[(-1)^{i+j}\det(M_{ij})]$를 A의 **수반행렬**(adjoint matrix)이라 하고, $adj(A)$로 표시한다. 즉, 여인수 행렬의 전치행렬을 수반행렬이라 할 수 있다. ■

예제 7.4.4 앞의 예제 7.4.1에서 수반행렬 $adj(A)$를 구하여라.

풀이 $(-1)^{i+j}\det(M_{ij})$를 A_{ij}라 하면 예제 7.4.1에서 ($|A| = -1$)

$$A_{11} = 2,\ A_{12} = 2,\ A_{13} = 3$$

이고 A_{21}, A_{22}, A_{23}을 구하면

$$A_{21} = (-1)^{2+1}\begin{vmatrix} 0 & -1 \\ 1 & 0 \end{vmatrix} = (-1)(0-(-1)) = -1,$$

$$A_{22} = (-1)^{2+2}\begin{vmatrix} 1 & -1 \\ -1 & 0 \end{vmatrix} = (1)(0-1) = -1,$$

$$A_{23} = (-1)^{2+3}\begin{vmatrix} 1 & 0 \\ -1 & 1 \end{vmatrix} = (-1)(1-0) = -1$$

이다. 마찬가지로 $A_{31} = 1$, $A_{32} = 0$, $A_{33} = 1$이고 따라서 수반행렬 $adj(A)$는

$$adj(A)=\begin{bmatrix} A_{11} & A_{12} & A_{13} \\ A_{21} & A_{22} & A_{23} \\ A_{31} & A_{32} & A_{33} \end{bmatrix}=\begin{bmatrix} 2 & 2 & 3 \\ -1 & -1 & -1 \\ 1 & 0 & 1 \end{bmatrix}=\begin{bmatrix} 2 & -1 & 1 \\ 2 & -1 & 0 \\ 3 & -1 & 1 \end{bmatrix}$$

이다. 특히,

$$A \cdot adj(A)=\begin{bmatrix} 1 & 0 & -1 \\ 2 & 1 & -2 \\ -1 & 1 & 0 \end{bmatrix}\begin{bmatrix} 2 & -1 & 1 \\ 2 & -1 & 0 \\ 3 & -1 & 1 \end{bmatrix}=\begin{bmatrix} -1 & 0 & 0 \\ 0 & -1 & 0 \\ 0 & 0 & -1 \end{bmatrix}$$

$$=(-1)\begin{bmatrix} 1 & 0 & 0 \\ 0 & 1 & 0 \\ 0 & 0 & 1 \end{bmatrix}=|A|\begin{bmatrix} 1 & 0 & 0 \\ 0 & 1 & 0 \\ 0 & 0 & 1 \end{bmatrix}=|A|I_3$$

임을 주목하여라. ■

정리 7.4.3

n차 정사각행렬 $A=[a_{ij}]$이 역행렬 A^{-1}을 갖기 위한 동치조건은 $\det(A)\neq 0$이고, 이때 $A^{-1}=\dfrac{1}{\det(A)}adj(A)$이다. ■

실제로 **정리 7.4.3**은 $\det(A)\neq 0$인 경우에 수반행렬의 성질에 의해(예제 7.4.4 참조)

$$A \cdot adj(A)=\det(A)\cdot I_n$$

을 만족할 때 충분조건이 성립하고, 필요조건은 $\det(AA^{-1})=\det(I_n)$이므로 $\det(A)\cdot\det(A^{-1})=1$으로부터 $\det(A)\neq 0$이다.

예제 7.4.5 앞의 예제 7.4.1과 7.4.4로부터 행렬 A의 역행렬 A^{-1}는

$$A^{-1}=\frac{1}{\det(A)}adj(A)=\frac{1}{(-1)}\begin{bmatrix} 2 & -1 & 1 \\ 2 & -1 & 0 \\ 3 & -1 & 1 \end{bmatrix}$$

$$=\begin{bmatrix} -2 & 1 & -1 \\ -2 & 1 & 0 \\ -3 & 1 & -1 \end{bmatrix}$$

이다. 따라서

$$AA^{-1}=\begin{bmatrix} 1 & 0 & -1 \\ 2 & 1 & -2 \\ -1 & 1 & 0 \end{bmatrix}\begin{bmatrix} -2 & 1 & -1 \\ -2 & 1 & 0 \\ -3 & 1 & -1 \end{bmatrix}=\begin{bmatrix} 1 & 0 & 0 \\ 0 & 1 & 0 \\ 0 & 0 & 1 \end{bmatrix}=I_3$$

으로부터 확인된다. ■

정의 7.4.4

일반적으로 미지수 $x_1, x_2, \cdots, x_n$에 관한 유한개(n)의 선형방정식의 모임

$$\begin{cases} a_{11}x_1 + a_{12}x_2 + \cdots + a_{1n}x_n = b_1 \\ a_{21}x_1 + a_{22}x_2 + \cdots + a_{2n}x_n = b_2 \\ \vdots \quad\quad \vdots \quad\quad \cdots \quad\quad \vdots \quad\quad \vdots \\ a_{m1}x_1 + a_{m2}x_2 + \cdots + a_{mn}x_n = b_m \end{cases}$$

을 **선형연립방정식**(system of linear equations)이라고 한다. 만일 상수항 $b_1, b_2, \cdots, b_m$이 모두 0일 경우를 **동차선형연립방정식**(homogeneous system of linear equations, 동차선형방정식시스템)이라 한다.

이때 $A = [a_{ij}]$, $X = \begin{bmatrix} x_1 \\ x_2 \\ \vdots \\ x_n \end{bmatrix}$, $B = \begin{bmatrix} b_1 \\ b_2 \\ \vdots \\ b_m \end{bmatrix}$이라 놓으면 윗식은 $AX = B$라고 쓸 수 있다.

이때 A를 **계수행렬**(coefficient matrix)이라 하고 $[A : B] = [a_{ij} : b_i]$, $i = 1, 2, \cdots, m$, $j = 1, 2, \cdots, n$을 **첨가행렬**(augmented matrix)이라고 부른다. ■

선형연립방정식($n = m$)의 해를 구하는 방법은 아래와 같이 세 가지 방법이 있다.

정리 7.4.4

(a) $AX = B$ (단, $\det(A) \neq 0$)로부터 다음과 같이 유일한 해를 구할 수 있다.

$$\begin{aligned} A^{-1}(AX) = A^{-1}B \;&\Rightarrow\; (A^{-1}A)X = A^{-1}B \\ &\Rightarrow\; X = A^{-1}B \end{aligned}$$

(b) **크레머**(cramer) 공식: $\det(A) \neq 0$이면, 유일한 해는 다음과 같다.

$$x_i = \frac{1}{\det(A)} \cdot \det(A_i), \quad i = 1, 2, \cdots, n$$

여기서 $\det(A_i)$는 행렬 A의 i번째 열을 상수 행렬 B로 대체하여 얻은 행렬식이다.

(c) **가우스(Gauss) 소거법**: 첨가행렬 $[A : B]$에 대한 다음의 기본행(열)연산을 이용한다. (기본행(열)연산으로 얻어지는 행렬은 원래의 행렬과 동등하다.)

(i) 두 행(열)의 교환

(ii) 한 행(열)에 0이 아닌 상수를 곱한다.

(iii) 한 행(열)에 상수배 한 것을 다른 행(열)에 더한다. ■

예제 7.4.6 가우스 소거법의 원리 (c)는 예를 들면, 아래의 이원일차 연립방정식에서

$$\begin{cases} 2x+2y=4 \\ 3x+6y=3 \end{cases}$$

먼저, 첫 번째 식에 $\left(\frac{1}{2}\right)$을 곱하고 두 번째 식에 $\left(-\frac{1}{3}\right)$을 곱하여 두 식을 더하여도 원래의 해집합은 변화가 없다. 이러한 연산을 다음과 같이 나타낼 수 있고

$$\begin{cases} \frac{1}{2}(2x+2y)=\frac{1}{2}(4) \\ \left[1+\left(-\frac{1}{3}\right)3\right]x+\left[1+\left(-\frac{1}{3}\right)6\right]y=2+\left(-\frac{1}{3}\right)3 \end{cases} \quad \text{또는} \quad \begin{cases} x+y=2 \\ (0)x-y=1 \end{cases}$$

여기서 다시 아랫식과 윗식을 더하고 아랫식은 (-1)을 곱하면 다음과 같다.

$$\begin{cases} x+(0)y=3 \\ (0)x+\quad y=-1 \end{cases} \quad \text{또는} \quad \begin{bmatrix} 1 & 0 \\ 0 & 1 \end{bmatrix}\begin{bmatrix} x \\ y \end{bmatrix}=\begin{bmatrix} 3 \\ -1 \end{bmatrix}.$$

따라서 주어진 연립방정식의 해는 $x=3$, $y=-1$임을 알 수 있다.
이상의 과정을 첨가행렬로 차례대로 표현하면 아래와 같다.

$$[A \ \vdots \ B]=\begin{bmatrix} 2 & 2 & \vdots & 4 \\ 3 & 6 & \vdots & 3 \end{bmatrix} \xrightarrow[2\text{행}\times(-1/3)]{1\text{행}\times(1/2)} \begin{bmatrix} 1 & 1 & \vdots & 2 \\ -1 & -2 & \vdots & -1 \end{bmatrix} \xrightarrow[(1\text{행}+2\text{행})]{} \begin{bmatrix} 1 & 1 & \vdots & 2 \\ 0 & -1 & \vdots & 1 \end{bmatrix}$$

$$\xrightarrow{(1\text{행}+2\text{행})} \begin{bmatrix} 1 & 0 & \vdots & 3 \\ 0 & -1 & \vdots & 1 \end{bmatrix} \xrightarrow[2\text{행}\times(-1)]{} \begin{bmatrix} 1 & 0 & \vdots & 3 \\ 0 & 1 & \vdots & -1 \end{bmatrix}.$$

또한 크레머 공식 (b)에 의해

$$\det(A)=\begin{vmatrix} 2 & 2 \\ 3 & 6 \end{vmatrix}=6, \qquad \det(A_1)=\begin{vmatrix} 4 & 2 \\ 3 & 6 \end{vmatrix}=18, \qquad \det(A_2)=\begin{vmatrix} 2 & 4 \\ 3 & 3 \end{vmatrix}=-6$$

이므로 주어진 연립방정식의 해는

$$x=\frac{1}{\det(A)}\det(A_1)=\frac{1}{6}(18)=3, \qquad y=\frac{1}{\det(A)}\det(A_2)=\frac{1}{6}(-6)=-1$$

이다.
방법 (a)는 먼저, 수반행렬을 구하면

$$A_{11}=(-1)^{1+1}\det(M_{11})=|6|, \quad A_{12}=(-1)^{1+2}\det(M_{12})=-|3|,$$
$$A_{21}=(-1)^{2+1}\det(M_{21})=-|2|, \quad A_{22}=(-1)^{2+2}\det(M_{22})=|2|,$$

$$adj(A)=\begin{bmatrix} 6 & -3 \\ -2 & 2 \end{bmatrix}=\begin{bmatrix} 6 & -2 \\ -3 & 2 \end{bmatrix}$$

이므로 A^{-1}은

$$A^{-1}=\frac{1}{\det(A)}\cdot adj(A)=\frac{1}{6}\begin{bmatrix} 6 & -2 \\ -3 & 2 \end{bmatrix}=\begin{bmatrix} 1 & -\frac{1}{3} \\ -\frac{1}{2} & \frac{1}{3} \end{bmatrix}$$

이고, 따라서 해는 다음과 같다.

$$X=\begin{bmatrix} x \\ y \end{bmatrix}=A^{-1}B=\begin{bmatrix} 1 & -\frac{1}{3} \\ -\frac{1}{2} & \frac{1}{3} \end{bmatrix}\begin{bmatrix} 4 \\ 3 \end{bmatrix}=\begin{bmatrix} 3 \\ -1 \end{bmatrix}$$ ■

연습문제

1. 다음에 주어진 행렬식을 구하여라.

(1) $\begin{vmatrix} 1 & 2 \\ -1 & 2 \end{vmatrix}$

(2) $\begin{vmatrix} 1 & 0 & 0 \\ 0 & 2 & 0 \\ 0 & 0 & 3 \end{vmatrix}$

(3) $\begin{vmatrix} 1 & 2 & 3 \\ 0 & 4 & 5 \\ 0 & 0 & 6 \end{vmatrix}$

(4) $\begin{vmatrix} 1 & 0 & 0 \\ 5 & 2 & 0 \\ 6 & -1 & 3 \end{vmatrix}$

2. $A=\begin{bmatrix} 1 & 2 \\ 3 & 4 \end{bmatrix}$이고, A의 첫째 열에 3을 곱해 둘째 열에 더한 것을 B라 할 때, $|A|$와 $|B|$을 구하여라.

3. $A=\begin{bmatrix} 1 & 2 & 3 \\ 2 & 4 & 6 \\ 5 & 7 & 9 \end{bmatrix}$이고, A의 첫째 행에 -2를 곱해서 둘째 행에 더해서 얻어지는 행렬을 B라 할 때, $|A|$와 $|B|$를 구하여라.

4. 행렬 $A=\begin{bmatrix} 3 & 0 & 2 & -1 \\ 1 & 2 & 0 & -2 \\ 4 & 0 & 6 & -3 \\ 5 & 0 & 2 & 0 \end{bmatrix}$에 대한 행렬식 $|A|$을 구하여라.

5. $A=\begin{bmatrix} 1 & -2 & 3 \\ 0 & 4 & 0 \\ 0 & 0 & 5 \end{bmatrix}$에 대한 수반행렬 $adj(A)$을 구하여라.

6. **문제 5**에서 A의 역행렬을 구하여라.

7. **정리 7.4.3**을 이용해서 다음 연립방정식을 풀어라.

(1) $\begin{cases} x_1 + 2x_2 = 1 \\ 2x_2 - 2x_2 = 2 \end{cases}$

(2) $\begin{cases} x_1 + 2x_2 + 3x_3 = 1 \\ \quad 4x_2 + 5x_3 = 9 \\ \quad\quad 6x_3 = 6 \end{cases}$

(3) $\begin{cases} 5x_1 - 5x_2 + 5x_3 = 10 \\ \quad 2x_2 - 3x_3 = -5 \\ -3x_1 + 4x_2 - 5x_3 = -10 \end{cases}$

(4) $\begin{cases} 2x_1 + 4x_2 + 6x_3 = 18 \\ 4x_1 + 5x_2 + 6x_3 = 24 \\ 2x_1 + 7x_2 + 12x_3 = 40 \end{cases}$

8. 삼차원에서 두 벡터 $\boldsymbol{a} = \langle a_1, a_2, a_3 \rangle$, $\boldsymbol{b} = \langle b_1, b_2, b_3 \rangle$의 **벡터곱**(vector product) $\boldsymbol{a} \times \boldsymbol{b}$를

$$\boldsymbol{a} \times \boldsymbol{b} = \det \begin{bmatrix} \mathbf{i} & \mathbf{j} & \mathbf{k} \\ a_1 & a_2 & a_3 \\ b_1 & b_2 & b_3 \end{bmatrix}$$

으로 정의한다. 여기서 $\mathbf{i}$, $\mathbf{j}$, $\mathbf{k}$는 표준기저벡터이고 $\boldsymbol{a} \times \boldsymbol{b}$을 **외적**(outer product)이라고도 한다.

(1) $\boldsymbol{a} = \langle 2, -3, 1 \rangle$, $\boldsymbol{b} = \langle 1, 4, -2 \rangle$일 때 $\boldsymbol{a} \times \boldsymbol{b}$을 구하여라.

(2) (1)에서 $(\boldsymbol{a} \times \boldsymbol{b}) \times \boldsymbol{a}$, $(\boldsymbol{a} \times \boldsymbol{b}) \cdot \boldsymbol{a}$ 그리고 $(\boldsymbol{a} \times \boldsymbol{b}) \cdot \boldsymbol{b}$을 구하여라.

참고로 위의 정의는 삼차원에서만 정의되고 두 벡터 $\boldsymbol{a}$, $\boldsymbol{b}$의 외적 $\boldsymbol{a} \times \boldsymbol{b}$의 기하학적 의미는 아래 그림에서와 같이 시작점이 같은 유향성분(벡터)으로 표현할 때, 두 벡터 곱 $\boldsymbol{a} \times \boldsymbol{b}$는 $\boldsymbol{a}$와 $\boldsymbol{b}$를 지나는 평면에 수직인 방향을 가리킨다. $\boldsymbol{a} \times \boldsymbol{b}$의 방향은 오른손 나사법칙을 따르며 예를 들면, $\boldsymbol{i} \times \boldsymbol{j} = \boldsymbol{k}$이고 $\boldsymbol{j} \times \boldsymbol{i} = -\boldsymbol{k}$이다.

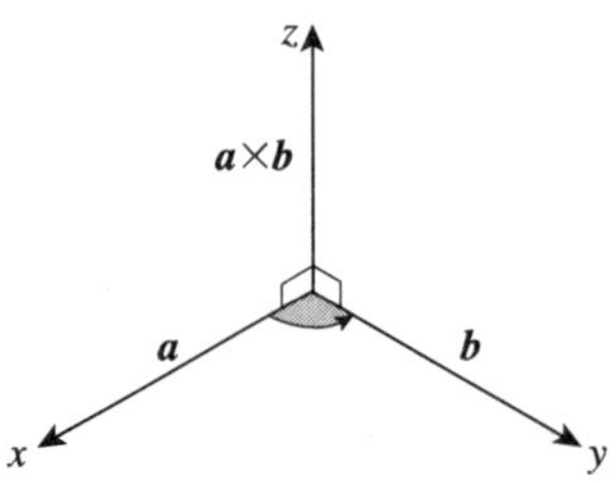

7.5 고윳값과 고유벡터

우리는 **7.4절**의 **정의 7.4.4**에서 선형연립방정식 $AX=B$를 정의한 바 있다. 이와 유사하게 n차 정사각행렬 A에 대하여 다음의 선형 시스템

$$\begin{cases} a_{11}x_1 + a_{12}x_2 + \cdots + a_{1n}x_n = \lambda x_1 \\ a_{21}x_1 + a_{22}x_2 + \cdots + a_{2n}x_n = \lambda x_2 \\ \quad\vdots \qquad\quad \vdots \qquad \cdots \qquad \vdots \qquad\quad \vdots \\ a_{n1}x_1 + a_{n2}x_2 + \cdots + a_{nn}x_n = \lambda x_n \end{cases}$$

$$\text{또는} \quad \begin{bmatrix} a_{11} & a_{12} & \cdots & a_{1n} \\ a_{21} & a_{22} & \cdots & a_{2n} \\ \vdots & \vdots & \cdots & \vdots \\ a_{n1} & a_{n2} & \cdots & a_{nn} \end{bmatrix} \begin{bmatrix} x_1 \\ x_2 \\ \vdots \\ x_n \end{bmatrix} = \lambda \begin{bmatrix} x_1 \\ x_2 \\ \vdots \\ x_n \end{bmatrix}$$

을 만족시키는 n차 열벡터 $\boldsymbol{x}$와 스칼라 λ를 고찰해보자. 여기서 주어진 연립방정식을 행렬로 간단히 표현하면, $A\boldsymbol{x}=\lambda\boldsymbol{x}$의 형태로 쓴다.

먼저, 좌표평면에서 함수 f를 다음과 같이 정의하자.

$$f:(x,\ y) \to (2x+y,\ 3x-y)$$

그러면 f에 의해 점 $(-1,\ 3)$은

$$(2(-1)+3,\ 3(-1)-(3)) = (1,\ -6)$$

으로 옮기는 하나의 변환이라 할 수 있다. 일반적으로 평면 위의 한 점 $P(x,\ y)$를 점 $P'(x',\ y')$ 또는 $f(P)=P'$과 같이 나타낼 때, 변환

$$f:\ (x,\ y) \to (x',\ y')$$

에서 상수 $a,\ b,\ c,\ d$에 대해

$$x' = ax+by, \qquad y' = cx+dy$$

와 같이 상수항을 갖지 않는 $x,\ y$의 일차식으로 나타내어질 때, 이러한 변환 f를 **일차변환**(linear transformation)이라고 한다. 즉 f를 행렬로 표시하면

$$\begin{bmatrix} a & b \\ c & d \end{bmatrix}\begin{bmatrix} x \\ y \end{bmatrix} = \begin{bmatrix} x' \\ y' \end{bmatrix}$$

와 같고 간단히 $A\boldsymbol{x}=\boldsymbol{x}'$와 같이 표현할 수 있다. 여기서 일차변환 f의 행렬 A

는 2차 정사각행렬이고 $\boldsymbol{x}$, $\boldsymbol{x}'$는 각각 열벡터이다.

만일, 행렬 $A=\begin{bmatrix}1 & 0\\ 0 & -1\end{bmatrix}$이면 x축 대칭변환이고, $A=\begin{bmatrix}k & 0\\ 0 & 1\end{bmatrix}$이면 x축 방향으로 k배 확대변환, 그리고 $A=\begin{bmatrix}\cos\theta & -\sin\theta\\ \sin\theta & \cos\theta\end{bmatrix}$는 회전변환을 나타내는 대표적인 예들이다.

예제 7.5.1 일차변환 행렬 A를

$$A=\begin{bmatrix}2 & -4\\ -1 & -1\end{bmatrix}$$

라고 할 때 특정한 2차원 열벡터 $v_1=\begin{bmatrix}-4\\ 1\end{bmatrix}$에 대해

$$\begin{aligned}Av_1&=\begin{bmatrix}2 & -4\\ -1 & -1\end{bmatrix}\begin{bmatrix}-4\\ 1\end{bmatrix}=\begin{bmatrix}2(-4)+(-4)1\\ (-1)(-4)+(-1)1\end{bmatrix}=\begin{bmatrix}-12\\ 3\end{bmatrix}\\ &=3\begin{bmatrix}-4\\ 1\end{bmatrix}=3v_1\end{aligned}$$

이 성립한다. 이것은 일차변환 행렬 A에 의해 평면 위의 한 점 $(-4,\ 1)$이 $(-12,\ 3)$으로 옮겨진다는 사실뿐만 아니라 기하학적으로는 v_1을 행렬 A에 곱하면 그와 같은 방향으로 3배에 해당하는 위치에 있음을 의미한다. 일반적으로 일차변환은 평면 위의 점(하나의 위치벡터로 생각)은 평면 위의 임의의 점으로 변환된다. 반면에, 이 점에는 선형변환 A의 스칼라 3에 대응하는 열벡터 v_1은 크기는 변하지만 방향이 변하지 않음을 나타낸다. 또한 $v_2=\begin{bmatrix}1\\ 1\end{bmatrix}$에 대해서도

$$Av_2=\begin{bmatrix}2 & -4\\ -1 & -1\end{bmatrix}\begin{bmatrix}1\\ 1\end{bmatrix}=\begin{bmatrix}-2\\ -2\end{bmatrix}=(-2)\begin{bmatrix}1\\ 1\end{bmatrix}=(-2)v_2$$

와 같이 스칼라 -2가 존재한다. ■

정의 7.5.1

n차 정사각행렬 A에 대하여

$$A\boldsymbol{x}=\lambda\boldsymbol{x}$$

를 만족시키는 n차 열벡터 $\boldsymbol{x}(\neq 0)$를 A의 **고유벡터**(eigen vector)라 하고, $\boldsymbol{x}$가 존재할 수 있도록 하는 스칼라 λ를 **고윳값**(eigen value)이라고 한다. ■

예제 7.5.2 앞의 예제 7.5.1에서 2차 정사각행렬 A에 대해 고윳값은 $\lambda_1=3$,

$\lambda_2 = -2$ 이고 이에 대응하는 고유벡터는 각각

$$\boldsymbol{v}_1 = \begin{bmatrix} -4 \\ 1 \end{bmatrix}, \quad \boldsymbol{v}_2 = \begin{bmatrix} 1 \\ 1 \end{bmatrix}$$

이다. ■

정리 7.5.1

n차 정사각행렬 A에 대해 $A\boldsymbol{x} = \lambda\boldsymbol{x}$를 만족하는 $\boldsymbol{x} \neq 0$의 해를 갖기 위한 조건은

$$\det(A - \lambda I_n) = 0$$

이다. ■

실제로, **정리 7.5.1** 에서 n차 단위행렬 I_n에 대해서 다음이 성립하고

$$A\boldsymbol{x} = \lambda\boldsymbol{x} \quad \text{또는} \quad A\boldsymbol{x} = \lambda(I_n\boldsymbol{x}) \quad \text{또는} \quad (A - \lambda I_n)\boldsymbol{x} = 0$$

마지막 식에서 $\boldsymbol{x} \neq 0$ 인 해를 갖기 위해서는 $\det(A - \lambda I_n) = 0$ 이어야 한다. 만일 $\det(A - \lambda I_n) \neq 0$이면 이에 대응하는 역행렬 $(A - \lambda I_n)^{-1}$이 존재하여 마지막 식의 좌, 우변에 역행렬을 곱하면

$$(A - \lambda I_n)^{-1}(A - \lambda I_n) \cdot \boldsymbol{x} = (A - \lambda I_n)^{-1} \cdot 0$$

이고, 따라서 $\boldsymbol{x} = 0$ 이 되어 모순이다.

예제 7.5.3 예제 7.5.1에서

$$A = \begin{bmatrix} 2 & -4 \\ -1 & -1 \end{bmatrix}$$

이므로 $\det(A - \lambda I_2) = 0$ 으로부터

$$\det\left(\begin{bmatrix} 2 & -4 \\ -1 & -1 \end{bmatrix} - \lambda\begin{bmatrix} 1 & 0 \\ 0 & 1 \end{bmatrix}\right) = 0 \quad \text{또는} \quad \begin{vmatrix} 2-\lambda & -4 \\ -1 & -1-\lambda \end{vmatrix} = 0$$

이므로 고윳값은 $-(2-\lambda)(1+\lambda) - 4 = 0$ 또는 $\lambda^2 - \lambda - 6 = 0$의 해이다. 즉, $\lambda_1 = 3$, $\lambda_2 = -2$ 이다. 또한 $\lambda_1 = 3$에 대한 고유벡터는

$$\begin{bmatrix} 2 & -4 \\ -1 & -1 \end{bmatrix}\begin{bmatrix} x_1 \\ x_2 \end{bmatrix} = 3\begin{bmatrix} x_1 \\ x_2 \end{bmatrix} \quad \text{또는} \quad \begin{cases} 2x_1 - 4x_2 = 3x_1 \\ -x_1 - x_2 = 3x_2 \end{cases} \quad \text{또는} \quad \begin{cases} x_1 + 4x_2 = 0 \\ x_1 + 4x_2 = 0 \end{cases}$$

을 만족하는 열벡터 v_1 이고 $x_1 = -4x_2$ 에서

$$\begin{bmatrix} -4x_2 \\ x_2 \end{bmatrix} = x_2 \begin{bmatrix} -4 \\ 1 \end{bmatrix} \quad (\text{단, } x_2 \neq 0)$$

이므로 $v_1 = \begin{bmatrix} -4 \\ 1 \end{bmatrix}$ 이다. 마찬가지로 고윳값 $\lambda_2 = -2$에 대응하는 고유벡터를 구하면 $v_2 = \begin{bmatrix} 1 \\ 1 \end{bmatrix}$ 이다. ■

예제 7.5.4 다음의 3차 정사각행렬 A에 대해 고윳값과 고유벡터를 구하여라.

$$A = \begin{bmatrix} -2 & -4 & 2 \\ -2 & 1 & 2 \\ 4 & 2 & 5 \end{bmatrix}$$

풀이 $\det(A - \lambda I_3) = 0$ 으로부터

$$\begin{vmatrix} -2-\lambda & -4 & 2 \\ -2 & 1-\lambda & 2 \\ 4 & 2 & 5-\lambda \end{vmatrix} = 0$$

이므로 아래와 같이 고윳값을 구하면

$$\begin{aligned}\det(A - \lambda I_3) &= (-1)^{1+1}(-2-\lambda)\begin{vmatrix} 1-\lambda & 2 \\ 2 & 5-\lambda \end{vmatrix} \\ &\quad + (-1)^{1+2}(-4)\begin{vmatrix} -2 & 2 \\ 4 & 5-\lambda \end{vmatrix} + (-1)^{1+3}(2)\begin{vmatrix} -2 & 1-\lambda \\ 4 & 2 \end{vmatrix} \\ &= \lambda^3 - 4\lambda^2 - 27\lambda + 90 \\ &= (\lambda-3)(\lambda+5)(\lambda-6)\ (=0)\end{aligned}$$

으로부터 $\lambda_1 = 3,\ \lambda_2 = -5,\ \lambda_3 = 6$ 이다. 이때 $\lambda_1 = 3$ 에 대응하는 고유벡터는

$$\begin{bmatrix} -5 & -4 & 2 \\ -2 & -2 & 2 \\ 4 & 2 & 2 \end{bmatrix}\begin{bmatrix} x_1 \\ x_2 \\ x_3 \end{bmatrix} = \begin{bmatrix} 0 \\ 0 \\ 0 \end{bmatrix} \quad \text{또는} \quad \begin{cases} -5x_1 - 4x_2 + 2x_3 = 0 \\ -2x_1 - 2x_2 + 2x_3 = 0 \\ 4x_1 + 2x_2 + 2x_3 = 0 \end{cases}$$

을 만족하고 $x_1 = 1$ 을 대입하면

$$\begin{cases} -5 - 4x_2 + 2x_3 = 0 \\ -2 - 2x_2 + 2x_3 = 0 \\ 4 + 2x_2 + 2x_3 = 0 \end{cases} \quad \text{또는} \quad \begin{cases} -5 - 4(x_3 - 1) + 2x_3 = 0 \\ x_2 = x_3 - 1 \\ 4 + 2(x_3 - 1) + 2x_3 = 0 \end{cases} \quad \text{또는} \quad \begin{cases} -1 = 2x_3 \\ x_2 = x_3 - 1 \end{cases}$$

이므로 $x_2 = -\dfrac{3}{2},\ x_3 = -\dfrac{1}{2}$ 이다. 즉, 고유벡터는 간단히

$$v_1 = \begin{bmatrix} 2 \\ -3 \\ -1 \end{bmatrix}$$

으로 나타낼 수 있다. 마찬가지로 $\lambda_2 = -5$, $\lambda_3 = 6$에 대응하는 고유벡터를 구하면

$$v_2 = \begin{bmatrix} 2 \\ 1 \\ -1 \end{bmatrix}, \quad v_3 = \begin{bmatrix} 1 \\ 6 \\ 16 \end{bmatrix}$$

이다. ■

예제 7.5.5 예제 7.5.3에서 두 고유벡터 v_1, v_2에 대해 2차 정사각행렬 P를 다음과 같이 정의할 때

$$P = [\, v_1 \;\; v_2 \,]$$

(a) P의 역행렬을 구하여라.

(b) $P^{-1}AP$를 구하여라.

(c) (b)를 이용하여 A^m을 구하여라(m은 자연수).

풀이 (a) 예제 7.5.3에서 두 고유벡터 v_1, v_2에 대해 2차 정사각행렬 P는

$$P = [\, v_1 \;\; v_2 \,] = \begin{bmatrix} -4 & 1 \\ 1 & 1 \end{bmatrix}$$

이므로 $\det(P) = \begin{vmatrix} -4 & 1 \\ 1 & 1 \end{vmatrix} = (-4) - 1 = -5$이고, 수반행렬을 구하면

$$P_{11} = (-1)^{1+1}\det(M_{11}) = |\,1\,|,\quad P_{12} = (-1)^{1+2}\det(M_{12}) = -|\,1\,|,$$

$$P_{21} = (-1)^{2+1}\det(M_{21}) = -|\,1\,|,\quad P_{22} = (-1)^{2+2}\det(M_{22}) = |-4\,|,$$

$$adj(P) = \begin{bmatrix} 1 & -1 \\ -1 & -4 \end{bmatrix} = \begin{bmatrix} 1 & -1 \\ -1 & -4 \end{bmatrix}$$

이므로 따라서 P^{-1}은 다음과 같다.

$$P^{-1} = \frac{1}{\det(P)} \cdot adj(P) = \frac{1}{(-5)} \begin{bmatrix} 1 & -1 \\ -1 & -4 \end{bmatrix} = \begin{bmatrix} -\frac{1}{5} & \frac{1}{5} \\ \frac{1}{5} & \frac{4}{5} \end{bmatrix}.$$

(b)
$$P^{-1}AP = \frac{1}{5}\begin{bmatrix} -1 & 1 \\ 1 & 4 \end{bmatrix}\begin{bmatrix} 2 & -4 \\ -1 & -1 \end{bmatrix}\begin{bmatrix} -4 & 1 \\ 1 & 1 \end{bmatrix}$$

$$= \frac{1}{5}\begin{bmatrix} -3 & 3 \\ -2 & -8 \end{bmatrix}\begin{bmatrix} -4 & 1 \\ 1 & 1 \end{bmatrix} = \frac{1}{5}\begin{bmatrix} 15 & 0 \\ 0 & -10 \end{bmatrix} = \begin{bmatrix} 3 & 0 \\ 0 & -2 \end{bmatrix}.$$

즉, $P^{-1}AP = \begin{bmatrix} \lambda_1 & 0 \\ 0 & \lambda_2 \end{bmatrix}$이다.

(c) (b)에서 $P^{-1}AP = D$라 하면

$$P(P^{-1}AP)P^{-1} = P(D)P^{-1}$$

또는 $(PP^{-1})A(PP^{-1}) = PDP^{-1}$ 또는 $A = PDP^{-1}$

이다. 따라서

$$\begin{aligned} A^m &= (PDP^{-1})(PDP^{-1}) \cdots (PDP^{-1}) \\ &= PD(P^{-1}P)D(P^{-1}P) \cdots (P^{-1}P)DP^{-1} \\ &= PD^mP^{-1} \end{aligned}$$

이므로 A^m은 다음과 같다.

$$\begin{aligned} A^m &= \begin{bmatrix} -4 & 1 \\ 1 & 1 \end{bmatrix} \begin{bmatrix} 3^m & 0 \\ 0 & (-2)^m \end{bmatrix} \begin{bmatrix} -\frac{1}{5} & \frac{1}{5} \\ \frac{1}{5} & \frac{4}{5} \end{bmatrix} \\ &= \frac{1}{5} \begin{bmatrix} (4)3^m + (-2)^m & (-4)3^m + 4(-2)^m \\ -3^m + (-2)^m & 3^m + 4(-2)^m \end{bmatrix} \end{aligned}$$

■

연습문제

1. 평면 위의 점 (1, 1)에 대해 주어진 일차변환 행렬에 의해 나타나는 점을 좌표평면 위에 벡터로 나타내어라.

(1) $\begin{bmatrix} 1 & 0 \\ 0 & -1 \end{bmatrix}$

(2) $\begin{bmatrix} 3 & 0 \\ 0 & 1 \end{bmatrix}$

(3) $\begin{bmatrix} \cos\frac{\pi}{4} & -\sin\frac{\pi}{4} \\ \sin\frac{\pi}{4} & \cos\frac{\pi}{4} \end{bmatrix}$

(4) $\begin{bmatrix} 2 & -4 \\ -1 & -1 \end{bmatrix}$

2. (1) 행렬 A에 대한 고윳값과 고유벡터를 구하여라.

$$A = \begin{bmatrix} 1 & -1 \\ 2 & 4 \end{bmatrix}$$

(2) 문제 (1)에서 주어진 행렬 A의 전치행렬 A^t에 대한 고윳값과 고유벡터를 구하여라.

(3) 두 개의 고유벡터는 일차독립임을 보여라.

3. 2차 정사각행렬 A와 P에 대해 다음 물음에 답하여라.

$$A = \begin{bmatrix} 4 & \sqrt{6} \\ \sqrt{6} & 3 \end{bmatrix}, \quad P = \begin{bmatrix} -\frac{\sqrt{2}}{\sqrt{3}} & \frac{\sqrt{3}}{\sqrt{2}} \\ 1 & 1 \end{bmatrix}$$

(1) P에 대한 역행렬 P^{-1}을 구하여라.

(2) 2차 정사각행렬 $P^{-1}AP$의 대각원소가 행렬 A의 고윳값이 됨을 보여라.

4. 3차 정사각행렬 A에 대한 고윳값과 고유벡터를 구하여라.

$$A=\begin{bmatrix} 5 & 8 & 16 \\ 4 & 1 & 8 \\ -4 & -4 & -11 \end{bmatrix}$$

7.6 공간도형

이 절에서는 공간도형의 중요한 두 가지 예인 직선과 평면에 대해 공부한다. 직선 l은 l 위의 한 점과 그 방향이 주어지면 결정된다. 방향을 표시하는 방법에는 여러 가지가 있으나 영 아닌 벡터 $\boldsymbol{v}$에 의해서도 가능하다. 벡터 $\boldsymbol{v}$가 l의 방향을 표시한다고 하자. 이것은 다음과 같은 의미에서이다. P_0를 l 위의 한 점이라 하고 P를 l 위의 또 다른 점이라고 하면 어떤 실수 t에 대해

$$\overrightarrow{P_0P}=t\boldsymbol{v}$$

가 성립한다.

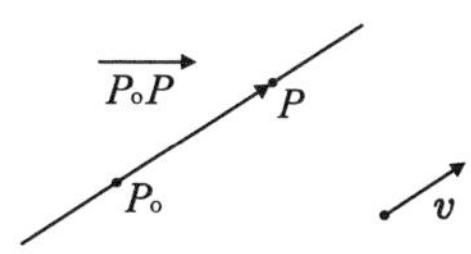

[그림 7.6.1] 직선의 방향

P_0의 좌표를 $(x_0,\ y_0,\ z_0)$, P의 좌표를 $(x,\ y,\ z)$, $\boldsymbol{v}$의 성분을 $\langle a,\ b,\ c\rangle$라 하면

$$\langle x-x_0,\ y-y_0,\ z-z_0\rangle=t\langle a,\ b,\ c\rangle$$

이다. 따라서 다음이 성립한다.

정리 7.6.1

직선 l이 점 $P_0(x_0,\ y_0,\ z_0)$을 지나고 벡터 $\boldsymbol{v}=\langle a,\ b,\ c\rangle$의 방향이면 l 위의 점 P의

좌표가 (x, y, z)일 때 어떤 실수 t가 있어서

$$x = x_0 + at, \qquad y = y_0 + bt, \qquad z = z_0 + ct$$

가 성립한다. ▩

정리 7.6.1의 방정식을 직선 l의 **매개방정식**이라 한다. 또한 '직선 l이 v의 방향이다'라고 말하는 대신 '직선 l이 v와 평행하다'라고 말하기도 한다.

예제 7.6.1 점 $(5, 1, 3)$을 지나고 $v = \langle 1, 4, -2 \rangle$에 평행한 직선의 매개방정식을 구하여라.

풀이 **정리 7.6.1**에 의해

$$x = 5 + t, \qquad y = 1 + 4t, \qquad z = 3 - 2t.$$ ■

또한 **정리 7.6.1**에서 $a \neq 0$, $b \neq 0$, $c \neq 0$이면 t는 다음 식의 각 항과 같다.

$$\frac{x - x_0}{a} = \frac{y - y_0}{b} = \frac{z - z_0}{c}$$

이것은 $P(x, y, z)$가 l 위에 있을 필요충분조건이고 이것을 직선 l의 방정식이라 한다. 또한 $a = 0$이고 $b \neq 0$, $c \neq 0$이면 **정리 7.6.1**로부터 직선의 방정식

$$x = x_0, \qquad \frac{y - y_0}{b} = \frac{z - z_0}{c} (= t)$$

을 얻는다.

예제 7.6.2 위의 예제 7.6.1에서 직선의 방정식을 구하여라.

풀이 직선의 방정식은

$$x - 5 = \frac{y - 1}{4} = \frac{z - 3}{-2}.$$ ■

두 직선이 **꼬인 위치**에 있다는 것은 두 직선이 서로 평행도 아니고 만나지도 않는다는 뜻이다.

예제 7.6.3 다음의 방정식에 의해 주어진 두 직선이 꼬인 위치에 있게 하는 0 이 아닌 실수 a를 모두 구하여라.

$$\frac{x-1}{a}=\frac{y-1}{2}=\frac{z-1}{3},\qquad \frac{x-1}{2}=\frac{y-2}{a}=\frac{z-1}{3}$$

풀이 $\langle a,\ 2,\ 3\rangle$과 $\langle 2,\ a,\ 3\rangle$이 평행이면 어떤 실수 t에 대해

$$\langle a,\ 2,\ 3\rangle = t\langle 2,\ a,\ 3\rangle.$$

$3=3t$에서 $t=1$이므로 $a=2$. 그리고 직선 $\frac{x-1}{a}=\frac{y-1}{2}=\frac{z-1}{3}$의 임의의 점은

$$(at+1,\ 2t+1,\ 3t+1)$$

로 주어지므로, 방정식

$$\frac{(at+1)-1}{2}=\frac{(2t+1)-2}{a}=\frac{(3t+1)-1}{3}$$

을 만족하는 a, t의 쌍이 있을 때 두 직선은 만난다.

$$\frac{at}{2}=\frac{2t-1}{a}=t$$

에서 $at=2t$, $2t=at+1$. 그러므로 $2t=2t-1$. 따라서 두 직선이 만나는 경우는 없다. 그러므로 두 직선이 꼬인 위치에 있게 하는 0 아닌 실수 a는

$$a\neq 0,\ \ a\neq 2$$

를 만족하는 모든 실수이다. ■

한 평면은 그 평면이 지나는 한 점 P_0과 그 평면에 수직인 0 아닌 벡터 $\mathbf{n}$이 주어지면 결정된다. 이 평면이 $\mathbf{n}$에 수직이라는 것은 그 평면에 속하는 모든 직선이 $\mathbf{n}$에 수직이라는 뜻이며, 이것은 결국 그 직선의 방향을 벡터로 나타내었을 때 그 벡터가 $\mathbf{n}$에 수직이라는 것이다. 따라서 P가 평면 위의 한 점이면 $\overrightarrow{P_0P}$와 $\mathbf{n}$이 수직이므로

$$\overrightarrow{P_0P}\cdot\mathbf{n}=0$$

따라서 P_0의 좌표를 $(x_0,\ y_0,\ z_0)$, P의 좌표를 $(x,\ y,\ z)$ 그리고 $\mathbf{n}$의 성분을 $\langle a,\ b,\ c\rangle$라 하면 다음이 성립한다.

$$a(x-x_0)+b(y-y_0)+c(z-z_0)=0$$

이것을 P_0을 지나고 $\boldsymbol{n}$에 수직인 **평면의 방정식**이라고 하고 $\boldsymbol{n}$을 평면의 **법선 벡터**(normal vector)라고 한다.

예제 7.6.4 점 $(2, 4, -1)$을 지나고 벡터 $\boldsymbol{n}=\langle 2, 3, 4\rangle$에 수직인 평면의 방정식을 구하여라. 또한 x축, y축, z축과 이 평면의 교점을 구하고 이 평면을 스케치하여라.

풀이 평면의 방정식은

$$2(x-2)+3(y-4)+4(z+1)=0.$$

정리하면

$$2x+3y+4z=12.$$

x축 위의 점은 $(x, 0, 0)$으로 나타나므로

$$2x+3(0)+4(0)=12$$

에서 $x=6$이며 x축과의 교점은 $(6, 0, 0)$.
비슷하게 y축, z축과 평면의 교점은 각각 $(0, 4, 0)$, $(0, 0, 3)$이다. 따라서 이 평면의 일부를 스케치하면 다음 [그림 7.6.2]와 같다.

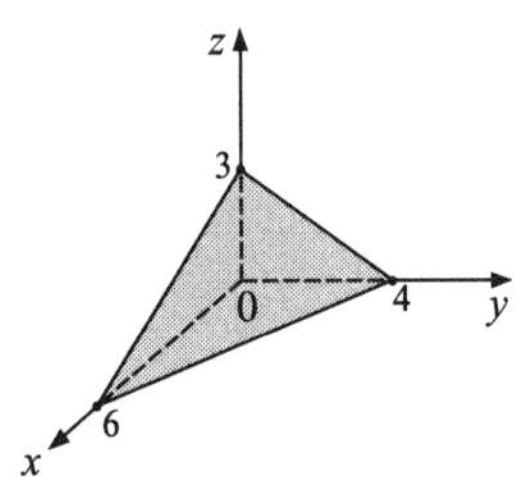

[그림 7.6.2]

■

연습문제

1. 점 $(1, 0, -3)$을 지나고 벡터 $\langle 2, -4, 5\rangle$ 방향의 직선의 방정식을 구하여라.

2. 원점을 지나고 매개방정식 $x=2t$, $y=1-t$, $z=4+3t$로 주어진 직선에 평행한 직선의 방정식을 구하여라.

3. 평면 $x+3y+z=5$ 에 수직이고 $(1,\ 0,\ 6)$을 지나는 직선의 방정식을 구하여라.

4. 원점과 점 $(1,\ 2,\ 3)$을 지나는 직선의 방정식을 구하여라.

5. 점 $(3,\ 1,\ -1)$과 점 $(3,\ 2,\ -6)$을 모두 지나는 직선의 방정식을 구하여라.

6. 두 평면 $x+y+z=1$ 과 $x+z=0$ 의 교선과 평행하고 원점을 지나는 직선의 방정식을 구하여라.

7. 다음에서 두 직선 l_1, l_2가 평행인지, 만나는지 아니면 꼬인 위치에 있는지 여부를 판별하여라.

(1) l_1: $x-1=\dfrac{y+2}{3}=4-z$, l_2: $\dfrac{x}{2}=y-3=\dfrac{z+3}{4}$

(2) l_1: $\dfrac{x-1}{2}=y=\dfrac{z-1}{4}$, l_2: $x=\dfrac{y+2}{2}=\dfrac{z+2}{3}$

(3) l_1: $x=-6t,\quad y=1+9t,\quad z=-3t$

l_2: $x=1+2s,\quad y=4-3s,\quad z=s$

(4) l_1: $x=1+t,\quad y=1+6t,\quad z=2t$

l_2: $x=1+2s,\quad y=5+15s,\quad z=-2+6s$

8. 점 $(6,\ 3,\ 2)$을 지나고 벡터 $\langle -2,\ 1,\ 5\rangle$에 수직인 평면의 방정식을 구하여라.

9. 원점을 지나고 평면 $2x-y+3z=1$ 에 평행한 평면의 방정식을 구하여라.

10. 직선 $x-5=\dfrac{y-1}{4}=\dfrac{z-3}{-2}$ 과 점 $(5,\ 1,\ 3)$에서 직교하는 평면의 방정식을 구하여라.

11. 직선 $\dfrac{x-1}{2}=z$, $y=-1$ 과 평면 $2x+y-z+5=0$ 의 교점을 구하여라.

12. 직선 $\dfrac{x-x_0}{a}=\dfrac{y-y_0}{b}=\dfrac{z-z_0}{c}$ 이 평면 $2x-y+z=1$ 과 평행할 조건을 구하여라.

13. 점 $P_1(x_1,\ y_1,\ z_1)$에서 평면 $ax+by+cz+d=0$ 까지의 거리 d는 다음과 같음을 증명하여라.

$$d=\frac{|ax_1+by_1+cz_1+d|}{\sqrt{a^2+b^2+c^2}}$$

14. **문제 7**에서 두 직선이 꼬인 위치에 있을 때 두 직선 사이의 최단거리를 구하여라.

08

다변수 함수

르장드르 [Adrien-Marie Legendre, 1752-1833]

르장드르는 프랑스의 수학자로서, 과학 전반에서 기초가 되는 연구를 하여 다른 과학자들의 연구에 기틀이 되었다. 다항식의 근에 대한 연구는 갈루아 이론의 바탕이 되었으며, 아벨의 타원함수 이론은 르장드르의 연구 자료를 기초로 한 것이다. 통계학과 수론에 대한 가우스 이론은 르장드르의 연구에 기반을 둔 것이다. 특히 르장드르의 최소제곱법은 오늘날 신호처리나, 통계, 연구 데이터에서 곡선을 뽑아내는 데에 쓰인다.

일반적으로 n 개의 실수집합에 대한 카테션 곱(Cartesian Product)

$$\mathbb{R}^n = \mathbb{R} \times \mathbb{R} \times \cdots \times \mathbb{R} = \{(x_1, x_2, \cdots, x_n) \mid x_i \in \mathbb{R}, i = 1, 2, \cdots, n\}$$

을 **n 차원 공간**($n-$dimensional space)이라 하고, 또한 $\mathbb{R}^n$의 원소 $(x_1, x_2, \cdots, x_n)$을 n 차원 공간의 점(point)이라 한다. 1 차원은 $\mathbb{R}$, 2 차원은 $\mathbb{R}^2$, 3 차원 공간은 $\mathbb{R}^3$으로서 기하학적으로는 각각 직선, 평면, 공간을 의미한다.

지금까지 독립변수가 1 개인 함수의 여러 성질과 그들의 도함수와 적분을 구하는 방법 등을 알아보았다. 본 장에서는 독립변수가 2 개 이상인 함수, 즉 다변수 함수의 극한과 연속, 도함수를 구하는 방법 그리고 그 응용에 대하여 알아보기로 한다.

8.1 다변수 함수의 극한, 연속

일반적으로 n 개의 독립변수 $x_1, x_2, \cdots, x_n$에 대하여 n 차원 공간상의 점 $(x_1, x_2, \cdots, x_n)$을 하나의 실수 값 y에 대응시키는 규칙 f를 n 변수 함수라 하며, 이를 $y = f(x_1, x_2, \cdots, x_n)$으로 나타낸다. 이때 독립변수가 두 개 이상인 함수를 **다변수 함수**라 한다. 이변수 함수에서는 임의의 점 (x, y)에서 f에 의해 정해진 값을 $z = f(x, y)$로 쓰고, 변수 x와 y는 독립변수이고 z는 종속변수이다.

이변수 함수에 대한 이론을 그대로 다변수 함수로 확장 적용할 수 있으므로 이 장에서는 주로 이변수 함수를 가지고 전개한다. 또한 다변수 함수의 극한과 연속을 배우기 전에 먼저, 이변수 함수의 그래프 형태와 이변수 함수 활용예제를 살펴보도록 하자.

이변수 함수 $z = f(x, y)$의 그래프는 공간에서 일반적으로 평면 또는 곡면이 된다.

예제 8.1.1 이변수 함수 $z = 1 - x - y$의 그래프를 그려라.

풀이 주어진 함수의 정의역은 $\mathbb{R} \times \mathbb{R}$이다. 따라서 주어진 함수의 그래프는 $f = \{(x, y, 1-x-y) \mid (x, y) \in \mathbb{R} \times \mathbb{R}\}$이며, [그림 8.1.1]에서와 같은 평면이다.

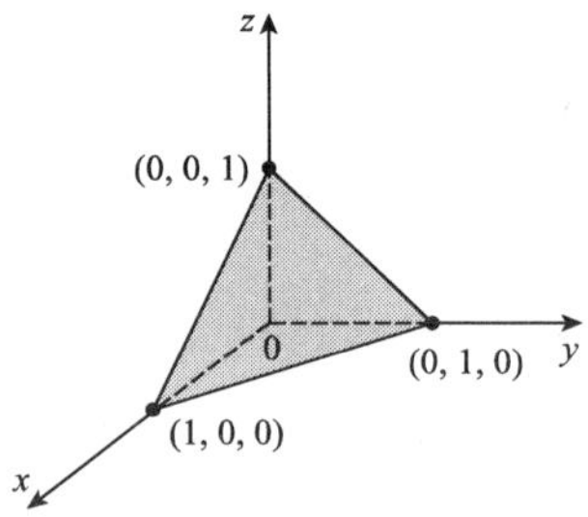

[그림 8.1.1] ■

예제 8.1.2 이변수 함수 $z=\sqrt{1-x^2-y^2}$ 의 그래프를 그려라.

풀이 주어진 함수의 정의역은 $D=\{(x,\,y)\mid x^2+y^2\le 1\}$이다. 따라서 주어진 함수의 그래프는 $\{(x,\,y,\,\sqrt{1-x^2-y^2})\mid (x,\,y)\in D\}$이고 특히, $z\ge 0$이므로 [그림 8.1.2]에서와 같은 반 구면이다.

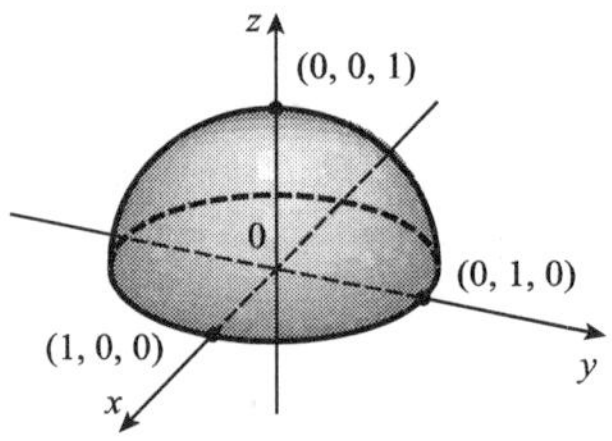

[그림 8.1.2] ■

예제 8.1.3 1928년에 콥(C. Cobb)과 더글러스(P. Douglas)는 1899년–1922년 동안 미국경제에 대해 다음과 같은 성장모형을 제안하였다. 생산량(P)은 노동량(L)과 투자된 자본금(K)에 의해 결정된다는 이론으로서 함수식은

$$P(L,\,K)=b\,L^{\alpha}K^{1-\alpha}$$

이다(여기서, b, α는 상수). 그들은 1899년을 기본(P, L, K의 값을 100)으로 하고, 다른 연도의 값은 1899년 값의 백분율로 나타내었다. 이를 **콥–더글러스 생산함수**(Cobb-Douglas production function)라 부르고, 실제로 뉴턴 방법으로 추정한 모형식은 아래와 같다.

$$P(L,\,K)=1.018\,L^{0.750}K^{0.250}$$

여기서 추정된 모형 식을 이용하여 1909년과 1919년의 생산량을 추정하고 오차를 구해보자.

연도	L	K	P	연도	L	K	P
1899	100	100	100	1911	145	216	153
1900	105	107	101	1912	152	226	177
1901	110	114	112	1913	154	236	184
1902	118	122	122	1914	149	244	169
1903	123	131	124	1915	154	266	189
1904	116	138	122	1916	182	298	225
1905	125	149	143	1917	196	335	227
1906	133	163	152	1918	200	366	223
1907	138	176	151	1919	193	387	218
1908	121	185	126	1920	193	407	231
1909	140	198	155	1921	147	417	179
1910	144	208	159	1922	161	431	240

풀이 먼저, 1909년($L=140,\ K=198$)과 1919년($L=193,\ K=387$)의 생산량을 각각 추정해보면

$$P(140,\ 198)=1.018(140)^{0.750}(198)^{0.250}\approx 155.4$$

$$P(193,\ 387)=1.018(193)^{0.750}(387)^{0.250}\approx 233.8$$

이다. 이는 실제 1909년에서의 생산량 155에 가깝지만(오차, 0.4), 1919년의 생산량 218에는 오차가 다소 크다(오차, 15.8). ■

이변수 이상의 함수에 대해 그래프를 이해하는 데 도움이 되는 방법으로 두 가지 개념을 소개한다. 그중의 하나는 **등고선**(contour lines) 또는 **등위곡선**(level curve)으로서 일정한 높이, 온도 등의 점들을 연결한 경로지도이다.

정의 8.1.1

상수 k(f의 치역 속하는)에 대해 방정식 $f(x,\ y)=k$를 만족하는 곡선을 이변수 함수 f의 **등위곡선**(level curve)이라 한다. ■

등위곡선 $f(x,\ y)=k$ 는 주어진 값 k를 갖는 f의 정의역에 있는 모든 점들의 집합이다. 즉, 등위곡선 $f(x,\ y)=k$ (그래프의 높이)는 수평면 $z=k$에서 xy 평면으로 사영한 f의 그래프의 자취들이다. 따라서 함수의 등위곡선을 그리고 정해진 높이만큼 곡면을 위로 올려진 것으로 등위곡선을 시각화하면 주어진 그래프의 모양을 형상화하는 데 도움이 될 수 있다. 고도를 나타내는 경우에는, 등위곡선들이 서로 인접해 있는 곳의 곡면은 가파르고 멀리 떨어져 있는 곳은 상대적으로 평평하다.

예제 8.1.4 다음 함수의 등위곡선들을 주어진 상수에서 그려라.

$$g(x,\ y) = \sqrt{x^2+y^2},\ k=0,\ 1,\ 2,\ 3$$

풀이 등위곡선은

$$\sqrt{x^2+y^2}=k \quad \text{또는} \quad x^2+y^2=k^2$$

이다. 이것은 중심이 $(0,\ 0)$이고 반지름이 k인 원들의 모임이다. 특히 $k=0$인 경우는 원점 $(0,\ 0)$을 나타내며, 각각의 $k=0,\ 1,\ 2,\ 3$에서 등위곡선은 [그림 8.1.3]과 같다. 실제의 그래프 $g(x,\ y)$는 이 등위곡선들을 $z\ (z \geq 0)$축 방향으로 들어 올려서 하나의 곡면(반구) 형태임을 알 수 있다.

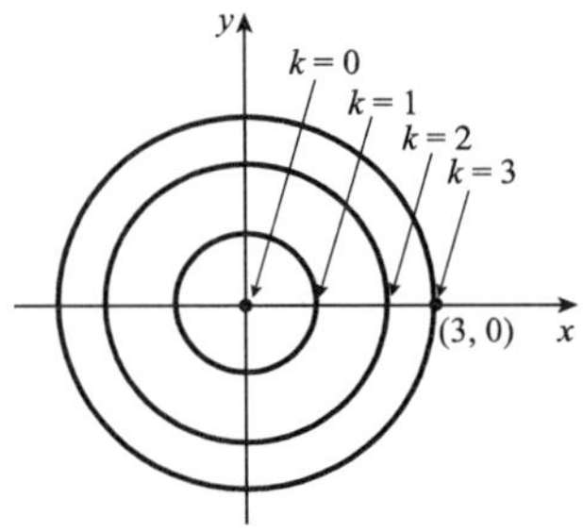

[그림 8.1.3] ■

예제 8.1.5 예제 8.1.3의 콥-더글러스 생산함수의 등위곡선들을 작성하여라.

풀이 콥-더글러스 생산함수의 등위곡선은 [그림 8.1.4]와 같다.

$$P(L,\ K) = 1.018\,L^{0.750}K^{0.250}$$

[그림 8.1.4]에서 보는 바와 같이, 등위곡선이 $p=140$인 것은 주어진 노동량 L과 투자자본금 K의 모든 조합들에 대한 생산량이 140일 때를 나타낸다. 특히, 고정된 p값에 대해 L이 증가할 때 K는 감소하고 반면에, L이 감소할 때 K는 증가한다는 것을 보여주고 있다.

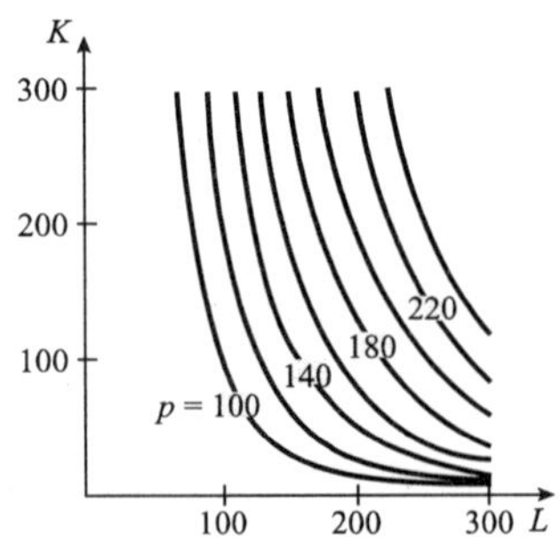

■

[그림 8.1.4]

삼변수 함수의 그래프가 4차원 공간에 있으므로 그래프를 그려서 이해하는 것은 불가능하다. 따라서 다음의 정의는 이러한 경우에 우리에게 주어진 함수를 형상화함으로써 그래프를 이해하는 데 도움을 준다.

정의 8.1.2

상수 k가 주어지고, 삼변수 함수 f에 대하여 $f(x, y, z)=k$를 만족하는 곡면을 f의 **등위곡면**(level surface)이라 한다. ■

예제 8.1.6 다음 함수의 등위곡면을 구하여라.

$$f(x, y, z) = x^2 + y^2 + z^2$$

풀이 등위곡면 $x^2+y^2+z^2=k$(단, $k \geq 0$)는 반지름이 $\sqrt{k}$인 구들의 모임이다. 따라서 중심이 원점인 각각의 구 위의 임의의 점 (x, y, z)에서의 함수 값 $f(x, y, z)$는 일정하다. ■

이제 이변수 함수의 연속성을 정의하기 위해 먼저 극한에 대하여 알아보자.

정의 8.1.3

이변수 함수 $f(x, y)$가 xy평면 위의 한 점 (a, b)를 중심으로 하여 각 방향으로 충분히 가깝게 있는 모든 점들 즉, 점 (a, b)의 근방 D'에 대해서 z축 위의 한 고정점 L의 아래위로 충분히 가깝게 있는 점들 즉, 점 L 자신을 포함하는 근방 D''에 대응시킬 때([그림 8.1.5] 참조), 함수 $f(x, y)$는 점 (a, b)에서 **극한** L**을 갖는다**고 말하고 이를 다음 기호로 나타낸다.

$$\lim_{(x, y)\to(a, b)} f(x, y) = L$$ ■

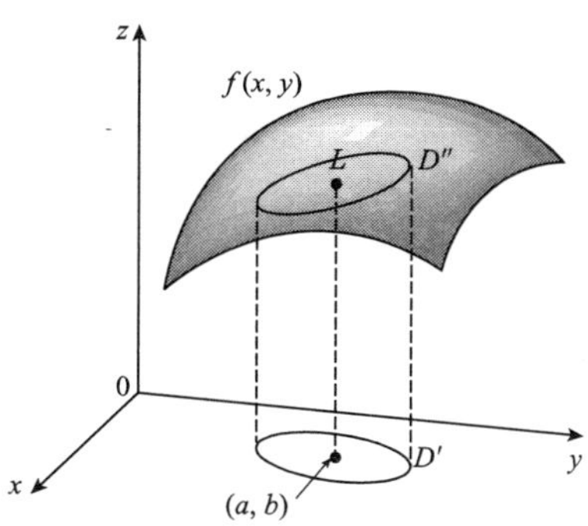

[그림 8.1.5]

위의 정의는 직관적으로 정의한 것이고, 좀 더 엄밀한 정의는 $\varepsilon-\delta$ 논법에 의해 설명하는데 이에 대한 것은 다른 미적분학 교재를 참고하기 바란다.

예제 8.1.7 함수 $z=x+y$는 xy 평면 위의 점 $(2, 3)$에 충분히 가깝게 있는 점들을 z축 위의 점 5에 충분히 가깝게 있는 점들에 대응시킨다. 따라서 주어진 함수는 점 $(2, 3)$에서 극한 5를 갖는다. 즉, $\lim_{(x, y)\to(2, 3)}(x+y)=5$이다. ■

일변수 함수의 경우, x가 a에 접근할 때 단지 두 가지 접근 방향 즉, 왼쪽에서 또는 오른쪽에서 접근하는 경우만 있었다. 우리는 **4장**에서 $\lim_{x\to a^-}f(x)\neq\lim_{x\to a^+}f(x)$이면 $\lim_{x\to a}f(x)$가 존재하지 않는다고 배웠다.

이변수 함수의 경우에는 상황이 크게 다르다. 왜냐하면 (x, y)가 정의역 f 안에 있을 때 무수히 많은 방향(경로)에서 (x, y)가 (a, b)에 접근하기 때문이다. 그러므로 만약 극한이 존재하면 (x, y)가 (a, b)에 접근하는 방법에 상관없이 $f(x, y)$는 모두 동일한 극한값을 가져야 한다. 따라서 서로 다른 임의의 두 개의 경로에 대해 $f(x, y)$가 서로 다른 극한값을 가지면 $\lim_{(x, y)\to(a, b)}f(x, y)$는 존재하지 않는다고 할 수 있다.

정리 8.1.1

만일 경로 C_1을 따라 $(x, y)\to(a, b)$일 때 $f(x, y)\to L_1$이고, C_1과는 다른 C_2 경로를 따라서 $(x, y)\to(a, b)$일 때 $f(x, y)\to L_2$이고 $L_1\neq L_2$이면 $\lim_{(x, y)\to(a, b)}f(x, y)$는 존재하지 않는다. ■

예제 8.1.8 $\lim_{(x, y)\to(0, 0)}\dfrac{x^2-y^2}{x^2+y^2}$이 존재하지 않음을 보여라.

풀이 이변수 함수를 $f(x, y)=(x^2-y^2)/(x^2+y^2)$이라 하자. 먼저 x축을 따라 $(0, 0)$으로 접근시켜보면 $y=0$이 되어 모든 $x\neq 0$에 대해 $f(x, 0)=x^2/x^2=1$이 되어

$$f(x, y)\to 1 \ (x\text{축을 따라 } (x, y)\to(0, 0)\text{일 때})$$

이다. 이제 $x=0$이라 두고 y축을 따라 접근시켜보자. 그러면 모든 $y\neq 0$에 대해 $f(0, y)=-y^2/y^2=-1$이 되어

$$f(x, y)\to -1 \ (y\text{축을 따라 } (x, y)\to(0, 0)\text{일 때})$$

이다. 따라서 f는 서로 다른 두 직선을 따라 두 개의 서로 다른 극한값을 가지므로 주어진 식은 극한값을 갖지 않는다. ■

예제 8.1.9 $\displaystyle\lim_{(x,\ y)\to(0,\ 0)} \frac{5xy^2}{x^2+y^2}$ 이 존재한다면 극한값을 구하여라.

풀이 예제 8.1.8에서와 같이 x축을 따라 $(0,\ 0)$으로 접근시키거나 y축 또는 다른 원점을 지나는 어떠한 직선을 따라 극한값을 구해도 0임을 보일 수 있다. 이것이 주어진 극한값이 0임을 증명하는 것은 아니다. 더욱이 포물선 $y=x^2$과 $x=y^2$을 따라 접근시켜도 극한이 0이므로 극한값이 존재하고 그 값이 0이라고 추측할 수 있다.
이제 모든 실수 x, y에 대해 $y^2 \le x^2+y^2$이므로

$$\frac{y^2}{x^2+y^2} \le 1$$

이고, 따라서

$$0 \le \left| \frac{5xy^2}{x^2+y^2} \right| = 5|x| \frac{y^2}{x^2+y^2} \le 5|x|$$

이다. 여기서 **정리 4.3.3 짜내기 정리**(squeeze theorem)를 적용하면

$$\lim_{(x,\ y)\to(0,\ 0)} 0 \le \lim_{(x,\ y)\to(0,\ 0)} \left| \frac{5xy^2}{x^2+y^2} \right| \le \lim_{(x,\ y)\to(0,\ 0)} 5|x|$$

또는 $$0 \le \lim_{(x,\ y)\to(0,\ 0)} \left| \frac{5xy^2}{x^2+y^2} \right| \le 0$$

이므로 주어진 식의 극한값 0을 갖는다. ■

다음은 이변수 함수의 연속에 대하여 알아보자.

일변수인 연속함수의 극한값 계산은 직접 값을 대입하여 쉽게 얻을 수 있었다. 왜냐하면 연속함수를 정의하는 성질은 $\lim_{x\to a} f(x)=f(a)$이기 때문이다. 이변수의 연속함수도 역시 직접 값을 대입함으로써 정의할 수 있다.

정의 8.1.4

이변수 함수 f가 $(a,\ b)$에서 **'연속이다'**라는 것은

$$\lim_{(x,\ y)\to(a,\ b)} f(x,\ y)=f(a,\ b)$$

일 때를 말한다. 만약 정의구역 D 내의 모든 점 $(a,\ b)$에서 연속이면 f는 D상에서 **연속이다**고 말한다. ■

극한의 성질을 사용해서 연속함수의 합, 차, 곱, 몫도 이들 함수의 정의역 안에서 연속임을 보일 수 있다. 예로서, 모든 다항함수와 유리함수는 그 정의역 안에서 연속이다.

예제 8.1.10 함수 $f(x,\ y)=\dfrac{x^2-y^2}{x^2+y^2}$ 은 어디에서 연속인가?

풀이 예제 8.1.8에서처럼 함수 f는 $(0,\ 0)$에서 극한값이 존재하지 않고, 또한 $(0,\ 0)$에서 정의되지 않기 때문에 $(0,\ 0)$에서는 불연속이다. 따라서 이 함수 f는 유리함수이기 때문에 $(0,\ 0)$을 제외한 집합 $D=\{(x,\ y)\mid (x,\ y)\neq(0,0)\}$에서 연속이다. ■

예제 8.1.11 이변수 함수 f를 다음과 같이 정의할 때, 연속성을 말하여라.

$$f(x,\ y)=\begin{cases}\dfrac{5xy^2}{x^2+y^2}, & (x,\ y)\neq(0,\ 0)\\ \quad 0 \quad , & (x,\ y)=(0,\ 0)\end{cases}$$

풀이 $(x,\ y)\neq(0,\ 0)$일 때 f는 유리함수이므로 연속인 것을 알고 있다. 예제 8.1.9로부터

$$\lim_{(x,\ y)\to(0,\ 0)} f(x,\ y)=\lim_{(x,\ y)\to(0,\ 0)}\frac{5xy^2}{x^2+y^2}=0=f(0,\ 0)$$

이다. 그러므로 f는 $(0,\ 0)$에서 연속이고 모든 $\mathbb{R}^2$상에서 연속이다. ■

연습문제

1. 어느 제조회사의 생산함수 P가 콥-더글러스 함수

$$P(L,\ K)=1.483\,L^{0.785}K^{0.215}$$

을 따른다고 하자. 여기서 L은 노동시간(단위: 천 시간)이고 K는 투자 자본금(단위: 백만 달러)이다. 이때 $P(150,\ 30)$의 값을 구하고 이를 해석하여라.

2. 인간 육체의 표면적(human body surface area) S에 대한 연구에서 1970년에 제안된 하나의 모형식은

$$S=f(w,\ h)=0.024\,w^{0.515}h^{0.423}$$

으로 알려져 있다. 여기서 w는 몸무게(단위: kg), h는 키(단위: cm) 그리고 육체의 표면적 S(단

위: m^2)는 이변수 함수 f로 나타낸다.

(1) $f(70, 174)$의 값을 구하고 이를 해석하여라.

(2) 주어진 모형 식을 이용하면 여러분 각자의 육체 표면적 S는 얼마로 추정되는가?

3. 어떤 이변수 함수 $f(x, y)$에 대해 $\lim\limits_{(x, y)\to(1, 2)} f(x, y)=5$라 가정할 때, $f(1, 2)$의 값은 얼마라고 할 수 있는가? 또한 f가 연속이라면 $f(1, 2)$의 값은 얼마인가?

4. $\lim\limits_{(x, y)\to(4, 3)} \dfrac{\sqrt{x}-\sqrt{y+1}}{x-y-1}$의 극한값을 구하여라(단, $x\neq y+1$이다).

5. 이변수 함수 $f(x, y)=\dfrac{x^2-y^2}{x^2+y^2}$ (단, $x\neq 0,\ y\neq 0$)에 대해 직선 $y=mx$를 따라서 $(x, y)\to(0, 0)$ 일 때 $\lim\limits_{(x, y)\to(0, 0)} f(x, y)$는 존재하는가?

6. 극한이 존재하면 극한값을 구하여라.

(1) $\lim\limits_{(x, y)\to(3, 2)} (x^2y^3-4y^2)$

(2) $\lim\limits_{(x, y)\to(2, -1)} \dfrac{x^2y+xy^2}{x^2-y^2}$

(3) $\lim\limits_{(x, y)\to(\pi, \pi/2)} y\sin(x-y)$

(4) $\lim\limits_{(x, y)\to(3, 2)} e^{\sqrt{2x-y}}$

(5) $\lim\limits_{(x, y)\to(0, 0)} \dfrac{x^4-4y^2}{x^2+2y^2}$

(6) $\lim\limits_{(x, y)\to(0, 0)} \dfrac{x^2+\sin^2 y}{2x^2+y^2}$

(7) $\lim\limits_{(x, y)\to(0, 0)} \dfrac{xy\cos y}{3x^2+y^2}$

(8) $\lim\limits_{(x, 0)\to(0, 0)} \dfrac{x^4-y^4}{x^2+y^2}$

7. 주어진 이변수 함수 f가 연속인 점들의 집합을 결정하여라.

(1) $f(x, y)=\begin{cases} \dfrac{x^2y^3}{2x^2+y^2}, & (x, y)\neq(0, 0) \\ 0, & (x, y)=(0, 0) \end{cases}$

(2) $f(x, y)=\begin{cases} \dfrac{xy}{x^2+xy+y^2}, & (x, y)\neq(0, 0) \\ 0, & (x, y)=(0, 0) \end{cases}$

8.2 편미분

일변수 함수의 도함수를 구하기 위하여 적용했던 몇 가지 원리들을 이변수 함수에서도, 나아가서는 $n(\geq 3)$변수 함수에 적용함으로써 편도함수의 개념을 얻게 된다.

정의 8.2.1

이변수 함수 $f(x, y)$에 대하여

$$\lim_{h\to 0}\frac{f(a+h,\ b)-f(a,\ b)}{h},\qquad \lim_{k\to 0}\frac{f(a,\ b+k)-f(a,\ b)}{k}$$

의 극한값이 존재하면, 이 두 값을 각각 함수 $f(x, y)$의 점 (a, b)에서의 **x에 관한 순간 변화율** 및 **y에 관한 순간 변화율**이라 부르고, 함수 $f(x, y)$는 점 (a, b)에서 x 및 y**에 관하여 편미분 가능**(partially differentiable at (a, b)) 하다고 한다. 함수 $f(x, y)$의 점 (a, b)에서의 x에 관한 순간 변화율과 y에 관한 순간변화율을 각각 x 및 y**에 관한 편미분계수**라고도 부르며 보통 기호 $f_x(a, b)$ 및 $f_y(a, b)$로 나타낸다. ■

예제 8.2.1 함수 $f(x, y)=x^2+y^2$에 대하여, $f_x(1, 2)$와 $f_y(1, 2)$를 구하여라.

풀이 **정의 8.2.1**에 의해 다음의 결과를 얻는다.

$$f_x(1,\ 2)=\lim_{h\to 0}\frac{\{(1+h)^2+2^2\}-(1^2+2^2)}{h}=\lim_{h\to 0}\frac{2h+h^2}{h}=\lim_{h\to 0}(2+h)=2,$$

$$f_y(1,\ 2)=\lim_{k\to 0}\frac{\{1^2+(2+k)^2\}-(1^2+2^2)}{k}=\lim_{k\to 0}\frac{4k+k^2}{k}=\lim_{k\to 0}(4+k)=4.$$ ■

예제 8.2.2 함수 $f(x, y)=|x+y|$는 점 $(0, 0)$에서 x에 관하여 편미분 가능한가?

풀이 먼저 **정의 8.2.1**에 의해

$$\lim_{h\to 0}\frac{f(0+h,\ 0)-f(0,\ 0)}{h}=\lim_{h\to 0}\frac{|0+h+0|}{h}=\lim_{h\to 0}\frac{|h|}{h}$$

이고, 또한 $\lim_{h\to 0}\frac{|h|}{h}$의 값이 존재하지 않으므로 주어진 함수는 $(0, 0)$에서 x에 관하여 편미분 불가능하다. ■

이제 일반적으로 점 (x, y)에서의 편미분, 즉 편도함수를 정의해보자.

정의 8.2.2

함수 $f(x, y)$가 주어졌을 때, $f(x, y)$가 x 및 y에 관한 두 함수

$$f_x(x, y) = \lim_{h \to 0} \frac{f(x+h, y) - f(x, y)}{h},$$

$$f_y(x, y) = \lim_{k \to 0} \frac{f(x, y+k) - f(x, y)}{k}$$

을 각각 함수 $f(x, y)$의 **x에 관한 편도함수**(partial derivative with respect to x) 및 **y에 관한 편도함수**라고 한다. ■

일반적으로 n변수 함수 $u = f(x_1, x_2, \cdots, x_n)$의 x_i에 관한 편도함수 $\dfrac{\partial u}{\partial x_i}$를 구할 때에는 $f(x_1, x_2, \cdots, x_n)$에서 x_i를 제외한 나머지 모든 변수를 상수로 보고 $f(x_1, x_2, \cdots, x_n)$을 x_i에 관하여 미분하면 된다.

이변수 함수 $z = f(x, y)$의 x 및 y에 관한 편도함수를 나타내기 위하여 다음과 같은 기호가 사용된다.

$$f_x(x, y),\ f_y(x, y),\ f_x,\ f_y,\ z_x,\ z_y \qquad \text{(Lagrange 기호)}$$

$$D_x f(x, y),\ D_y f(x, y),\ D_x f,\ D_y f,\ D_x z,\ D_y z \qquad \text{(Arbogast 기호)}$$

$$\frac{\partial}{\partial x} f(x, y),\ \frac{\partial}{\partial y} f(x, y),\ \frac{\partial f}{\partial x},\ \frac{\partial f}{\partial y},\ \frac{\partial z}{\partial x},\ \frac{\partial z}{\partial y} \qquad \text{(Leibniz 기호)}$$

예제 8.2.3 함수 $f(x, y) = x^2 y$의 f_x와 f_y를 구하여라.

풀이

$$\begin{aligned} f_x(x, y) &= \lim_{h \to 0} \frac{(x+h)^2 y - x^2 y}{h} \\ &= \lim_{h \to 0} \frac{2xhy - h^2 y}{h} = \lim_{h \to 0} (2xy - hy) = 2xy, \end{aligned}$$

$$f_y(x, y) = \lim_{k \to 0} \frac{x^2(y+k) - x^2 y}{k} = \lim_{k \to 0} \frac{x^2 k}{k} = \lim_{k \to 0} x^2 = x^2$$ ■

다음은 한 점 P에서 편미분계수의 기하학적 의미에 대하여 살펴보자.

[그림 8.2.1]에서와 같은 곡면을 함수 $z = f(x, y)$의 그래프라 하자. 곡면 위

의 한 점 $P(x_0,\ y_0,\ z_0)$(단, $f(x_0,\ y_0)=z_0$)을 지나고 xz 평면과 평행(또는 xy 평면과 수직)인 평면으로 곡면을 자르면, 하나의 곡선 APB를 얻는다. 한 점이 이 곡선을 따라 움직인다면 z와 x는 변하지만 $y(=y_0)$는 변하지 않고 일정할 것이다. 따라서 점 $P(x_0,\ y_0,\ z_0)$에서의 함수 $z=f(x,\ y)$의 x에 관한 편미분계수 $\frac{\partial z}{\partial x}$는 곡선 APB의 점 P에서의 접선의 기울기를 의미한다. 마찬가지로, 곡선 CPD에 관하여도 같은 방법으로 생각하여 다음과 같은 편미분계수의 기하학적 의미를 갖는다.

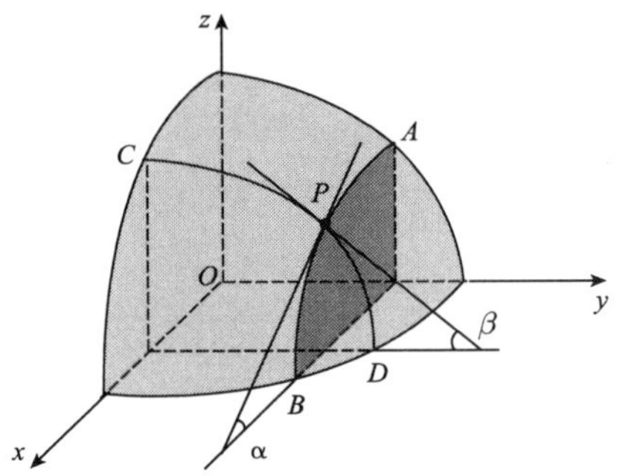

[그림 8.2.1]

$$f_x(x_0,\ y_0)=\left.\frac{\partial z}{\partial x}\right|_{x=x_0,\ y=y_0} \quad (P\text{에서 } x\text{에 관한 편미분계수})$$
$$=\tan\alpha \quad (P\text{에서 곡선 } APB\text{의 접선의 기울기})$$

$$f_y(x_0,\ y_0)=\left.\frac{\partial z}{\partial y}\right|_{x=x_0,\ y=y_0} \quad (P\text{에서 } y\text{에 관한 편미분계수})$$
$$=\tan\beta \quad (P\text{에서 곡선 } CPD\text{의 접선의 기울기})$$

또한 점 $P(x_0,\ y_0,\ z_0)$에서 곡선 APB와 CPD의 접선을 각각 T_1, T_2라 하면 곡면 위의 한 점 P에서 **접평면**(tangent plane)은 접선 T_1과 T_2를 포함하는 평면으로 정의된다. 이때 다음 정리가 성립한다.

정리 8.2.1

f가 연속인 편도함수를 가질 때 점 $P(x_0,\ y_0,\ z_0)$에서 곡면 $z=f(x,\ y)$에 대한 접평면의 방정식은

$$z-z_0=f_x(x_0, y_0)(x-x_0)+f_y(x_0, y_0)(y-y_0)$$

이다. ▩

예제 8.2.4 점 (1, 1, 3)에서 이변수 함수 $z=2x^2+y^2$에 대한 접평면을 구하여라.

풀이 이변수 함수를 $f(x, y)=2x^2+y^2$이라 하면

$$f_x(x, y)=4x \qquad f_y(x, y)=2y,$$
$$f_x(1, 1)=4 \qquad f_y(1, 1)=2$$

이다. 따라서 (1, 1, 3)에서 접평면의 방정식은 다음과 같다.

$$z-3=4(x-1)+2(y-1)$$

또는
$$z=4x+2y-3$$
■

함수 $z=f(x, y)$의 편도함수 f_x, f_y 도 또한 x, y의 함수이므로 이것을 다시 편미분하여 다음과 같이 4개의 **이계 편도함수**(second partial derivative)를 얻을 수 있다. 같은 방법으로, 가능하다면 ***n*** **계 편도함수**를 얻을 수도 있다.

$$\frac{\partial}{\partial x}\left(\frac{\partial z}{\partial x}\right)=\frac{\partial^2 z}{\partial x^2}=z_{xx}=\frac{\partial^2 f}{\partial x^2}=f_{xx}$$
$$\frac{\partial}{\partial x}\left(\frac{\partial z}{\partial y}\right)=\frac{\partial^2 z}{\partial x\,\partial y}=z_{yx}=\frac{\partial^2 f}{\partial x\,\partial y}=f_{yx}$$
$$\frac{\partial}{\partial y}\left(\frac{\partial z}{\partial x}\right)=\frac{\partial^2 z}{\partial y\,\partial x}=z_{xy}=\frac{\partial^2 f}{\partial y\,\partial x}=f_{xy}$$
$$\frac{\partial}{\partial y}\left(\frac{\partial z}{\partial y}\right)=\frac{\partial^2 z}{\partial y^2}=z_{yy}=\frac{\partial^2 f}{\partial y^2}=f_{yy}$$

예제 8.2.5 이변수 함수 $z=f(x, y)=x^2+3y^2-x^3y^4$의 삼계 편도함수 z_{xxy}, z_{yxx}, z_{xyx}를 구하여라.

풀이 $z_x=f_x=2x-3x^2y^4$, $z_y=f_y=6y-4x^3y^3$

$z_{xx}=f_{xx}=2-6xy^4$, $z_{xy}=f_{xy}=-12x^2y^3$, $z_{yy}=f_{yy}=6-12x^3y^2$

$z_{xxy}=f_{xxy}=-24xy^3=z_{yxx}(=f_{yxx})=z_{xyx}(=f_{xyx})$ ■

위 예제 8.2.5에서 보면,

$$f_{xy} = \frac{\partial}{\partial y}\left(\frac{\partial f}{\partial x}\right) = \frac{\partial}{\partial y}(2x - 3x^2y^4) = -12x^2y^3,$$

$$f_{yx} = \frac{\partial}{\partial x}\left(\frac{\partial f}{\partial y}\right) = \frac{\partial}{\partial x}(6y - 4x^3y^3) = -12x^2y^3$$

으로부터 $f_{xy} = f_{yx}$ 임을 알 수 있다. 이것은 항상 성립하지는 않지만, 프랑스 수학자 **끌레로**(A. Clairaut)에 의해, 임의의 (x, y)를 중심으로 한 집합에서 연속함수이면 성립한다는 것이 증명되어 있다. 마찬가지로 예제 8.2.4에서 $f_{xxy} = f_{xyx} = f_{yxx}$ 가 성립함을 보여준다.

연습문제

1. 함수 $z = f(x, y) = 6x^2 - 4xy + 9y^2$ 에 대하여, 다음을 편도함수 정의를 이용하여 구하여라.

(1) $\frac{\partial z}{\partial x}$　　(2) $\frac{\partial z}{\partial y}$

(3) $f_x(-4, -1)$　　(4) $f_y(-4, 3)$

2-5 ■ 주어진 함수에 대해서 편도함수 (1) $f_x(x, y)$, $f_y(x, y)$와 그때의 편미분계수 (2) $f_x(2, -1)$, $f_y(-4, 3)$을 구하여라.

2. $f(x, y) = 7xy + 2y^3 + 6$

3. $f(x, y) = 5x^2y^3$

4. $f(x, y) = e^{x+y+6}$

5. $f(x, y) = -8e^{9x-4y}$

6. 이계 편도함수를 구하여라.

(1) $f(x, y) = x^4y - 2x^3y^2$　　(2) $f(x, y) = \ln(ax + by)$

(3) $z = \frac{y}{2x + 3y}$　　(4) $v = \sin(s^2 - t^2)$

7. 평면 금속판 위의 점 (x, y)에서 온도 $T(x, y) = \frac{36}{1 + 2x^2 + 3y^2}$ 이 주어져 있다. 이때 T의 단위는 섭씨(℃)이고 x, y의 단위는 미터(m)이다. 금속판 위의 점 $(1, 1)$에서 거리에 대한 온도의 x축 방

향 변화율, y축 방향 변화율을 구하여라.

8. 주어진 점에서 곡면에 대한 접평면의 방정식을 구하여라.

(1) $z=2x^2+y^2-5y$, $(1, 2, -4)$ (2) $z=e^{x-y}$, $(2, 2, 1)$

8.3 전미분과 응용

이변수 함수 $z=f(x, y)$가 주어졌다고 하자. 변수 x가 어떤 값 x로부터 $x+\Delta x$로, 변수 y가 어떤 값 y로부터 $y+\Delta y$로 변할 때 주어진 함수 값은

$$\Delta z=f(x+\Delta x, y+\Delta y)-f(x, y)$$

만큼 변한다. 이 양을 주어진 함수의 **증분**(increment)이라 한다.

또한 만약 (a, b)에서 x, y의 편도함수가 존재하여 편미분계수 $f_x(a, b)=\left.\frac{\partial z}{\partial x}\right|_{x=a,\ y=b}$와 $\frac{\partial z}{\partial y}=f_y(a, b)$가 존재하고 (a, b)에서 연속이면, f는 (a, b)에서 **미분 가능**(differentiable)하다고 한다.

정의 8.3.1

미분 가능한 함수 $z=f(x, y)$에 대해, 임의의 점 (x, y)가 (a, b)에 가까이 있을 때, 접평면은 주어진 점 근방에서 f의 그래프에 잘 근사한다. 이를 (a, b)에서 f의 **선형화**(linearization)라 정의하고 근사

$$f(x, y)\approx f(a, b)+f_x(a, b)(x-a)+f_y(a, b)(y-b)$$

는 (a, b)에서 f의 **선형근사**(linear approximation) 또는 **접평면근사**(tangent plane approximation)라 부른다. ■

앞 절의 예제 8.2.4에서 점 $(1, 1, 3)$에서 이변수 함수 $f(x, y)=2x^2+y^2$에 대한 접평면의 방정식이 $z=4x+2y-3$임을 알았다. 따라서 (x, y)가 $(1, 1)$에 가까이 있을 때, 이변수의 일차함수

$$L(x, y)=4x+2y-3$$

은 $f(x, y)$에 좋은 근사이다. 예를 들어, 점 (1.01, 0.97)의 선형근사는

$$f(1.01,\ 0.97) \approx L(1.01,\ 0.97) = 4(1.01) + 2(0.97) - 3 \\ = 2.98$$

이고, 이것은 실제 값 $f(1.01,\ 0.97) = 2(1.01)^2 + (0.97)^2 = 3.00$ 에 매우 가깝다. 그러나 (2, 3)과 같이 (1, 1)에서 좀 더 떨어진 점을 잡으면, 더 이상 좋은 근삿값을 제공하지 않는다. 실제로 $L(2,\ 3) = 11$ 이지만 $f(2,\ 3) = 17$ 이다.

예제 8.3.1 이변수 함수 $f(x, y) = xe^{xy}$가 (1, 0)에서 선형화를 이용하여 $f(1.03,\ -0.02)$의 근삿값을 구하여라.

풀이 편도함수 및 계수들은

$$f_x(x, y) = e^{xy} + xye^{xy} \qquad f_y(x, y) = x^2e^{xy},$$
$$f_x(1, 0) = 1 \qquad f_y(1, 0) = 1$$

이므로 선형화는

$$L(x, y) = f(1, 0) + f_x(1, 0)(x-1) + f_y(1, 0)(y-0) \\ = 1 + 1(x-1) + 1(y-0) = x + y$$

이고, 따라서 선형근사는

$$xe^{xy} \approx x + y = L(x, y)$$

이다. 따라서

$$f(1.03,\ -0.02) \approx L(1.03,\ -0.02) \\ = 1.03 + (-0.02) = 1.01.$$

이 값은 실제 값 $f(1.03,\ -0.02) = 1.03e^{1.03(-0.02)} \approx 1.009$ 에 매우 가깝다. ■

미분 가능한 일변수 함수 $y = f(x)$에 대해 y의 미분은

$$dy = f'(x)\,dx$$

로 정의하였다.

마찬가지로 이변수 함수에서도 다음과 같이 미분을 정의한다.

정의 8.3.2

미분 가능한 이변수 함수 $z=f(x, y)$에 대해 미분 dx와 dy가 주어질 때, 미분 dz를 **전미분**(total differential)이라고 부르고 다음과 같이 정의한다.

$$dz=f_x(x, y)\,dx+f_y(x, y)\,dy=\frac{\partial z}{\partial x}dx+\frac{\partial z}{\partial y}dy \qquad ■$$

특히 **정의 8.3.2**에서 $dx=\Delta x=x-a,\ dy=\Delta y=y-b$를 취하면 z의 미분은

$$dz=f_x(a, b)(x-a)+f_y(a, b)(y-b)$$

이다. 따라서 미분의 표기법에서 선형근사식을 다음과 같이 쓸 수 있다.

$$f(x, y)\approx f(a, b)+dz=L(x, y)\,.$$

[그림 8.3.1]에서 미분 dz와 증분 Δz의 기하학적 해석을 나타내고 있다. (x, y)가 (a, b)에서 $(a+\Delta x, b+\Delta y)$까지 변화할 때, dz는 접평면의 높이의 변화를 의미하고, 반면에 Δz는 곡면 $z=f(x, y)$의 높이의 변화를 의미한다.

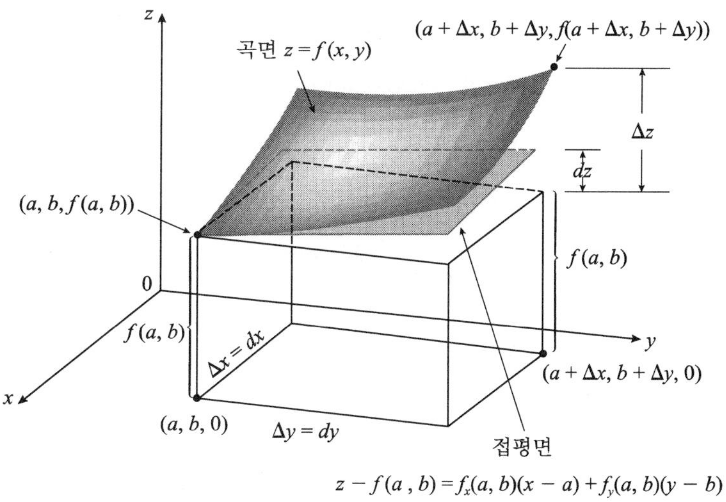

[그림 8.3.1]

예제 8.3.2 (a) $z=f(x, y)=x^2+3xy-y^2$일 때 미분 dz를 구하여라.

(b) x가 2.0에서 2.03까지 변하고 y가 3.0에서 2.97까지 변할 때, Δz의 값과 dz의 값을 비교하여라.

풀이 (a) **정의 8.3.2**로부터

$$dz = \frac{\partial z}{\partial x}dx + \frac{\partial z}{\partial y}dy = (2x+3y)\,dx + (3x-2y)\,dy.$$

(b) $x=2.0,\ dx=\Delta x=+0.03,\ y=3.0,\ dy=\Delta y=-0.03$ 에서

$$dz = [2(2.0)+3(3.0)](0.03)+[3(2.0)-2(3.0)](-0.03)=0.39$$

이다. 반면에 z의 증분은

$$\begin{aligned}\Delta z &= f(2.03,\ 2.97)-f(2.0,\ 3.0)\\ &= [(2.03)^2+3(2.03)(2.97)-(2.97)^2]-[2.0^2+3(2.0)(3.0)-3.0^2]\\ &= 0.38730\end{aligned}$$

이다. 따라서 $\Delta z \approx dz$ 임을 확인할 수 있으며 dz가 상대적으로 계산이 더 쉽다. ■

예제 8.3.3 반지름과 높이가 각각 $20\,cm$와 $50\,cm$인 원뿔이 있다. 각각의 측정 오차는 $0.1\,cm$를 넘지 않는다고 한다. 이때 미분을 이용하여 원뿔 부피의 최대오차를 구하여라.

풀이 반지름 r과 높이 h인 원뿔의 부피는 $V=\pi r^2 h/3$이다. 따라서 V의 미분은

$$dV = \frac{\partial V}{\partial r}dr + \frac{\partial V}{\partial h}dh = \frac{2\pi rh}{3}dr + \frac{\pi r^2}{3}dh$$

이다. 각각의 오차는 최대 $0.1\,cm$이므로 $|\Delta r|=|dr|\le 0.1,\ |\Delta h|=|dh|\le 0.1$이므로 $r=20,\ h=50$일 때, 부피의 최대오차는

$$\begin{aligned}|dV| &= \frac{2\pi rh}{3}|dr| + \frac{\pi r^2}{3}|dh|\\ &\le \frac{2\pi(20)(50)}{3}(0.1) + \frac{\pi(20)^2}{3}(0.1) = 80\pi\end{aligned}$$

이다. 따라서 부피 V의 최대오차는 대략 $80\pi \approx 251.33\,(cm^3)$이다. ■

참고로, du가 u의 오차일 때 $\frac{du}{u}$를 u의 상대오차라 하고 $\frac{du}{u}\times 100\,(\%)$을 백분율 오차라고 한다. 예제 8.3.3에서 부피 $V=\pi(20)^2(50)/3=20{,}943.95$이므로 상대오차는

$$\frac{dV}{V} = \frac{251.33}{20{,}943.95} = 0.012 \quad \text{또는} \quad 1.2\,(\%)$$

으로 상대적으로 크지 않다.

연습문제

1. 주어진 점에서 함수가 왜 미분 가능한지 설명하여라. 또한 그 점에서 함수의 선형화 $L(x, y)$를 구하여라.

(1) $f(x, y)=1+x\ln(xy-5)$, $(2, 3)$

(2) $f(x, y)=\sqrt{xy}$, $(1, 4)$

(3) $f(x, y)=x^2e^y$, $(1, 0)$

(4) $f(x, y)=\dfrac{1+y}{1+x}$, $(1, 3)$

2. 미분 가능한 함수 f가 $f(1, 2)=3$, $f_x(1, 2)=1$, $f_y(1, 2)=-1$일 때 선형근사식을 이용하여 $f(0.9, 2.1)$의 값을 추정하여라.

3. $\sqrt{2.98^2+4.01^2}$의 선형 근삿값을 추정하고, 계산기를 이용하여 오차를 구하여라.

4. $z=x^2+2xy-3y^2$이고 (x, y)가 $(1, 1)$에서 $(0.98, 1.01)$로 변할 때 Δz와 dz의 값을 비교하여라.

5. 사각형의 길이와 폭이 각각 최대 $0.1\,cm$의 오차범위 내에서 $30\,cm$와 $24\,cm$로 측정되었다. 사각형의 넓이를 미분을 이용하여 구할 때 최대오차를 구하여라.

6. 최근에 인간 육체의 표면적 S에 대한 연구에서 제안된 하나의 모형 식은 다음과 같다.

$$S=g(w, h)=72.087\,w^{0.425}\,h^{0.725}$$

단, 각각의 측정단위는 몸무게(w)는 kg, 키(h)는 cm 그리고 육체의 표면적 S는 이변수 함수 $g(w, h)$로서 단위는 cm^2이다. 이때 측정된 $S=g(70, 174)$에 대해 몸무게, 키의 측정오차는 최대 3(%)으로 하여 인체 표면적 S의 최대 백분율 오차를 추정하여라.

8.4 연쇄법칙

일변수 함수에서 f, g가 미분 가능하고 $y=f(x)$ (단, $x=g(t)$)이면

$$\frac{dy}{dx}=\frac{dy}{dx}\frac{dx}{dt}$$

이다. 이것은 합성함수의 미분 법칙이다. 이 절에서 이변수 또는 그 이상의 함수에 대해서, 두 개 이상의 매개변수를 갖고 있을 때의 연쇄법칙에 관하여 알아본다.

먼저 x와 y가 각각 매개변수 t에 관한 함수 $x=\phi(t)$, $y=\psi(t)$일 때, 이변수 함수 $z=f(x, y)$에 대입하면 $z=f(\phi(t), \psi(t))$는 t만의 함수가 되며, 따라서 t에 관한 도함수 dz/dt를 구할 수 있다.

이러한 사실로부터 다음 정리를 얻는다.

정리 8.4.1

$z=f(x, y)$가 x와 y에 관해 미분 가능한 함수라 하고 $x=g(t)$와 $y=h(t)$가 t에 관해 미분 가능한 함수라 하자. 그러면 z는 t에 관해 미분 가능한 함수이고

$$\frac{dz}{dt}=\frac{\partial f}{\partial x}\frac{dx}{dt}+\frac{\partial f}{\partial y}\frac{dy}{dt}$$

이다. ■

위 **정리 8.4.1**의 엄밀한 증명은 생략하지만, 직관적으로 전미분의 **정의 8.3.2**

$$dz=f_x(x, y)\,dx+f_y(x, y)\,dy=\frac{\partial z}{\partial x}dx+\frac{\partial z}{\partial y}dy$$

으로부터 양변을 dt로 나눈 식으로 이해할 수도 있다.

$$dz\left(\frac{1}{dt}\right)=(f_x(x, y)\,dx+f_y(x, y)\,dy)\left(\frac{1}{dt}\right)=\frac{\partial z}{\partial x}\frac{dx}{dt}+\frac{\partial z}{\partial y}\frac{dy}{dt}.$$

예제 8.4.1 $x=\cos t$, $y=\sin 2t$일 때 $z=f(x, y)=x^3y+4y^5$이면 $t=0$에서 dz/dt를 구하여라.

풀이 **정리 8.4.1**에 의해

$$\frac{dz}{dt}=\frac{\partial f}{\partial x}\frac{dx}{dt}+\frac{\partial f}{\partial y}\frac{dy}{dt}$$
$$=(3x^2y+0)(-\sin t)+(x^3+20y^4)(2\cos 2t)$$

이다. 따라서 $t=0$ 일 때 $x=\cos 0=1$ 이고 $y=\sin 0=0$ 이므로

$$\left.\frac{dz}{dt}\right|_{t=0}=(0+0)(-\sin 0)+(1+0)(2\cos 0)=2$$

이다. ■

예제 8.4.1의 도함수는 매개변수방정식 $x=\cos t,\ y=\sin 2t$ 로 표현되는 곡선 C를 따라 점 $(x,\ y)$가 움직일 때 t에 대한 z의 변화율로 해석될 수 있다([그림 8.4.1] 참조). 특히 $t=0$ 일 때 점 $(x,\ y)$는 $(1,\ 0)$이고 $dz/dt=2$ 는 (0, 1)을 지나면서 곡선 C를 따라 움직일 때 증가율이다. 예를 들어, 만약 $z=D(x,\ y)=x^3y+4y^5$ 가 어느 물체의 점 $(x,\ y)$ 지점에서 밀도를 나타낸다면, 합성함수 $z=D(\cos t,\ \sin 2t)$는 곡선 C 위의 점에서 밀도를 나타내고, 그 도함수 dz/dt 는 밀도가 이 곡선 C를 따라 변할 때의 변화율을 의미한다.

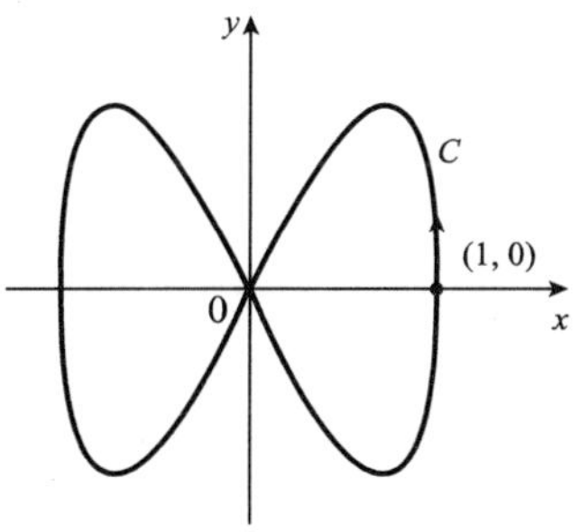

[그림 8.4.1]

이제 다음 상황을 고려해보자. $z=f(x,\ y)$ 이고 x와 y는 각각 s와 t에 관한 이변수 함수 $x=g(s,\ t),\ y=h(s,\ t)$이다. 그러면 z는 다시 s와 t의 함수이고 $\partial z/\partial s$와 $\partial z/\partial t$를 구할 수 있다. 여기서 s를 고정하고 t에 관해 z의 편도함수 $\partial z/\partial t$는 **정리 8.4.1**을 적용하면

$$\frac{\partial z}{\partial t}=\frac{\partial z}{\partial x}\frac{\partial x}{\partial t}+\frac{\partial z}{\partial y}\frac{\partial y}{\partial t}$$

이다. 마찬가지로 $\partial z/\partial s$에 대해서도 비슷하게 구할 수 있다. 따라서 연쇄법칙에 대한 다음 정리가 성립한다.

정리 8.4.2

$x=g(s,\ t)$, $y=h(s,\ t)$가 s와 t에 관한 미분 가능한 함수이고 $z=f(x,\ y)$는 x와 y에 관해 미분 가능한 함수이면

$$\frac{\partial z}{\partial s}=\frac{\partial z}{\partial x}\frac{\partial x}{\partial s}+\frac{\partial z}{\partial y}\frac{\partial y}{\partial s},\qquad \frac{\partial z}{\partial t}=\frac{\partial z}{\partial x}\frac{\partial x}{\partial t}+\frac{\partial z}{\partial y}\frac{\partial y}{\partial t}$$

이다. ■

예제 8.4.2 이변수 함수 $z=f(x,\ y)$에서 x와 y는 각각 $x=r\cos\theta$, $y=r\sin\theta$의 관계가 있을 때, 다음 식이 성립함을 보여라.

$$\left(\frac{\partial z}{\partial x}\right)^2+\left(\frac{\partial z}{\partial y}\right)^2=\left(\frac{\partial z}{\partial r}\right)^2+\frac{1}{r^2}\left(\frac{\partial z}{\partial \theta}\right)^2.$$

풀이 먼저 연쇄법칙 **정리 8.4.2**를 적용하면

$$\frac{\partial z}{\partial r}=\frac{\partial z}{\partial x}\frac{\partial x}{\partial r}+\frac{\partial z}{\partial y}\frac{\partial y}{\partial r}=\frac{\partial z}{\partial x}(\cos\theta)+\frac{\partial z}{\partial y}(\sin\theta),$$

$$\frac{\partial z}{\partial \theta}=\frac{\partial z}{\partial x}\frac{\partial x}{\partial \theta}+\frac{\partial z}{\partial y}\frac{\partial y}{\partial \theta}=\frac{\partial z}{\partial x}(-r\sin\theta)+\frac{\partial z}{\partial y}(r\cos\theta)$$

이므로 다음과 같이 정리할 수 있다.

$$\begin{aligned}\left(\frac{\partial z}{\partial r}\right)^2+\frac{1}{r^2}\left(\frac{\partial z}{\partial \theta}\right)^2&=\left(\frac{\partial z}{\partial x}\cos\theta+\frac{\partial z}{\partial y}\sin\theta\right)^2+\frac{1}{r^2}\left(-\frac{\partial z}{\partial x}r\sin\theta+\frac{\partial z}{\partial y}r\cos\theta\right)^2\\&=\left(\frac{\partial z}{\partial x}\right)^2(\cos^2\theta+\sin^2\theta)+\frac{1}{r^2}(r^2)\left(\frac{\partial z}{\partial y}\right)^2(\sin^2\theta+\cos^2\theta)\\&=\left(\frac{\partial z}{\partial x}\right)^2+\left(\frac{\partial z}{\partial y}\right)^2\end{aligned}$$ ■

연쇄법칙의 경우 **정리 8.4.2**는 세 개의 변수들로 구성되는데, 먼저, s와 t는 독립변수이고, x와 y는 중간변수, 그리고 z는 종속변수이다. 즉, 각각의 중간변수가 한 개의 항으로 되어 있으며 이들 각 항들은 **정리 8.4.1**의 연쇄법칙과 유사함을 알 수 있다.

연쇄법칙을 좀 더 쉽게 적용하는 방법으로 [그림 8.4.2]와 같이 수형도를 그리는 것이 도움이 된다. 먼저 z는 x, y에 관한 함수이므로 종속변수 z에서 중간변수 x, y까지 가지로 연결한 다음, 다시 x, y에 대해 각각 독립변수 s, t를 가지로 연결한다. 마지막으로 각각의 가지에 대응하는 편도함수를 표시한다. 여기서 $\partial z/\partial s$는 z로부터 s까지 각각의 경로를 따라 편도함수를 곱하고 다시 더

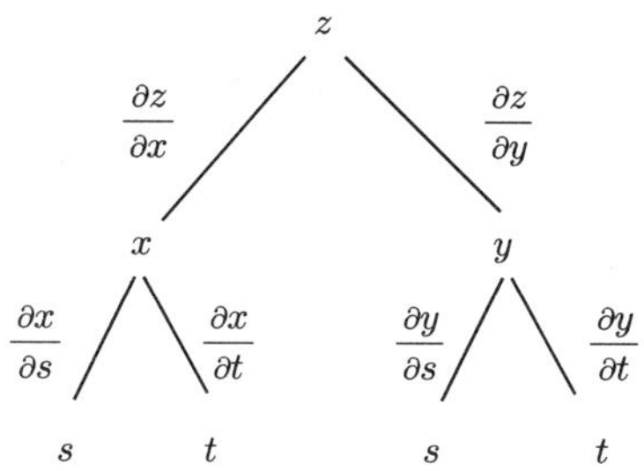

[그림 8.4.2]

해준다. 그 결과는 **정리 8.4.2**와 같이 표현됨을 확인할 수 있다.

다음 정리는 방정식 $F(x, y, z)=k$ (단, k는 상수)에 의한 z가 x, y의 음함수 형태에 대한 연쇄법칙을 나타낸다. 이것은 **정리 8.4.2**를 이용하면

$$\frac{\partial F}{\partial x}\frac{\partial x}{\partial x}+\frac{\partial F}{\partial y}\frac{\partial y}{\partial x}+\frac{\partial F}{\partial z}\frac{\partial z}{\partial x}=0$$

으로부터 얻어진다. 여기서 이변수 함수 $z=f(x, y)$를

$$z-f(x, y)=0 \quad (\text{또는 } f(x, y)-z=0)$$

이라 하면, $k=0$이고 $F(x, y, z)=z-f(x, y)$인 형태를 말한다.

정리 8.4.3

방정식 $F(x, y, z)=k$ (단, k는 상수) 에 대해

$$\frac{\partial z}{\partial x}=-\frac{\frac{\partial F}{\partial x}}{\frac{\partial F}{\partial z}}=-\frac{F_x}{F_z}, \qquad \frac{\partial z}{\partial y}=-\frac{\frac{\partial F}{\partial y}}{\frac{\partial F}{\partial z}}=-\frac{F_y}{F_z}$$

이다(단, $\frac{\partial F}{\partial z}\neq 0$ 이다). ■

정리 8.4.3은 **8.1절**에서 우리가 배운 **정의 8.1.2**의 등위곡면의 정의로부터 방정식 $F(x, y, z)=k$ (단, k는 상수)을 고려하면 쉽게 이해될 수 있다.

예제 8.4.3 예제 8.2.3에서 함수 $f(x, y)=x^2y$일 때, 편도함수의 정의를 이용하여 각각 f_x, f_y를 구한 바 있다. 여기서 $F(x, y, z)=z-f(x, y)(=0)$라 놓고, **정리 8.4.3**을 이용하여 각각 구해보면,

$$\frac{\partial z}{\partial x}=-\frac{F_x}{F_z}=-\left(\frac{-2xy}{1}\right)=2xy,\quad \frac{\partial z}{\partial y}=-\frac{F_y}{F_z}=-\left(\frac{-x^2}{1}\right)=x^2$$

이고, 이것은 예제 8.2.3의 결과와 동일하다. ■

예제 8.4.4 곡면 $4x^2+2y^2+z^2=16$ 위의 점 $(1, -2, 2)$에서 접평면의 방정식을 구하여라.

풀이 먼저 $F(x, y, z)=4x^2+2y^2+z^2(=16)$이라 놓고, **정리 8.4.3**을 이용하면

$$\frac{\partial z}{\partial x}=-\frac{F_x}{F_z}=-\left(\frac{8x}{2z}\right)=-\left(\frac{4x}{z}\right)\bigg|_{x=1,\, z=2}=-2,$$

$$\frac{\partial z}{\partial y}=-\frac{F_y}{F_z}=-\left(\frac{4y}{2z}\right)=-\left(\frac{2y}{z}\right)\bigg|_{y=-2,\, z=2}=2$$

이므로 $(1, -2, 2)$에서 접평면의 방정식은 다음과 같다.

$$z-2=(-2)(x-1)+2(y+2)$$

또는

$$z=8-2x+2y$$

■

이제 좀 더 일반적인 경우를 생각해보자. 종속변수 u는 n개의 중간변수 $x_1, x_2, \cdots, x_n$의 함수이고, 이들은 순서대로 m개의 독립변수 $t_1, t_2, \cdots, t_m$에 관한 함수이다.

다음의 정리는 이에 대한 결과이고, 증명은 **정리 8.4.1**과 유사하다.

정리 8.4.4

함수 $u=f(x_1, x_2, \cdots, x_n)$는 n개의 변수 $x_1, x_2, \cdots, x_n$에 관해 미분 가능한 함수이고, 각각의 $x_j\,(j=1, 2, \cdots, n)$는 m개의 변수 $t_1, t_2, \cdots, t_m$에 관해 미분 가능한 함수라고 하자. 그러면 u는 $t_1, t_2, \cdots, t_m$에 관한 함수이고, 각 $i=1, 2, \cdots, m$에 대해

$$\frac{\partial u}{\partial t_i}=\frac{\partial u}{\partial x_1}\frac{\partial x_1}{\partial t_i}+\frac{\partial u}{\partial x_2}\frac{\partial x_2}{\partial t_i}+\cdots+\frac{\partial u}{\partial x_n}\frac{\partial x_n}{\partial t_i}$$

이다. ■

예제 8.4.5 사변수 함수 $u=f(x, y, z, w)$에 대해, $x=x(s, t)$, $y=y(s, t)$, $z=z(s, t)$, $w=w(s, t)$라 할 때 연쇄법칙을 적용하여라.

풀이 **정리 8.4.4**에서 $n=4$와 $m=2$를 적용하자. [그림 8.4.3]은 이에 대한 수형도이다. 가지에 대한 도함수를 적지는 않았지만 어떤 가지가 y에서 u로 향한다면 그 가지에 대한 편도함수는 $\partial y/\partial u$이다. 이 수형도로부터 다음과 같이 연쇄법칙을 나타낼 수 있다.

$$\frac{\partial u}{\partial s}=\frac{\partial u}{\partial x}\frac{\partial x}{\partial s}+\frac{\partial u}{\partial y}\frac{\partial y}{\partial s}+\frac{\partial u}{\partial z}\frac{\partial z}{\partial s}+\frac{\partial u}{\partial w}\frac{\partial w}{\partial s},$$

$$\frac{\partial u}{\partial t}=\frac{\partial u}{\partial x}\frac{\partial x}{\partial t}+\frac{\partial u}{\partial y}\frac{\partial y}{\partial t}+\frac{\partial u}{\partial z}\frac{\partial z}{\partial t}+\frac{\partial u}{\partial w}\frac{\partial w}{\partial t}$$

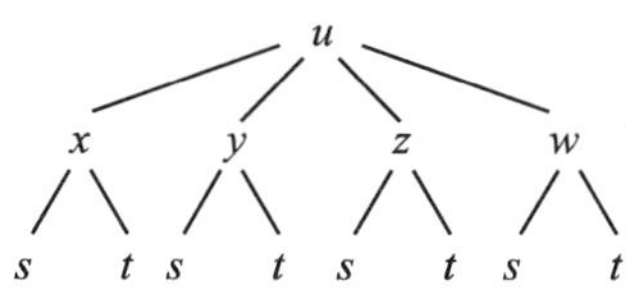

[그림 8.4.3]

■

연습문제

1. 연쇄법칙을 이용하여 x, y에 대한 일계 편도함수를 구하여라.

(1) $f(x, y)=7x-3y+4$

(2) $f(x, y)=4x^3-3x^2y+5x$

(3) $z=(3x+2y)^5$

(4) $f(x, y)=\dfrac{2x+3y}{y-x}$

(5) $f(x, y)=\dfrac{\ln(x+2y)}{y^2}$

2. $x=r^2se^t$, $y=rs^2e^{-t}$, $z=rs\cos t$이고 $u=x^2y+yz^2$이면, $r=1$, $s=2$, $t=0$일 때 $\partial u/\partial s$의 값을 구하여라.

3. $f(x, y)$ (단, $x=g(t)$, $y=h(t)$)에서 f, x, y가 미분 가능하며 $p(t)=f(g(t), h(t))$이고

$$g(1)=2, \quad g'(1)=-3, \quad h(1)=3, \quad h'(1)=4,$$
$$f_x(2, 3)=4, \quad f_y(2, 3)=5$$

일 때 $p'(1)$을 구하여라.

4. $z=f(x,\ y)=xy+e^x,\ x=t^2+u,\ y=e^{tu}$ 에서 $t=0,\ u=1$ 일 때, 이계 편미분계수 $\partial^2 z/\partial t^2$ 의 값을 구하여라.

5. 어느 공산품 제조회사의 생산함수 P(백만 달러로 계산된 전체 생산량의 가치)는 L 이 노동 시간이고 K가 자본금일 때 콥-더글러스 함수

$$P(L,\ K)=1.512\,L^{0.674}K^{0.326}$$

을 만족한다고 하자. 이때 $L=50$ 과 $K=12$ 에서 노동력이 한 해에 2000 시간 비율로 감소하고 자본은 한 해에 500,000 달러 비율로 증가한다고 가정하자. 생산량의 변화율을 구하여라.

6. 어느 반도체 회사에서의 생산함수 P(백만 달러로 계산된 전체 생산량의 가치)는

$$P(L,\ K)=1.512\,L^{0.506}K^{0.494}$$

으로 추정되고 있다. **문제 5** 에서의 상황과 동일하다고 할 때, 이 회사의 연간 생산 비율은 어떻게 변화되는가를 **문제 5** 의 제조회사와 비교하여라.

7. xy 평면의 부분집합인 영역 D 위와 곡면 $z=f(x,\ y)$의 아랫부분으로 둘러싸인 입체의 부피를 다음과 같이 표현한다고 하자.

$$\iint_D f(x,\ y)\,dA$$

여기서 $P(x,\ y)=3y-\cos x\, e^{\sin x},\ Q(x,\ y)=5x-\sqrt{1+y^3\sin y}$ 라 할 때, 다음 값을 구하여라.

$$\iint_D\left(\frac{\partial Q}{\partial x}-\frac{\partial P}{\partial y}\right)dA \quad (\text{단},\ D=\{(x,\ y)\,|\,x^2+y^2\le 3\}).$$

8.5 방향도함수와 기울기벡터

[그림 8.5.1]은 동부지역 워싱턴 근방을 포함한 1 월경 미국의 온도함수 $T(x,\ y)$의 등위곡선을 보여준다. 등위곡선(등온선)은 온도가 같은 지역을 연결한 것으로서, 예를 들어 워싱턴지역에서의 편도함수 T_x 는 워싱턴에서 동서방향으로 여행할 때 거리에 관한 온도의 변화율이고, T_y 는 남북방향으로 여행할 때 온도의 변화율이다. 그러나 남서쪽 또는 어떤 방향으로도 여행할 수가 있는데, 이 절에서는 임의의 방향이 주어졌을 때 이변수 함수에서의 변화율 즉, 방향도함

수 개념을 소개한다.

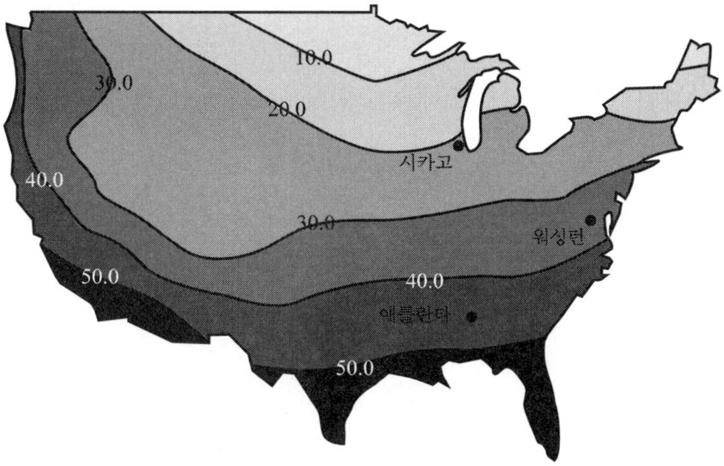

[그림 8.5.1] 미국의 30년간 1월 평균 온도(°F)에 대한 등위곡선

이변수 함수가 $z=f(x,\ y)$ 일 때 $(x_0,\ y_0)$ 에서 편미분계수는 다음과 같음을 기억하자.

$$f_x(x_0,\ y_0)=\lim_{h\to 0}\frac{f(x_0+h,\ y_0)-f(x_0,\ y_0)}{h},$$

$$f_y(x_0,\ y_0)=\lim_{k\to 0}\frac{f(x_0,\ y_0+k)-f(x_0,\ y_0)}{k}$$

이것은 x 방향과 y 방향에서, 즉 단위벡터 $\mathbf{i}$ 와 $\mathbf{j}$ 의 방향으로 각각 z 의 변화율을 나타낸다.

이제 임의의 단위벡터 $\boldsymbol{u}=\langle a,\ b\rangle$ 방향으로 $(x_0,\ y_0)$에서의 z 의 변화율을 구해보자. 여기서 $\boldsymbol{u}$ 는 단위벡터이므로 [그림 8.5.2]에서와 같이 $\boldsymbol{u}$ 가 x 축과 이루는 양의 각을 θ 라 할 때, $\boldsymbol{u}$ 의 x, y 의 성분은 각각 $a=\cos\theta$, $b=\sin\theta$ 라 할 수 있다.

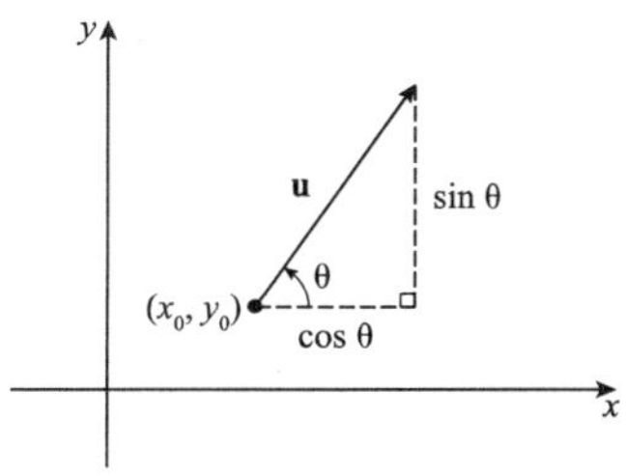

[그림 8.5.2] $\boldsymbol{u}=\langle a,\ b\rangle=\langle\cos\theta,\ \sin\theta\rangle$

여기서 $z=f(x,\ y)$인 곡면 S를 생각하고 $z_0=f(x_0,\ y_0)$라 하자. 그러면 점 $P(x_0,\ y_0,\ z_0)$는 S상에 있고, $\boldsymbol{u}$ 방향으로 점 P를 지나는 xy 평면에 수직인 평면을 곡선 C에서 S를 가로지른다([그림 8.5.3] 참조). 점 P에서 곡선 C에 대한 접선 T의 기울기는 $\boldsymbol{u}$ 방향으로의 z의 변화율이다.

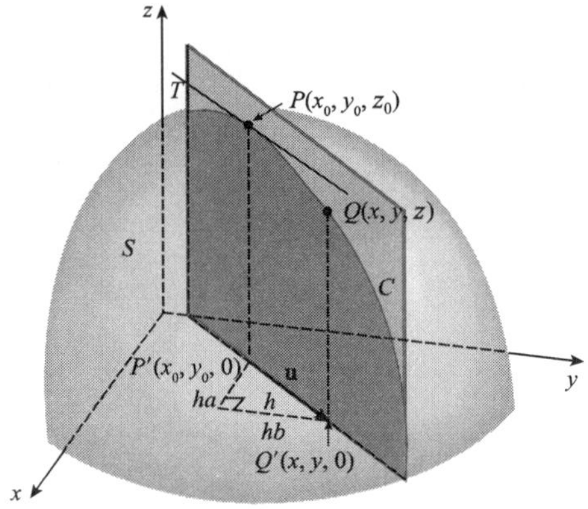

[그림 8.5.3]

만약 $Q(x,\ y,\ z)$가 곡선 C 위의 또 다른 점이고, P'과 Q'이 xy 평면상으로 P와 Q를 사영한 것이라면, 벡터 $\overrightarrow{P'Q'}$는 $\boldsymbol{u}$에 평행하고, 따라서 어떤 실수 h에 대해

$$\overrightarrow{P'Q'}=h\boldsymbol{u}=\langle ha,\ hb\rangle$$

이다. 그러므로 $x-x_0=ha,\ y-y_0=hb$ 이고, 따라서 $x=x_0+ha,\ y=y_0+hb$에 대해서

$$\frac{\Delta z}{h}=\frac{z-z_0}{h}=\frac{f(x_0+ha,\ y_0+hb)-f(x_0,\ y_0)}{h}$$

이다. 만약 $h\to 0$일 때 극한을 취하면 $\boldsymbol{u}$ 방향에 대한(거리에 관한) z의 (높이) 변화율을 얻는다. 이것을 $\boldsymbol{u}$ 방향에 대한 f의 **방향도함수**라고 부른다.

정의 8.5.1

단위벡터 $\boldsymbol{u}=\langle a,\ b\rangle$ 방향에 대한 $(x_0,\ y_0)$에서 f의 **방향도함수**(directional derivative)는 다음의 극한이 존재할 때

$$D_u f(x_0, y_0) = \lim_{h \to 0} \frac{f(x_0 + ha, y_0 + hb) - f(x_0, y_0)}{h}$$

이다. ■

정의 8.5.1 에서 $u = \mathrm{i} = \langle 1, 0 \rangle$일 때 $D_{\mathrm{i}} f = f_x$ 이고 $u = \mathrm{j} = \langle 0, 1 \rangle$일 때 $D_{\mathrm{j}} f = f_y$ 임을 알 수 있다. 다시 말해서 x와 y에 관한 f의 편도함수는 방향도함수의 특별한 경우이다.

예제 8.5.1 [그림 8.5.1]의 등위곡선을 이용하여 워싱턴에서 남서쪽방향인 애틀란타로 이동한다고 할 때 온도함수에 대한 방향도함수의 값을 추정하여라.

풀이 남서쪽으로의 단위벡터는 $u = -(\mathrm{i} + \mathrm{j})/\sqrt{2}$ 이지만 우리는 단지, 근사적으로 추정하여 방향도함수를 계산해보자. 워싱턴에서 남서쪽으로 애틀랜타까지 직선을 이어보면([그림 8.5.4] 참조),

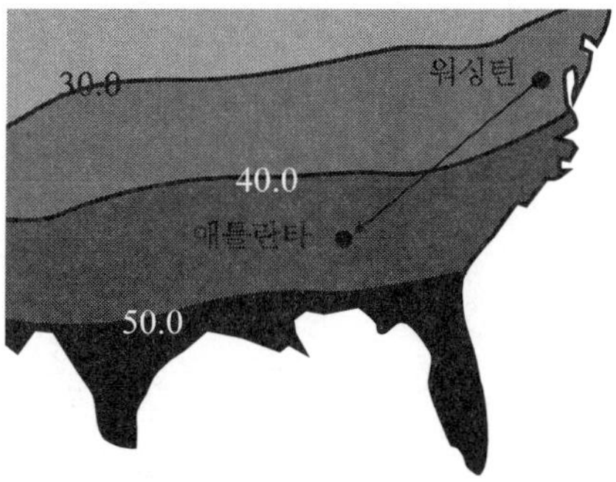

[그림 8.5.4]

직선 사이에 출발 지점인 워싱턴의 온도는 $T \approx 35.0(°F)$이고, 이 지점으로부터 남서쪽 방향인 애틀랜타의 온도는 $T \approx 45.0(°F)$, 그리고 이 두 점 사이의 거리는 약 $875\,km$라 하면, 방향도함수 $D_u T$(워싱턴)의 근삿값은

$$D_u T \approx \frac{45.0 - 35.0}{875} = \frac{10}{875} \approx 0.0114(°F/km)$$

이다. ■

엄밀한 식으로 정의된 함수에서 증명 없이 방향도함수를 구하기 위해 다음 정리를 이용한다.

정리 8.5.1

이변수 함수 $z=f(x, y)$가 x와 y에 관해 미분 가능한 함수이면, f는 모든 단위벡터 $\boldsymbol{u}=\langle a, b\rangle$ 방향으로의 방향도함수를 갖고

$$D_{\boldsymbol{u}}f(x, y)=f_x(x, y)a+f_y(x, y)b$$

이다. ■

[그림 8.5.2]에서처럼 단위벡터 $\boldsymbol{u}$가 양의 x축과 이루는 각을 θ라 하면, $\boldsymbol{u}=\langle\cos\theta, \sin\theta\rangle$로 쓸 수 있고, **정리 8.5.1**의 식은

$$D_{\boldsymbol{u}}f(x, y)=f_x(x, y)\cos\theta+f_y(x, y)\sin\theta$$

와 같이 나타낼 수 있다.

예제 8.5.2 이변수 함수 $f(x, y)=x^2+2xy+3y^2$에 대해 단위벡터 $\boldsymbol{u}$가 양의 x축과 이루는 각이 $\theta=\pi/6$일 때 방향도함수 $D_{\boldsymbol{u}}f(x, y)$을 구하여라. 또한 $D_{\boldsymbol{u}}f(1, 2)$의 값은 얼마인가?

풀이 단위벡터 $\boldsymbol{u}$가 x축의 양의 방향과 이루는 각이 $\theta=\pi/6$이므로

$$\begin{aligned}D_{\boldsymbol{u}}f(x, y)&=f_x(x, y)\cos\frac{\pi}{6}+f_y(x, y)\sin\frac{\pi}{6}\\&=(2x+2y)\frac{\sqrt{3}}{2}+(2x+6y)\frac{1}{2}\\&=(1+\sqrt{3})x+(3+\sqrt{3})y\end{aligned}$$

이다. 그러므로 방향도함수 $D_{\boldsymbol{u}}f(1, 2)$는 다음과 같다.

$$D_{\boldsymbol{u}}f(1, 2)=(1+\sqrt{3})(1)+(3+\sqrt{3})(2)=7+3\sqrt{3}$$ ■

정리 8.5.1로부터 방향도함수는 다음과 같이 두 벡터의 내적으로 쓸 수 있다.

$$\begin{aligned}D_{\boldsymbol{u}}f(x, y)&=f_x(x, y)a+f_y(x, y)b\\&=\langle f_x(x, y), f_y(x, y)\rangle\cdot\langle a, b\rangle\\&=\langle f_x(x, y), f_y(x, y)\rangle\cdot\boldsymbol{u}.\end{aligned}$$

이 식에서 첫 번째 벡터는 방향도함수에서뿐만 아니라 다른 많은 상황에서도 활용범위가 넓다. 그래서 f의 **기울기벡터**(f의 gradient)라는 특별한 이름을 붙

이고, grad f 또는 ∇f 로 표기하며 'del f'라 읽는다.

정의 8.5.2

두 변수 x와 y의 이변수 함수 f에서, f의 기울기벡터 ∇f는 다음과 같이 정의된다.

$$\nabla f(x, y) = \langle f_x(x, y), f_y(x, y) \rangle = \frac{\partial f}{\partial x}\mathrm{i} + \frac{\partial f}{\partial y}\mathrm{j}. \quad ■$$

기울기 벡터에 대한 이 표기법을 사용해서 방향도함수에 대한 **정리 8.5.1**을 다음과 같이 다시 쓸 수 있다.

$$D_{\boldsymbol{u}} f(x, y) = \nabla f(x, y) \cdot \boldsymbol{u}$$

이것은 $\boldsymbol{u}$ 위에 기울기벡터를 정사영시킨 것으로 $\boldsymbol{u}$ 방향으로의 함수 f의 방향도함수를 의미한다.

예제 8.5.3 벡터 $\boldsymbol{v} = \mathrm{i} + \mathrm{j}$의 방향으로 점 $(1, -1)$에서 함수 $f(x, y) = 2x^2y - 4y^2$의 방향도함수를 구하여라.

풀이 먼저 점 $(1, -1)$에서 기울기벡터를 구하면

$$\begin{aligned}\nabla f(x, y) &= \left\langle \frac{\partial}{\partial x}(2x^2y - 4y^2), \frac{\partial}{\partial y}(2x^2y - 4y^2) \right\rangle \\ &= \langle 4xy, 2x^2 - 8y \rangle\end{aligned}$$

이므로 $\nabla f(1, -1) = \langle -4, 10 \rangle$이고, 특히 $\boldsymbol{v}$는 단위벡터가 아님을 주의하자. $\|\boldsymbol{v}\| = \|\langle 1, 0\rangle + \langle 0, 1\rangle\| = \sqrt{2}$ 이므로 $\boldsymbol{v}$ 방향으로의 단위벡터는

$$\boldsymbol{u} = \frac{\boldsymbol{v}}{\|\boldsymbol{v}\|} = \frac{1}{\sqrt{2}}\mathrm{i} + \frac{1}{\sqrt{2}}\mathrm{j} = \left\langle \frac{1}{\sqrt{2}}, \frac{1}{\sqrt{2}} \right\rangle$$

이다. 그러므로 다음을 얻는다.

$$\begin{aligned}D_{\boldsymbol{u}} f(1, -1) &= \nabla f(1, -1) \cdot \boldsymbol{u} = \langle -4, 10 \rangle \cdot \left\langle \frac{1}{\sqrt{2}}, \frac{1}{\sqrt{2}} \right\rangle \\ &= \frac{(-4) + 10}{\sqrt{2}} = 3\sqrt{2} \quad ■\end{aligned}$$

만일 삼변수 함수 $f(x, y, z)$가 미분 가능하고 단위벡터가 $\boldsymbol{u} = \langle a, b, c \rangle$이면, **정리 8.5.1**의 증명에 쓰였던 방법을 이용하면 다음을 증명할 수 있다.

$$D_{u}f(x, y, z)= f_x(x, y, z)a+ f_y(x, y, z)b+ f_z(x, y, z)c$$

삼변수 함수에 대한 기울기벡터 ∇f 는

$$\nabla f(x, y, z)= \langle f_x(x, y, z), f_y(x, y, z), f_z(x, y, z)\rangle$$

또는 간단히

$$\nabla f = \langle f_x, f_y, f_z\rangle = \frac{\partial f}{\partial x}\mathbf{i} + \frac{\partial f}{\partial y}\mathbf{j} + \frac{\partial f}{\partial z}\mathbf{k}$$

이다. 여기서 $\mathbf{i}$, $\mathbf{j}$, $\mathbf{k}$는 각각 삼차원 공간에서의 단위벡터이다. 그러면 이변수 함수처럼 방향도함수에 대한 식은 다음과 같이 쓸 수 있다.

$$D_{u}f(x, y, z)= \nabla f(x, y, z) \cdot u$$

예제 8.5.4 삼변수 함수가 $f(x, y, z)=\ln(x^2)+\sin(yz)$일 때 (a) f의 기울기벡터를 구하여라. (b) $v=\langle 1, 1, -1\rangle$ 방향으로 $(1, 1, \pi)$에서 f의 방향도함수를 구하여라.

풀이 (a) f의 기울기벡터는

$$\begin{aligned}\nabla f(x, y, z) &= \langle f_x(x, y, z), f_y(x, y, z), f_z(x, y, z)\rangle \\ &= \langle 2/x, z\cos(yz), y\cos(yz)\rangle\end{aligned}$$

이다.

(b) $(1, 1, \pi)$에서 $\nabla f(1, 1, \pi)=\langle 2, -\pi, -1\rangle$이고, 방향 $v=\langle 1, 1, -1\rangle$의 단위벡터는 $\| v\|= \sqrt{3}$ 이므로

$$u=\frac{v}{\| v\|}=\left\langle \frac{1}{\sqrt{3}}, \frac{1}{\sqrt{3}}, -\frac{1}{\sqrt{3}}\right\rangle$$

이다. 따라서

$$\begin{aligned}D_{u}f(1, 1, \pi) &= \nabla f(1, 1, \pi) \cdot u \\ &= \langle 2, -\pi, -1\rangle \cdot \left\langle \frac{1}{\sqrt{3}}, \frac{1}{\sqrt{3}}, -\frac{1}{\sqrt{3}}\right\rangle \\ &= \frac{1}{\sqrt{3}}(2-\pi+1)=\frac{3-\pi}{\sqrt{3}}\end{aligned}$$

이다. ■

이변수 함수(또는 삼변수 함수)의 주어진 점에서 모든 가능한 방향도함수를 고려해보자. 모든 가능한 방향에서 f 의 변화율(방향도함수)에서 과연 어떤 방향에서 f 가 가장 빠르게(또는 크게) 변하고 그 변화율의 최댓값은 무엇인가? 또는 최솟값은 무엇인가? 이에 대해 답은 다음 정리로부터 얻을 수 있다.

정리 8.5.2

함수 $z=f(x, y)$가 미분 가능하다고 하자.

(a) $\nabla f(x, y)=0$이면 모든 $\boldsymbol{u}$에 대하여, $D_{\boldsymbol{u}}f(x, y)$도 0이다.

(b) f의 최대증가의 방향은 $\nabla f(x, y)$로 주어진다.

(c) f의 최소증가의 방향은 $-\nabla f(x, y)$로 주어진다. ■

실제로 (a)는 자명하고 (b)는 **정리 8.5.1**로부터 다음이 성립한다.

$$D_{\boldsymbol{u}}f=\nabla f \cdot \boldsymbol{u}=\|\nabla f\|\|\boldsymbol{u}\|\cos\theta=\|\nabla f\|\cos\theta$$

이때 θ는 ∇f와 $\boldsymbol{u}$의 사잇각이고, $\cos\theta$의 최댓값 1은 $\theta=0$일 때이다. 그러므로 $D_{\boldsymbol{u}}f$의 최댓값은 $\|\nabla f\|$이고 $\theta=0$일 때이다. 즉 ∇f와 $\boldsymbol{u}$의 방향이 일치할 때를 말한다. 그리고 (c)는 (b)로부터 자명하다.

예제 8.5.5 예제 8.5.2에서 이변수 함수 $f(x, y)=x^2+2xy+3y^2$에 대해 단위벡터 $\boldsymbol{u}$의 방향을 $\theta=\pi/6$로 하였을 때 한 점 (1, 2)에서 방향도함수는 $D_{\boldsymbol{u}}f(1, 2)=7+3\sqrt{3}$이었다. 반면에, **정리 8.5.2**에 의해서 $\nabla f(x, y)=\langle 2x+2y, 2x+6y\rangle$이므로

$$\nabla f(1, 2)=\langle 2(1)+2(2),\ 2(1)+6(2)\rangle=\langle 6, 14\rangle$$

이다. f의 최대증가의 방향은 $\nabla f(1, 2)=\langle 6, 14\rangle$이고, 방향도함수의 최댓값은

$$\|\nabla f(1, 2)\|=\sqrt{6^2+14^2}=2\sqrt{58}$$

로 주어진다. ■

예제 8.5.5에서 주어진 이변수 함수 $f(x, y)=x^2+2xy+3y^2$에 대해 등위곡선은 [그림 8.5.5]와 같다. 단위벡터 $\boldsymbol{u}$의 방향은 $\theta=\pi/6$일 때 기울기벡터와 f의 최대증가의 방향인 기울기벡터 $\nabla f(1, 2)$를 각각 표시하였다. 주어진 점 (1, 2)에서의 방향도함수는 기울기벡터 $\nabla f(1, 2)=\langle 6, 14\rangle$ 방향으로 가장 빠르게(또는 크게) 증가한다. 그리고 이 점에서 방향도함수 값은 예제 8.5.5에서 구

한 $D_u f(1,\ 2) = 7 + 3\sqrt{3} \approx 12.20$ 을 포함하여 어떠한 값보다 $\| \nabla f(1,\ 2) \| = 2\sqrt{58} \approx 15.23$ 이 가장 크다.

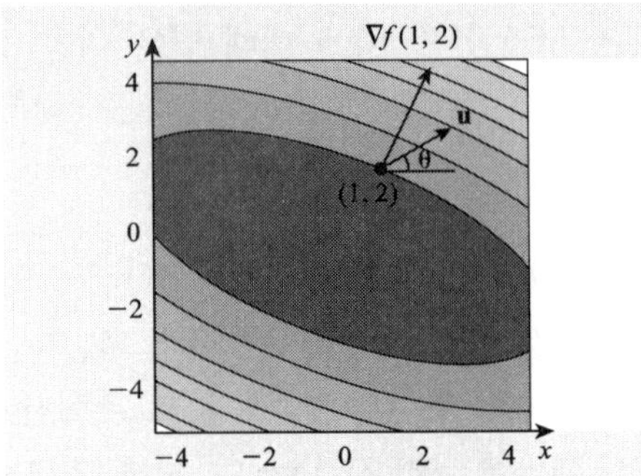

[그림 8.5.5]

한편 기하학적으로 기울기벡터 $\nabla f(1,\ 2)$는 $(1,\ 2)$를 통과하는 등위곡선에 항상 수직이 되는 점에 주목하여라. 특히 점 $(1,\ 2)$를 지나는 등위곡선을 C라 하면, C 위에 있는 이 점에서 접선의 방정식은 항상 기울기벡터 $\nabla f(1,\ 2)$와 수직이다. 이것은 평면에서 곡선 위의 한 점에서 접선의 방정식을 구하거나 공간에서 이변수 함수 위의 한 점에서 접평면의 방정식을 구하는 데 유용하다.

예제 8.5.6 어떤 기계 금속소재의 표면온도는 입력변수 $x,\ y$에 따라 등온곡선이 $T(x,\ y) = 10 - x^2 - 2y^2$ 으로 알려져 있다. 점 $(-1,\ 1)$에서 온도가 가장 급격히 증가하는 방향과 최대비율을 구하여라.

풀이 기울기벡터는 $\nabla T(x,\ y) = \langle -2x,\ -4y \rangle$이고, 따라서 최대증가의 방향은 $\nabla T(x,\ y)$이므로

$$\nabla T(-1,\ 1) = \langle 2,\ -4 \rangle$$

이고, 그 최대비율은

$$\| \nabla T(-1,\ 1) \| = \sqrt{2^2 + (-4)^2} = 2\sqrt{5} \approx 4.47\ ℃/unit$$

이다. ■

이제 **8.2절**의 **정리 8.2.1**에서 공부한 접평면의 방정식을 구하는 새로운 방법을 소개한다.

먼저 S가 방정식 $F(x,\ y,\ z) = k$인 곡면이라 하자. 즉, S는 삼변수 함수 F의 등위곡면이다 ([그림 8.5.6] 참조).

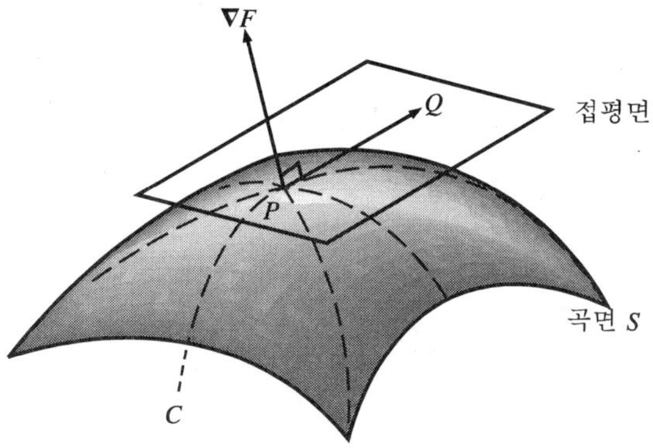

[그림 8.5.6]

[그림 8.5.6]에서와 같이 곡면 S 위에 있는 $P(x_0,\ y_0,\ z_0)$을 지나는 임의의 곡선 C 위의 점 P에서 기울기벡터 $\nabla F(x_0,\ y_0,\ z_0)$와 접평면 위의 임의의 점을 $Q(x,\ y,\ z)$라 할 때 접선 벡터

$$\overrightarrow{PQ} = \langle x - x_0,\ y - y_0,\ z - z_0 \rangle$$

는 항상 수직이므로

$$\nabla F(x_0,\ y_0,\ z_0) \cdot \overrightarrow{PQ} = 0$$

이다. 이를 이용하면 접평면의 방정식은 다음과 같이 쓸 수 있다.

$$F_x(x_0,\ y_0,\ z_0)(x - x_0) + F_y(x_0,\ y_0,\ z_0)(y - y_0) + F_z(x_0,\ y_0,\ z_0)(z - z_0) = 0$$

실제로 곡면 S의 방정식이 $z = f(x,\ y)$ 형태로 주어진 경우에는

$$F(x,\ y,\ z) = f(x,\ y) - z = 0$$

에서 S를 $k = 0$으로 하는 F의 등위곡면으로 간주할 수 있다. 그러면

$$F_x(x_0,\ y_0,\ z_0) = f_x(x_0,\ y_0), \quad F_y(x_0,\ y_0,\ z_0) = f_y(x_0,\ y_0),$$
$$F_z(x_0,\ y_0,\ z_0) = -1$$

이므로 접평면의 방정식은 다음과 같다.

$$f_x(x_0,\ y_0)(x - x_0) + f_y(x_0,\ y_0)(y - y_0) + (-1)(z - z_0) = 0\,.$$

이 결과는 **8.2절**의 **정리 8.2.1**에서와 동일하다.

P에서 곡면 S에서 **법선**(normal line)은 P를 통과하고 접평면에 수직인 직선이다. 그러므로 법선의 방향은 기울기벡터 $\nabla F(x_0, y_0, z_0)$에 의해 주어지며 따라서 **7.6절**에서 법선의 직선 방정식은

$$\frac{x-x_0}{F_x(x_0, y_0, z_0)} = \frac{y-y_0}{F_y(x_0, y_0, z_0)} = \frac{z-z_0}{F_z(x_0, y_0, z_0)}$$

이다.

예제 8.5.7 다음의 곡면 위의 점 $(1, -2, 3)$에서의 접평면과 법선에 대한 직선의 방정식을 구하여라.

$$36x^2 + 9y^2 + 4z^2 = 108.$$

풀이 이 곡면은 함수

$$F(x, y, z) = 36x^2 + 9y^2 + 4z^2 (= 108)$$

이라 할 때, $k = 108$로 하는 등위곡면이다. 그러므로

$$F_x(x, y, z) = 72x, \quad F_y(x, y, z) = 18y, \quad F_z(x, y, z) = 8z$$
$$F_x(1, -2, 3) = 72, \quad F_y(1, -2, 3) = -36, \quad F_z(1, -2, 3) = 24$$

이다. 즉, $\nabla F(1, -2, 3) = \langle 72, -36, 24 \rangle /\!/ \langle 6, -3, 2 \rangle$이므로 점 $(1, -2, 3)$에서 접평면의 방정식은

$$6(x-1) + (-3)(y+2) + 2(z-3) = 0$$

또는
$$6x - 3y + 2z - 18 = 0$$

이고, 또한 법선의 직선방정식은

$$\frac{x-1}{6} = \frac{y+2}{-3} = \frac{z-3}{2}$$

이다. ■

연습문제

1. 각 θ가 가리키는 방향에 있는 주어진 점에서 함수 f의 방향도함수를 구하여라.

(1) $f(x, y) = 4 + xy^3 - x^2$, $(1, 2)$, $\theta = \pi/3$

(2) $f(x, y) = x\sin(xy^2)$, $(0, 1)$, $\theta = \pi/4$

2-3 ■ (1) f의 기울기벡터를 구하여라.

(2) 점 P에서 기울기벡터를 구하여라.

(3) 벡터 $\boldsymbol{u}$의 방향으로 P에서 f의 변화율을 구하여라.

2. $f(x, y) = x^2/y$, $P(2, -1)$, $\boldsymbol{u} = \left\langle \frac{3}{5}\mathbf{i} - \frac{4}{5}\mathbf{j} \right\rangle$

3. $f(x, y, z) = xe^{yz}$, $P(1, 0, -1)$, $\boldsymbol{u} = \langle 1, -1, 1 \rangle$

4. 벡터 $\boldsymbol{v}$의 방향으로 주어진 점에서 함수의 방향도함수를 구하여라.

(1) $f(x, y) = 4e^x \cos y$, $(0, \pi/3)$, $\boldsymbol{v} = \langle -1, 1 \rangle$

(2) $g(s, t) = 2 - s\sqrt{t}$, $(1, 4)$, $\boldsymbol{v} = \mathbf{i} - \mathbf{j}$

(3) $g(u, v) = 5ue^{uv}$, $(1, 0)$, $\boldsymbol{v} = 3\mathbf{i} + 4\mathbf{j}$

(4) $f(x, y, z) = xye^{x^2+z^2-5}$, $(1, 3, -2)$, $\boldsymbol{v} = \langle 3, -1, 4 \rangle$

5. 이변수 함수 $f(x, y) = x^2y$에 대해 물음에 답하여라.

(1) $\nabla f(3, 2)$를 구하여라.

(2) 점 $P(3, 2)$에서 점 $Q(1, 2)$ 방향으로의 f의 변화율을 구하여라.

(3) 어느 방향에서 f는 최대 변화율을 갖고 변화율의 최댓값은 얼마인가? 또한 최솟값은 얼마인가?

6. 주어진 점에서 f의 최대 변화율과 그것이 생기는 방향을 구하여라.

(1) $f(x, y) = x^2y^3 + x - y$, $(1, 1)$

(2) $f(x, y, z) = (\sqrt{x} + \sqrt{y} + \sqrt{z})/z$, $(1, 1, 1)$

7. 함수 $f(x, y) = x^2 + y^2 - 2x - 4y$가 가장 빨리 변하는 방향이 $\mathbf{i} + \mathbf{j}$로 되는 모든 점을 구하여라.

8. 어느 호수에서 x, y, z의 단위를 미터(m)로 할 때, 호수 표면의 좌표가 (x, y)에서 호수의 깊이는

$$z = f(x, y) = 100 + 0.01x^2 + 0.001xy - 0.0001y^3$$

이다. 여기서 낚시 배의 위치가 (20, 30) 지점에서 (30, 20) 방향으로 움직인다고 할 때, 낚시 배는 점점 더 깊은 곳으로 움직인다고 할 수 있는가?

9. 함수 $f(x, y)$의 이계 방향도함수가 $D_u^2 f(x, y) = D_u[D_u f(x, y)]$이다.

(1) $f(x, y) = x^2 + xy + y^3$이고 $\mathbf{u} = \left\langle \frac{4}{5}, -\frac{3}{5} \right\rangle$일 때 $D_u^2 f(1, 1)$을 구하여라.

(2) $\mathbf{u} = \langle a, b \rangle$가 단위벡터이고 f가 연속인 이계 편도함수일 때,

$$D_u^2 f = f_{xx} a^2 + 2 f_{xy} ab + f_{yy} b^2$$

임을 보여라.

(3) $f(x, y) = 1 + 3xy - y^2 + e^{2y}$이고 $\mathbf{v} = \langle 1, 2 \rangle$일 때, $D_v^2 f(x, y)$를 구하여라.

10. 다음에 주어진 곡면 위에 점에서 (i) 접평면과 (ii) 법선에 대한 직선의 방정식을 구하여라.

(1) $2(x-2)^2 + (y-1)^2 + (z-3)^2 = 7$, $(3, 2, 5)$

(2) $x^2 y + y^2 z + x z^2 = 5$, $(2, 1, -1)$

8.6 이변수 함수의 극값

도함수의 주요한 활용 중에 하나는 최댓값과 최솟값(극값)을 구하는 것이다. 이 절에서는 이변수 함수의 최댓값과 최솟값을 찾는 데 편도함수를 어떻게 활용하는지를 배운다.

[그림 8.6.1]의 f 의 그래프를 보면 언덕과 계곡을 볼 수 있다. 여기서 $f(a, b)$가 $f(x, y)$ 근방의 어떤 값들보다 더 큰 값을 갖는 두 점 (a, b)가 있다고 할 때, 이 두 점을 f 의 극댓값이라 하며, 이 두 값 중에서 더 큰 값을 최댓값이라 한다. 마찬가지로 $f(a, b)$가 근방의 값들보다 더 작을 때 f 는 극솟값 $f(a, b)$를 가지며 만일, 이러한 값이 두 개 있을 때 그중에서 더 작은 값을 최솟값이라 한다([그림 8.6.1] 참조).

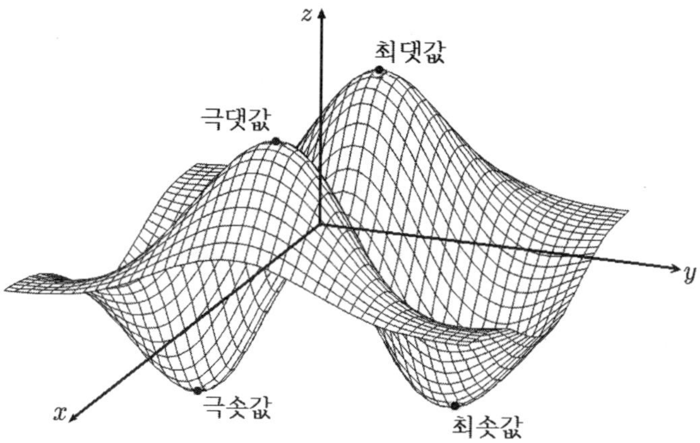

[그림 8.6.1]

정의 8.6.1

(a, b) 근방에 있는 모든 (x, y)에 대해 $f(x, y) \le f(a, b)$이면 이변수 함수 f는 (a, b)에서 극대를 갖는다. 이것은 중심이 (a, b)인 어떤 원판 내의 모든 점 (x, y)에 대해 $f(x, y) \le f(a, b)$를 의미한다. 이때 $f(a, b)$의 값을 **극댓값**(local maximum value)이라 부른다. 또한 (a, b) 근방에 있는 모든 (x, y)에 대해 $f(x, y) \ge f(a, b)$이면, f는 (a, b)에서 극소를 갖고 이때 그 값 $f(a, b)$를 **극솟값**(local minimum value)이라 한다. ■

만약 f 의 정의역의 모든 점 (x, y)에서 **정의 8.6.1** 의 부등식이 성립하면 f 는 (a, b)에서 **최댓값**(absolute maximum)[또는 **최솟값**(absolute minimum)]을 갖는다고 말한다.

정리 8.6.1

만약 f가 (a, b)에서 극값(극댓값 또는 극솟값)을 가지며 일계 편도함수가 (a, b)에서 존재하면, $f_x(a, b) = 0$ 이고 $f_y(a, b) = 0$ 이다. ■

정리 8.6.1 의 역은 반드시 성립하지는 않는다. 즉, $f_x(a, b) = 0$, $f_y(a, b) = 0$ 은 f 가 (a, b)에서 극값을 갖기 위한 충분조건은 아니다. 또한 $f(a, b) = z_0$ 일 때 접평면의 방정식

$$z - z_0 = f_x(a, b)(x-a) + f_y(a, b)(y-b)$$

에서 $f_x(a, b) = f_y(a, b) = 0$ 이면 $z = z_0$가 되므로 기하학적으로 해석하면 f의 그래프가 극값을 갖는 점에서 접평면을 가질 때, 그 접평면은 xy 평면에 수평이 된다는 것이다.

여기서 $f_x(a, b) = 0$, $f_y(a, b) = 0$ 을 동시에 만족하는 점 (a, b)를 f 의 **임계점**(critical point)이라 부른다. **정리 8.6.1**은 f가 (a, b)에서 극값을 가지면 (a, b)는 f 의 임계점임을 나타낸다. 그렇지만 우리가 일변수 함수에서 배운 것처럼 모든 임계점(일변수 함수에서는 임계값이라 함)에서 극값을 갖는 것은 아니기 때문에 이변수 함수에서도 모든 임계점에서 극대, 극소 또는 아무것도 갖지 않는 경우로 나눈다.

예제 8.6.1 이변수 $f(x, y) = x^2 + y^2 - 2x - 4y + 8$ 에서 극값을 구하여라.

풀이 먼저 $f_x(x, y) = 2x - 2$, $f_y(x, y) = 2y - 4$ 이므로 두 식의 연립방정식 $f_x(x, y) = 0$, $f_y(x, y) = 0$ 을 풀면, $x = 1$, $y = 2$ 이므로 임계점은 $(1, 2)$이다. 또한 완전제곱식으로 변형하면 다음과 같고,

$$f(x, y) = 3 + (x-1)^2 + (y-2)^2$$

또한 $(x-1)^2 \geq 0$ 이고 $(y-2)^2 \geq 0$ 으로부터 x와 y의 모든 값에 대해 $f(x, y) \geq 3$ 이므로 $f(1, 2) = 3$은 극솟값인 동시에 최솟값이다. [그림 8.6.2]에서 보는 바와 같이 꼭짓점 $(1, 2, 3)$을 갖는 이변수 함수 f의 그래프로부터 이러한 사실은 확인된다.

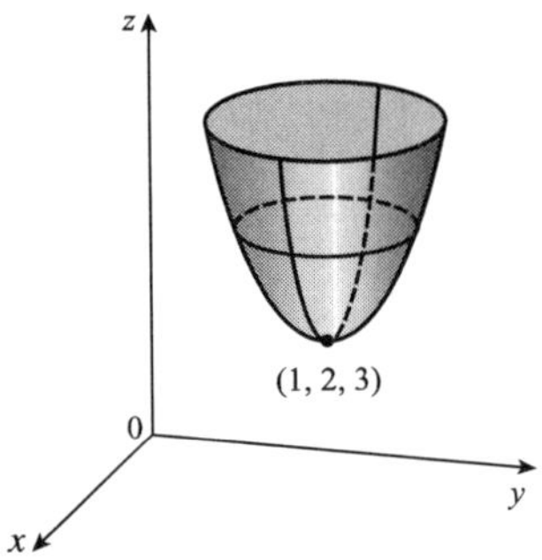

[그림 8.6.2]

■

예제 8.6.2 $f(x, y) = y^2 - x^2$ 의 극값을 구하여라.

풀이 먼저 $f_x = -2x$, $f_y = 2y$ 이므로 유일한 임계점은 $(0, 0)$이다. x축 위의 모든 점은 $y = 0$ 임에 주목하면, $f(x, y) = -x^2 < 0 \ (x \neq 0)$이다. 한편 y축 위의 모든 점은 $x = 0$ 이다. 그러므로 $f(x, y) = y^2 > 0 \ (y \neq 0)$이다. 따라서 중심 $(0, 0)$을 갖는 모든 원판(근방)

은 함수 f가 양이 되기도 하고 음이 되기도 하는 점들을 포함한다. 그러므로 $f(0,\ 0)=0$은 f에 대한 극값이 될 수 없고, 따라서 f는 어떠한 극값도 갖지 않는다([그림 8.6.3] 참조).

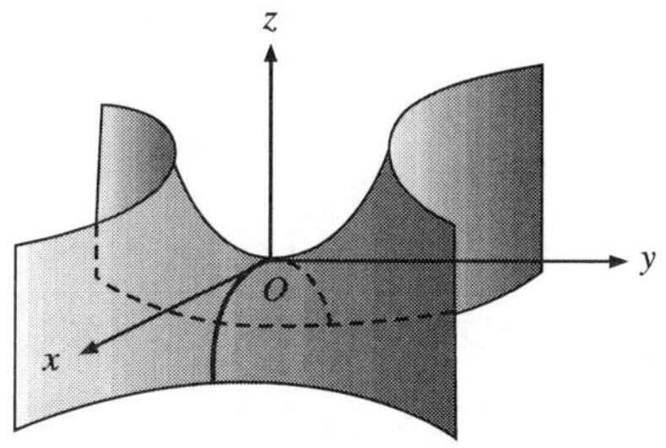

[그림 8.6.3] ■

예제 8.6.2에서 실제로 원점 $O(0,\ 0,\ 0)$에서 $f_x(0,\ 0)=f_y(0,\ 0)=0$ 이지만 $f(0,\ 0)=0$은 극댓값도 극솟값도 아니다. 또한 이것은 임계점에서 함수가 반드시 최댓값 또는 최솟값을 가질 필요가 없다는 사실을 예시하고 있다. [그림 8.6.3]에서 보면, 곡면 $z=f(x,\ y)=y^2-x^2$의 원점에서 수평의 접평면($z=0$)을 갖는다. 또한 $f(0,\ 0)=0$은 x축 방향에서는 최대이다. 왜냐하면 $y=0$일 때 $z=-x^2$은 xz평면에서 위로 볼록한 함수이기 때문이다. 반면에 y축 방향에서는 최소라는 것을 알 수 있다. 즉, $x=0$일 때 $z=y^2$은 yz평면에서 아래로 볼록한 함수이다. 이러한 경우에서 $(0,\ 0,\ 0)$을 f의 **안장점**(saddle point)이라 부른다.

임계점에서 함수가 극값을 갖는지 갖지 않는지를 결정할 수 있는 방법이 필요하다. 다음의 판정법은 일변수 함수에 대한 이계도함수 판정법과 유사하고, 여기서는 증명 없이 사용할 것이다.

정리 8.6.2 이계도함수 판정법

중심 $(a,\ b)$로 하는 원판(근방)에서 f의 이계 편도함수가 연속이고 $f_y(a,\ b)=0$, $f_y(a,\ b)=0$ [즉, $(a,\ b)$는 f의 임계점]이라 할 때

$$D=D(a,\ b)=f_{xx}(a,\ b)f_{yy}(a,\ b)-[f_{xy}(a,\ b)]^2$$

이라 하자.

(a) $D>0$이고 $f_{xx}(a,\ b)>0$이면, $f(a,\ b)$는 극솟값이다.

(b) $D>0$이고 $f_{xx}(a,\ b)<0$이면, $f(a,\ b)$는 극댓값이다.

(c) $D<0$ 이면, $f(a, b)$는 극값이 아니다. ■

정리 8.6.2에서 D에 관한 공식은 행렬식을 이용하여 표현하면 다음과 같다.

$$D=\begin{vmatrix} f_{xx} & f_{xy} \\ f_{yx} & f_{yy} \end{vmatrix}=f_{xx}f_{yy}-(f_{xy})^2$$

또한 (c)의 경우에는 f 의 안장점 $(a, b, f(a, b))$를 갖고, f 의 그래프는 (a, b)에서 접평면과 교차한다. $D=0$ 인 경우에는 f 가 (a, b)에서 극값을 갖거나 안장점일 수도 있기 때문에 어떠한 정보도 제공하지 못한다.

예제 8.6.3 $f(x, y)=x^3+y^3-3xy+4$ 의 극값을 구하여라.

풀이 먼저 $f_x=3x^2-3y,\ f_y=3y^2-3x$ 이므로 다음의 연립방정식으로부터 임계점을 찾는다.

$$x^2-y=0, \quad y^2-x=0$$

또는 $\quad x=y^2:\ (y^2)^2-y=y(y^3-1)=y(y-1)(y^2+y+1)=0.$

따라서 두 개의 실근 $y=0,\ 1$ 에 대해 임계점은 $(0, 0),\ (1, 1)$이다.
다음으로 이계 편도함수와 $D(x, y)$를 계산한다.

$$f_{xx}=6x \quad f_{xy}=-3 \quad f_{yy}=6y,$$
$$D(x, y)=f_{xx}f_{yy}-(f_{xy})^2=36xy-9$$

먼저 $D(0, 0)=-9<0$ 이므로 **정리 8.6.2**에서 이계도함수 판정법 (c)로부터 한 점 $(0, 0, f(0, 0))=(0, 0, 4)$는 안장점이다. 다음으로 $D(1, 1)=27>0,\ f_{xx}(1, 1)=6>0$ 이므로 판정법 (a)로부터 $f(1, 1)=3$은 극솟값이다. ■

다음으로 극값에 대한 응용 예제들을 알아보자.

예제 8.6.4 점 $(-2, -1, 5)$와 평면 $4x-2y+z=1$ 사이의 최단거리를 구하여라.

풀이 평면 위의 점 (x, y, z)에서 $(-2, -1, 5)$까지 거리는

$$d=\sqrt{(x+2)^2+(y+1)^2+(z-5)^2}$$

이다. 그런데 (x, y, z)가 평면 $4x-2y+z=1$ 위에 있으므로 $z=1-4x+2y$ 이고 $d=\sqrt{(x+2)^2+(y+1)^2+(1-4x+2y-5)^2}$ 이다. 이를 변형하면

$$d^2=(x+2)^2+(y+1)^2+(-4-4x+2y)^2=f(x, y)$$

이고, 이것을 최소화함으로써 d의 최솟값을 구한다. 이제 연립방정식

$$f_x = 2(x+2) + 2(-4)(-4-4x+2y) = 34x - 16y + 36 = 0,$$
$$f_y = 2(y+1) + 2(2)(-4-4x+2y) = -16x + 10y - 14 = 0$$

을 풀면 유일한 임계점은 $\left(-\frac{34}{21}, -\frac{25}{21}\right)$이다. 또한

$$f_{xx} = 34, \quad f_{xy} = -16, \quad f_{yy} = 10,$$
$$D(x, y) = f_{xx} f_{yy} - (f_{xy})^2 = 84 > 0$$

이고 $f_{xx} > 0$이므로 이계도함수 판정법에 의해 f는 $\left(-\frac{34}{21}, -\frac{25}{21}\right)$에서 극솟값을 갖는다. 직관적으로 극솟값이 실제로 최솟값이라는 것을 알 수 있다. 왜냐하면 $(-2, -1, 5)$에 가장 가까운 주어진 평면상의 한 점이 틀림없이 존재하기 때문이다. 실제로 $x = -\frac{34}{21}$이고 $y = \frac{25}{21}$이면 $d = \frac{107}{21}$이고, 따라서 점 $(-2, -1, 5)$에서 평면 $4x - 2y + z = 1$까지 최단 거리는 $\frac{107}{21}$이다. ■

예제 8.6.5 어느 회사에서 특정 음료 1단위를 생산하는 비용은 원재료 A와 B의 수량 x와 y에 따라 다음의 비용함수(단위, 달러)

$$C(x, y) = 27x^3 - 72xy + 8y^2 + 2{,}200$$

로 나타낸다고 할 때, 음료 1단위의 생산 비용이 최소가 되는 각 원재료 수량을 구하여라.

풀이 먼저 $C_x = 81x^2 - 72y$, $C_y = 16y - 72x$에서 임계점을 구하면,

$$81x^2 - 72y = 0, \ 16y - 72x = 0$$

또는

$$9x(x-4) = 0.$$

따라서 임계점은 $(0, 0)$, $(4, 18)$이고, 이제 편도함수와 $D(x, y)$를 계산하면

$$C_{xx} = 162x \quad C_{xy} = -72 \quad C_{yy} = 16,$$
$$D(x, y) = C_{xx} C_{yy} - (C_{xy})^2 = (162x)(16) - (-72)^2$$

으로부터 $D(0, 0) = -5184 < 0$이므로 $(0, 0)$에서 안장점을 갖고, $D(4, 18) = 5184 > 0$, $C_{xx}(4, 18) = 162(4) = 648 > 0$이므로 $(4, 18)$에서는 극솟값 또는 최솟값

$$C(4, 18) = 27(4)^3 - 72(4)(18) + 8(18)^2 + 2{,}200$$
$$= 1{,}336$$

을 갖는다. 즉, 원재료 $x=4$(단위), $y=18$(단위)일 때 음료 1단위의 생산 비용이 최솟값 1,336(달러)가 된다. ■

연습문제

1. 점 (1, 1)이 연속인 이계도함수를 갖는 함수 f의 임계점이라 하자. 각 경우에 있어 f에 대해 무엇을 알 수 있는가?

(1) $f_{xx}(1,\ 1)=1,\ f_{xy}(1,\ 1)=1,\ f_{yy}(1,\ 1)=2$

(2) $f_{xx}(1,\ 1)=3,\ f_{xy}(1,\ 1)=5,\ f_{yy}(1,\ 1)=4$

2. 점 (0, 1)이 연속인 이계도함수를 갖는 함수 g의 임계점이라 하자. 각 경우에 있어 g에 대해 무엇을 알 수 있는가?

(1) $g_{xx}(0,\ 1)=-1,\ g_{xy}(0,\ 1)=1,\ g_{yy}(0,\ 1)=1$

(2) $g_{xx}(0,\ 1)=-2,\ g_{xy}(0,\ 1)=-2,\ g_{yy}(0,\ 1)=-3$

3. 주어진 함수의 극댓값, 극솟값, 안장점을 구하여라.

(1) $f(x,\ y)=2-x^2-xy-y^2$

(2) $f(x,\ y)=x^3y+12x^2-8y-40$

(3) $f(x,\ y)=y^3+3x^2y-6x^2-6y^2+2$

(4) $f(x,\ y)=2x^3+6xy^2-3y^3-150x$

4. 점 (1, 0, 0)에 가장 가까이 있는 평면 $x-y+z=3$ 위의 점을 구하여라.

5. 점 (1, 0, −1)에 가장 가까이 있는 곡면 $y^2=x^2+z^2$ 위의 점을 구하여라.

6. 한 정점을 원점과 일치시키며 xy평면에 놓여 있는 직육면체가 평면 $6x+4y+3z=24$ 속에 놓여 있다. 이 직육면체의 최대부피를 구하여라.

7. 어느 제조회사에서는 두 종류의 제품을 만들고 각각 x개, y개를 생산하여 얻는 이익 함수는

$$P(x,\ y)=8x+10y-0.001(x^2+xy+y^2)-10{,}000$$

이라고 한다. 이때 최대 이익을 낼 수 있는 각 상품의 생산수량을 구하여라.

8. 육면체 모양의 상자에서 가로, 세로, 높이를 각각 $x,\ y,\ z$라 할 때, 상자의 네 옆면과 바닥면의 넓이는 $2xy+2yz+xy=12$가 되는 상자의 최대부피와 그때의 $x,\ y,\ z$를 구하여라.

부록

연습문제 해답

01 집합과 수의 체계

■ 1.2 연습문제 해답

[1] (1) $x \in A-B$라 하자. 그러면 $x \in A$이고 $x \notin B$이다.

따라서 $x \in A \cup B$이고 $x \notin B$이다. 즉 $x \in (A \cup B)-B$가 성립한다.

그러므로 $A-B \subset (A \cup B)-B$

반대로 $x \in (A \cup B)-B$라 하자. 그러면 $x \in A \cup B$이고 $x \notin B$이다.

즉, '$x \notin B$'이고 '$x \in A$이거나 $x \in B$'이다.

따라서 '$x \notin B$이고 $x \in A$'이거나 '$x \notin B$이고 $x \in B$'이다.

그러므로 $x \notin B$이고 $x \in A$가 성립한다. 즉 $x \in A-B$가 성립한다.

그러므로 $(A \cup B)-B \subset A-B$가 성립한다.

위 두 결과에 의해 $(A \cup B)-B=A-B$가 성립한다.

(2) $A-B = A \cap B^c$가 성립한다. 그런데

$$A-(A \cap B) = A \cap (A \cap B)^c = A \cap (A^c \cup B^c)$$
$$= (A \cap A^c) \cup (A \cap B^c) = \varnothing \cup (A \cap B^c) = A \cap B^c$$

이므로 등식 $A-B=A-(A \cap B)$가 성립한다.

(3)~(7) 해답 생략

[2] (1) $A-B$ 　　　　　　　　　　 $(A \cup B)-B$: ▩로 채워진 부분

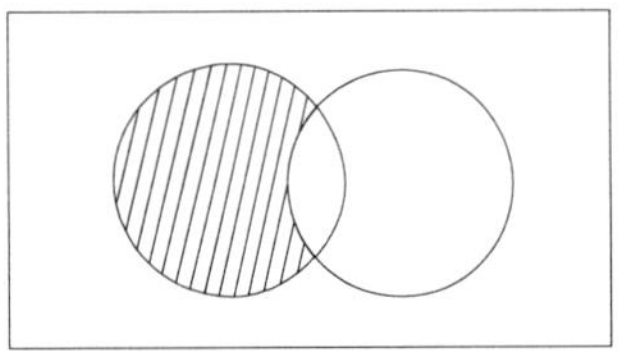

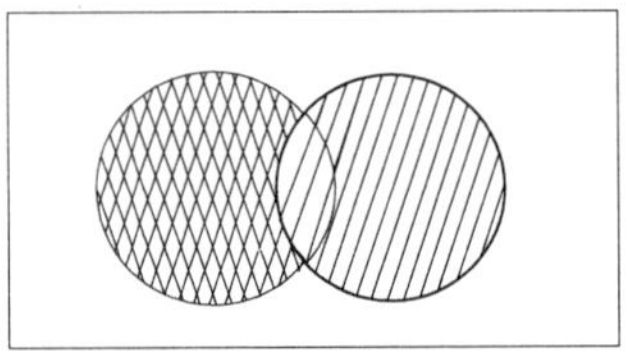

[3] $2^A = \{\phi, \{a\}, \{b\}, \{c\}, \{a, b\}, \{a, c\}, \{b, c\}, A\}$

■ 1.3 연습문제 해답

[1] (1) 참 　 (2) 거짓 　 (3) 거짓 　 (4) 참

[2] (1)의 대우는 「a, b가 실수일 때, $a \neq 0$ 또는 $b \neq 0$이면 $a^2+b^2 \neq 0$이다.」

(2)의 대우는 「a, b가 자연수일 때, a와 b가 홀수이면 ab가 홀수이다.」

이고, 이 대우를 증명하면 주어진 명제가 참임이 증명된 셈이다.

[3] $\{x \mid p(x) \to q(x)\} = \{x \mid \sim p(x)$ 혹은 $q(x)\} = \{x \mid \sim p(x)\} \cup \{x \mid q(x)\}$

$=\{x \mid p(x)\}^c \cup \{x \mid q(x)\}$가 성립한다.

그런데 $\{x \mid p(x)\} \subset \{x \mid q(x)\}$이므로 $\{x \mid p(x)\}^c \cup \{x \mid q(x)\} \supset \{x \mid p(x)\}^c \cup \{x \mid p(x)\} = U$가 성립한다. 즉, $\{x \mid p(x) \to q(x)\} \supset U$가 성립한다. 그런데 $\{x \mid p(x) \to q(x)\} \subset U$는 자명하므로 $\{x \mid p(x) \to q(x)\} = U$가 성립한다.

■ 1.4 연습문제 해답

[1] (1) 덧셈의 결합법칙으로부터 자명하다.

(2) 먼저 결합법칙에 의해 세 수의 합에 어떻게 괄호를 삽입하여도 그 합은 변하지 않는다. 즉 그 합은 모두 같다는 사실을 관찰한다.

(i) x에 나머지 세 수 $y,\ z,\ w$의 합이 더해진 경우는 위 관찰에 의해 합은 모두 서로 같다.

(ii) x에 먼저 $y,\ z$의 합 혹은 y만 더해진 경우, 결합법칙을 반복하여 사용하면,

$(x+(y+z))+w = x+((y+z)+w)$이고

$((x+y)+z)+w = (x+(y+z))+w = x+((y+z)+w)$ 혹은

$(x+y)+(z+w) = x+(y+(z+w))$이므로 모두 (i)의 경우의 합과 같다.

[2] 만약 $x>0$이면 크기 관계와 곱에 관한 기본 성질로부터 $x^2>0$이 성립한다.

먼저 크기 관계의 기본 성질로부터 $x<0$이면 $-x>0$이다. 따라서 앞의 결과에 의해 $(-x)(-x)>0$이 성립한다. 이제 $(-x)\cdot(-x)=x^2$임은 다음과 같이 증명할 수 있다.

먼저 $x\cdot(-x)+x\cdot x = x\cdot((-x)+x) = x\cdot 0 = 0$에서 $x\cdot(-x) = -x^2$이 성립한다.

이제 $(-x)\cdot(-x)+x\cdot(-x) = ((-x)+x)\cdot(-x) = 0$에서 $(-x)\cdot(-x) = -(-x^2) = x^2$이 성립한다. 여기서 마지막 등식은 임의의 실수 y에 대해 $(-y)+(-(-y))=0$이라는 것과 덧셈에 관한 역원의 유일성으로부터 $-(-y)=y$라는 사실이 성립하므로 참이다. 따라서 $x<0$인 경우도 $x^2>0$이다.

[3], **[4]**번 해답 생략

■ 1.5 연습문제 해답

[1] (1) $\sqrt{6}\,i$ (2) $-\sqrt{6}$

(3) $-\sqrt{\dfrac{2}{3}}\,i$ 또는 $-\dfrac{\sqrt{6}}{3}i$ (4) $\dfrac{1}{2}-\dfrac{\sqrt{3}}{2}i$

[2] (1) $0+0i$ (혹은 간단히 0) (2) $1+0i$ (혹은 간단히 1)

(3) $2^{10}+0i$ (혹은 간단히 2^{10}) (4) $(-1)^n+0i$ (혹은 간단히 $(-1)^n$)

[3] 덧셈에 관한 역원 : $-3-4i$, 곱셈에 관한 역원 : $\dfrac{3}{25}-\dfrac{4}{25}i$

[4] (1) $-15+4i$ (2) -2

[5] 0

[6] $\frac{\sqrt{2}}{2}+\frac{\sqrt{2}}{2}i,\ -\frac{\sqrt{2}}{2}-\frac{\sqrt{2}}{2}i$

02 함수

■ 2.1 연습문제 해답

[1] $\left\{x\in\mathbb{R}\,\middle|\,x>\frac{1}{3}\right\}$

[2] $\{x\in\mathbb{R}\,|\,x\neq-2,\ x\neq-1\}$

[3] $\{t\in\mathbb{R}\,|\,t\geq 0\}$

[4] $\{u\in\mathbb{R}\,|\,0\leq u\leq 4\}$

[5] $\{t\in\mathbb{R}\,|\,t\neq 2\}$

[6] 실수집합 전체

[7] $f(x)=\frac{20}{x}$, 정의역: $\{x\in\mathbb{R}\,|\,0<x<20\}$

[8] 밑변의 길이를 y, 이등변의 길이를 x라 하면, $f(x,\ y)=\frac{1}{2}y\sqrt{x^2-\frac{y^2}{4}}$

정의역: $\{(x,\ y)\in\mathbb{R}\times\mathbb{R}\,|\,0<y<2x\}$

[9] $S=6V^{\frac{2}{3}}$, 정의역 : $\{V\in\mathbb{R}\,|\,V>0\}$

[10] $0\leq x\leq 10000$이면 $f(x)=0$, $10000<x\leq 20000$이면 $f(x)=0.1x$,

$x>20000$이면 $f(x)=0.15x$

■ 2.2 연습문제 해답

[1]

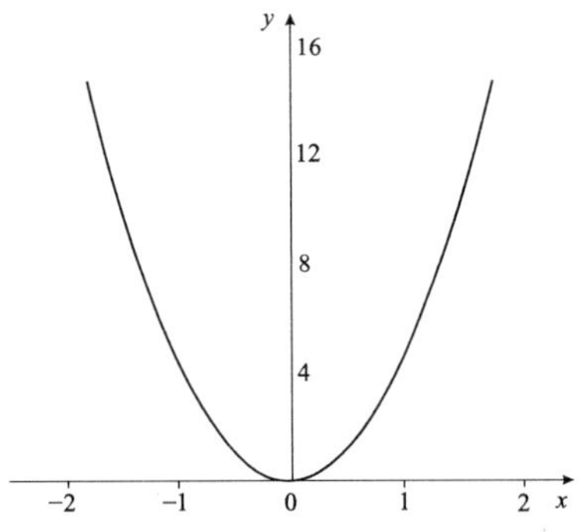

[2]

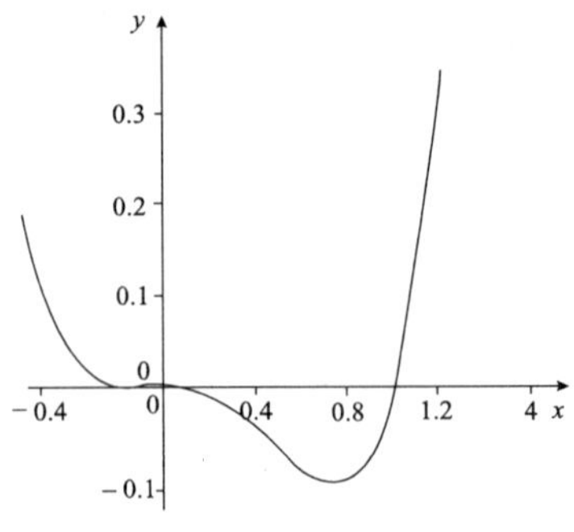

[3]

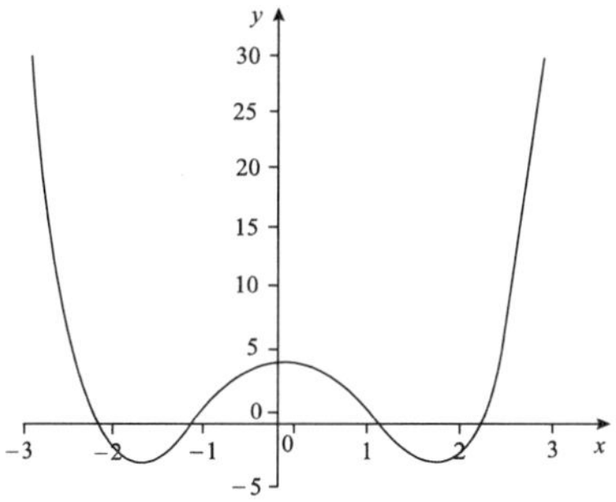

[4]

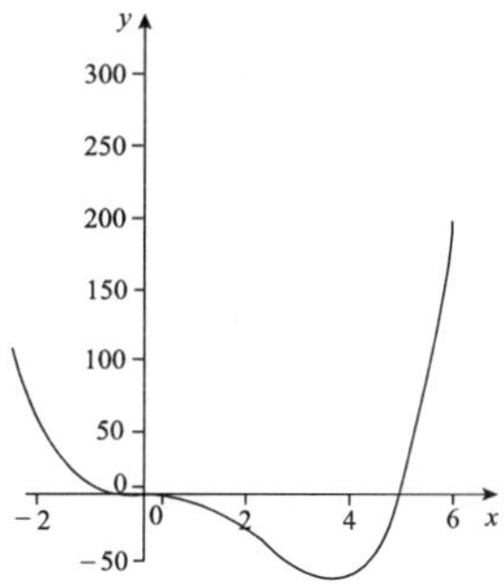

[5]

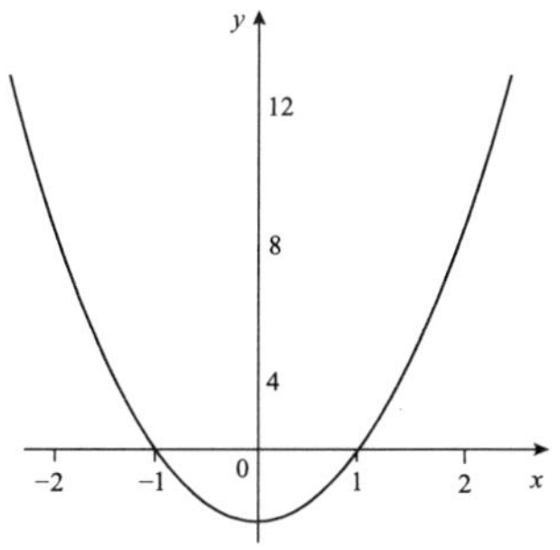

[6]

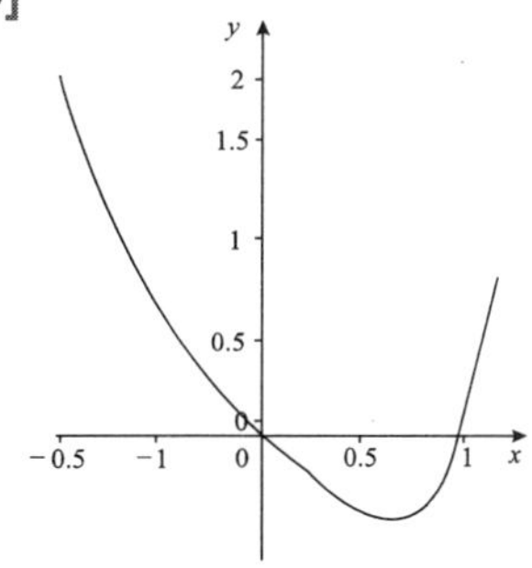

[7] $(f \circ g)(x) = 1$, 정의역: 실수 전체

[8] $(f \circ g)(x) = (3x+1)^{\frac{1}{3}}$, 정의역: 실수 전체

[9] $(f \circ g)(x) = \left(\frac{2x+1}{x^2-1}\right)^{\frac{1}{2}} + \left(\frac{2x+1}{x^2-1}\right)^{\frac{1}{3}}$, 정의역: $\left\{x \in \mathbb{R} \mid -1 < x \leq -\frac{1}{2} \text{ 또는 } x > 1\right\}$

[10] $(f \circ g)(x) = x+2$, 정의역: $\{x \in \mathbb{R} \mid x \geq 0\}$

[11] 정의역: $\{x \in \mathbb{R} \mid x \geq 0\}$, 역함수: $f^{-1}(x) = \sqrt{x-1}$, 역함수의 정의역: $\{x \in \mathbb{R} \mid x \geq 1\}$

[12] 정의역: $\{x \in \mathbb{R} \mid x \geq 0\}$, 역함수: $f^{-1}(x) = \sqrt{x^2-4x+5}$, 역함수의 정의역: $\{x \in \mathbb{R} \mid x \geq 3\}$

[13] 정의역: $\left\{x \in \mathbb{R} \mid x \neq -\frac{2}{3}\right\}$, 역함수: $f^{-1}(x) = \frac{2-2y}{3y}$, 역함수의 정의역: $\{x \in \mathbb{R} \mid x \neq 0\}$

■ 2.3 연습문제 해답

[1]

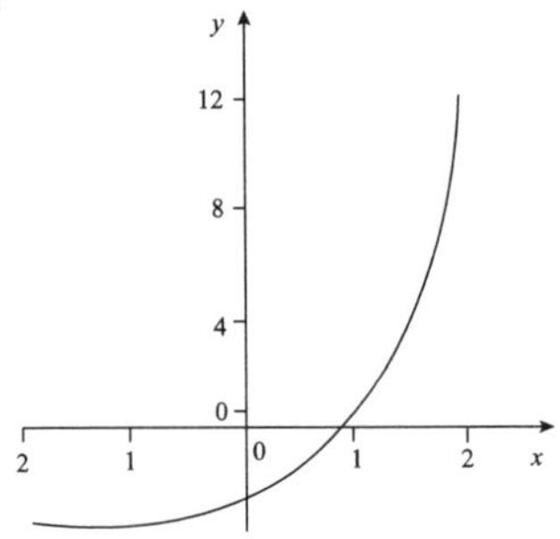

[2]

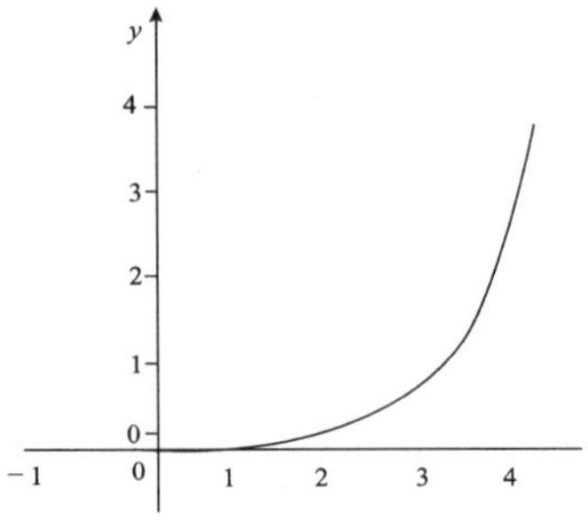

[3]

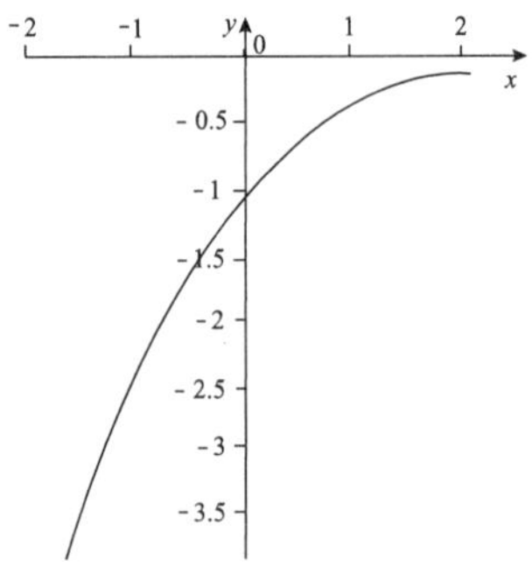

[4]

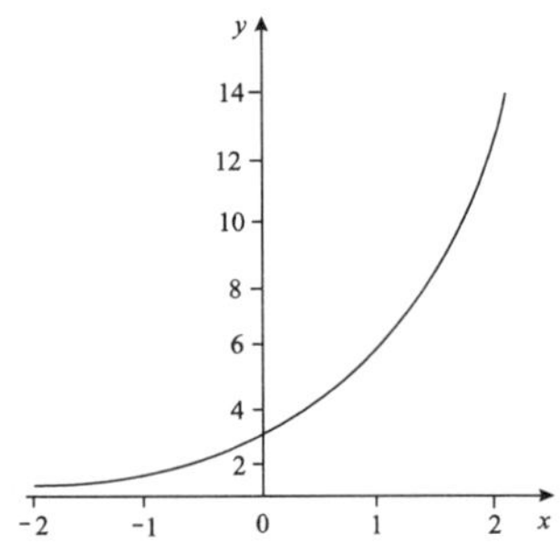

[5]

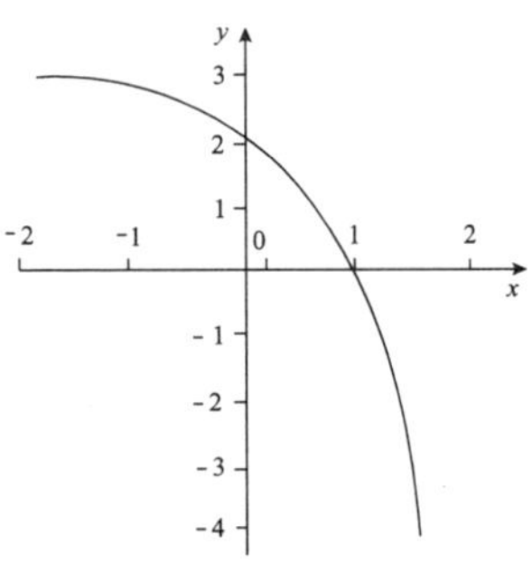

[6]

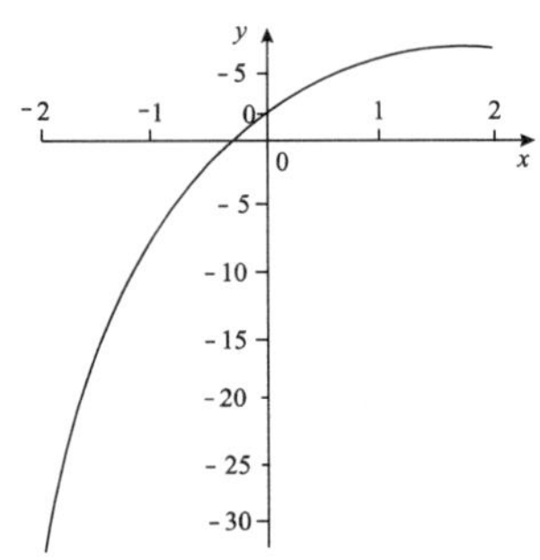

[7] 생략

[8] (2)가 유리함

[9] $f^{-1}(x)=(\ln x)^{\frac{1}{3}}$

[10] $f^{-1}(x)=\ln x-3$

[11] $f^{-1}(x)=\ln\left(\dfrac{x-1}{x+1}\right)$

[12] $y=\sqrt{10^x}$

[13] 6

[14] -2

[15] $\sqrt{2}$

[16] $3(1+\log_{10}2)$

[17] 2

[18] 기함수

[19] 우함수

[20]

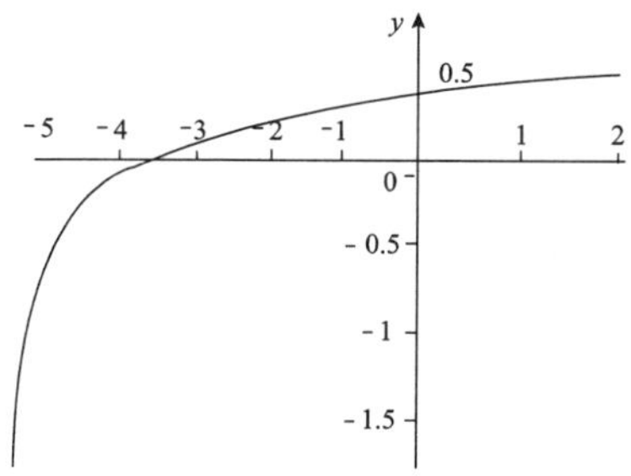

[21]

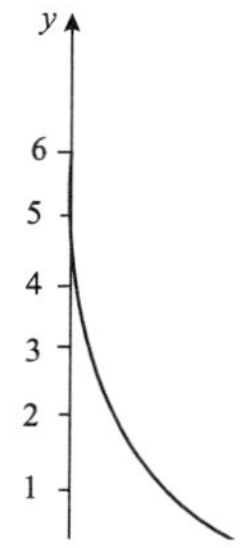

[22]

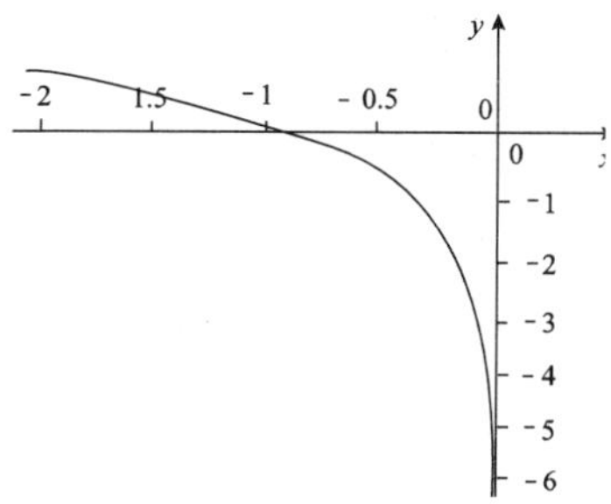

[23]

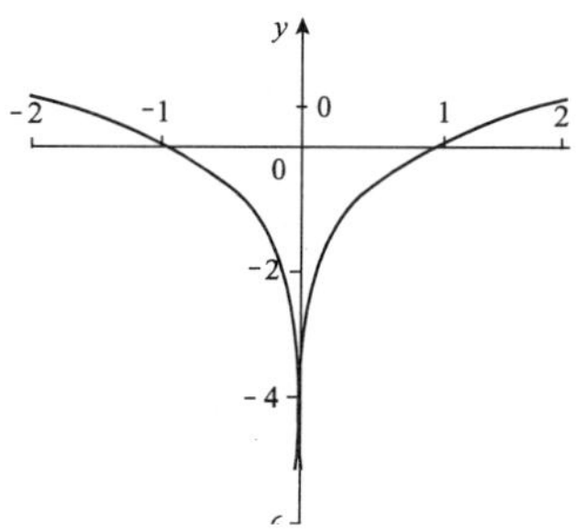

■ 2.4 연습문제 해답

[1] $\frac{7}{6}\pi$

[2] $-\frac{31}{18}\pi$

[3] -67.5°

[4] 180°

[5] $4\,\mathrm{cm}$

[6]~[8] 생략

[9]

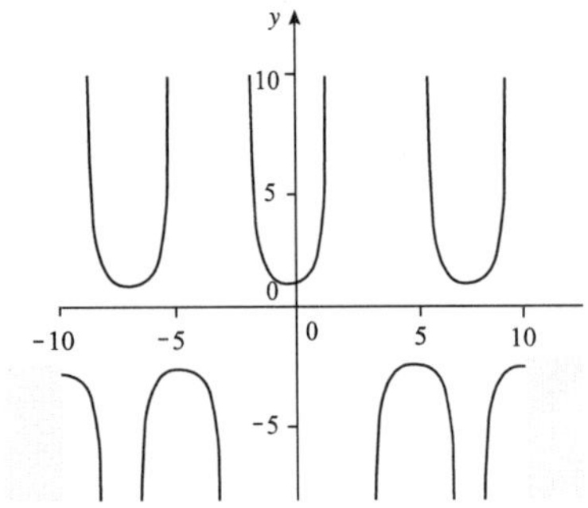

[10]

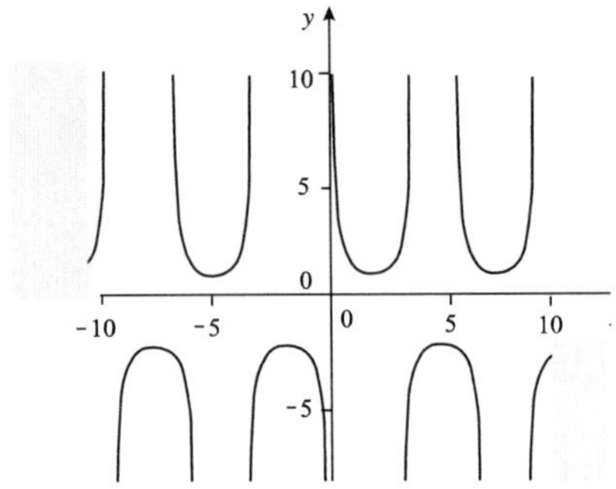

[11]

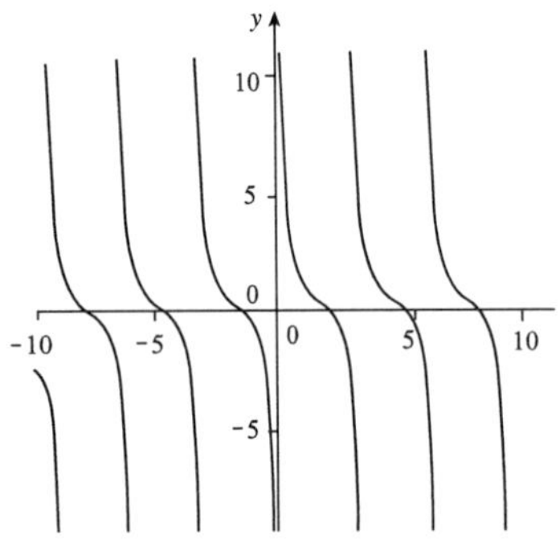

[12]

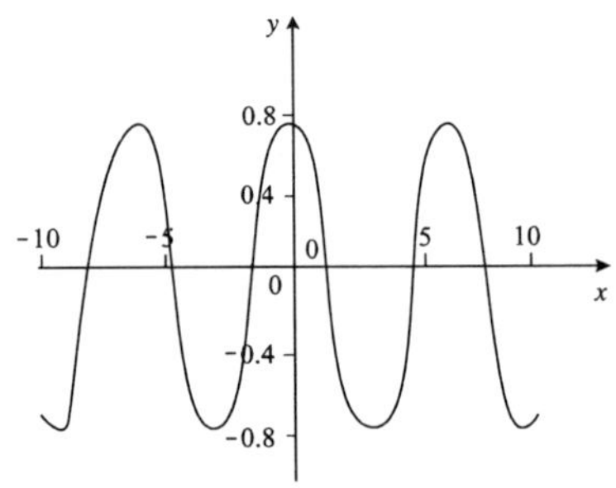

[13] $y=\sin x\left(-\frac{\pi}{2}\le x\le\frac{\pi}{2}\right)$,

$y=\sin^{-1}x\ (-1\le x\le 1)$

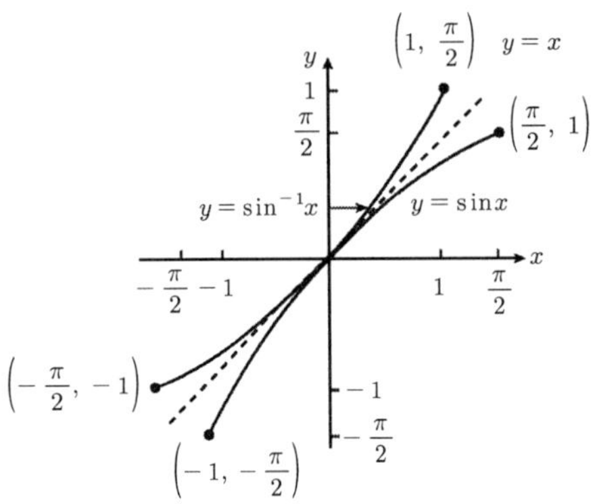

[14] $y=\cos x\ (0\le x\le\pi)$,

$y=\cos^{-1}x\ (-1\le x\le 1)$

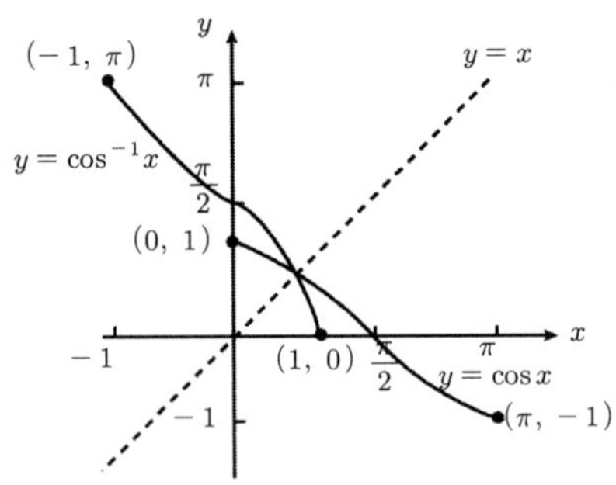

[15] $y=\tan x\left(-\frac{\pi}{2}\le x\le\frac{\pi}{2}\right)$, $y=\tan^{-1}x\ (-\infty<x<\infty)$

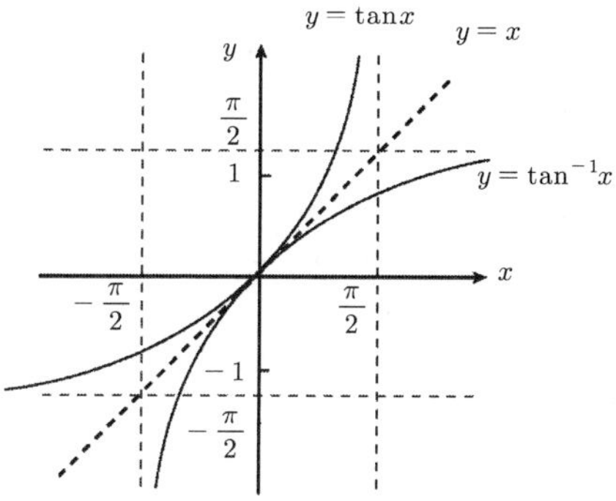

[16]~[18] 생략

[19] 0.7, 0.3

[20] $\frac{1}{4}(\sqrt{6} - \sqrt{2})$

[21] $\frac{1}{4}(\sqrt{6} + \sqrt{2})$

[22] $\frac{1}{2}$

[23] $\frac{4\sqrt{3}+3}{10}$

[24] $-\frac{\sqrt{2-\sqrt{3}}}{2}$

[25] 생략

■ 2.5 연습문제 해답

[1]

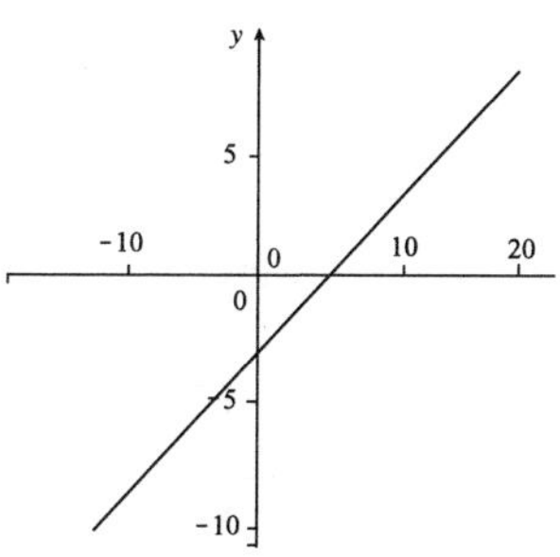

[2]

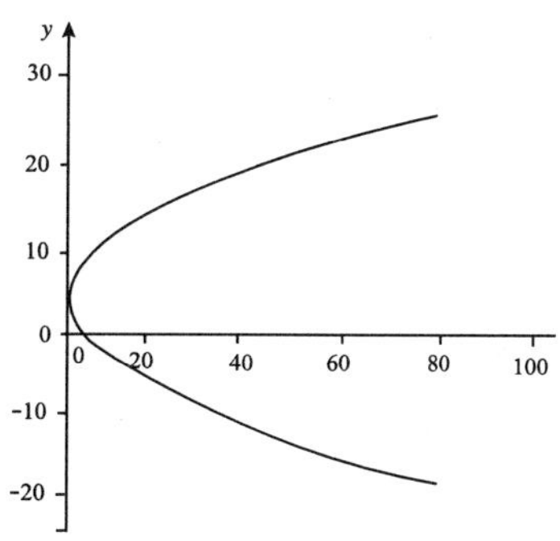

[3]

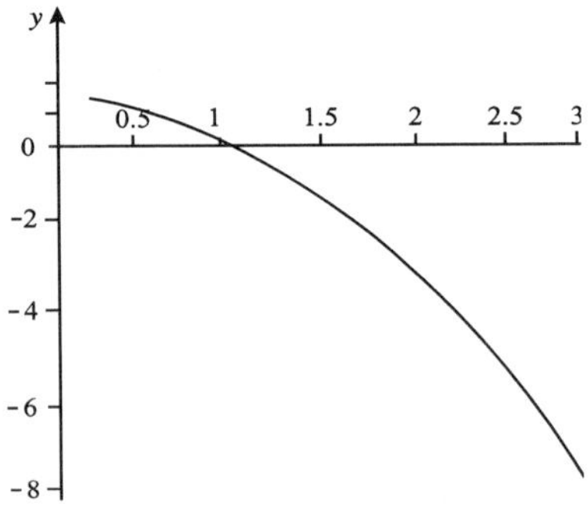

[4]

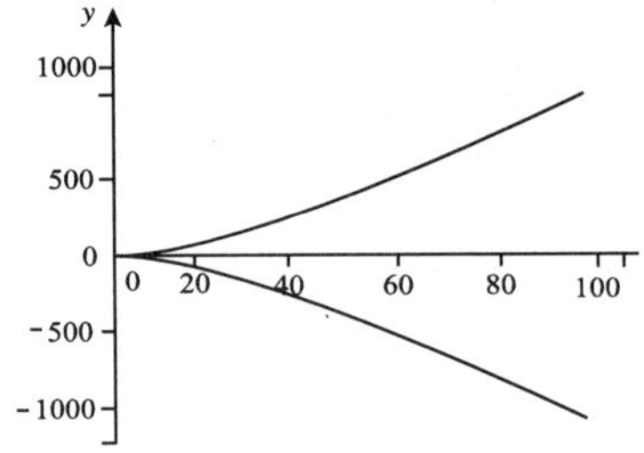

[5]

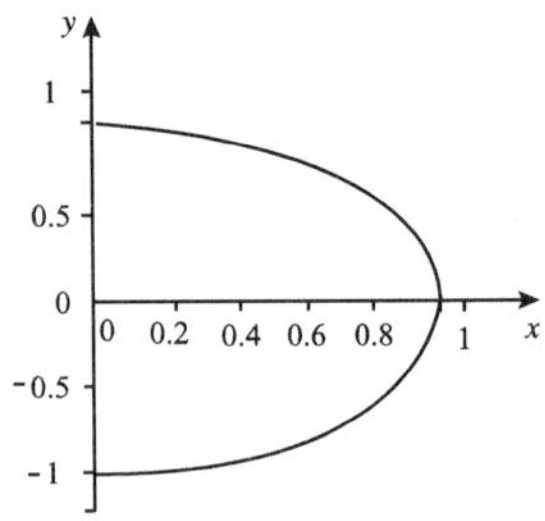

[6]

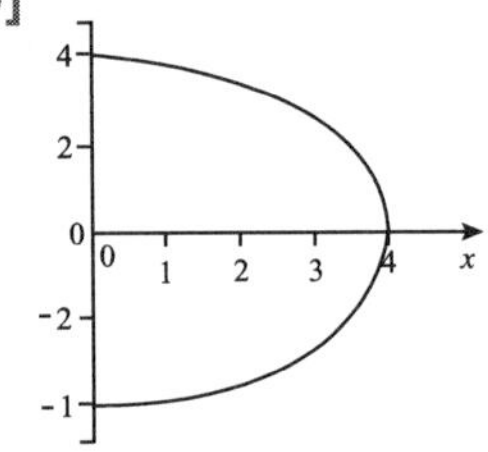

[7]

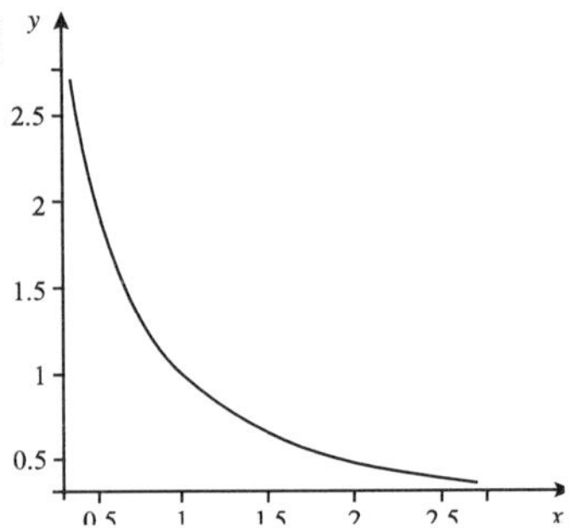

[8]

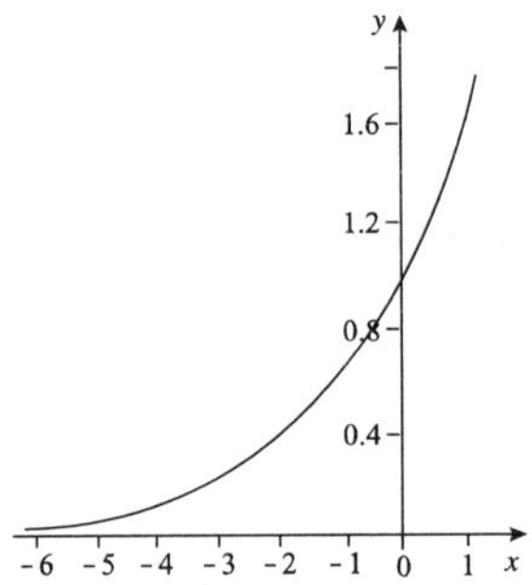

[9]

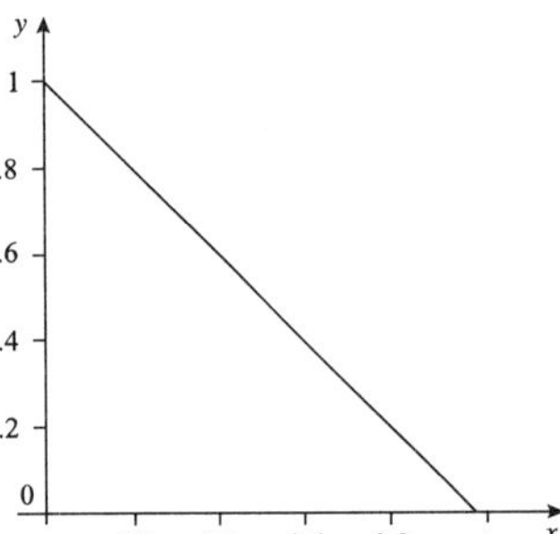

[10]

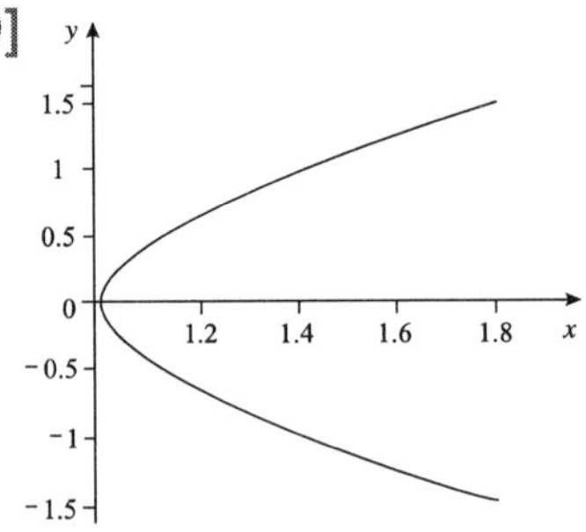

[11] $x = a\cos\theta,\ y = b\sin\theta,\ 0 \le \theta \le 2\pi$

[12] $y = x^2 - 4x\ (x \ge 0)$

[13] 2번 만남

[14] 1번 만남

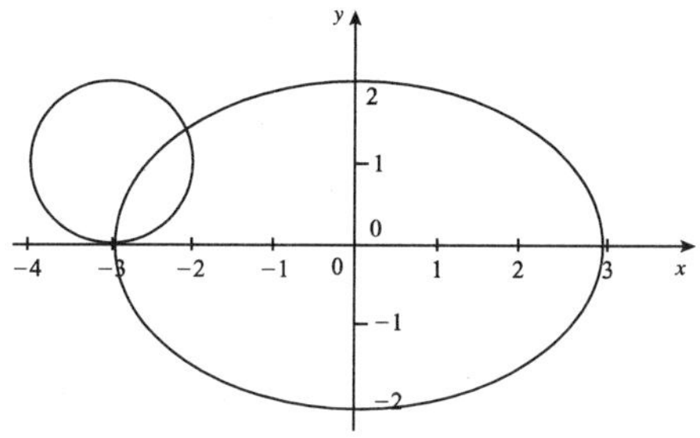

03 수열과 급수

■ 3.3 연습문제 해답

[1] 15

[2] 120

[3] 160

[4] 40,320

[5] 676

[6] (1) 333,135,504 (2) 185,075,280 (3) 119,587,104

[7] (1) 21 (2) 126 (3) 11,440 (4) 2,940

[8] (1) 5 (2) 20

[9] 생략

■ 3.4 연습문제 해답

[1] $64x^6+192x^5y+240x^4y^2+160x^3y^3+60x^2y^4+12xy^5+y^6$

[2] $w^{16}+8w^{14}+28w^{12}+56w^{10}+70w^8+56w^6+28w^4+8w^2+1$

[3] $y^6+3x^2y^4+3x^4y^2+x^6$

[4] $x^4+2x^3+\frac{3}{2}x^2+\frac{1}{2}x+\frac{1}{16}$

[5] $x^6-6x^5\sqrt{x}+15x^5-20x^4\sqrt{x}+15x^4-6x^3\sqrt{x}+x^3$

[6] $x^5-5x^3+10x-\frac{10}{x}+\frac{5}{x^3}-\frac{1}{x^5}$

[7] $x^{-5}-5x^{-4}y^2+10x^{-3}y^4-10x^{-2}y^6+5x^{-1}y^8-y^{10}$

[8] 131,250

[9] 67,584

[10] $y^3+3(x-2)y^2+3y(x^2-4x+4)+x^3-6x^2+12x-8$

[11], [12] 생략

04 극한과 도함수

■ 4.1 연습문제 해답

[1] (1) $-44.4,\ -38.8,\ -27.8,\ -22.2,\ -16.6$ (2) -33.3 (3) $-33\frac{1}{3}$

[2] (1) (i) -32 피트/초 (ii) -25.6 피트/초 (iii) -24.8 피트/초 (iv) -24.16 피트/초

(2) -24 피트/초

[3] (1) (i) $\frac{13}{6}$ 피트/초 (ii) $\frac{7}{6}$ 피트/초 (iii) $\frac{19}{24}$ 피트/초 (iv) $\frac{331}{600}$ 피트/초

(2) $\frac{1}{2}$ 피트/초

(3)

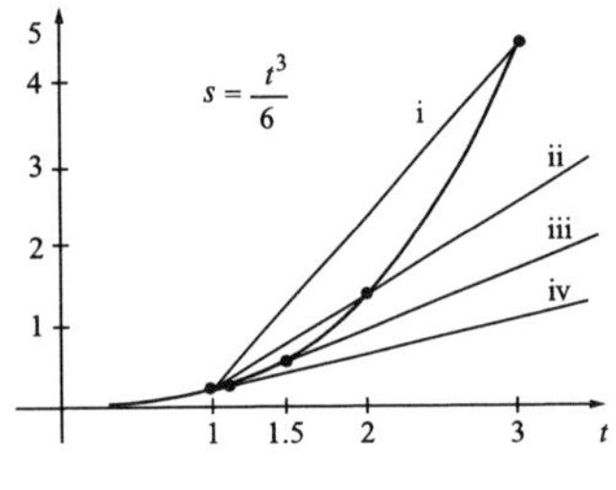

(4)

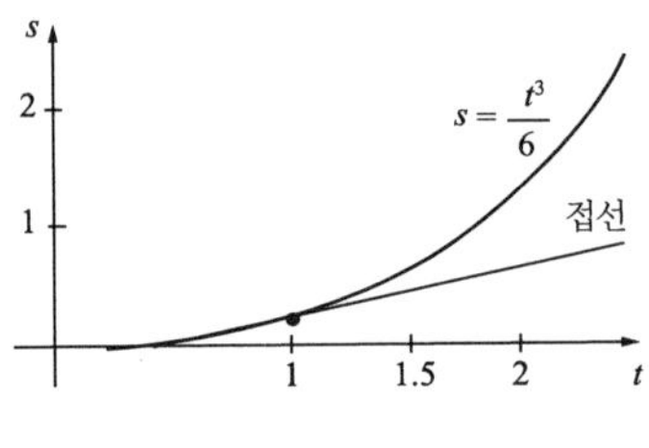

■ 4.2 연습문제 해답

[1] 극한값이 존재하지 않는다.

[2] (1) 2 (2) 3

(3) 존재하지 않는다. (4) 4

(5) 존재하지 않는다.

[3] $a=\pm 1$

[4] (1) 1

(2) 0

(3) 존재하지 않는다.

■ 4.3 연습문제 해답

[1] (1) 5

(2) 9

(3) $-\frac{3}{8}$

(4) 0

[2] (1) 2

(2) 0

(3) 존재하지 않는다.

(4) 2

[3] -3

[4] $\frac{1}{8}$

[6] $\frac{3}{2}$

[7] $\frac{1}{2}$

[8] $-\frac{1}{9}$

[9] 1

[10] 3

[11] $-1 \le \sin(\pi/x) \le 1$ 임을 이용

[12] 15 ; -1

■ 4.4 연습문제 해답

[1]

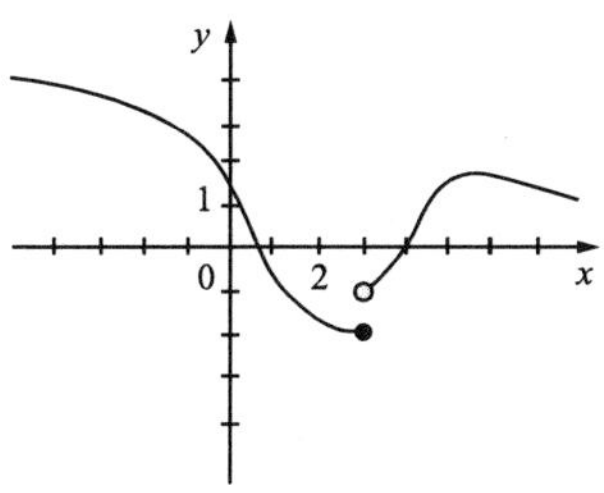

[2]

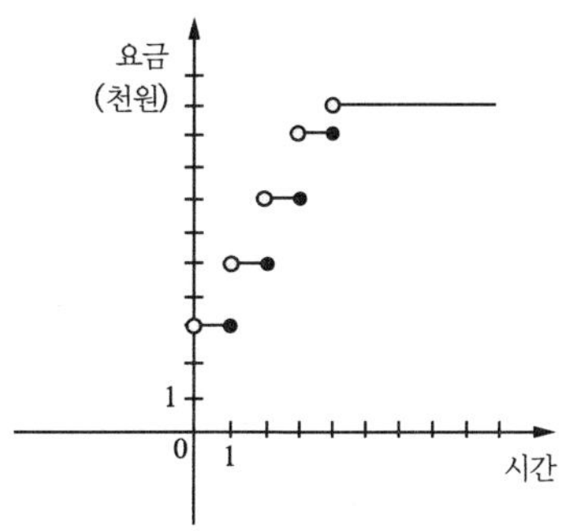

[3] 6

[4] $\{x \mid x \neq -3, -2\}$

[5] $[-\sqrt{2}, \sqrt{2}]$

[6] $(-\infty, -1) \cup (1, \infty)$

[7] $(0, \infty)$

[8] f가 중간값 정리의 결론을 만족하지 않는 그래프

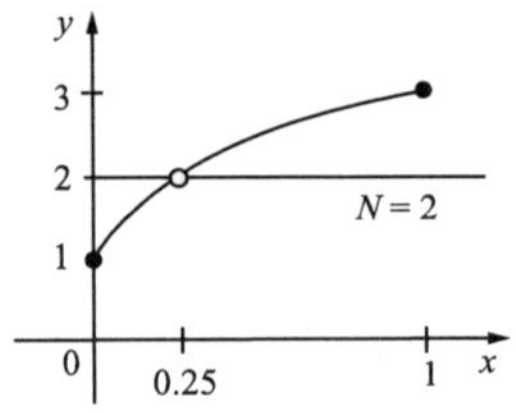

f가 중간값 정리의 결론을 만족하는 그래프

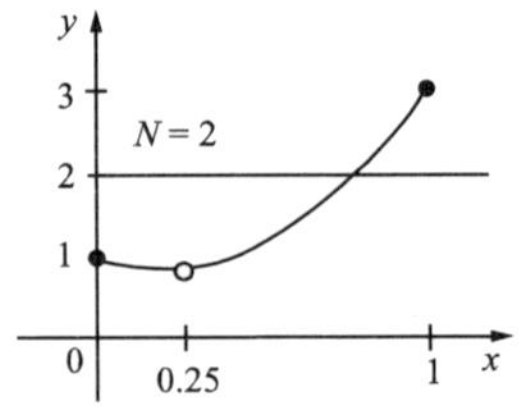

[9] x가 코스의 거리라 하고, 출발점에서부터의 거리를 나타낸다고 하자. x는 $[0, 5]$에서 존재하고, $f(x)$는 x에서 $x+1$까지 걸린 시간이라 하자. 함수 f는 연속이다. 우리는 $f(0)+f(1)+f(2)+f(3)+f(4)+f(5)=30$임을 알고 있다. 그것은 $f(0), \cdots, f(5)$ 모두가 5보다 작다는 것을 의미하는 것이 아니고 모두 크다는 것을 의미하지도 않는다. 그러므로 $[0, 5]$에서는 $f(a)<5<f(b)$인 a, b가 존재한다. 중간값 정리에 의해 a, b 사이에는 $f(c)=5$인 c가 존재한다. 다시 말해서 c와 $c+1$ 사이는 정확히 5분이 걸리게 된다.

4.5 연습문제 해답

[1] (1) ∞ (2) ∞

(3) $-\infty$ (4) 1

(5) 2 (6) $x=-1,\ x=2\ ;\ y=1,\ y=2$

[2]

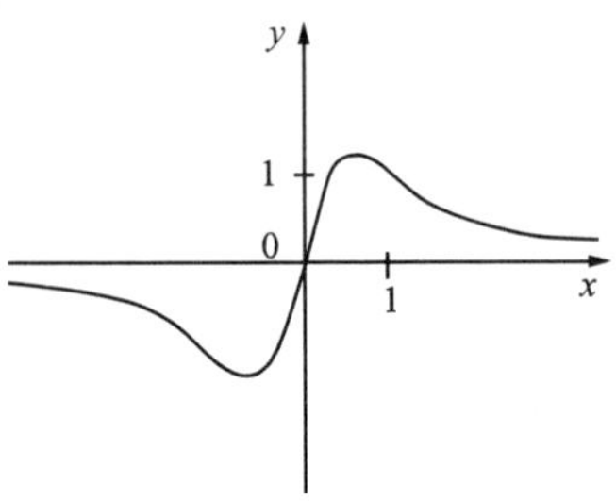

[3]

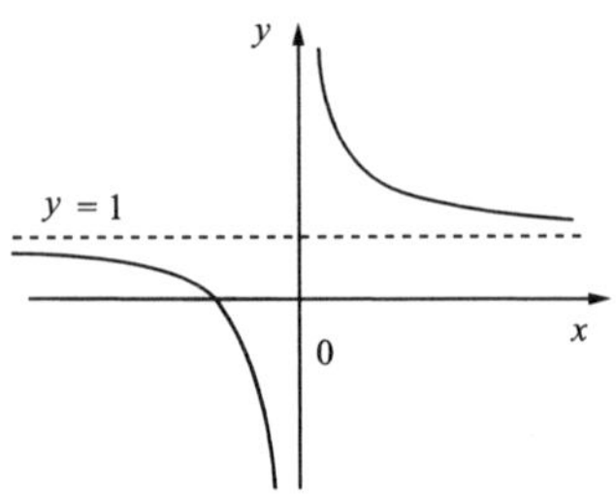

[4]

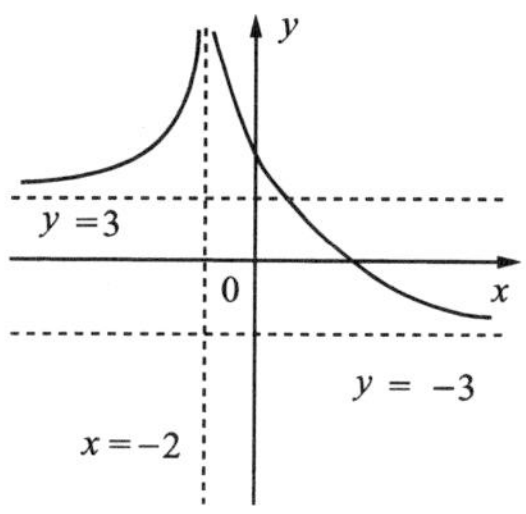

[5] $-\infty$

[6] $-\infty$

[7] 2

[8] 0

[9] ∞

[10] $\dfrac{2-x}{x^2(x-3)}$

[11] (1) 0

(2) ∞

[12] 4

■ 4.6 연습문제 해답

[1] (1) $\dfrac{f(x)-f(3)}{x-3}$

(2) $\displaystyle\lim_{x\to 3}\frac{f(x)-f(3)}{x-3}$

[2] $A<B<C<D<E$

[3] $y=-x+5$

[4] $y=\dfrac{1}{2}x+\dfrac{1}{2}$

[5] 크다.

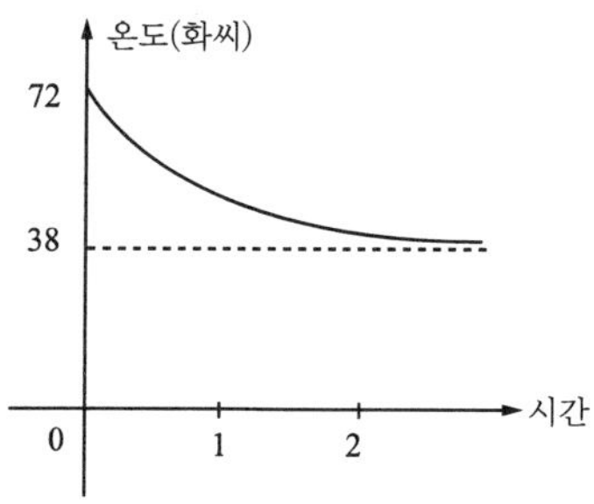

[6] -0.7°F/분

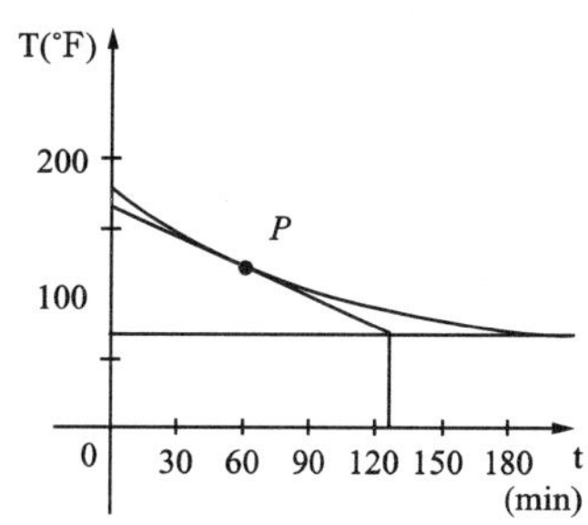

[7] (1) (i) 29,000/년　(ii) 215,000/년　(iii) 115,000/년

(2) 165,000/년

(3) 1,425,000/년

■ 4.7 연습문제 해답

[1] $(2,\ f(2))$에서 $(2+h,\ f(2+h))$로 가는 직선

[2] $0 < \frac{1}{2}[f(4)-f(2)] < f(3)-f(2) < f'(2)$

[3] $3,\ \frac{1}{4}$

[4] $(1+2a)^{-2}$; $y=4x+\frac{1}{4}$

[5] $f(x)=x^{10}$; $a=1$

[6] $f(x)=\tan x$; $a=\frac{\pi}{4}$

[7] (1) 단위 온스당 금이 만들어지는 비용의 변화율 ; 달러/온스

(2) 금이 800온스 만들어졌을 때 제작비용은 17달러

(3) 짧은 구간에서는 감소하고, 긴 구간에서는 증가

■ 4.8 연습문제 해답

[1]

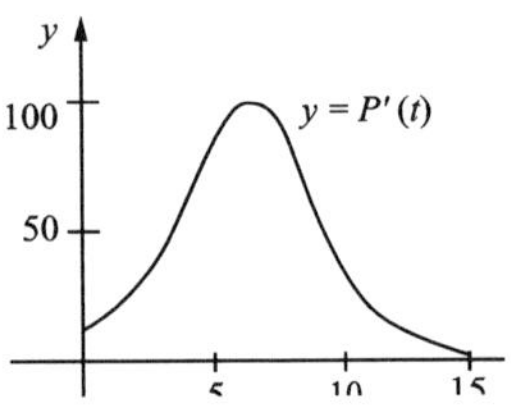

[2] 1963년~1971년

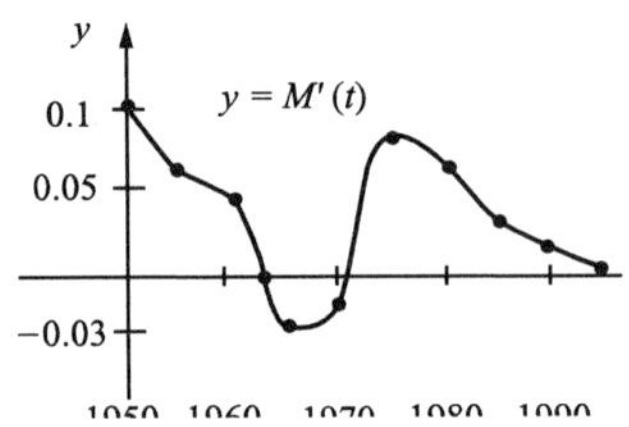

[3] $f'(x)=-4+6x$; $\mathbb{R}$; $\mathbb{R}$

[4] $g'(x)=\frac{1}{\sqrt{1+2x}}$; $\left(-\frac{1}{2},\ \infty\right)$; $\left(-\frac{1}{2},\ \infty\right)$

[5] $c=f,\ b=f',\ a=f''$

[6] $f'(x)=\begin{cases}-1, & x<6\\ 1, & x>6\end{cases}$ 또는 $f'(x)=\frac{x-6}{|x-6|}$ 그래프

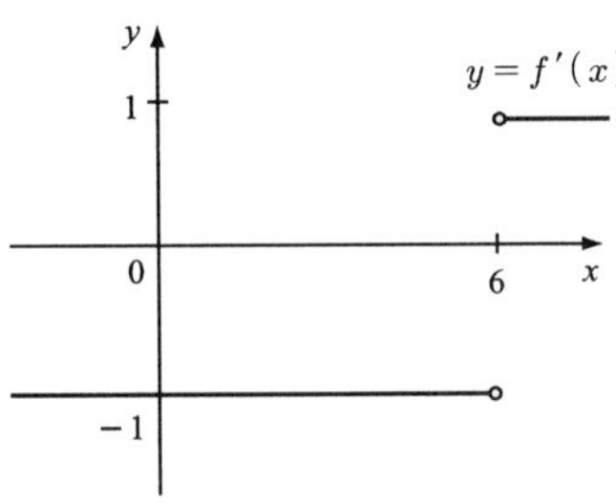

■ 4.9 연습문제 해답

[1] (1) $(1, 5)$에서 증가, $(0, 1)$과 $(5, 6)$에서 감소

(2) $x=5$에서 최대, $x=1$에서 최소

(3)

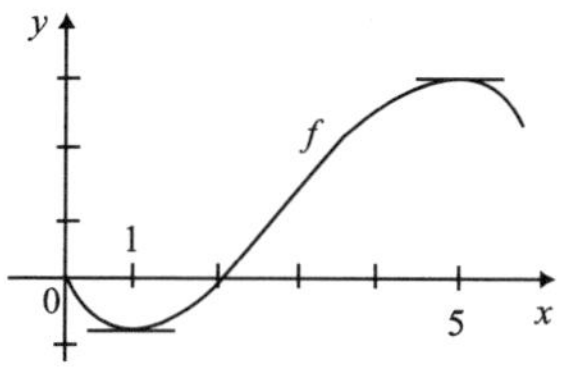

[2] (1) $(0, 1)$, $(3, 5)$에서 증가, $(1, 3)$, $(5, 6)$에서 감소

(2) $x=3$에서 최소, $x=5$에서 최대

(3)

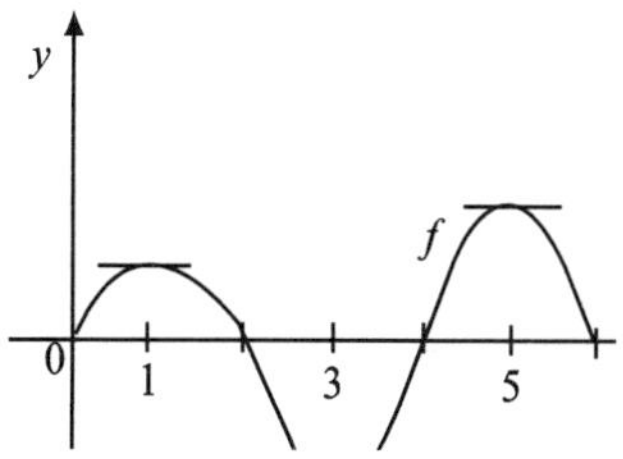

[3] (2) $t=8$

(3) $(0, 8)$에서 위로 오목, $(8, 18)$에서 아래로 오목

(4) $(8, 350)$

[4] (1) $(0, \infty)$에서 증가, $(-\infty, 0)$에서 감소

(2) $x=0$에서 최소

[5] (1) $\left(-\infty, -\sqrt{\frac{1}{3}}\right)$, $\left(\sqrt{\frac{1}{3}}, \infty\right)$에서 증가, $\left(-\sqrt{\frac{1}{3}}, \sqrt{\frac{1}{3}}\right)$에서 감소

(2) $(0, \infty)$에서 위로 오목; $(-\infty, 0)$에서 아래로 오목

(3) $(0, 0)$

05 미분법

■ 5.1 연습문제 해답

[1] (1) $3\pi x^2$ (2) $9x^{-4}$

(3) $10(3x+1)(3x^2+2x+1)^4$

(4) $5x^4+42x^2+2x-51$

(5) $-\dfrac{2(x+1)(x+2)}{(2x+1)^4}$

(6) $\dfrac{-(8x-3)}{(4x^2-3x+9)^2}$

[2] (1) $64(x+1)^3$

(2) $4x\left(\sqrt{2x^2+\dfrac{1}{3}}+\sqrt{2x^2-\dfrac{2}{3}}\cdot\dfrac{1}{2\sqrt{2x^2+\dfrac{1}{3}}}\right)$

[3] (1) $\dfrac{2y\sqrt{y}}{y+1}$

(2) $\dfrac{2\sqrt{1+y^3}}{5y^3+2}$

(3) $\dfrac{2\sqrt{1+y}}{3y+2}$

(4) $\dfrac{1}{y^2+1}$

[4] (1) $-\dfrac{y^{\frac{1}{3}}}{x^{\frac{1}{3}}}\ (x\neq 0)$

(2) $\dfrac{1-y^2}{3x^2+2xy+1}$

(3) $\dfrac{x-2y}{2x-3y}\ (2x\neq 3y)$

(4) $-\dfrac{x(2+3xy)}{x^3+2y}$

[5] (1) $\dfrac{t+2}{t+3}$

(2) $\dfrac{t^2+1}{t^2-1}\ (t\neq\pm 1)$

■ 5.2 연습문제 해답

[1] (1) $\dfrac{6}{(\ln 3)(2x-3)}$

(2) $\dfrac{3(\log_2 x)^2}{x\ln 2}$

(3) $\dfrac{1}{x\ln x}$

(4) $e^x(\ln x+\dfrac{1}{x})$

[2] (1) $\dfrac{3x^2}{y^{n-1}(n\ln y+1)}$

(2) $-\dfrac{y\sqrt{a^2-y^2}}{a^2}$

[3] (1) $-\dfrac{1}{1+e^x}$

(2) $\dfrac{4}{(e^x+e^{-x})^2}$

[4] (1) $\dfrac{y^2(1-\ln x)}{x^2(1-\ln y)}$

(2) $\dfrac{y}{x+y}$

(3) $-(\ln x+1)\left(\dfrac{1}{x}\right)^x$

(4) $\dfrac{2\ln x}{x}\cdot x^{\ln x}$

[5] $3e^{2t-1}$

[6] $a=2,\ b=2$

■ 5.3 연습문제 해답

[1] (1) $\sin x + x\cos x$ (2) $-\dfrac{\csc^2 x}{2\sqrt{\cot x}}$

(3) $\dfrac{1}{1-\sin x}$ (4) $\sec^4 x$

[2] (1) $-\dfrac{1}{\sqrt{1-x^2}}$ (2) $-\tan\theta$

[3] $f'(x) = -\sec^2 x \cos(\tan x)\sin(\sin(\tan x))$

[4] 0

[5] (1) $\dfrac{2}{\cos x}$ (2) $\dfrac{e^x(\cos x - 1)}{\sin x + 1}$

[7] (1) $\dfrac{1}{\sqrt{1-x^2}}$ $(|x|<1)$ (2) $-\dfrac{1}{\sqrt{1-x^2}}$ $(|x|<1)$

■ 5.4 연습문제 해답

[1] (1) 롤의 정리에 의하여 $f'(c)=0$인 c가 존재한다.

(2) 롤의 정리에 의하여 $f'(c)=0$인 c가 존재한다.

(3) 롤의 정리에 의하여 $f'(c)=0$인 c가 존재한다.

(4) 존재하지 않는다.

[2] (1) $c=2$ (2) $c=\dfrac{1}{2}$

(3) $c=\sqrt{\dfrac{7}{3}}$ (4) $c=\cos^{-1}\left(\dfrac{2}{\pi}\right)$

[3] (1) $\dfrac{1}{2}$ (2) 2

(3) 1 (4) $\dfrac{1}{\sqrt{e}}$

■ 5.5 연습문제 해답

[1] $t=2,\ 4$

[2] 0.02957

[3] (1) 10(미터/초)

(2) 10(미터/초), 0(미터/초), −10(미터/초)

(3) −10(미터/초^2)

[4] $v\left(\frac{\pi}{4}\right)=\langle -2\sqrt{2},\ \sqrt{2}\rangle$, $a\left(\frac{\pi}{4}\right)=\langle -2\sqrt{2},\ -\sqrt{2}\rangle$, $\left|v\left(\frac{\pi}{4}\right)\right|=\sqrt{10}$, $\left|a\left(\frac{\pi}{4}\right)\right|=\sqrt{10}$

06 적분법

6.3 연습문제 해답

[1] (1) $\ln(x^2+1)+C$　　(2) $-\dfrac{1}{e^x+1}+C$

(3) $-\ln|\cos x|+C$　　(4) $-\ln|1+\cos x|+C$

6.4 연습문제 해답

[1] (1) $-\dfrac{\ln x+1}{x}+C$

(2) $x(\ln x)^2-2x\ln x+2x+C$

(3) $(x^3-3x^2+6x-6)e^x+C$

(4) $\dfrac{x}{2\ln 10}(10^{2x}-10^{-2x})-\dfrac{1}{2(\ln 10)^2}(10^{2x}+10^{-2x})+x^2+C$

(5) $\dfrac{1}{2}e^x(\sin x-\cos x)+C$

(6) $-\dfrac{1}{3}x^3e^{-x^2}-\dfrac{1}{3}e^{-x^3}+C$

(7) $x^2e^x-2xe^x+2e^x+C$

(8) $\dfrac{1}{3}xe^{3x}-\dfrac{1}{9}e^{3x}+C$

(9) $-x\cos x+\sin x+C$

(10) $\dfrac{1}{2}\{\sec x\tan x+\ln|\sec x+\tan x|\}+C$

[3] $u=\sin^{n-1}x$, $dv=\sin x\,dx$라 놓으면

$$du=(n-1)\sin^{n-2}x\cos x\,dx,\quad v=-\cos x$$

이므로

$$\begin{aligned}I_n&=-\sin^{n-1}x\cos x+(n-1)\int\sin^{n-2}x\cos^2x\,dx\\&=-\sin^{n-1}x\cos x+(n-1)\int\sin^{n-2}x(1-\sin^2x)dx\end{aligned}$$

$$= -\sin^{n-1}x\cos x + (n-1)I_{n-2} - (n-1)I_n$$

따라서

$$I_n = \int \sin^n x\,dx = -\frac{1}{n}\sin^{n-1}x\cos x + \frac{n-1}{n}I_{n-2}.$$

■ 6.5 연습문제 해답

[1] (1) $2\ln|x-2| + \dfrac{2}{x} + C$ (2) $x - 2\ln|x+2| + C$

(3) $x + 2\ln\left|\dfrac{x-3}{x+3}\right| + C$ (4) $\dfrac{1}{3}\ln\left|\dfrac{x-1}{x+2}\right| + C$

(5) $-2\ln|x-2| + 3\ln|x-3| + C$ (6) $3\ln|x| - \ln|x-1| - \dfrac{5}{x-1} + C$

(7) $\dfrac{1}{6}\ln\left|\dfrac{\sin\theta - 1}{\sin\theta + 5}\right| + C$

[2] $$\int \frac{x^4 - 2x^2 + 4x + 1}{x^3 - x^2 - x + 1}dx = \int \left[x + 1 + \frac{1}{x-1} + \frac{2}{(x-1)^2} - \frac{1}{x+1}\right]dx$$

$$= \frac{x^2}{2} + x + \ln|x-1| - \frac{2}{x-1} - \ln|x+1| + C$$

$$= \frac{x^2}{2} + x - \frac{2}{x-1} + \ln\left|\frac{x-1}{x+1}\right| + C$$

■ 6.7 연습문제 해답

[1] (1) $-\dfrac{2}{3}$ (2) $\dfrac{2}{3}$

(3) $\ln 2$ (4) $\dfrac{1}{2}\ln 2$

(5) $1 - \dfrac{\sqrt{3}}{2}$ (6) $\dfrac{\pi}{4}a^2$

(7) $\dfrac{1}{2}(1 - e^{-\frac{\pi}{2}})$ (8) $\pi - 2$

(9) $\dfrac{756}{5}$ (10) 1

[4] (1) $0 \le x \le 1$ 에서 $n > 2$ 이면 $\sqrt{1-x^2} \le \sqrt{1-x^n} \le 1$

$$\int_0^1 \sqrt{1-x^2}\,dx < \int_0^1 \sqrt{1-x^n}\,dx < \int_0^1 dx$$

$\displaystyle\int_0^1 \sqrt{1-x^2}\,dx = \frac{\pi}{4}$ 이므로 $\displaystyle\frac{\pi}{4} < \int_0^1 \sqrt{1-x^n}\,dx < 1\ (n > 2).$

(2) $\sin x+\cos x=\sqrt{2}\sin\left(x+\frac{\pi}{4}\right)$이므로 $0\le x\le 1$에서 $\frac{\pi}{4}\le x+\frac{\pi}{4}\le 1+\frac{\pi}{4}<\frac{3}{4}\pi$.

따라서 $1\le \sin x+\cos x\le \sqrt{2}$ 즉, $1\le(\sin x+\cos x)^2\le 2$이고

따라서 $x\ge x^{(\sin x+\cos x)^2}\ge x^2$

$$\int_0^1 x^2\,dx<\int_0^1 x^{(\sin x+\cos x)^2}dx<\int_0^1 x dx$$

따라서 $\frac{1}{3}<\int_0^1 x^{(\sin x+\cos x)^2}dx<\frac{1}{2}$.

■ 6.8 연습문제 해답

[1] (1) $\frac{40}{3}$ (2) $-e^{-2}$

(3) $\frac{29}{2}$ (4) 3

[2] (1) $\frac{1}{12}$ (2) 0.135697

(3) $\frac{27}{4}$

[3] 245 만 명

[4] 100

[5] (1) (i) $\frac{8\pi}{3}$ (ii) $\frac{28\pi}{3}$ (2) (i) $2\pi e^2+2\pi$ (ii) $\pi\left(\frac{e^4}{2}+4e^2-\frac{9}{2}\right)$

[6] $\frac{\pi}{2}$, $\frac{\pi}{5}$, $\frac{7\pi}{6}$, $\frac{7\pi}{15}$

[9] $t=10$; 245 미터

[10] (1) $2\sqrt{5}$ (2) $\frac{1}{2}\ln 3$

■ 6.9 연습문제 해답

[1] $s_n=\sum_{k=1}^{n}\frac{1}{k(k+1)}=\sum_{k=1}^{n}\left[\frac{1}{k}-\frac{1}{k+1}\right]$

$$=\left\{\left(\frac{1}{1}-\frac{1}{2}\right)+\left(\frac{1}{2}-\frac{1}{3}\right)+\left(\frac{1}{3}-\frac{1}{4}\right)+\cdots+\left(\frac{1}{n}-\frac{1}{n+1}\right)\right\}$$

$$=1-\frac{1}{n+1}$$

따라서 $\lim_{n\to\infty}s_n=\lim_{n\to\infty}\left(1-\frac{1}{n+1}\right)=1$.

[2] (1) 발산　(2) 발산　(3) 발산　(4) 발산　(5) 발산　(6) 수렴
(7) 발산　(8) 수렴　(9) (절대)수렴　(10) 발산

[3] (1) $x=0$　(2) $2 \le x < 4$

[4] $\tan^{-1}x = \sum_{n=0}^{\infty} \frac{(-1)^n}{2n+1} x^{2n+1}$, 수렴구간 $-1 \le x \le 1$

[5] $x \cos x = x \sum_{n=0}^{\infty} (-1)^n \frac{x^{2n}}{(2n)!} = \sum_{n=0}^{\infty} (-1)^n \frac{x^{2n+1}}{(2n)!}$

[6] $1 - \frac{1}{3} + \frac{1}{10} - \frac{1}{42} + \frac{1}{216} \approx 0.74749$

07 공간도형과 벡터

■ 7.1 연습문제 해답

[1] (1)

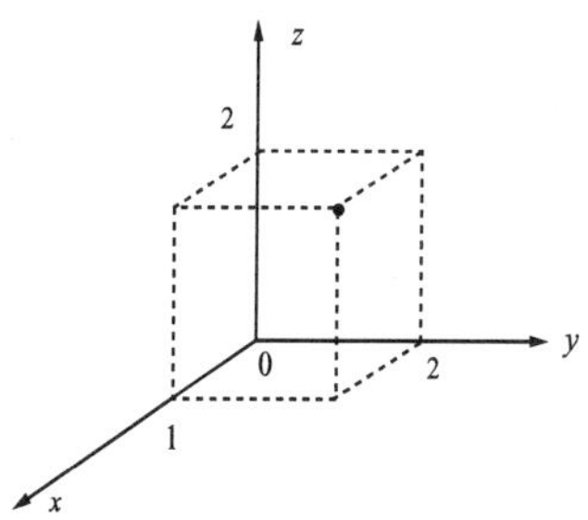

(2)

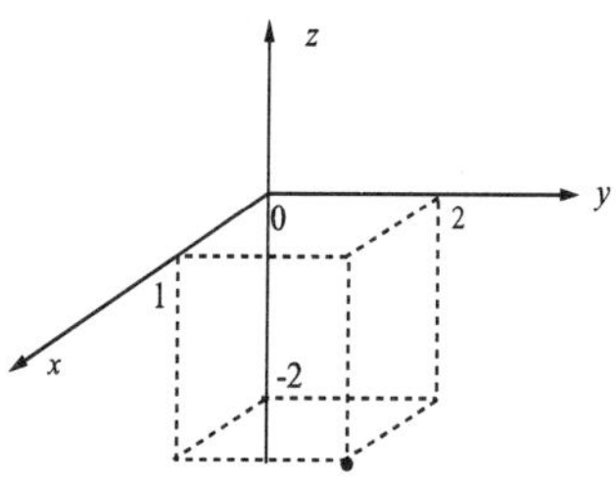

(3)

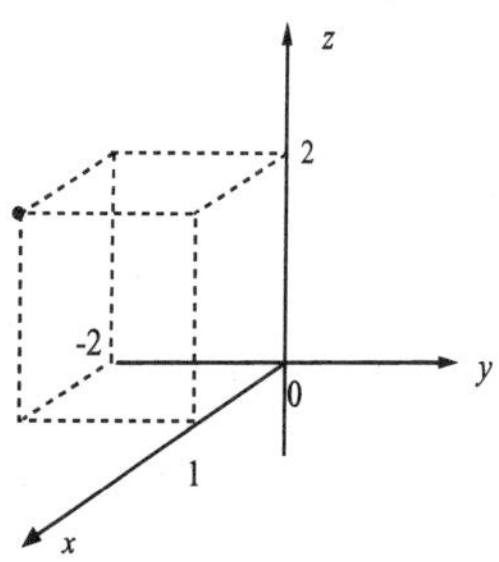

[2] (1) $\sqrt{17}$　(2) $2\sqrt{3}$

[3] $A\left(\frac{7}{2}, 0, 0\right)$, $B\left(0, \frac{7}{2}, 0\right)$, $C\left(0, 0, -\frac{7}{2}\right)$

[4] $D(2, 6, 1)$

[5] $(x+2)^2 + (y-3)^2 + (z+1)^2 = 9$, 중심: $(-2, 3, -1)$, 반지름: $2\sqrt{2}$

■ 7.2 연습문제 해답

[1] $\overrightarrow{AB}$ 와 $\overrightarrow{DC}$, $\overrightarrow{BA}$ 와 $\overrightarrow{CD}$, $\overrightarrow{AD}$ 와 $\overrightarrow{BC}$, $\overrightarrow{DA}$ 와 $\overrightarrow{CB}$

[2] 생략

[3] (1) $\langle 5, 5, 1\rangle$ (2) $\langle 1, -3, 3\rangle$

(3) $\langle 0, -10, 7\rangle$ (4) $\sqrt{149}$

(5) 8

[4] 생략

[5] $\cos^{-1}\left(-\frac{\sqrt{10}}{5}\right)$

[6] $x=-4$

[7] (1) 일차독립 (2) 일차종속

■ 7.3 연습문제 해답

[1] (1) $AB=\begin{bmatrix}12 & 21 & 3\\ 10 & 15 & 1\\ 32 & 51 & 5\end{bmatrix}$, $BA=\begin{bmatrix}24 & 9\\ 26 & 8\end{bmatrix}$

(2) $AB=\begin{bmatrix}0 & 0 & 0 & 0\\ -1 & -2 & 0 & 1\\ 0 & 0 & 0 & 0\\ 1 & 2 & 0 & -1\end{bmatrix}$, $BA=-3$

[2] (1) $(A+B)^2=(A+B)(A+B)=A^2+AB+BA+B^2$

(2) (1)에서 $AB+BA=2AB$이므로 $AB=BA$

[3] (1)
$$\begin{aligned}A^t+B^t&=\begin{bmatrix}1 & 3\\ 2 & -1\end{bmatrix}^t+\begin{bmatrix}2 & 5\\ -2 & 0\end{bmatrix}^t\\ &=\begin{bmatrix}1 & 2\\ 3 & -1\end{bmatrix}+\begin{bmatrix}2 & -2\\ 5 & 0\end{bmatrix}\\ &=\begin{bmatrix}1+2 & 2+(-2)\\ 3+5 & (-1)+0\end{bmatrix}\\ &=\begin{bmatrix}1+2 & 3+5\\ 2+(-2) & (-1)+0\end{bmatrix}^t=(A+B)^t\end{aligned}$$

(2)
$$\begin{aligned}(AB)^t&=\left(\begin{bmatrix}1 & 0 & -1\\ 2 & -1 & 3\end{bmatrix}\begin{bmatrix}1 & 1 & 1\\ 0 & 2 & 4\\ 3 & 0 & 7\end{bmatrix}\right)^t\\ &=\begin{bmatrix}1(1)+0(0)+(-1)3 & 1(1)+0(2)+(-1)0 & 1(1)+0(4)+(-1)7\\ 2(1)+(-1)0+3(3) & 2(1)+(-1)2+3(0) & 2(1)+(-1)4+3(7)\end{bmatrix}^t\\ &=\begin{bmatrix}-2 & 1 & -6\\ 11 & 0 & 19\end{bmatrix}^t\end{aligned}$$

$$= \begin{bmatrix} 1 & 1 & 1 \\ 0 & 2 & 4 \\ 3 & 0 & 7 \end{bmatrix}^t \begin{bmatrix} 1 & 0 & -1 \\ 2 & -1 & 3 \end{bmatrix}^t = B^t A^t$$

[4] $\left(\dfrac{A+A^t}{2}\right)^t = \dfrac{1}{2}(A^t+(A^t)^t) = \dfrac{1}{2}(A+A^t),$

$\left(\dfrac{A-A^t}{2}\right)^t = \dfrac{1}{2}(A^t-(A^t)^t) = \dfrac{1}{2}(A^t-A) = -\dfrac{1}{2}(A-A^t)$

■ 7.4 연습문제 해답

[1] (1) 4 (2) 6 (3) 24 (4) 6

[2] $|A|=|B|=-2$

[3] $|A|=|B|=0$

[4] 20

[5] $\begin{bmatrix} 20 & 10 & -12 \\ 0 & 5 & 0 \\ 0 & 0 & 4 \end{bmatrix}$

[6]

$$A^{-1} = \begin{bmatrix} 1 & \dfrac{1}{2} & -\dfrac{3}{5} \\ 0 & \dfrac{1}{4} & 0 \\ 0 & 0 & \dfrac{1}{5} \end{bmatrix}$$

[7] (1) $x_1=1,\ x_2=0$

(2) $x_1=-4,\ x_2=x_3=1$

(3) $x_1=1,\ x_2=2,\ x_3=3$

(4) 첨가 행렬에 기본행 연산을 적용하면 다음을 얻는다.

$$\left[\begin{array}{ccc:c} 2 & 4 & 6 & 18 \\ 4 & 5 & 6 & 24 \\ 2 & 7 & 12 & 40 \end{array}\right] \xrightarrow[1행\times\left(\frac{1}{2}\right)]{} \left[\begin{array}{ccc:c} 1 & 2 & 3 & 9 \\ 4 & 5 & 6 & 24 \\ 2 & 7 & 12 & 40 \end{array}\right] \xrightarrow[\substack{1행\times(-4)+2행 \\ 1행\times(-2)+3행}]{} \left[\begin{array}{ccc:c} 1 & 2 & 3 & 9 \\ 0 & -3 & -6 & -12 \\ 0 & 3 & 6 & 22 \end{array}\right]$$

$$\xrightarrow[2행\times\left(-\frac{1}{3}\right)]{} \left[\begin{array}{ccc:c} 1 & 2 & 3 & 9 \\ 0 & 1 & 2 & 4 \\ 0 & 3 & 6 & 22 \end{array}\right] \xrightarrow[2행\times(-3)+3행]{} \left[\begin{array}{ccc:c} 1 & 0 & -1 & 1 \\ 0 & 1 & 2 & 4 \\ 0 & 0 & 0 & 10 \end{array}\right]$$

마지막 첨가행렬의 제3행으로부터 방정식 $0x_1+0x_2+0x_3=10$을 얻는데, 이를 만족시키는 x_1, x_2, x_3은 존재하지 않는다. 따라서 주어진 연립 방정식의 해는 없다.

[8] (1) $\langle 2, 5, 11 \rangle$ (2) $\langle 38, 20, -16 \rangle$; 0 ; 0

■ 7.5 연습문제 해답

[1] (1) $\begin{bmatrix} x \\ y \end{bmatrix} = \begin{bmatrix} 1 & 0 \\ 0 & -1 \end{bmatrix}\begin{bmatrix} 1 \\ 1 \end{bmatrix} = \begin{bmatrix} 1 \\ -1 \end{bmatrix}$ (x축 대칭)

(2) $\begin{bmatrix} x \\ y \end{bmatrix} = \begin{bmatrix} 3 & 0 \\ 0 & 1 \end{bmatrix}\begin{bmatrix} 1 \\ 1 \end{bmatrix} = \begin{bmatrix} 3 \\ 1 \end{bmatrix}$ (x축 확대)

(3) $$\begin{bmatrix} x \\ y \end{bmatrix} = \begin{bmatrix} \cos\frac{\pi}{4} & -\sin\frac{\pi}{4} \\ \sin\frac{\pi}{4} & \cos\frac{\pi}{4} \end{bmatrix}\begin{bmatrix} 1 \\ 1 \end{bmatrix} = \begin{bmatrix} \frac{1}{\sqrt{2}} & -\frac{1}{\sqrt{2}} \\ \frac{1}{\sqrt{2}} & \frac{1}{\sqrt{2}} \end{bmatrix}\begin{bmatrix} 1 \\ 1 \end{bmatrix} = \begin{bmatrix} 0 \\ \sqrt{2} \end{bmatrix}$$ (회전변환)

(4) $\begin{bmatrix} x \\ y \end{bmatrix} = \begin{bmatrix} 2 & -4 \\ -1 & -1 \end{bmatrix}\begin{bmatrix} 1 \\ 1 \end{bmatrix} = \begin{bmatrix} -2 \\ -2 \end{bmatrix} = (-2)\begin{bmatrix} 1 \\ 1 \end{bmatrix}$ (-2배 확대변환)

[2] (1) $\lambda_1 = 2$, $\lambda_2 = 3$, 고유벡터 v_1과 v_2는 각각

$$v_1 = \begin{bmatrix} 1 \\ -1 \end{bmatrix}, \quad v_2 = \begin{bmatrix} 1 \\ -2 \end{bmatrix}$$

(2) 고윳값은 $\det(A-\lambda I)=0$으로부터 얻을 수 있는데 $\det(A-\lambda I)^t = \det(A-\lambda I)$이므로 동일하다. 따라서 그에 대응하는 고유벡터도 같다.

(3) 임의의 실수 k_1, k_2에 대해 $k_1 v_1 + k_2 v_2 = 0$을 만족하는 경우는 $k_1 = k_2 = 0$일 때이므로 일차독립이다.

[3] (1) $$P^{-1} = \begin{bmatrix} -\frac{\sqrt{6}}{5} & 0.6 \\ \frac{\sqrt{6}}{5} & 0.4 \end{bmatrix}$$

(2) $$P^{-1}AP = \begin{bmatrix} -\frac{\sqrt{6}}{5} & 0.6 \\ \frac{\sqrt{6}}{5} & 0.4 \end{bmatrix}\begin{bmatrix} 4 & \sqrt{6} \\ \sqrt{6} & 3 \end{bmatrix}\begin{bmatrix} -\frac{\sqrt{2}}{\sqrt{3}} & \frac{\sqrt{3}}{\sqrt{2}} \\ 1 & 1 \end{bmatrix} = \begin{bmatrix} 1 & 0 \\ 0 & 6 \end{bmatrix}$$

이고, A의 고윳값은 $\lambda_1 = 1$, $\lambda_2 = 6$이므로 $P^{-1}AP = \begin{bmatrix} \lambda_1 & 0 \\ 0 & \lambda_2 \end{bmatrix}$이다.

[4] 고윳값 $\lambda_1 = 1$, $\lambda_2 = \lambda_3 = -3$, 고유벡터 $v_1 = \begin{bmatrix} -2 \\ -1 \\ 1 \end{bmatrix}$, $v_2 = \begin{bmatrix} -1 \\ 1 \\ 0 \end{bmatrix}$, $v_3 = \begin{bmatrix} -2 \\ 0 \\ 1 \end{bmatrix}$

■ 7.6 연습문제 해답

[1] $\frac{x-1}{2} = \frac{y}{-4} = \frac{z+3}{5}$ (매개방정식으로 표현하면 $x = 2t+1$, $y = -4t$, $z = 5t-3$)

[2] $\frac{x}{2}=\frac{y}{-1}=\frac{z}{3}$

[3] $x-1=\frac{y}{3}=z-6$

[4] $x=\frac{y}{2}=\frac{z}{3}$

[5] $x=3,\ y-1=\frac{z+1}{-5}$

[6] $y=0,\ x=-z$

[7] (1) 꼬인 위치 (2) 만남 (3) 평행 (4) 꼬인 위치

[8] $-2x+y+5z=1$

[9] $2x-y+3z=0$

[10] $x+4y-2z=3$

[11] $(-3,\ -1,\ -2)$

[12] $2a-b+c=0,\ 2x_0-y_0+z_0\neq 1$

[13] 생략

[14] (1) $\frac{8}{\sqrt{230}}$ (4) 2

08 다변수 함수

■ 8.1 연습문제 해답

[1] $P(150,\ 30)\approx 157.4$, 투자자본금이 30(백만) 달러, 노동시간이 150(천 시간)일 때 생산 가치는 대략 157.4(백만) 달러이다.

[2] (1) $f(70,\ 174)\approx 1.888$, 몸무게가 70(kg), 키가 170(cm)일 때 표면적은 대략 1.89(m^2)로 추정
(2) 생략

[3] 극한값과 함숫값은 일반적으로 다르다. 연속일 때만 두 값은 같다.

[4] $\frac{1}{4}$

[5] $y=mx$ 일 때 극한값이 $\frac{1-m^2}{1+m^2}$ 이므로 $\lim_{(x,\ y)\to(0,\ 0)} f(x,\ y)$는 존재하지 않음

[6] (1) 56 (2) $-\frac{2}{3}$ (3) $\frac{\pi}{2}$ (4) e^2

(5) 존재하지 않음

(6) 존재하지 않음

(7) 존재하지 않음

(8) 0

[7] (1) $\{(x, y) \mid (x, y) \in \mathbb{R}^2\}$

(2) $\{(x, y) \mid (x, y) \neq (0, 0)\}$

■ 8.2 연습문제 해답

[1] (1) $12x-4y$ (2) $-4x+18y$ (3) -44 (4) 70

[2] (1) $f_x(x, y)=7y,\ f_y(x, y)=7x+6y^2$ (2) $7,\ 26$

[3] (1) $f_x(x, y)=10xy^3,\ f_y(x, y)=15x^2y^2$ (2) $-20,\ 2160$

[4] (1) $f_x(x, y)=e^{x+y+6},\ f_y(x, y)=e^{x+y+6}$ (2) $e^7,\ e^5$

[5] (1) $f_x(x, y)=-72e^{9x-4y},\ f_y(x, y)=32e^{9x-4y}$ (2) $-72e^{22},\ 32e^{-48}$

[6] (1) $f_{xx}(x, y)=12x^2y-12xy^2,\ f_{xy}(x, y)=f_{yx}(x, y)=4x^3-12x^2y,\ f_{yy}(x, y)=-4x^3$

(2) $f_{xx}(x, y)=-\dfrac{a^2}{(ax+by)^2},\ f_{xy}(x, y)=f_{yx}(x, y)=-\dfrac{ab}{(ax+by)^2},\ f_{yy}(x, y)=-\dfrac{b^2}{(ax+by)^2}$

(3) $z_{xx}=\dfrac{8y}{(2x+3y)^2},\ z_{xy}=z_{yx}=\dfrac{6y-4x}{(2x+3y)^2},\ z_{yy}=\dfrac{-12x}{(2x+3y)^3}$

(4) $v_{ss}=2\cos(s^2-t^2)-4s^2\sin(s^2-t^2),\ v_{st}=v_{ts}=4st\sin(s^2-t^2),$

$v_{tt}=-2\cos(s^2-t^2)-4t^2\sin(s^2-t^2)$

[7] $T_x(1, 1)=-4,\ T_y(1, 1)=-6$

[8] (1) $z=4x-y-6$ (2) $z=x-y+1$

■ 8.3 연습문제 해답

[1] (1) f_x와 f_y가 연속함수$(xy>5)$, **정리 8.3.2**에 의해 $(2, 3)$에서 미분 가능하다.

$L(x, y)=6x+4y-23$

(2) 마찬가지로, $(1, 4)$에서 미분 가능. $L(x, y)=x+\dfrac{1}{4}y$

(3) $(1, 0)$에서 미분 가능. $L(x, y)=2x+y-1$

(4) $(1, 3)$에서 미분 가능. $L(x, y)=-x+\dfrac{1}{2}y+\dfrac{3}{2}$

[2] 2.8

[3] 근삿값$=4.996$, 실제 값$=4.99605$, 오차$=|$실제 값$-$근삿값$|<0.00005$

[4] $\Delta z=-0.1203\approx-0.12=dz$

[5] $5.4\,cm^2$

[6] 0.0345 (3.45%)

■ 8.4 연습문제 해답

[1] (1) $f_x = 7,\ f_y = -3$

(2) $f_x = 12x^2 - 6xy + 5,\ f_y = -3x^2$

(3) $\dfrac{\partial z}{\partial x} = 15(3x+2y)^4,\ \dfrac{\partial z}{\partial y} = 10(3x+2y)^4$

(4) $f_x = \dfrac{5y}{(y-x)^2},\ f_y = \dfrac{-5x}{(y-x)^2}$

(5) $f_x = \dfrac{1}{y^2(x+2y)},\ f_y = \dfrac{2[y-(x+2y)\ln(x+2y)]}{y^3(x+2y)}$

[2] 64

[3] 8

[4] $\dfrac{\partial^2 z}{\partial t^2} = \dfrac{\partial}{\partial t}\left(\dfrac{\partial z}{\partial t}\right)\Bigg|_{t=0,\ u=1} = 3+2e$

[5] 한 해에 635,000 달러씩 감소

[6] 한 해에 오히려 13,000 달러씩 증가. 따라서 문제 [5]의 제조회사와 비교할 때, 반도체 회사의 생산 함수는 노동력에 비해 자본금에 더 영향을 받음

[7] 6π

■ 8.5 연습문제 해답

[1] (1) $3+6\sqrt{3}$ (2) $\dfrac{\sqrt{2}}{2}$

[2] (1) $\left\langle \dfrac{2x}{y},\ -\dfrac{x^2}{y^2} \right\rangle$ (2) $\langle -4,\ -4 \rangle$ (3) $\dfrac{4}{5}$

[3] (1) $\langle e^{yz},\ xze^{yz},\ xye^{yz} \rangle$ (2) $\langle 1,\ 12,\ 0 \rangle$ (3) $\dfrac{2\sqrt{3}}{3}$

[4] (1) $-\sqrt{2}-\sqrt{6}$ (2) $-\dfrac{7\sqrt{2}}{8}$ (3) 7 (4) $-\dfrac{22}{\sqrt{26}}$

[5] (1) $\langle 12,\ 9 \rangle$ (2) -12

(3) $\langle 12,\ 9 \rangle$ 방향으로 최대 변화율 15; $\langle -12,\ -9 \rangle$ 방향으로 최솟값은 -15

[6] (1) $\sqrt{13}$, $\langle 3, 2\rangle$ (2) $\frac{3\sqrt{3}}{2}$, $\langle 1, 1, -5\rangle$

[7] 직선 $y=x+1$ 위의 모든 점

[8] $D_u f(20, 30) > 0$ 이므로 깊은 쪽으로 움직인다.

[9] (1) $D_u^2 f(1, 1) = \frac{62}{25}$

(2) 일계 방향도함수 $D_u f(x, y)$를 구하면

$$\begin{aligned} D_u f(x, y) &= \nabla f \cdot \boldsymbol{u} \\ &= \langle f_x, f_y\rangle \cdot \langle a, b\rangle \\ &= af_x + bf_y \end{aligned}$$

이므로 이계 방향도함수 $D_u^2 f(x, y)$는 다음과 같다.

$$\begin{aligned} D_u^2 f(x, y) &= D_u\left[D_u f(x, y)\right] \\ &= \left\langle \frac{\partial}{\partial x}(af_x + bf_y), \frac{\partial}{\partial y}(af_x + bf_y)\right\rangle \cdot \boldsymbol{u} \\ &= \langle af_{xx} + bf_{yx}, af_{xy} + bf_{yy}\rangle \cdot \langle a, b\rangle \\ &= a(af_{xx} + bf_{yx}) + b(af_{xx} + bf_{yx}) = a^2 f_{xx} + 2ab f_{xy} + b^2 f_{yy} \end{aligned}$$

(3) $D_u^2 f(x, y) = \frac{4}{5} + \frac{16}{5}e^{2y}$

[10] (1) (i) $2x+y+2z-18=0$ (ii) $\frac{x-3}{2} = \frac{y-2}{1} = \frac{z-5}{2}$

(2) (i) $5x+2y-3z=15$ (ii) $\frac{x-2}{5} = \frac{y-1}{2} = \frac{z+1}{-3}$

■ 8.6 연습문제 해답

[1] (1) 극솟값 $f(1, 1)$ (2) 안장점 $(1, 1, f(1, 1))$

[2] (1) 안장점 $(0, 1, g(0, 1))$ (2) 극댓값 $g(0, 1)$

[3] (1) 극댓값 $f(0, 0)=2$

(2) 안장점 $(2, -4, 8)$

(3) 극댓값 $f(0, 0)=2$, 극솟값 $f(0, 4)=-30$, 안장점 $(\pm 2, 2, -14)$

(4) 극댓값 $f(-5, 0)=500$, 극솟값 $f(5, 0)=-500$,
두 개의 안장점 $(3, 4, -172)$, $(-3, -4, 172)$

[4] $\left(\frac{5}{3}, -\frac{2}{3}, \frac{2}{3}\right)$

[5] $\left(\frac{1}{2},\ \pm\frac{\sqrt{2}}{2},\ -\frac{1}{2}\right)$

[6] $\frac{64}{9}$

[7] $x=2{,}000,\ y=4{,}000$

[8] 최대부피 $=4,\ x=2,\ y=2,\ z=1$

찾아보기

ㄱ

ㄴ

ㄷ

ㄹ

ㅁ

기초 미적분학

지은이 박영선 · 변양현 · 차경준 · 허영식
펴낸이 조경희
펴낸곳 경문사
펴낸날 2018년 3월 5일 1판 1쇄
2022년 2월 28일 1판 2쇄
등 록 1979년 11월 9일 제 313–1979–23호
주 소 04057, 서울특별시 마포구 와우산로 174
전 화 (02)332–2004 팩스 (02)336–5193
이메일 kyungmoon@kyungmoon.com

값 23,000원

ISBN 979–11–6073–091–3